KAREN CHENG

Anatomie der Buchstaben

Schriftdesign ist
die Kunst
des Subtilen

HENNING KRAUSE

KAREN CHENG DESIGNING TYPE

Anatomie der Buchstaben

Basiswissen für Schriftgestalter

Verlag Hermann Schmidt Mainz

Im Bann der Buchstaben

Karin und Bertram Schmidt-Friderichs

Seit der ersten Auflage dieses Buches haben Buchstaben unsere Umgebung regelrecht erobert: Alte Leuchtbuchstaben füllen ganze Läden, Geschirr mit Typo bedruckt oder gar in Buchstabenform, große dreidimensionale Lettern als Schaufenster-Deko, Abreißkalender mit täglich einer neuen Schrift.

Schriften entwerfen ist so einfach und angesagt wie noch nie. Faszinierende und günstige Computerprogramme helfen beim Entwerfen von Schriften; Studenten und Grafikdesigner gestalten – auch mit handwerklichen Mitteln – täglich für sich selbst oder für Kunden individuelle neue Schriften.

Vieles davon ist bewusst als Display-Schrift gedacht und braucht zum Entziffern nur eine Annäherung an die von uns allen millionenfach gelernten Formen. Wenn es aber um Schriften für das Setzen und Lesen längerer Texte geht, braucht es mehr:

Nanotypografie! Wenn Mikrotypografie die Kunst des Details beim Satz mit vorhandenen Schriften ist – wie etwa die Zurichtung der Buchstaben zueinander oder der Versalausgleich, dann ist »Nanotypografie« die Gestaltung der einzelnen Zeichen selbst: die Formen der Rundungen, die Ausprägung und Länge der Serifen etc.

Nur wenige Könner, Schriftschöpfer wie Adrian Frutiger, Erik Spiekermann, Luc(as) de Groot oder Peter Bil'ak haben dank langer Erfahrung die vielen Aspekte und Tücken beim Gestalten eines Buchstabens locker »im Gefühl«, sie kennen die Anatomie der Buchstaben. In- und auswendig.

Es sind die subtilen Details, die kleinen optischen Raffinessen, das Abweichen von der rein logisch-konstruktiven Form, die darüber entscheiden, ob eine Schrift angenehm, harmonisch oder interessant wirkt, oder ob wir unbewusst keinen positiven Zugang zu einer Schrift – und daher oft auch zum Inhalt des Gesetzten – finden.

»Anatomie der Buchstaben« hat sich als das Standardwerk etabliert, das mit einer leicht verständlichen und umfassenden Anleitung den Prozess der Schriftgestaltung instruktiv begleitet und die Gesetze und Klippen erklärt und lehrt. Es wurde zur Basis für eine neue Generation von Schrift- und Logogestaltern!

Karen Cheng lehrt Schriftentwurf an der University of Washington in Seattle und geht der Anatomie der Buchstaben auf den Grund, analysiert Buchstabe für Buchstabe, Zeichen für Zeichen, misst, vergleicht und zeigt auf, wie die bekannten Klassiker, aber auch viele neue Schriften zu ihrer Qualität kommen. Zeigt die Feinheiten, auf die es ankommt. Beschreibt anschaulich, wie jeder Buchstabe nach optischen Gesetzen korrigiert und optimiert werden kann, um beste Harmonie und Lesbarkeit zu erzeugen. Und geht diesen Weg konsequent bis zu den Ziffern, Satzzeichen und fremdsprachigen Akzenten!

Mit dieser »Nanotypografie« gelingt eine Analyse, die Ihnen die oft übersehenen systematischen Verwandtschaften der einzelnen Zeichen eines Fonts erklärt und so den Prozess des Schriftgestaltens erheblich vereinfacht.

Ein herzlicher Dank geht an Henning Krause für die leicht verständliche Übersetzung! Als professioneller Schriftentwerfer hat er nicht nur deutsche Eigenheiten wie das Eszett ergänzt – in vielen Punkten geht der deutsche Text über das Original hinaus.

Wir freuen uns, wenn Ihnen dieses Buch den Blick schärft für die Qualität und Harmonie guter Schriften – im besten Fall können wir Ihnen Lust machen, gleich selbst mit dem Schriften entwerfen zu beginnen!

Mainz, im Herbst 2013

Vorwort des Übersetzers

Henning Krause

»Kochbücher sind für Leute, die nicht Kochen können.« So sprach eine Bekannte, die einen (sehr guten) Catering-Service betreibt. Dabei stellen Kochbücher eine nützliche Quelle der Inspiration dar.

Als mir zufällig die ersten Manuskriptseiten der Originalausgabe in die Hände fielen, war mir sofort klar: Ich musste die deutsche Ausgabe schreiben. Von diesem Buch hatte ich selbst jahrelang geträumt. So ein Buch gab es bislang nicht. Nun hatten mir Karen Cheng und ihre wissenschaftlichen Mitarbeiter die Suche nach aussagekräftigen Beispielen bereits abgenommen.

Die Übersetzung dieses Buches geriet zu einer Reise durch die Feinheiten des typografischen Jargons. Unsere Fachsprache ist weit weniger verbindlich, als man erwarten könnte und als es aus wissenschaftlicher Sicht wünschenswert wäre. So heißen die weithin Antiqua genannten Schriften in diesem Buch Serifenschriften, weil Antiqua tatsächlich den Abgrenzungsbegriff zu den gebrochenen sowie den Schreibschriften darstellt. So betrachtet verwenden wir heute fast nur noch Antiqua. Auch wird der eine oder andere Leser eine lieb gewonnene Bezeichnung für einen Buchstabenteil vermissen – z. B. das Wort Endstrich für den kleinen Bogen am Fuß eines kleinen a. Das Wort Endstrich ist jedoch lediglich ein Synonym für Serife. Für die Zwecke dieses Buches wäre eine solche Wortwahl zu ungenau gewesen. So entstand nebenbei eine kleine Typonymie.

Vieles könnte man noch erweitern. Nicht alle Zeichen eines Standardzeichensatzes werden in diesem Buch behandelt. Ein Schriftschnitt enthält heutzutage noch viel mehr Symbole, und auch zu deren Gestaltung existieren Regeln. Dazu kommen Kursive sowie Kapitälchen und darüber hinaus die nichtlateinischen Schriften. Doch all dies bleibt geplanten Folgebänden vorbehalten. Nicht nur der gelegentliche Logoentwerfer wird dieses Buch sicherlich schon bald nicht mehr missen wollen. Und selbst die besten Köche blättern heimlich in Kochbüchern.

Berlin, im Dezember 2005

		Đ	ð	Ł	ł	Š	š	Ý	ý	Þ	þ	Ž	ž		
					½	¼	¹	¾	³	²	¦	−	×		
	!	"	#	$	%	&	'	(	)	*	+	,	-	.	/
0	1	2	3	4	5	6	7	8	9	:	;	<	=	>	?
@	A	B	C	D	E	F	G	H	I	J	K	L	M	N	O
P	Q	R	S	T	U	V	W	X	Y	Z	[	\	]	^	_
`	a	b	c	d	e	f	g	h	i	j	k	l	m	n	o
p	q	r	s	t	u	v	w	x	y	z	{	|	}	~	
Ä	Å	Ç	É	Ñ	Ö	Ü	á	à	â	ä	ã	å	ç	é	è
ê	ë	í	ì	î	ï	ñ	ó	ò	ô	ö	õ	ú	ù	û	ü
†	°	¢	£	§	•	¶	ß	®	©	™	´	¨	≠	Æ	Ø
∞	±	≤	≥	¥	µ	∂	∑	∏	π	∫	ª	º	Ω	æ	ø
¿	¡	¬	√	ƒ	≈	∆	«	»	…		À	Ã	Õ	Œ	œ
–	—	“	”	‘	’	÷	◊	ÿ	Ÿ	⁄	€	‹	›	ﬁ	ﬂ
‡	·	‚	„	‰	Â	Ê	Á	Ë	È	Í	Î	Ï	Ì	Ó	Ô
	Ò	Ú	Û	Ù	ı	ˆ	˜	¯	˘	˙	˚	¸	˝	˛	ˇ

Ein Alphabet ist ein Spiel mit zugleich einheitlichen und verschiedenen Formen.
Die einzelnen Zeichen müssen in Form und Konstruktion unterscheidbar und dennoch verwandt sein.
Oben ein Standardzeichenvorrat in westeuropäischem Encoding für Apple Macintosh.
Die freien Positionen sind entweder Leerzeichen (Wortabstände) oder werden für Steuerfunktionen benötigt.

Einleitung

Der Gebrauch der Sprache kann wohl als bedeutendste menschliche Eigenschaft bezeichnet werden. Deren komplexes System von Zeichen, Klängen und Symbolen kommuniziert Ideen und Botschaften in unserer wachsenden Weltgemeinschaft. Information besitzt die Kraft, Kulturen selbst zu formen und zu ändern.

Schrift ist das sichtbare Abbild der Sprache. Sie formt Buchstaben zu Wörtern und Wörter zu Botschaften. In der Musik kann die Qualität eines einzigen Sängers den Gesamteindruck der Komposition völlig verändern. In der visuellen Kommunikation entspricht Schrift der hörbaren Stimme: durch sie berührt der Autor den Leser.

Natürlich kann Schrift mehr als nur Botschaften lesbar machen. Die Form der Zeichen selbst färbt buchstäblich die Botschaft und kann sie sogar auf den Kopf stellen. Manche Schriftarten sind so sehr mit Bedeutung aufgeladen, dass schon ihre Verwendung mit sozialen Gruppen assoziiert wird. So werden gebrochene Schriften in den USA mit Streetgangs, in Deutschland mit rechtsextremen Gruppen in Verbindung gebracht. Wer Luxus und royales Gepränge suggerieren möchte, greift zu edlen Schreibschriften. Darüber hinaus kann die Wahl einer Schriftart Leidenschaft und Persönlichkeit vermitteln: Spitze Ecken und fette Schriftschnitte rufen nach düsteren Gefühlen, anmutige und feingliedrige Zeichen hingegen stimmen uns heiter. Sogar Schriftarten, die so alltäglich sind, dass man sie für »unsichtbar« hält (wie die Univers, aus der die Legenden gesetzt sind), besitzen einen ausgeprägten Charakter – einen der Neutralität und Rationalität.

Im vergangenen Jahrhundert stieg die Zahl der verfügbaren Schriftarten erheblich an. Angetrieben wird diese Zunahme zu einem guten Teil von neuen Technologien. So wurden Schriftarten für niedrig auflösende Medien geschaffen, für die Bildschirmdarstellung oder für die optische Zeichenerkennung (OCR). Andere neue Schriftarten wenden sich besonderen funktionellen Problemen zu. Es gibt Schriftarten, die für die besonderen Wahrnehmungsbedingungen in der Autobahnbeschilderung optimiert sind, und solche, die den Herausforderungen mäßiger Druckqualität auf saugendem Papier widerstehen (wie bei Telefonbüchern oder Tageszeitungen). Und nicht zuletzt werden Schriften für spezielle Zielgruppen entworfen. Das können Kinder sein, die das Lesen lernen, oder Legastheniker oder Sehbehinderte, um nur einige zu nennen.

Ungeachtet des wachsenden Interesses und Bedarfs an neuen Schriftentwürfen befassen sich überraschend wenige Bücher mit den generellen Fragen des Schriftentwurfs (formale Stimmigkeit, optische Balance) oder den technischen Aspekten der Schriftproduktion. Dieses Buch möchte die erstgenannte Lücke schließen. Es erläutert detailliert, wie Buchstaben trotz ihrer Unterschiede als Gruppe einheitlichen Designs entwickelt werden. Dazu gehört auch die korrekte Zurichtung der Zeichen zu einem fertigen Schriftschnitt.

Die folgenden Kapitel unterteilen das Alphabet in: Großbuchstaben, Kleinbuchstaben, Ziffern, Interpunktion, Akzente und Sonderzeichen. Die alphabetischen Zeichen sind weiter unterschieden nach jenen mit und ohne Serifen. Die Beispielabbildungen zu den Serifenschriften folgen den fünf wesentlichen Kategorien des Vox-Systems der Schriftklassifikation: venezianische und französische Renaissance-Antiqua, Übergangsantiqua, klassizistische Antiqua und serifenbetonte Antiqua. Die Serifenlosen sind unterteilt in Grotesk, Neue Grotesk, geometrische und humanistische Serifenlose. Die gewählten Schriftmuster bevorzugen klassische Textschriften gegenüber ihren zeitgenössischen Headlinegeschwistern, um mikrotypografische Fragestellungen möglichst umfassend diskutieren zu können. Überschriften sind kurz und groß. Gestalter von Headline-Schriften müssen sich daher über Grauwert und Struktur weniger Gedanken machen.

Sowohl der Neuling als auch der typophile Routinier werden dieses Buch als Referenz zu schätzen wissen. Skizzen aus dem Entwurfsprozess, Darstellung visueller Prinzipien und Erläuterungen der Buchstabenanatomie vertiefen die Einsichten in die Kunst des Schriftentwerfens und stellen eine reiche Quelle stilistischer Inspiration dar.

Der Entwurfsprozess

Vorweg: den »einzig richtigen« Weg zum Entwurf einer Schrift gibt es nicht. Jeder Designer hat seine eigene Methode.

Der schwierigste Teil des Entwurfsprozesses ist, überhaupt eine tragfähige Idee für eine Schrift zu entwickeln. Die schiere Zahl bereits verfügbarer Schriften – zuletzt auf 50.000 bis 60.000 geschätzt – kann etwas einschüchternd wirken, besonders auf Nachwuchsdesigner. Doch diese Zahl wächst weiter. Die komplexen Anforderungen der globalen Gesellschaft rufen nach weiterentwickelten Schriftsystemen.

Heutzutage werden viele Schriften als Auftragsarbeiten mit Blick auf bestimmte Zielgruppen entwickelt. Schriftentwerfer schmeicheln den Augen von Konservativen und Liberalen, Kindern, Teenagern, Senioren, Sportfans und Modefreaks, Umweltaktivisten usw. Darüber hinaus gilt es, einer Fülle von rezeptiven und reproduktiven Herausforderungen zu begegnen: Schriften für Flughafenleitsysteme, für Bildschirmdarstellung, für große Textmengen, für Formulare.

Dennoch werden neue Schriftentwürfe nicht nur von Marketing, Rezeption und Technik angeregt. Neben dem persönlichen Schaffensdrang kann die Inspiration auch in einem geschichtlichen, intellektuellen oder kulturellen Gedankenspiel liegen. Kent Lew, der Entwerfer der Schrift »Whitman«, beschreibt das so: »Ich entwickle neue Ideen generell aus ›Was wäre, wenn‹-Szenarien. Was wäre, wenn Joanna von W. A. Dwiggins entworfen worden wäre und nicht von Eric Gill? Was, wenn Mozart Stempelschneider statt Komponist gewesen wäre?«

Bisweilen entspringt ein neuer Schriftentwurf ganz aus dem Spiel mit Formen. Eine neue, gut gemachte Schrift zu sehen und zu verwenden, entzückt den typografischen Gestalter wohl ähnlich wie den Dirigenten oder Komponisten ein neues Instrument. Schrift ist das sichtbare Abbild der Stimme. Schrift setzt die textliche Botschaft subtil ins Licht. Wer je einen klugen Vortrag von einem schlechten Redner erleiden musste, weiß was gute Typografie für den Text tun kann. Gemeinsam mit Layout und Typografie schnürt die richtige Schrift die maßgefertigten Stiefel, mit denen sich die Botschaft auf den Weg macht.

Was auch immer der Antrieb des Schriftentwerfers ist, der zarte Keim der ersten Idee will zur Blüte gebracht werden. Die meisten Entwerfer skizzieren einige Buchstaben, um Proportionen und Persönlichkeit der neuen Schrift festzulegen. Die Buchstaben können variieren, im Allgemeinen stellen die Kleinbuchstaben a, e, g, n und o einen guten Anfang dar.

Sind die ersten Zeichen entworfen, sollten sie sich auch im ersten Test bewähren. Häufig wird hierfür das Kunstwort »Hamburgefonstiv« verwendet, da es die am häufigsten vorkommenden Kleinbuchstaben vereint. Auch kurze Sätze oder Textpassagen eignen sich zum Testen.

Die ersten Skizzen können von Hand oder direkt am Computer entstehen. Am Computer empfehlen sich vektororientierte Zeichenprogramme wie Adobe Illustrator oder Macromedia FreeHand sowie natürlich spezialisierte Schriftentwurfsprogramme wie FontLab, Fontographer oder DTL-FontMaster. Besonders Anfänger sind allerdings mit manuellen Skizzen besser beraten. Organische Formen, wie bei s, a und g, sind mit Punkten und Kurvensegmenten knifflig zu gestalten. Die bewährte Kombination aus Hand und Auge des Zeichners findet oft rascher eine anmutige Form. Gerade in frühen Entwurfsphasen sollte der Entwerfer seine Kreativität durch freies Zeichnen beflügeln. Technologie neigt auch heute noch dazu, das Denken zu beschränken.

Sind die ersten Buchstaben festgelegt, muss nun der gesamte Zeichenvorrat eines Zeichensatzes (alphabetische und Zahlzeichen, Interpunktion, Symbole und diakritische Zeichen) der Entwurfsidee gemäß ausgefüllt werden. Zunächst müssen Handzeichnungen gescannt und vektorisiert werden. Hier können Hilfsprogramme wie Adobe Streamline, Pyrus ScanFont oder DTL Tracemaster benutzt werden, eine vollautomatische und qualitativ befriedigende Digitalisierung gibt es jedoch nicht. Meist erzeugen Autotracing-Programme mehr Punkte als nötig, oft zudem an der falschen Stelle.

Hat man alle Buchstaben in makellose digitale Outlines verwandelt, wird der Entwerfer für die verbleibenden Arbeiten

hamburge

Meta
(Humanistische Serifenlose)

spezielle Schriftentwurfsprogramme verwenden: Spacing, Kerning und Hinting. Derzeit kann FontLab als Industriestandard bezeichnet werden. Nach neunjährigem Stillstand wurde Fontographer endlich in Folge des Erwerbs durch die FontLab Ltd. im Jahr 2005 ein Update spendiert, so dass Fontographer möglicherweise in Zukunft wieder Boden zurück gewinnen kann. DTL FontMaster ist weniger bekannt. Es wurde für die Schriftenhäuser DTL (Dutch Type Library) und URW++ entwickelt. Viele Designer halten FontMaster gegenüber FontLab für begrenzt in den Möglichkeiten und schwierig zu erlernen. Allerdings ist FontMaster bekannt für seine verlässlichen Schriftdaten.

In jedem dieser Programme wird die Schrift durch Festlegung der Vor- und Nachbreite jedes Zeichens (*spacing*) zugerichtet. Die Vor- und Nachbreite ist der seitliche Abstand vom Buchstaben zu einem umschreibenden Rechteck (*bounding box*). Die Zurichtung wäre einfach, wenn alle Zeichen die gleiche Dickte (Breite des umschreibenden Rechtecks) hätten – wie bei einer Schreibmaschinenschrift (*monospaced*). Es wäre auch einfach, wenn alle Zeichen links wie rechts mit identischer Kontur ausgestattet wären (z. B. nur vertikale Gerade oder Kreissegmente). Meist jedoch weisen die verschiedenen Zeichen einer Schrift eine erhebliche Vielfalt an Dickten und Formen auf. Dementsprechend benötigt jedes Zeichen seiner Form, Dickte und Dichte angemessene Vor- und Nachbreiten.

Doch damit allein lässt sich eine gleichmäßige Zurichtung noch nicht erreichen. Zeichen, deren Seite offen oder schräg sind, müssen in die Fläche benachbarter Zeichen übergreifen, um unschöne Lücken zu vermeiden. Diese Lücken treten in bestimmten Kombinationen besonders störend auf (z. B. LT). Diese Zeichenpaare zu finden und paarweise zu justieren, wird Unterschneiden (Kerning) genannt.

Obwohl Zurichtung und Unterschneidung in den erwähnten Schrifteditoren auch automatisch erstellt werden können, sollten die so gewonnenen Ergebnisse lediglich als Rohmaterial angesehen werden. Die Zurichtung einer Schrift ist ein mühsamer Prozess, der von umfangreichen Tests und viel Detailarbeit begleitet ist. Eine gut zugerichtete Schrift zeigt ein gleichmäßiges Schriftbild: Textzeilen erscheinen aus der Entfernung als einheitlicher Grauwert, ohne Kleckse und Flecken. Dazu trägt auch die richtige Laufweite der Schrift bei. Zu enger Buchstabenabstand »kleckst« nicht nur, sondern beeinträchtigt auch die Lesbarkeit. So kann die Zeichenfolge »rn« irrtümlich »m« gelesen werden. Zu weiter Abstand hingegen erschwert das fehlerfreie Erkennen der Wörter im Buchstabensalat.

Den letzten Schritt bei der Herstellung einer professionellen Schrift stellt das Hinting dar. In niedrigauflösenden Medien (z. B. Bildschirm) werden die Buchstaben in einer groben Pixelmatrix dargestellt. Beim Umrechnen der Vektordaten auf dem Raster geht der Computer für unser Auge recht unsensibel vor. Um gleichbreite Linien auch auf dem Bildschirm gleichbreit zu sehen, benötigt der Computer Hinweise (*hints*), welche Elemente eines Buchstabens uns Menschen für ein ausgewogenes Schriftbild wichtig sind. Mit Hilfe des Hinting können wir dem Computer mitteilen, wie groß Versalien und Minuskeln sind, welche Strichstärke ein horizontaler Strich hat und wie wir uns das Aussehen einer Diagonalen vorstellen. So kann aus einer am Bildschirm schwer lesbaren Schrift, voller Kleckse und Zacken, durch Hinting eine saubere, gut lesbare Schrift entstehen.

Das Hinting ist allerdings eine sehr technische Angelegenheit, die überdies in ihren Methoden und Möglichkeiten vom Schriftformat der produzierten Schrift abhängt (PostScript, TrueType). Viele Schriftentwerfer wenden daher das automatische Hinting ihrer Schrifteditoren an und bearbeiten lediglich in Einzelfällen problematische Zeichen von Hand. Wirklich erstklassiges Hinting ist so natürlich nicht zu erreichen. Doch die Erstellung eines guten Hinting ist so komplex und technisch, dass wir sie in diesem Buch nicht einmal ansatzweise beschreiben, denn hier soll es um die Frage des Entwerfens gehen. In den Benutzerforen der Software-Hersteller sowie in Diskussions-Foren der Typo-Szene im Internet können Interessierte weiterführende Informationen finden.

Variable des Schriftentwurfs

Schriftentwurf ist die Kunst des Subtilen. Es ist schwer, grundlegende Veränderungen an der Form eines Buchstabens vorzunehmen, ohne dabei die Lesbarkeit einzuschränken. Dennoch gibt es überraschend viele Möglichkeiten, dem Schriftentwurf innerhalb der etablierten Form ein charakteristisches Gesicht zu verleihen.

Schriftschnitt (Font)
Ursprünglich bezeichnet der Schriftschnitt den Schnitt einer Schrift in einer bestimmten Größe, z. B. eine Garamond Roman in 12 Punkt.
Die Schriftfamilie besteht aus mehreren verwandten Schnitten – z. B. Garamond Roman, Italic und Bold in den Größen 8, 10, 12 und 14 Punkt. Bei skalierbaren digitalen Schriften verliert die Unterscheidung nach Größen jedoch ihre Bedeutung.

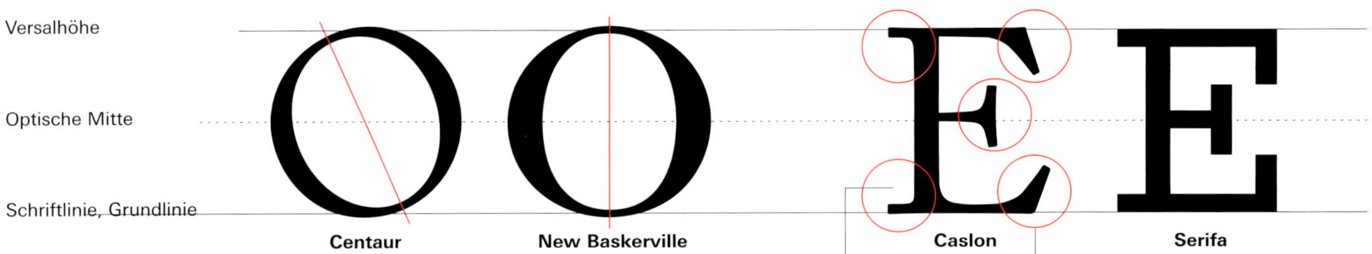

Optische Achse, Schattenachse
Die Zeichnungsachse der Punze eines runden Zeichens, sie kann gerade oder geneigt sein.

Serifen (Endstriche)
Kurze Linien als Abschluss horizontaler und vertikaler Striche. Serifenformen und -größen unterscheiden sich erheblich (siehe Abb. unten).

Kehle
Gerundete Form, die horizontale und vertikale Striche verbindet. Caslon ist leicht gekehlt, Serifa nicht.

Gekehlte und gewölbte Serife.

Gerundete Serife.

Haarlinien-Serife (Klassizistisch).

ABCDEFGHIJKLMNOPQRSTUVWXYZ

Großbuchstaben (auch Versalien, Kapitale oder Majuskeln genannt).

abcdefghijklmnopqrstuvwxyz | ABCDEFGHIJKLMNOPQRSTUVWXYZ

Kleinbuchstaben (auch Gemeine oder Minuskeln genannt). **Kapitälchen** (auch Small Caps: kleine Versalien in Gewicht und Größe der Minuskeln).

0123456789 | 0123456789

Minuskelziffern (auch Mediävalziffern genannt) und **Versalziffern** (auch Lining Figures genannt).

@&* #%^+=÷?ƒ©°µ®†‡¥«¶§ ¢$£™ .,:;“”[...]/- – — ¡!¿?{}‘’

Symbole und **Interpunktionszeichen** (auch analphabetische Zeichen genannt).

à é î š ç ü å ø æ œ fi fl ß ½ ¼ ¾

Lateinische Akzentzeichen (auch Diakritika genannt), **Ligaturen** und **Brüche.**

Gewicht
Der Grauwert eines Schriftschnittes. Eine Schriftfamilie umfasst meist mindestens drei Gewichte: Light, Medium und Bold. Weitere Schnitte nennen sich Book (zwischen Light und Medium), Semi-Bold, Black und Extra Black (auch Super genannt). Schriftschnitte mit »normalem« Gewicht heißen meist Roman oder Regular.

x-Höhe (Gemeinenhöhe, Minuskelhöhe)
Die Höhe des kleinbuchstabigen x, meist 50 bis 66 % der Versalhöhe.

Kontrast
Der Unterschied zwischen vertikalen und horizontalen Strichstärken. Univers besitzt einen niedrigen, Bauer Bodoni einen hohen Kontrast.

Univers Extra Black (85)
Univers Black (75)
Univers Bold (65)
Univers Roman (55)
Univers Light (45)

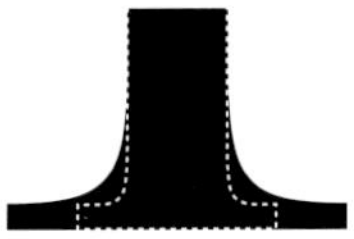

Gekehlte Serife.

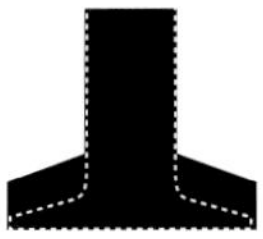

Keilförmige Serife.

Betonte Serife (Egyptienne).

Buchstabenteile

Es gibt es keine »offizielle« Nomenklatur der Buchstabenteile. Diese unvollständige Sammlung gibt die gebräuchlichsten Begriffe wieder, die von Entwerfern verwendet werden, sowie die englischen Bezeichnungen.

Adobe Garamond
(Französische Renaissance-Antiqua)

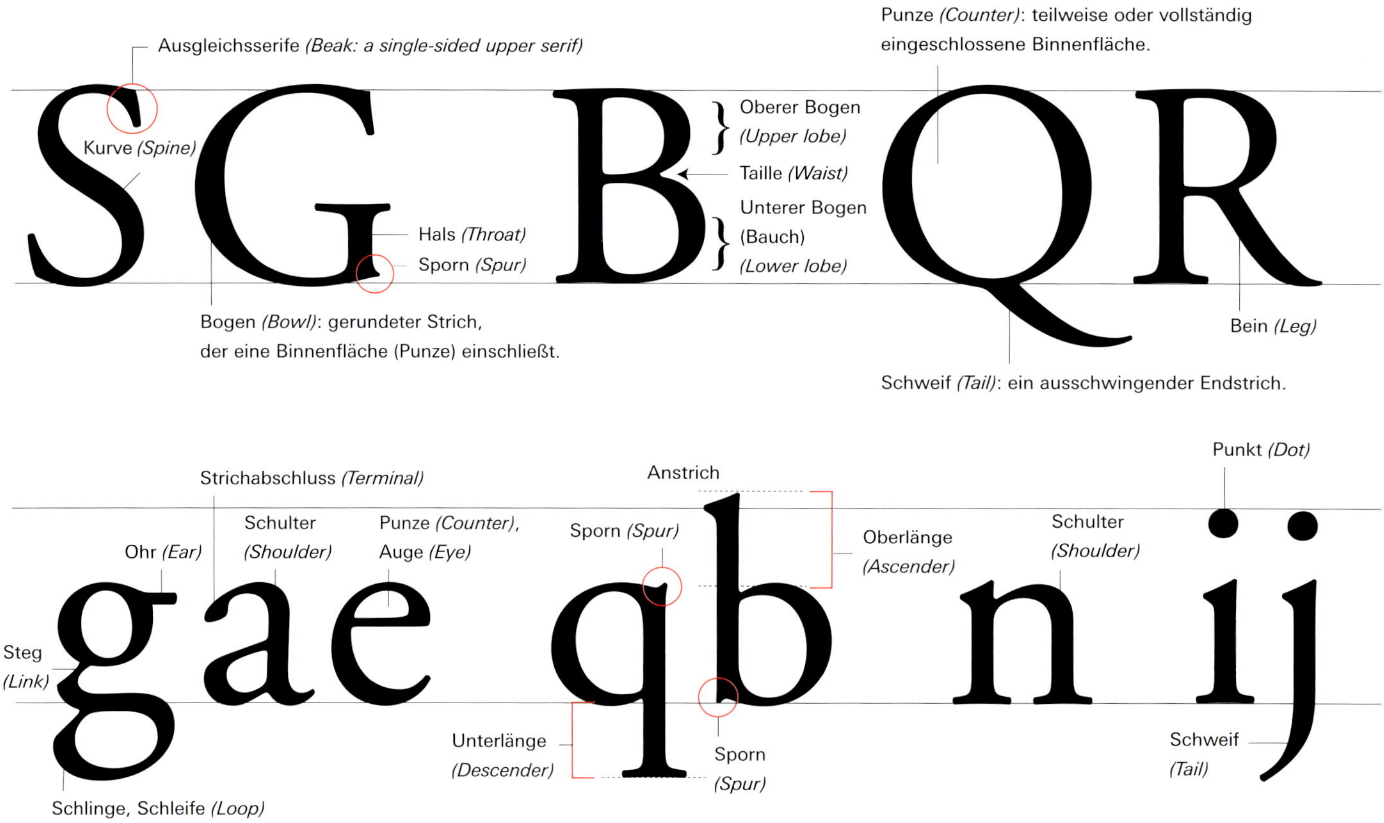

Apolline
(Venezianische Renaissance-Antiqua)

æœÆŒ st ct ff fh fb

Ligaturen: zwei oder mehr Buchstaben, die aus praktischen oder ästhetischen Gründen zusammengewachsen sind.
Die Ligaturen Œ und œ sind französische Diakritika, Æ und æ können je nach Sprache Diakritika, Diphthonge oder Monophthonge sein.
Ein Diphthong ist ein Doppellaut zweier Vokale, diakritische Zeichen und Monophthonge werden als ein Vokal gesprochen.

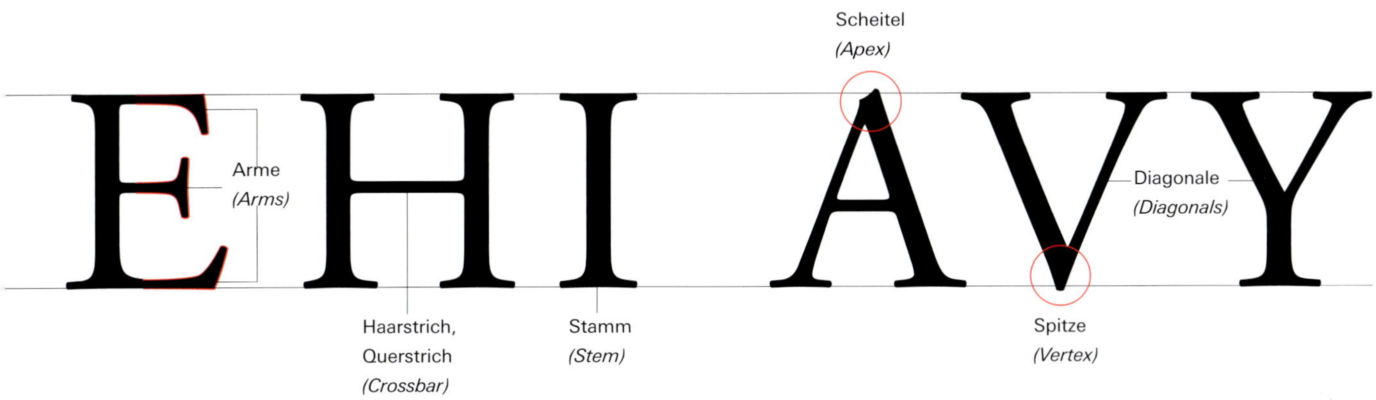

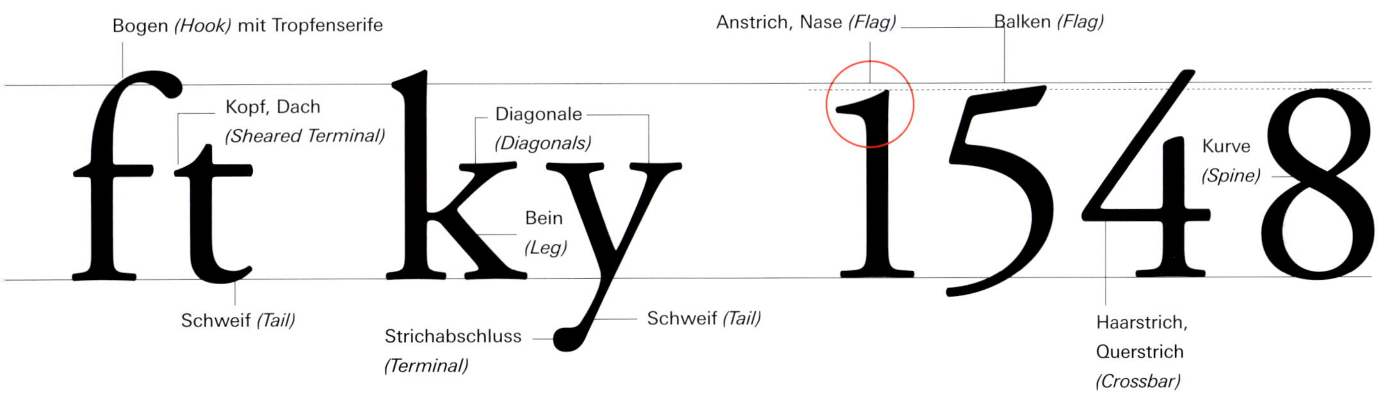

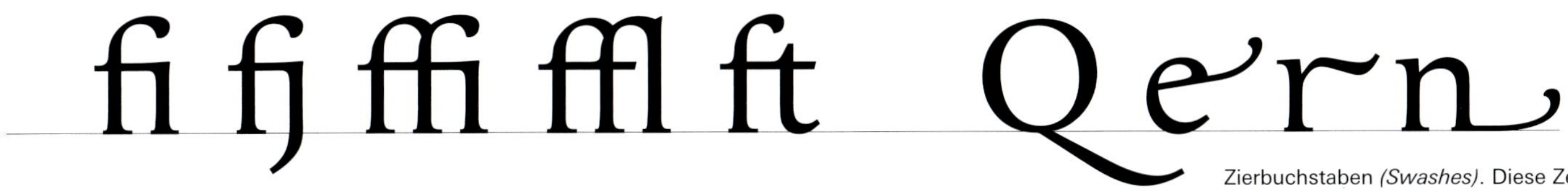

Zierbuchstaben *(Swashes)*. Diese Zeichen werden gern als erste oder letzte Zeichen der Wörter in Überschriften verwendet.

Schriftklassifikation

Es gibt zahlreiche Klassifikationssysteme für Schrift, viele basieren zumindest in Teilen auf der Arbeit des französischen Schrifthistorikers Maximilian Vox (1894–1974). Dieses Buch behandelt sechs der neun Gruppen, die Vox vorgeschlagen hat. Sein System gruppiert sowohl nach grafischen Merkmalen, wie Kontrast, Serifenform oder Betonung, als auch nach dem Zeitpunkt des Entwurfes.

Beispielsweise verweisen die Begriffe venezianische und französische Renaissance-Antiqua sowie Übergangsantiqua auf Schriften, die im 15., 16. und 17. Jahrhundert entworfen wurden. Die Unterschiede zwischen diesen Gruppen scheinen, oberflächlich betrachtet, relativ gering, und deshalb verwenden einige Typografen den Begriff Antiqua summarisch für alle Schriften dieser Gruppen. Dennoch ist diese Dreiteilung von Bedeutung, da jede Gruppe für einen Entwicklungsschritt in der typografischen Geschichte steht: die Entwicklung der Druckbuchstaben von geschriebenen, kalligrafischen Formen zu gezeichneten, methodisch konstruierten Designs.

Der vielleicht feinste Unterschied besteht zwischen venezianischer und französischer Renaissance-Antiqua. Venezianische Schriften weisen die deutlichsten Spuren des Schreibens auf: die sichtlich geneigte Schattenachse, geringer Kontrast sowie Serifen und Rundungen, die durch ihre abrupten Formwechsel ihre Herkunft aus der Breitfeder verraten. Schriftentwerfer der französischen Renaissance schwächen diese Meilensteine der Kalligrafie zu Gunsten neu aufkommender ästhetischer Einflüsse ab: die des Manierismus und des Barock (die Renaissance setzte außerhalb Italiens rund 100 Jahre später ein). Französische Renaissance-Schriften sind gekennzeichnet von fließenden Formen, mittlerem bis hohem Kontrast und unterschiedlichen Zeichenbreiten. Die Großbuchstaben zeigen diese besonders deutlich.

Die Übergangsantiqua (oder vorklassizistische Antiqua) wird in Deutschland meist Barockantiqua genannt. Diesen irreführenden Begriff haben wir der DIN 16518 zu verdanken. Der kunstgeschichtliche Begriff Barock hat in der Typografie nichts zu suchen, denn anders als in Kunst und Architektur dieser Zeit zeigen die Schriften vor allem Zeichen des Übergangs von Renaissance zum Klassizismus. Statt dramatischer Exzesse nehmen die vorklassizistischen Antiqua rationalistische Gedanken auf und nähern die optische Achse der Vertikalen sowie die Dachansätze der Gemeinen der Horizontalen an. Der Kontrast ist hoch und die Zeichen werden systematischer Konstruktion unterworfen.

Die klassizistischen Schriften überlappen teilweise zeitlich die vorklassizistischen Schriften. Inspiriert von den vorhergehenden späten Übergangsantiqua – besonders Baskerville – waren beide Stile im 18. und 19. Jahrhundert populär. Im Gegensatz zur analytischen Übergangsperiode folgen die klassizistischen Antiqua den expressiven Idealen der Romantik. Die klassizistischen Schriften betonen die Kennzeichen der Übergangsantiqua stärker: die Zeichen sind in einheitlichen Dickten (moderne Pro-

OEMhaegk

Centaur
(Venezianische Renaissance-Antiqua)

OEMhaegk

Adobe Garamond
(Französische Renaissance-Antiqua)

OEMhaegk

New Baskerville
(Übergangsantiqua)

Vor 1400

Vorvenezianisch

Auch Gotisch genannt.

Hierzu zählen die gebrochenen Schriften (wie **Fraktur**) und die **Unziale.**

1400–1500

Venezianische Renaissance-Antiqua

Auch humanistische Antiqua oder Mediäval genannt.

1600

Französische Renaissance-Antiqua

Auch Old Roman oder Old Style genannt.

Der Begriff Old Style kann nach Ländern unterschieden werden: **Italian Old Style** oder **French Old Style** (leichter und feingliedriger), **Dutch Old Style** (schmaler, mit höheren Minuskeln) sowie **English Old Style** (kräftiger und weniger elegant). Hier zeigt sich der zeitlich versetzte Einfluss des Manierismus.

1700

Übergangsantiqua

Auch vorklassizistische Antiqua, Halbmediäval, Barockantiqua oder Transitional genannt.

portionen) sowie mit deutlicher vertikaler Betonung, also mit hohem Kontrast, gezeichnet.

Chronologisch folgen die serifenbetonten Antiqua den klassizistischen. Anders als alle bisher beschriebenen Stile wurden die Serifenbetonten aus kommerziellen Beweggründen entworfen. Vor dem 19. Jahrhundert waren Schriftentwürfe fast ausschließlich auf die Buchproduktion ausgerichtet. Durch die industrielle Revolution vergrößerte sich der typografische Markt beträchtlich. Die Unternehmer forderten von den Druckern größere, fettere und auffallendere Schriften für ihre Werbung. Zunächst verfetteten die Entwerfer die vorhandenen Buchschriften. Dieser Ansatz führte zu vulgären Formen begrenzter Lesbarkeit. Daraufhin entwickelten die Schriftentwerfer zwei Dialekte der Serifenbetonten, die frühen, nicht gekehlten Egyptienne und die späteren, gekehlten Clarendons.

Die letzte typografiegeschichtliche Gruppe bilden die serifenlosen Schriften. Diese Gruppe umfasst die größte Zahl an Untergruppen: Grotesk, Neue Grotesk, geometrische und humanistische Serifenlose. Erste serifenlose Schriften erschienen im frühen 19. Jahrhundert. Ihr schmuckloses Auftreten wurde als so schockierend empfunden, dass sie »grotesk« benannt wurden. Die frühen Groteskschriften wurden kaum beachtet – serifenbetonte Antiqua und Fat Faces (sehr fette Klassizistische) bestimmten die typografische Landschaft.

Die aufkommende Moderne der 1920er kehrte diesen Trend um und führte die zuvor abgelehnten Serifenlosen zu großen Erfolgen. Die Modernisten liebten sie für ihre fortschrittliche Einfachheit und erkannten ihre Verwandtschaft zum »Maschinenzeitalter«. Im Streben nach Reinheit entwickelten viele Entwerfer die frühen Grotesk (die im Grunde serifenlose Antiqua sind) durch noch systematischere Konstruktionen zu Neuen Grotesk weiter. Die Betonung von Einheitlichkeit und Rationalität führte zwingend zur Entstehung geometrisch konstruierter Schriften, den geometrischen Serifenlosen.

Im Verlauf des 20. Jahrhunderts gesellte sich eine große Schar humanistischer Serifenloser zu den Grotesk und Neuen Grotesk. Die humanistischen Serifenlosen nehmen die kalligrafischen Formen und Proportionen der humanistischen Periode wieder auf. Gill und Johnston als Beispiel früher humanistischer Serifenloser weisen Kleinbuchstaben mit kalligrafischen Strukturen auf (besonders a, g und t) und formen ihre Versalien nach Renaissancevorbildern. Heutige Vertreter dieser Untergruppe verwenden trotz strukturell humanistischer Formqualität meist Großbuchstaben mit moderner Proportion, um Platz zu sparen. Im Allgemeinen wird eine Serifenlose zu den Humanistischen gezählt, wenn die Zeichen ihre Proportionen, weiten Öffnungen, gewinkelten Strichabschlüsse und/oder asymmetrisch betonten Rundungen der Renaissancezeit entlehnen.

OEMheagk

Bodoni
(Klassizistische Antiqua)

OEMhaegk

Serifa
(Serifenbetonte Antiqua)

OEMhaegk

Univers
(Serifenlose)

1700 – 1800

Klassizistische Antiqua

Auch New Roman genannt.
Sehr fette Schnitte heißen Fat Face.

Serifenbetonte Antiqua

Auch serifenbetonte Linearantiqua genannt. Dazu zählen **Egyptienne** und **Clarendon**. **Neo-Clarendon** können hier oder bei den Übergangsantiqua eingeordnet werden (dort als **neue Übergangsantiqua**).

Serifenlose

Auch **Gothic, Grotesk** oder **serifenlose Linearantiqua** genannt. Dazu zählen **Grotesk, Neue Grotesk, geometrische** und **humanistische Serifenlose.**

1900 – heute

Displayschriften

Hierzu zählen alle Arten von **Schreib-, Zier-, Dekorativ-, Schreibmaschinen-, Matrix-** und **Pixelschriften.**

Probleme der Klassifikation

Die Vox-Klassifikation beschreibt die typografische Entwicklung als eine geradlinige Chronologie. Das schafft Übersicht. Seit Vox' Zeit hat die Schriftgestaltung sich weiterentwickelt. Neue Medien und Entwurfstechniken (besonders der Übergang zu digitaler Schrift) brachten buchstäblich tausende neuer Schriften hervor. Einige dieser Schriften spotten jeder Beschreibung geschweige denn jeder Klassifikation. Es gab Versuche, das Vox-System zu erweitern. Neue und hybride Klassen wurden geschaffen, beispielsweise Neo-Clarendon oder Halbklassizistische, diese werden jedoch mehrheitlich weder verstanden noch akzeptiert.

Das Vox-System verlässt sich bei der Klassifikation auf formale Merkmale und historische Einordnung. Die DIN 15618 beruht auf dem gleichen Gedanken, verwendet jedoch zusätzlich irreführende (Barock) und für heutige Verhältnisse unzureichende (Linearantiqua) Gattungsbegriffe. Sie hat jedoch nach wie vor in Deutschland Gültigkeit und gehört weiterhin z. B. bei Mediengestaltern zum Prüfungswissen. Heutzutage ist Schrift komplexer.

Eine neue Klassifikation könnte beispielsweise Funktion oder Entwurfsabsicht berücksichtigen (z. B. Bildschirmschrift), den Einfluss künstlerischer oder gesellschaftlicher Strömungen (z. B. Postmoderne) katalogisieren, geografische oder kulturelle Unterschiede erfassen oder die besondere Eignung einer Schrift für den Satz in einer bestimmten Sprache. Auch Schriften, die als Großfamilien mit Serifenlosen, Halbserifen- und Serifenschriften angelegt sind, wie Rotis, Officina, Stone oder Thesis, verdienen eine eigene Klasse. Hans Peter Willberg schlug hierfür den Namen Sippe vor. Offenbar benötigen Designer und Typografen ein neues Klassifikationssystem, das (post-)modernen Schriftentwürfen gerecht wird. Auch Max Bollwage stellte ein Klassifikationssystem vor, das die historische Einordnung nicht mehr als wesentliches Merkmal sieht. Hans Peter Willberg schlägt in seinem Buch *Wegweiser Schrift* eine Klassifikations-Matrix nach Form- und Stilmerkmalen vor (siehe Abbildung rechts). Sie verzichtet auf historische Begriffe und vereinfacht darüber hinaus das Mischen verschiedener Schriften. Auch die nichtlateinischen Schriften können dabei nach ihren Stilmerkmalen gut kategorisiert werden.

Ein ideales Klassifikationssystem wäre in der Lage, Schriften nach vielen Maßstäben zu sortieren: nach visuellen, historischen, technischen, funktionellen, kulturellen und geografischen. Unglücklicherweise würde ein solches System vermutlich in unbenutzbarer Komplexität enden. Dennoch sollten wir weiter versuchen, Schriften zu klassifizieren. Sowohl typografischen Gestaltern wie auch Schriftentwerfern verhilft das Klassifizieren von Schriften zu tieferem Schriftverständnis. Klassifikationssysteme decken wesentliche Faktoren auf, die seit der Erfindung des Schreibens die Form der Zeichen beeinflusst haben. Die Klassifikation bleibt nützlich und sie bleibt unvollkommen.

Acht nach DIN oder Vox schwer zu klassifizierende Schriften, die in Willbergs Matrix schnell ihre Schublade finden.

ABCDEFGHIJKLMNOPQRSTUVWXYZ
abcdefghijklmnopqrstuvwxyz

Palatino (Venezianische/Französische Renaissance-Antiqua)

ABCDEFGHIJKLMNOPQRSTUVWXYZ
abcdefghijklmnopqrstuvwxyz

Alega (Headlineschrift/Abgerundete Serifenlose)

ABCDEFGHIJKLMNOPQRSTUVWXYZ
abcdefghijklmnopqrstuvwxyz

Angie Sans (Humanistischer »Übergangs-Holzschnitt«)

ABCDEFGHIJKLMNOPQRSTUVWXYZ
abcdefghijklmnopqrstuvwxyz

PMN Caecilia (Serifenbetonte Antiqua/Schreibmaschinenschrift)

ABCDEFGHIJKLMNOPQRSTUVWXYZ
abcdefghijklmnopqrstuvwxyz

Matrix (Neue Übergangsantiqua mit keilförmigen Serifen)

ABCDEFGHIJKLMNOPQRSTVWXYZ
abcdefghijklmnopqrstuvwxyz

Bell Gothic (Grotesk – für Telefonbücher)

ABCDEFGHIJKLMNOPQRSTUVWXYZ
abcdefghijklmnopqrstuvwxyz

Melior (Serifenbetonte/Neue Übergangsantiqua)

ABCDEFGHIJKLMNOPQRSTUVWXYZ
abcdefghijklmnopqrstuvwxyz

Chicago (Headlineschrift/Serifenlose – für niedrig auflösende Medien)

STIL / **FORM**	**Dynamisch** Humanistisches Formprinzip *Wanderer*	**Statisch** Klassizistisches Formprinzip *Soldaten*	**Geometrisch** Konstruierte Formen *Roboter*	**Dekorativ** Display *Dandys*	**Provozierend** Display *Freaks*
Antiqua **Synonym: Serif** Strichstärkenkontrast, Serifen	Bembo	Bodoni	–	SAPHIR	Beowolf
Antiqua-Varianten Strichstärkenkontrast, keine Serifen	Rotis Semi Serif	Britannic	–	Broadway	PEIGNOT
Grotesk **Synonym: Sans Serif** Gleichmäßige Strichstärken, keine Serifen	Gill Sans	Helvetica	Futura	AVANT GARDE	Renee Display
Egyptienne **Synonym: Slab Serif** Gleichmäßige Strichstärken, kräftige Serifen	Caecilia	Glypha	Rockwell	ROSEWOOD	Matto
Schreibschriften **Synonym: Script**	Zapf Chancery	Künstlerschreibschrift	–	Choc	agrafie
Fremde Schriften **Synonym: Non Latin** (Beispiel Kyrillisch)	Times Кириллица Gill Кириллица	Helvetica Кириллица Excelsior Кириллица	Futura Кириллица	STENCIL КИРИЛЛИЦА	Dolores Кириллица

Großbuchstaben mit Serifen

Großbuchstaben mit Serifen

Um Übersicht zu schaffen, teilen wir die Versalien in Untergruppen ein, zunächst nach runden, dreieckigen und rechteckigen Formen. D, B, P und R sammeln wir in einer Gruppe für rundeckige Formen, während wir M, N, K und Y als diagonal-eckige Formen bündeln. Diese und noch einige andere Unterteilungen (siehe unten) helfen uns im Entwurfsprozess, da wir beim Entwurf eines Zeichens die jeweiligen »Verwandten« berücksichtigen sollten.

Im Folgenden sprechen wir von zwei Proportionssystemen bei Großbuchstaben: humanistisch und modern. Die humanistischen Proportionen sind ursprünglich antik – sie basieren auf römischen Inschriften (beispielsweise die der Trajanssäule). Aus ästhetischen und praktischen Gründen verwendeten die römischen Steinmetze ganzzahlige Teiler des Quadrats für den Entwurfsraster ihrer Versalien. Theoretisch legten sie vierzehn Zeichen (A, C, D, G, H, K, N, O, Q, T, V, X, Y und Z) mit der Breite eines Quadrats an und sieben (B, E, F, L, P, R und S) mit der Breite eines halben Quadrats. Zwei Zeichen fallen aus diesem System. Das I ist schmaler, das M ist weiter. U, J und W wurden erst später zum Alphabet hinzugefügt und besitzen daher kein römisches Vorbild.

In der Praxis folgen viele Schriften, deren Proportionen als humanistisch bezeichnet werden, dem theoretischen Modell weniger streng. Sie weisen zwar weitere und schmalere Zeichenbreiten auf, jedoch ohne dabei die exakten Teiler eines Quadrats aufzunehmen. So schön die römische Capitalis auch ist, sie erweist sich als etwas unpraktisch. Ihr quadratischer Entwurfsraster führt zu breiten Zeichen. Diese benötigen dann wiederum große Buchstabenabstände und weisen zudem einen ungleichmäßigen Grauwert auf: Die schmalen Zeichen wirken dunkler als ihre quadratischen Nachbarn. Außerdem lassen sich nach dem römischen Modell keine schmalen oder breiten Schriftschnitte entwerfen, denn dafür muss der Quadratraster aufgegeben werden.

Diese Nachteile führten zur allmählichen Entwicklung des neuen, modernen Systems in Barock und Klassizismus. Moderne Proportionen haben den gleichmäßigen Grauwert sowie eine einheitliche optische Zeichenbreite zum Ziel. Beispielsweise ist das H etwas schmaler als das O, da seine Innenflächen sonst sichtlich größer wären. Ohne die Beschränkung durch einen starren Entwurfsraster werden flexible Zeichenbreiten und damit schmale (Condensed) und breite (Extended) Schriftschnitte erst möglich. Das moderne Proportionssystem fördert darüber hinaus die Lesbarkeit, denn die hellen und dunklen »Flecken« des humanistischen Systems ermüden Leser längerer Texte.

Wie nicht anders zu erwarten, finden wir die humanistischen Proportionen in Versalien der venezianischen und französischen Renaissance. Während der Übergangsperiode treten die Großbuchstaben in einigen Schriften bereits einheitlicher auf, in anderen tragen die Proportionen noch deutlich humanistische Züge. Klassizistische und Serifenbetonte folgen fast ausnahmslos den modernen Proportionen.

O Q C G S	Runde Formen
B P R D J U	Rund-eckige Formen
E F L H I T	Eckige Formen
V A W X	Diagonale Formen
M N K Z Y	Diagonal-eckige Formen

Großbuchstaben können nach ihren Merkmalen gruppiert werden.

E F H B P R S K X Y	Zweigeschossige Zeichen
L T X K Z J	Zeichen mit offenen Seiten
M W	Besonders weite Zeichen
I J	Besonders schmale Zeichen

BEFLPRS IJ
UHT MW CDGOQ AVNYZK

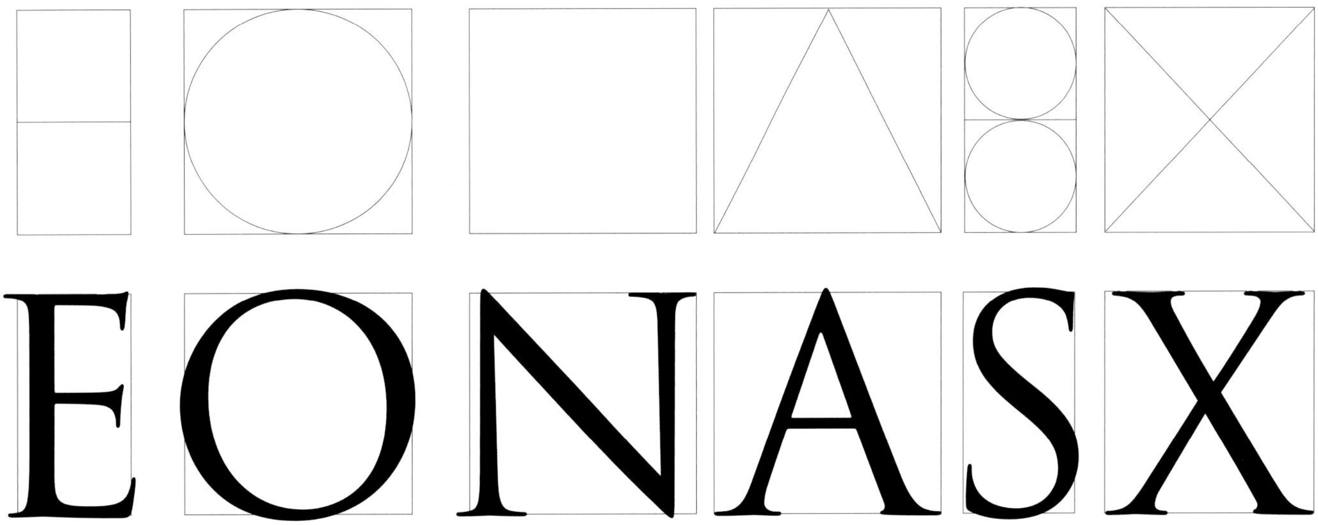

Trajan
(nach den Inschriften der Trajanssäule)

BEFLPRSIJUHTMWCDGOQAVN

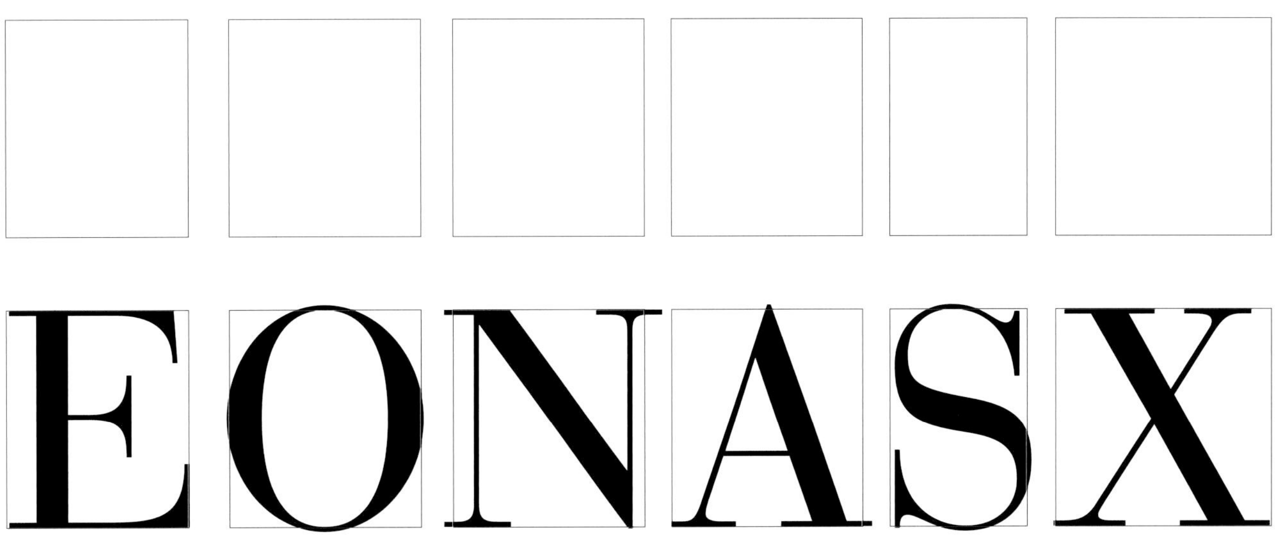

Bauer Bodoni
(Klassizistische Antiqua)

Großbuchstaben mit Serifen – das O

Die Form des O hat sich mit der Zeit beträchtlich verändert. In den frühen Antiquaschriften (Renaissance) beschreibt das O einen nahezu perfekten Kreis mit geringem Kontrast und deutlich geneigter optischer Achse. Dieses typografische Modell stammt von der kalligrafischen Arbeitsweise der Kopisten, der mittelalterlichen Lohnschreiber. Sie verwendeten Tuschfedern mit einer breiten und einer schmalen Seite, die in einem Winkel von 30–45 Grad in der rechten Hand gehalten wurden. So entstanden die charakteristischen Schwellungen der Strichstärken mit der geneigten Achse.

In den folgenden Jahrhunderten richtete sich die Achse zusehends auf, während das O gleichzeitig ovaler wurde. Der Kontrast stieg zu Beginn (Übergangsantiqua, klassizistische Antiqua) und verringerte sich später wieder (serifenbetonte Antiqua). Die Gründe hierfür liegen in technischen Fortschritten ebenso wie in philosophisch-künstlerischen Bewegungen. Um diese Wechselwirkungen umfassend nachzuzeichnen, reicht hier der Platz nicht aus. Wichtig ist uns aber festzuhalten, dass die Entwicklung sich langsam von der geschriebenen zur gezeichneten Letter bewegte.

Wer ein großes O entwerfen möchte, sollte sich einige objektive wie subjektive Regeln vor Augen halten. In einer Serifenschrift sollte das O immer kreisförmig oder oval sein. Rechteckige, rautenförmige, dreieckige und andere »freie« Formen sind schwer lesbar, da Leser des lateinischen Alphabets über Jahrhunderte auf die symmetrisch runde Form des O konditioniert wurden.

Auch aus entwurfssystematischer Sicht spricht alles gegen drastische Abweichungen vom runden Modell. Ein quadratisches O führt zu quadratischen C, G, Q usw. Eine solche Schrift krankt am fehlenden wesentlichen Formenwechsel: Kurven, Geraden, Diagonalen. Das führt zu merklichen Abstrichen bei der Lesbarkeit. Beispielsweise würde ein eckiges O leicht mit dem dann ebenfalls eckigen D verwechselt.

Natürlich können wir das Konsistenzprinzip auch über Bord werfen, also ein eckiges O neben einem runden S in unseren Schriftentwurf integrieren. Durch beliebige Entwurfskonzepte gerät jedoch die angestrebte Einheitlichkeit der Schrift ins Schwimmen, im Strudel des Zufälligen säuft die Lesbarkeit ab.

Eine ovale Form gleicher Höhe und Breite wie ein Rechteck wirkt kleiner.

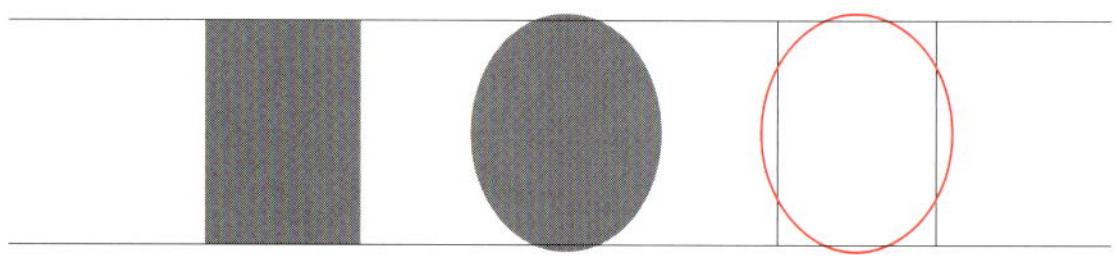

Um dem Rechteck zu entsprechen, muss das O höher und breiter werden. Schmale Zeichen benötigen eine stärkere Korrektur.

Venezianische Antiqua
Deutliche Achsneigung, geringer bis mittlerer Kontrast (~3:1), starker kalligrafischer Einfluss.

Französische Renaissance-Antiqua
Geringere Achsneigung, geringer bis mittlerer Kontrast (~3:1).

In der zeitlichen Abfolge zeigt sich die allmähliche Aufrichtung der optischen Achse.

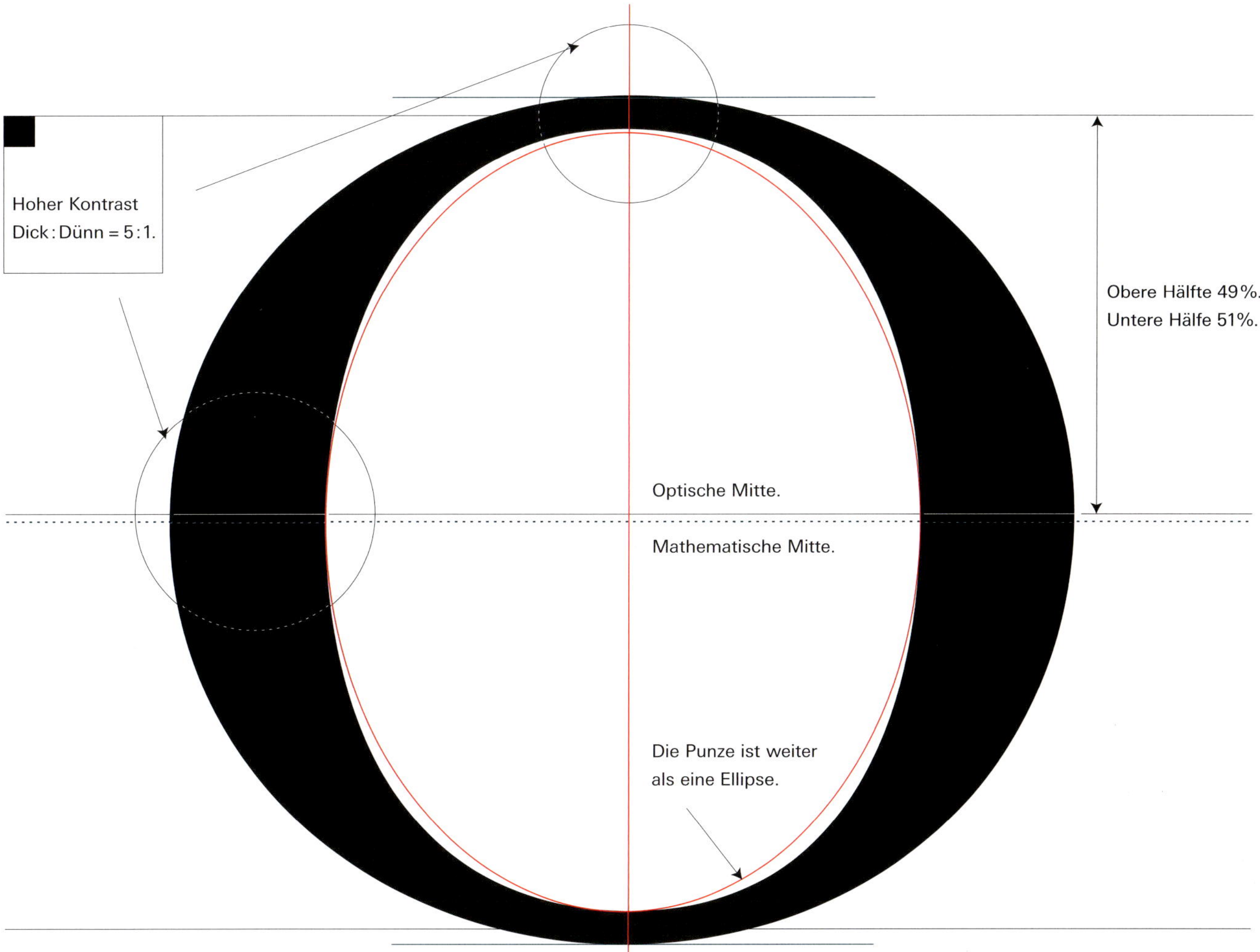

New Baskerville
(Übergangsantiqua)

Die äußere Kontur überragt Versalhöhe und Grundlinie um 2 %.

Übergangsantiqua
Fast vertikale bis vertikale Achse, hoher Kontrast (~5 : 1).

Klassizistische Antiqua
Vertikale Achse, sehr hoher Kontrast (~7 : 1), zierliche ovale Form.

Serifenbetonte Antiqua
Vertikale Achse, geringer Kontrast (~2 : 1), fette »eckige« Form.

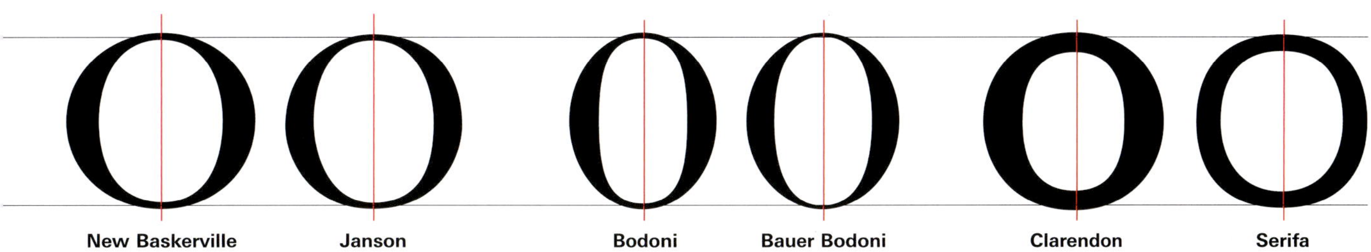

Die optische Achse

Die Neigung der optischen Achse wird vorwiegend von der Form der Punze erzeugt. Die Außenkontur bleibt aufrecht. Venezianische Antiqua zeigen meist dramatische Winkel, in der französischen Renaissance neigt sich die Achse nur noch moderat, und die Übergangsantiqua der Barockzeit stehen bereits nahezu aufrecht.

Die innere Kontur ist meist keine echte Ellipse. Entlang der Diagonalen greift die Kontur über die elliptische Grundform hinaus, um einem rautenförmigen Gesamteindruck entgegenzuwirken. Auch die äußere Kontur folgt nicht immer einem Kreis. Häufig findet sich eine subtile Betonung im »Nordosten« und »Südwesten« – ein Überbleibsel der ursprünglich geschriebenen Form aus zwei kalligrafischen Schwüngen.

Bei allen Zeichen mit runden Komponenten, besonders beim O, sollte der Entwerfer lockere, sorgfältige Freihandskizzen gegenüber dem Konstruieren mit den Zeichenwerkzeugen des Computers bevorzugen. Dies fördert organische, natürliche Formen mit Persönlichkeit.

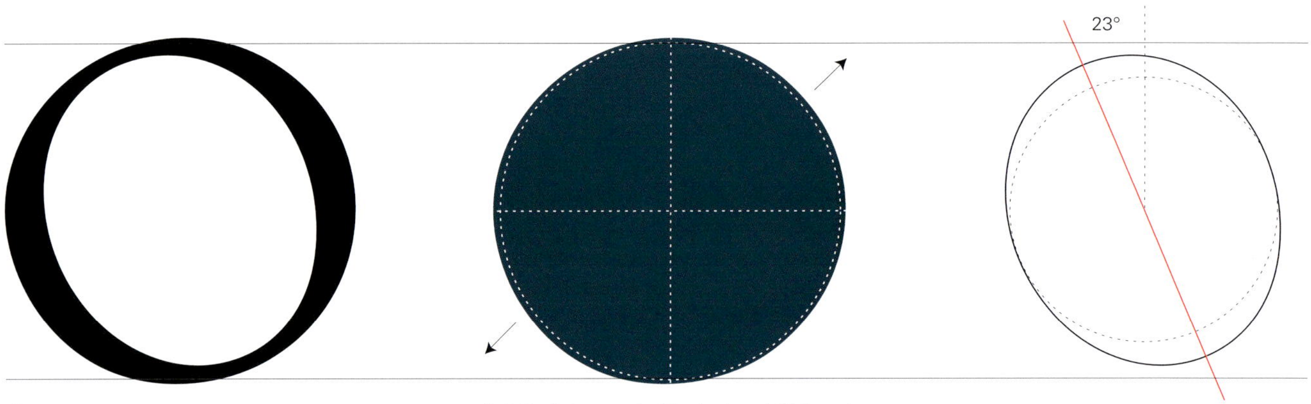

Centaur
(Venezianische Renaissance-Antiqua)

Subtile Betonung in Nordost und Südwest.

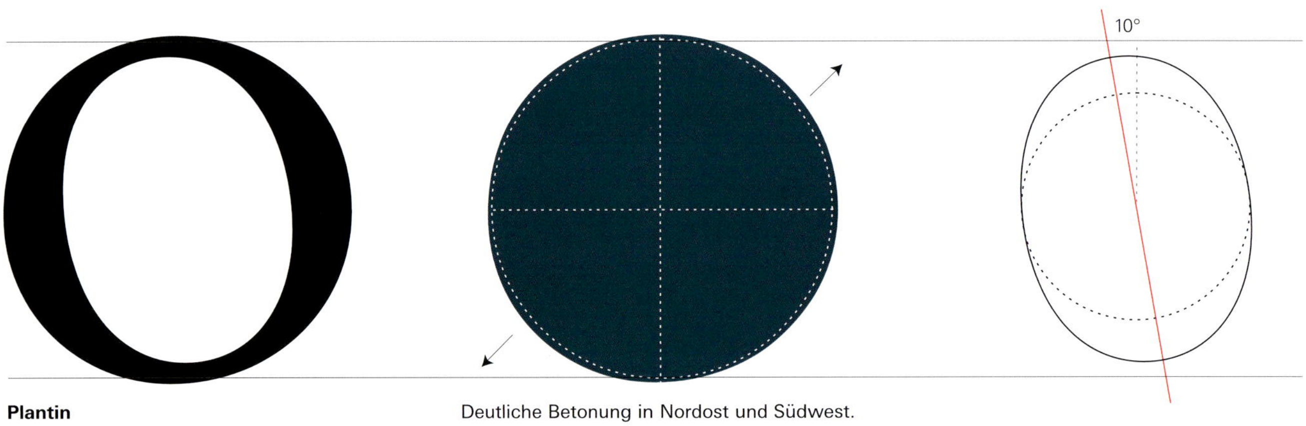

Plantin
(Französische Renaissance-Antiqua)

Deutliche Betonung in Nordost und Südwest.

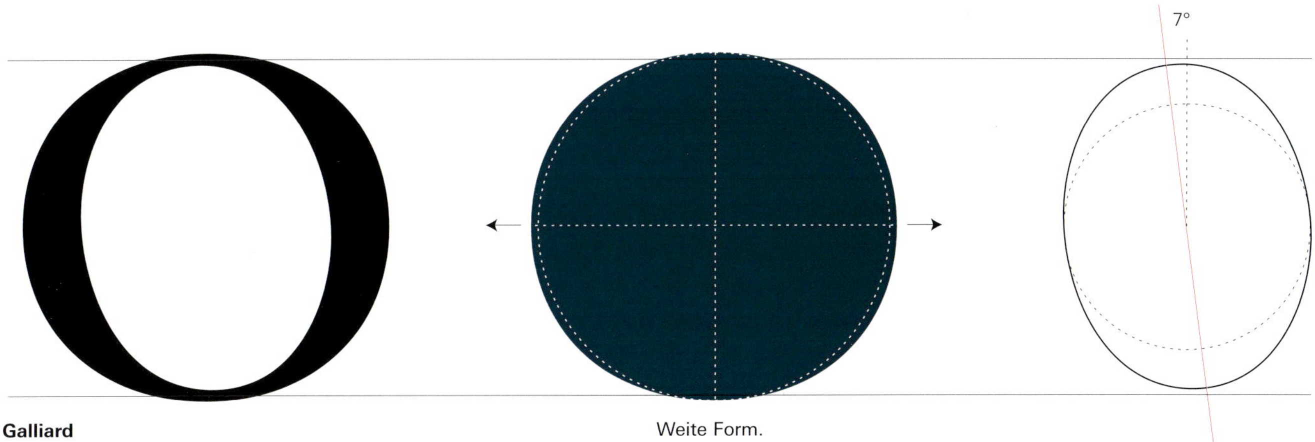

Galliard
(Französische Renaissance-Antiqua)

Weite Form.

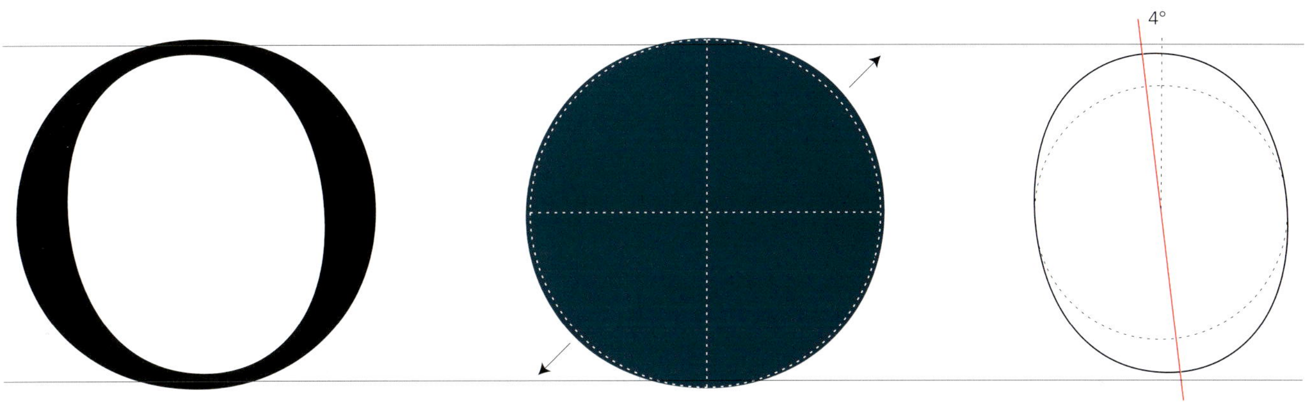

Adobe Garamond
(Französische Renaissance-Antiqua)

Subtile Betonung in Nordost und Südwest.

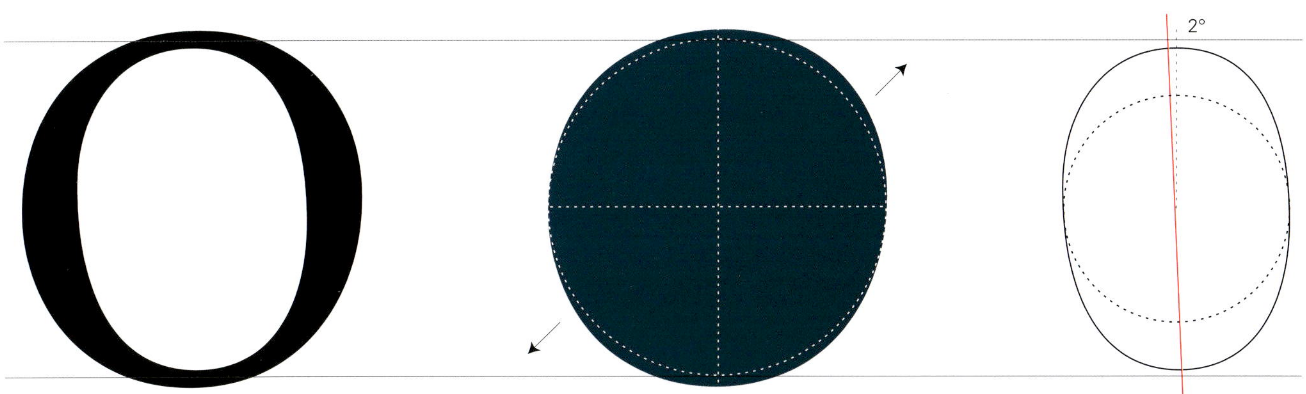

Méridien
(Übergangsantiqua)

Deutliche Betonung in Nordost und Südwest.

Das O klassizistischer und serifenbetonter Schriften

In klassizistischen und serifenbetonten Antiqua wird das O »rechteckiger« gezeichnet. Die genauere Betrachtung der inneren und äußeren Konturen verrät uns jedoch, dass vertikale Abschnitte, die uns gerade erscheinen, meist leicht gerundet sind. So vermeiden wir den »Knocheneffekt«, bei dem sich vertikale Seiten nach innen zu wölben scheinen.

Dort, wo die vertikalen Linien tatsächlich als Gerade gezeichnet sind, kann der »Knocheneffekt« durch einen weichen Übergang zur Kurve verringert werden. Dieser sanftere Wechsel suggeriert eine konvexe Form und eliminiert auffallende Ecken im Kurvenverlauf.

Falsch:
Die Form ist aus zwei Halbkreisen und einem Rechteck konstruiert.

Man beachte den »Knocheneffekt« und den auffallenden Übergang.

Richtig:
Der Übergang von der Kurve zur Geraden ist weich gestaltet.

Die punktierte Linie zeigt zum Vergleich den Verlauf eines Halbkreises.

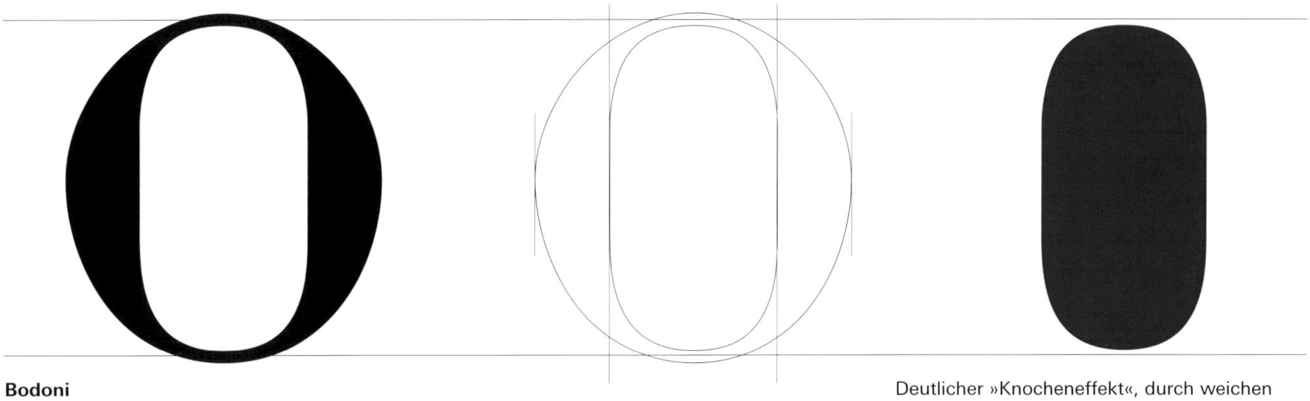

Bodoni
(Klassizistische Antiqua)

Deutlicher »Knocheneffekt«, durch weichen Übergang von der Kurve zur Geraden abgemildert.

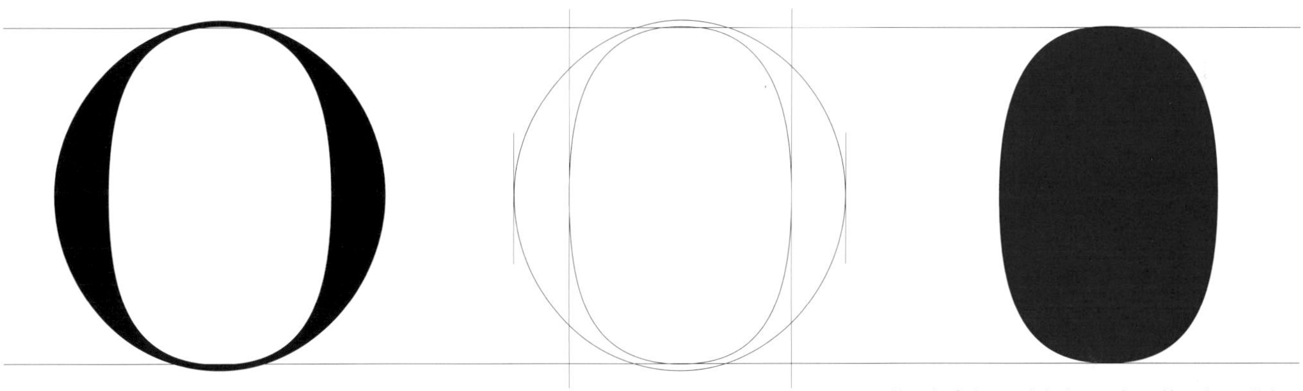

Didot
(Klassizistische Antiqua)

Die Punze überragt Versalhöhe und Grundlinie.

Runde Seiten minimieren den »Knocheneffekt«. Die untere Hälfte der Punze ist etwas weiter als die obere.

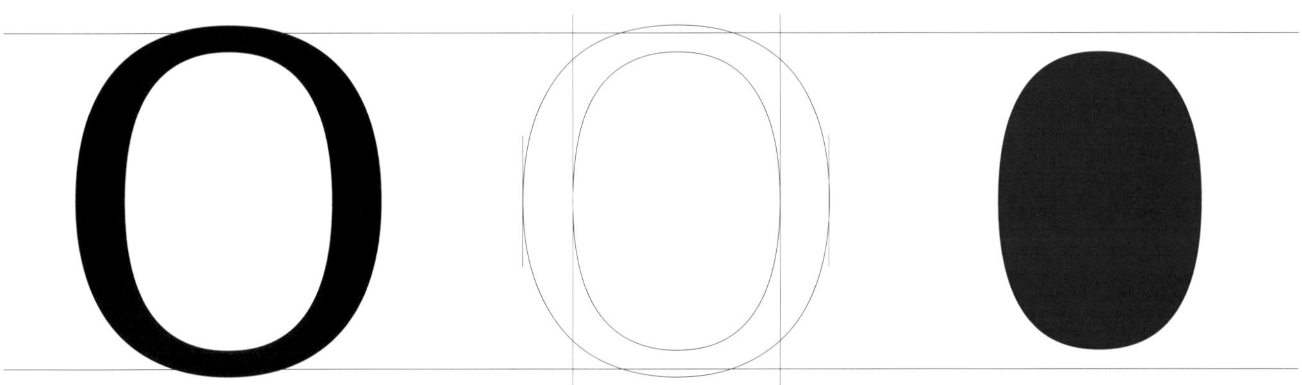

Egyptienne
(Serifenbetonte Antiqua)

Runde Seiten minimieren den »Knocheneffekt«.

Großbuchstaben mit Serifen – das E

Das E bietet sich als nächster zu gestaltender Buchstabe an. Das E legt gleich mehrere entscheidende Grundsteine für die gesamte Schrift: das Proportionssystem, die visuelle Mitte, die Dicke vertikaler Stämme sowie die Serifen- und Kehlungsform.

In jedem Proportionssystem gehört das E zu den schmalen Zeichen. Im humanistischen System richtet sich die Breite des E in etwa nach der Größe eines halbierten Quadrats. Das moderne System variiert die Breite, um einen gleichmäßigen Grauwert zu erreichen. Da rechteckige Formen ohnehin größer und schwerer wirken als gleich große ovale Formen, ist auch das moderne E stets etwas schmaler als das O.

Der Stamm des E erreicht nicht die Stärke der dicksten Stelle des O. Dies kompensiert den schwereren und fetteren Eindruck der durchgängig gleich bleibenden Strichstärke des Stammes.

Die Dicke der Haarlinie (der horizontale Strich) ist hingegen meist über alle Großbuchstaben identisch, also auch von O zu E. Die Arme des E sind jedoch unterschiedlich lang. Der mittlere Arm ist der kürzeste, der untere greift am weitesten aus. Die gestaffelten Armlängen verhindern Serifenkollisionen und sorgen für eine gleichmäßige Dichteverteilung innerhalb des Zeichens. Die visuelle Mitte liegt stets leicht oberhalb der mathematisch ermittelten. Daher befindet sich der mittlere Arm nicht exakt mittig, sondern geringfügig höher. Bei einigen Schriften wird diese Asymmetrie überbetont, um einen besonderen Ausdruck in die Schrift zu legen. Solche vorsätzlichen Proportionsverschiebungen wollen wohl überlegt sein: Erstens entsteht dabei ein sichtlich hellerer Bereich in der unteren Hälfte des E und zweitens wird die Gestaltung anderer zweigeschossiger Zeichen (wie B, P, R und X) dadurch kniffliger.

Die linke Seite des Stammes wird oben und unten mit Endserifen abgeschlossen. Ihre Proportionen sind ungefähr an die horizontalen und vertikalen Strichstärken gekoppelt. Sie können etwas variiert werden, um das Gesamtgewicht des E feiner auszutarieren. In einigen Fällen ist die untere Serife etwas länger gezeichnet, um dem Buchstaben einen stabileren Stand zu verleihen.

Die Arme des E enden in Ausgleichsserifen. Sie bilden das Gegengewicht zum massiven Stamm. Wie die Armlängen sind auch die Serifen unterschiedlich: die mittlere ist die Kleinste, die untere die Größte. Die Größenunterschiede verschieben subtil den Schwerpunkt des Zeichens in die untere Hälfte, um das E optisch zu erden. Darüber hinaus steigern die Ausgleichsserifen die Lesbarkeit. Sie ziehen das Auge in Leserichtung.

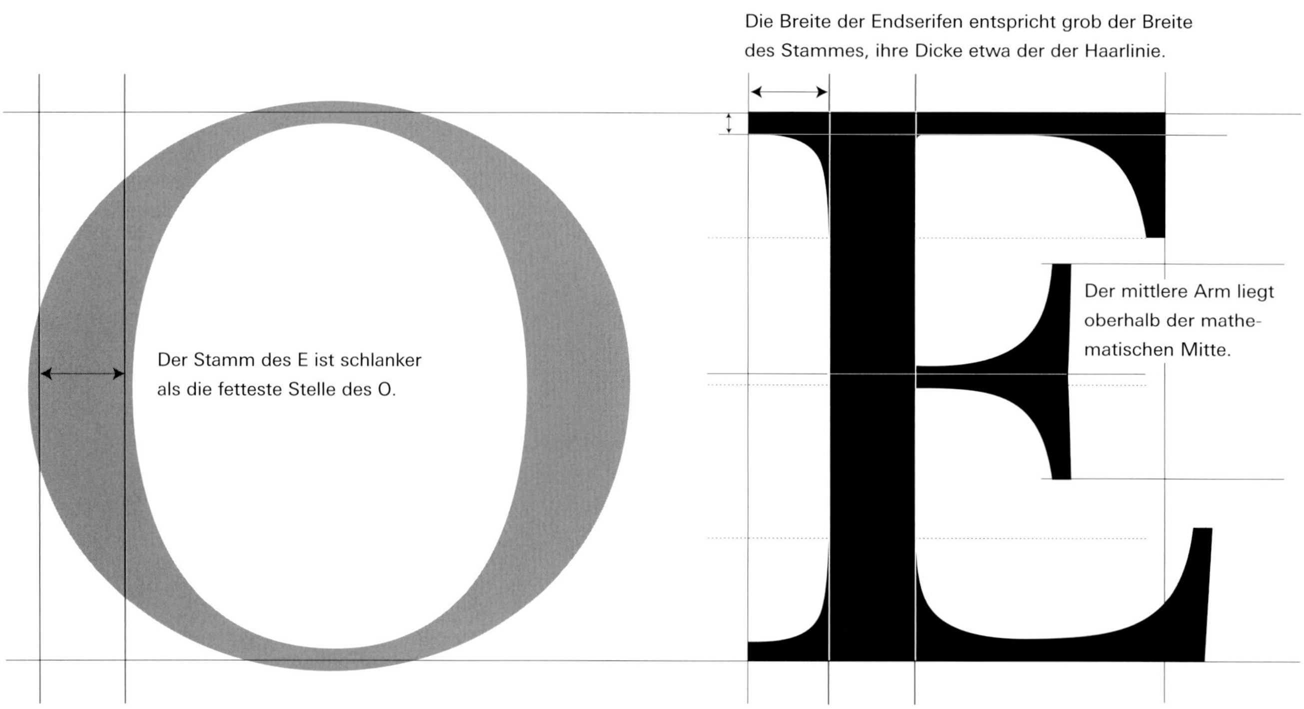

New Baskerville
(Übergangsantiqua)

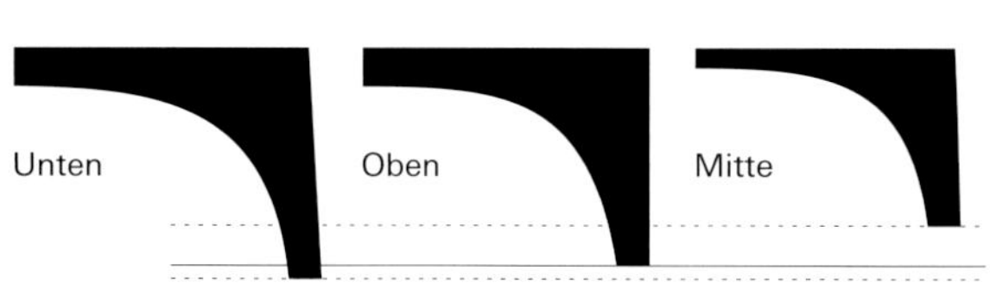

Vergleich der Ausgleichsserifen.

Venezianische Renaissance-Antiqua
Langer mittlerer Arm
Kleine Serifen
Geringer Kontrast

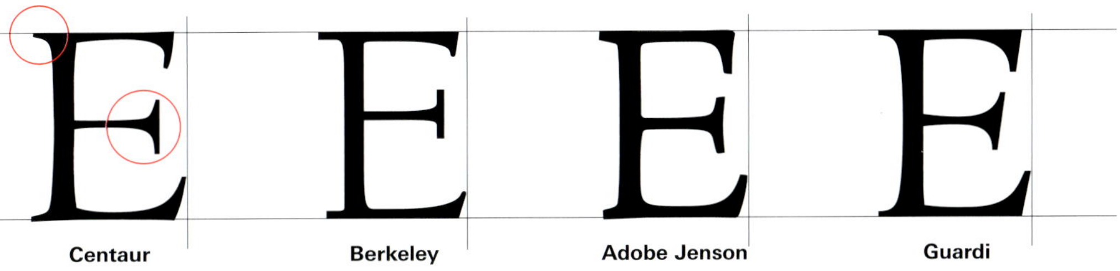

Französische Renaissance-Antiqua
Mittellanger mittlerer Arm
Mittlere Serifen
Mittlerer Kontrast

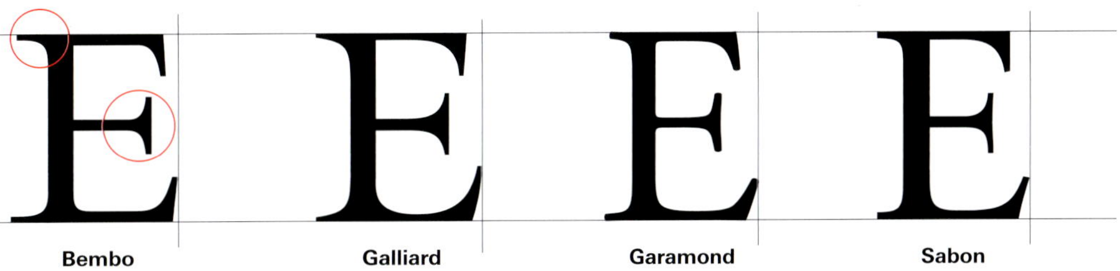

Übergangsantiqua
Kurzer mittlerer Arm
Große Serifen
Hoher Kontrast

Klassizistische Antiqua
Sehr kurzer mittlerer Arm
Sehr große Serifen
Sehr hoher Kontrast
Ungekehlte Endserifen

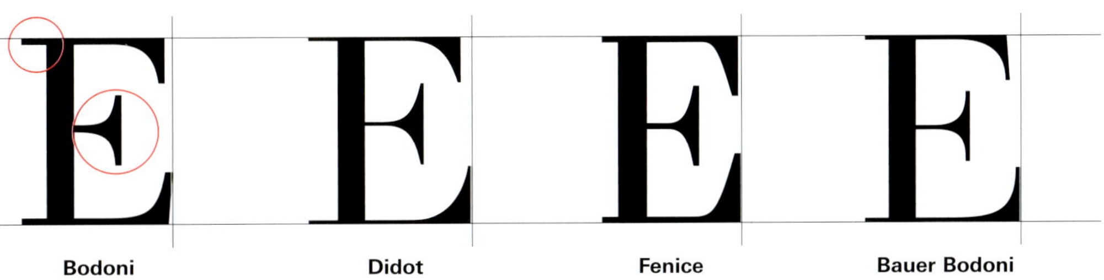

Serifenbetonte Antiqua
Kurzer mittlerer Arm
Geringer Kontrast
Serifen können ungekehlt sein.

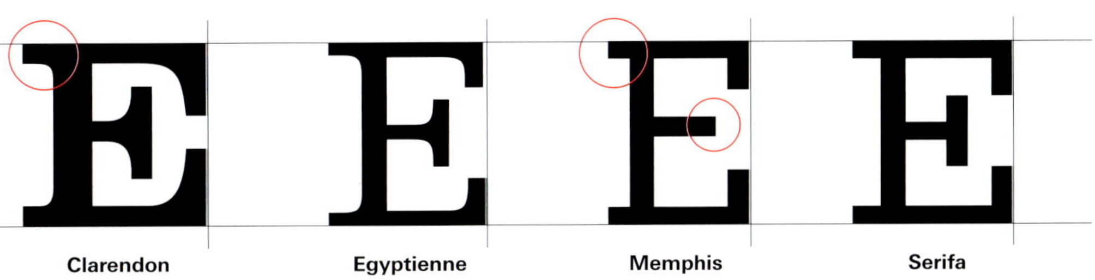

Kehlungen
Als Kehlungen bezeichnet man die äußerst nützlichen gerundeten Übergänge von horizontalen zu vertikalen Strichen. Sie verringern unerwünschte Spannung an den Linienverbindungen und erleichtern die harmonische Gewichtsverteilung innerhalb des Buchstabens.

Die Kehlungen der Ausgleichsserifen müssen größer sein als die der Endserifen, um einen gleichmäßigen Grauwert des Zeichens zu erreichen. Innere Kehlungen (vom Stamm zu den Armen) sind optional. Wo sie existieren, wird häufig die untere innere Kehlung (vom Stamm zum unteren Arm) größer gezeichnet, um den Stand des Zeichens zu festigen.

Typisch für venezianische Renaissanceschriften sind die subtileren Kehlungen im Vergleich zu französischen Renaissance- oder Übergangsantiqua. Das E einer Klassizistischen weist nur an den Ausgleichsserifen Kehlungen auf. Bei den Serifenbetonten erhält das E entweder gekehlte End- und Ausgleichsserifen oder überhaupt keine Kehlungen.

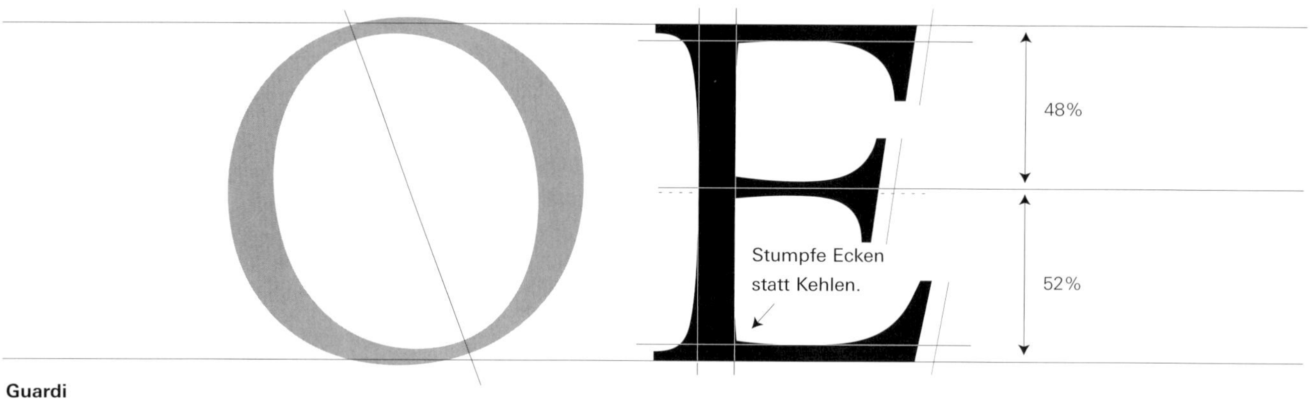

Guardi
(Venezianische Renaissance-Antiqua)

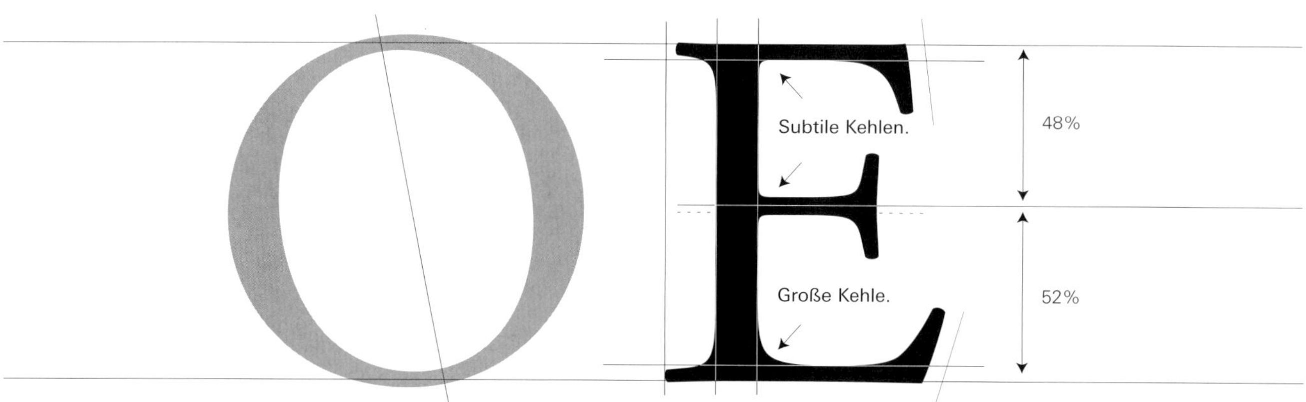

Garamond
(Französische Renaissance-Antiqua)

Untere Endserife
ist länger als obere.

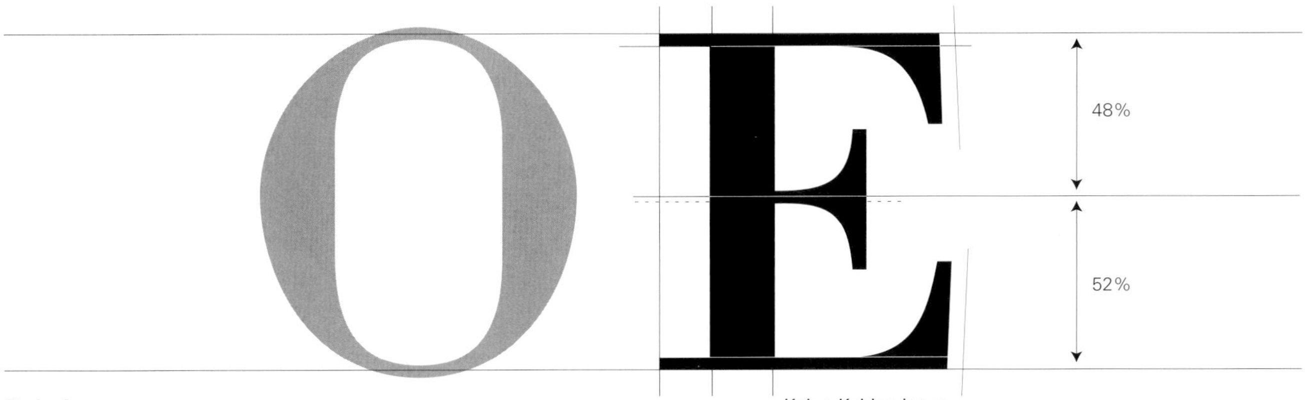

Bodoni
(Klassizistische Antiqua)

Keine Kehlen innen
und an Endserifen.

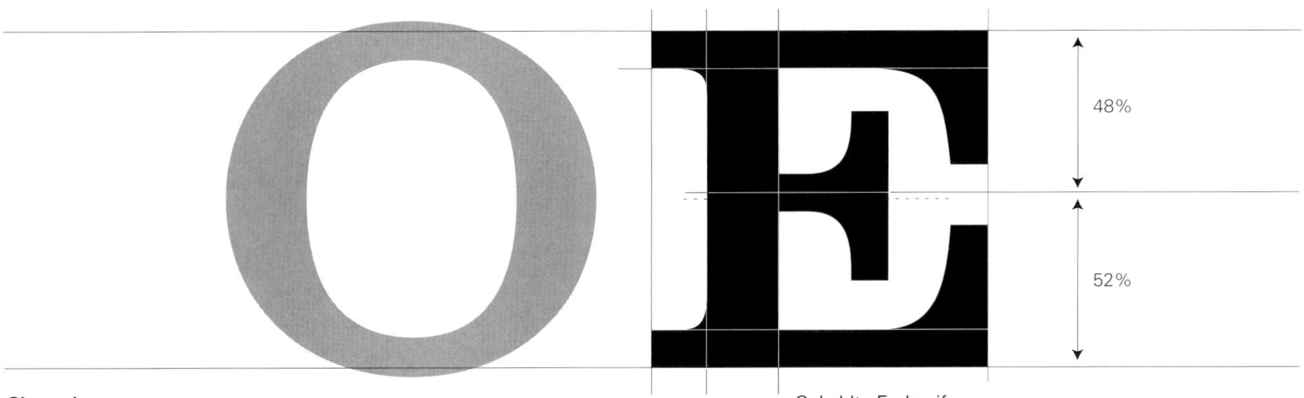

Clarendon
(Serifenbetonte Antiqua)

Gekehlte Endserifen,
keine Kehlen innen.

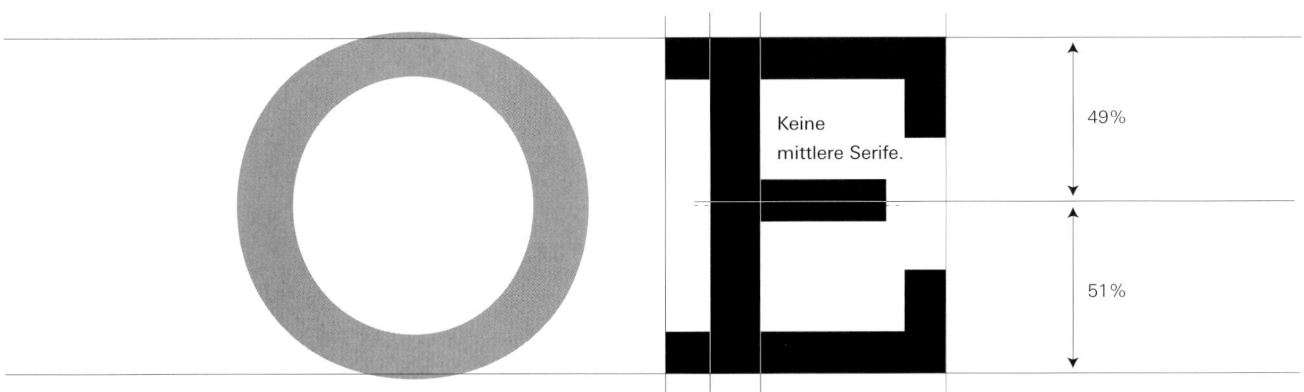

Rockwell
(Serifenbetonte Antiqua)

Gar keine Kehlen.

Großbuchstaben mit Serifen – das C

O und C sind offensichtlich verwandte Zeichen, grob gesprochen entsteht das C durch Tranchieren des O. Die Lage dieses Schnittes bestimmt die Größe der Öffnung und die Breite des C. Die meisten Schriftentwerfer betrachten die Mitte der rechten Rundung des O als äußerste Grenze. Setzt man den Schnitt weiter links an, entsteht ein schmaleres C mit größerer Öffnung.

Durch seine offene Seite droht das C nun leichter zu wirken als das O. Daher wird der linke Bogen etwas schwerer gestaltet als beim O. Legt man das zusätzliche Gewicht in den unteren Teil, gewinnt das C an Stabilität. In der oberen Hälfte verleiht eine stärkere Betonung dem Zeichen Lebendigkeit und Dynamik.

Unser beschnittenes O benötigt nun mindestens eine Ausgleichsserife als oberen Abschluss. Diese Ausgleichsserife übertrifft die Größe der oberen Ausgleichsserife des E, da der Bogen des C ein schwereres Gegengewicht darstellt. Bei einigen Schriften wird die Serife durch einen angefügten Sporn vergrößert. Die Oberkante des Sporns richtet sich meist grob nach der Versalhöhe.

Der untere Strichabschluss kann entweder ebenfalls als Serife (statisch) oder als auslaufender Bogen gestaltet werden. Das eröffnet Spielräume. Eine zweite Serife sollte erneut etwas größer sein als die obere Serife. Ein auslaufender Bogen muss stets über die obere Serife hinausragen, aus Gründen des inneren Gleichgewichts weichen dabei Form und Gewicht der Rundung kräftig vom O ab. Als Strichabschluss stehen gestreckte Serifen, Keilformen, stumpfe und spitze Enden zur Auswahl. Je weniger Gewicht das Bogenende trägt, desto deutlicher verschiebt sich das Gewicht in der Rundung nach unten und desto länger streckt sich der untere Bogen, damit das C nicht »kippt«.

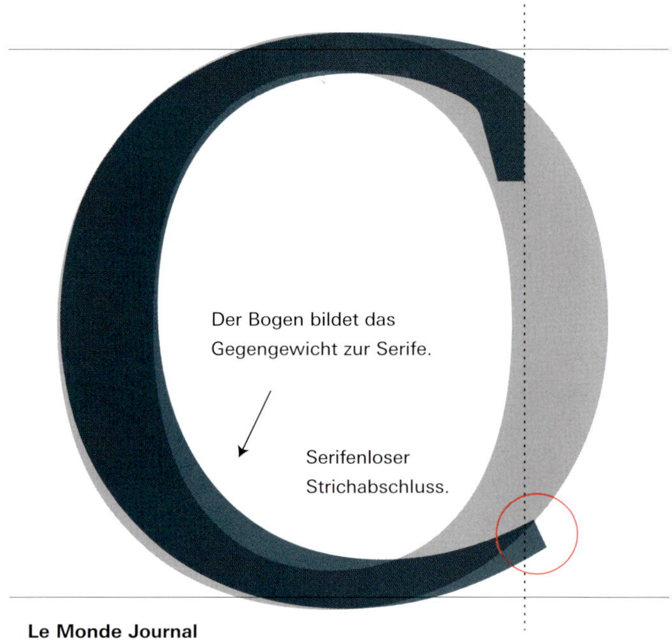

Le Monde Journal
(Übergangsantiqua)

Venezianische/ Französische Renaissance-Antiqua
Die untere Serife ist größer oder kleiner.

Guardi

Angedeuteter Sporn.

Caslon

Übergangsantiqua
Die untere Serife ist etwas größer als die obere Serife.

New Baskerville

Perpetua

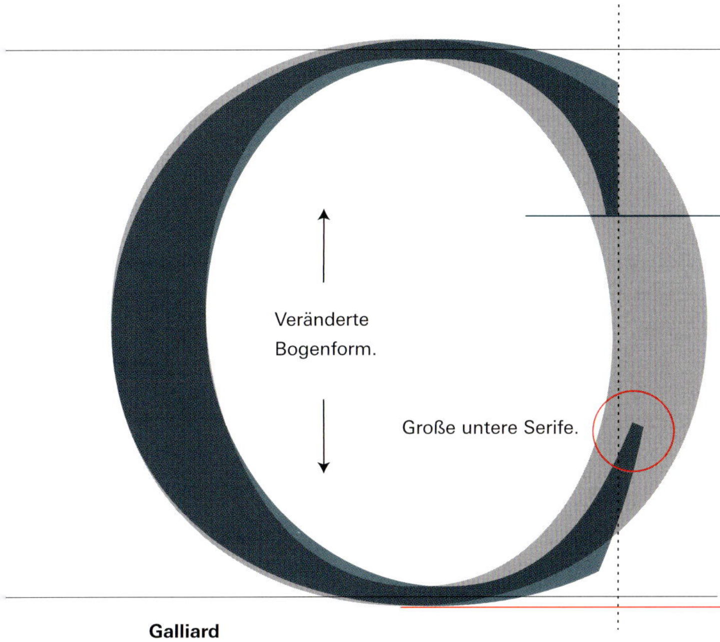

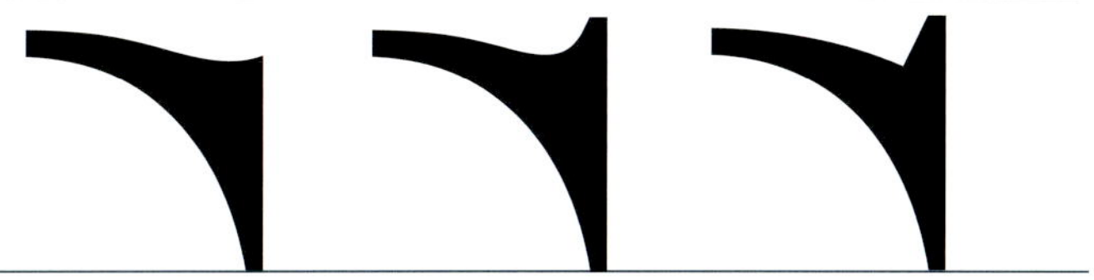

Verschiedene Serifenformen:
angedeuteter, gekehlter und ungekehlter Sporn.

Galliard
(Französische Renaissance-Antiqua)

Klassizistische Antiqua
Obere Serife unter Versalhöhe
Untere Serife über der Grundlinie
Untere Serife größer als obere

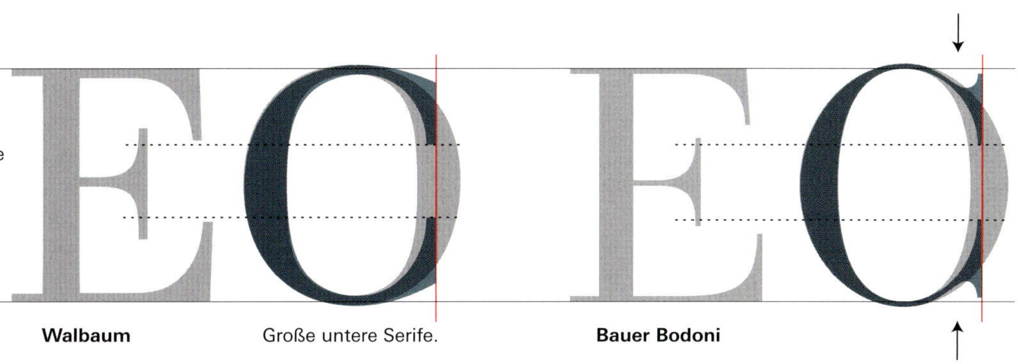

Walbaum Große untere Serife. **Bauer Bodoni**

Serifenbetonte Antiqua
Verbindungen zweier Striche
können auf weniger als
Haarstrichstärke verjüngen.

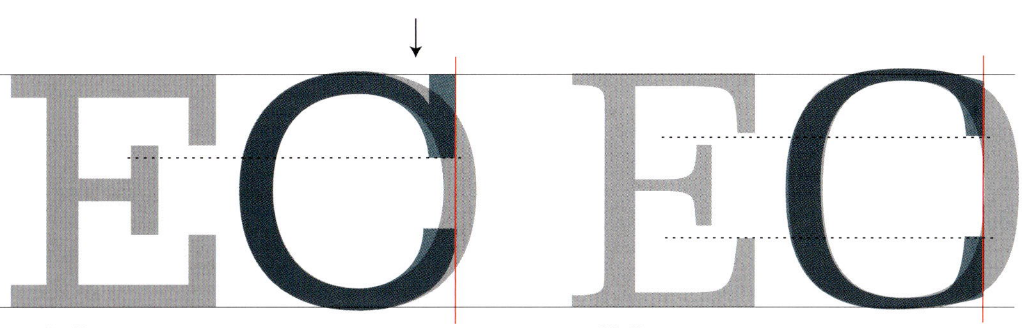

Serifa **Melior**

Großbuchstaben mit Serifen – das G

Auch C und G verbindet eine enge Verwandtschaft, doch wie beim O stimmen die Rundungen nicht genau überein. Der dicke Stamm des G (der Hals) färbt dieses Zeichen deutlich dunkler. Als Gegenmaßnahme wird der Bogen des G feinfühlig ausgedünnt sowie, falls erforderlich, auch die Ausgleichsserife verkleinert.

Der Hals des G fordert die Kreativität des Entwerfers heraus. Der Lesbarkeit kommt ein kurzer Hals zugute, der deutlich unter der optischen Mitte endet. Die dadurch weite Öffnung verhindert die mögliche Verwechslung mit dem O. Ein sehr kurzer Hals kann sogar etwas fetter als der normale Grundstrich sein, um noch ein ausreichendes Gegengewicht zum Bogen zu bilden.

Bei den meisten Schriften ist der Hals rechts an der Ausgleichsserife ausgerichtet. Bei Schriften mit geringem Weißraum kann der Hals jedoch nach rechts über die Serife hinausgeschoben werden, um die Innenfläche zu vergrößern. Wenn das noch nicht reicht, wird der gesamte Bogen etwas weiter gezeichnet.

Den Kopf des Halses ziert eine Serife. Sie kann nur nach links oder zu beiden Seiten ausgebildet sein. Die linke Serife ist immer länger als die rechte. Sie erreicht mindestens die Länge der Stärke des Grundstrichs. Eine kurze rechte Serife verbessert die Nachbarschaftsbeziehungen zu nebenstehenden Lettern, besonders wenn diese links eine Vertikale aufweisen (zum Beispiel bei GI, Gh, GE, GL oder GR).

Den Bogen eines G zu gestalten, ist schwerer als man denkt. Er soll einerseits sanft in den Hals übergehen und ihn andererseits stützen. Die Kurve verläuft daher tiefer als beim O, bei manchen Schriften erhebt sich die Kurve nicht über die Schriftlinie.

Dem Übergang zum Hals kann ein Sporn hinzugefügt werden. Ein vertikaler Sporn betont die aufrechte Linie und sorgt so für einen festeren Stand. Der horizontale Sporn verlängert den Kurvenverlauf und weist ganz natürlich in Leserichtung.

Serifenvarianten am Hals:
nur links,
links und rechts optisch gleich,
links länger als rechts.

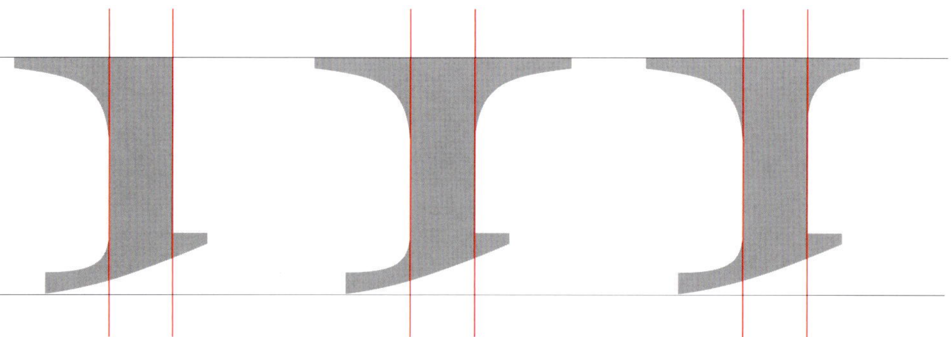

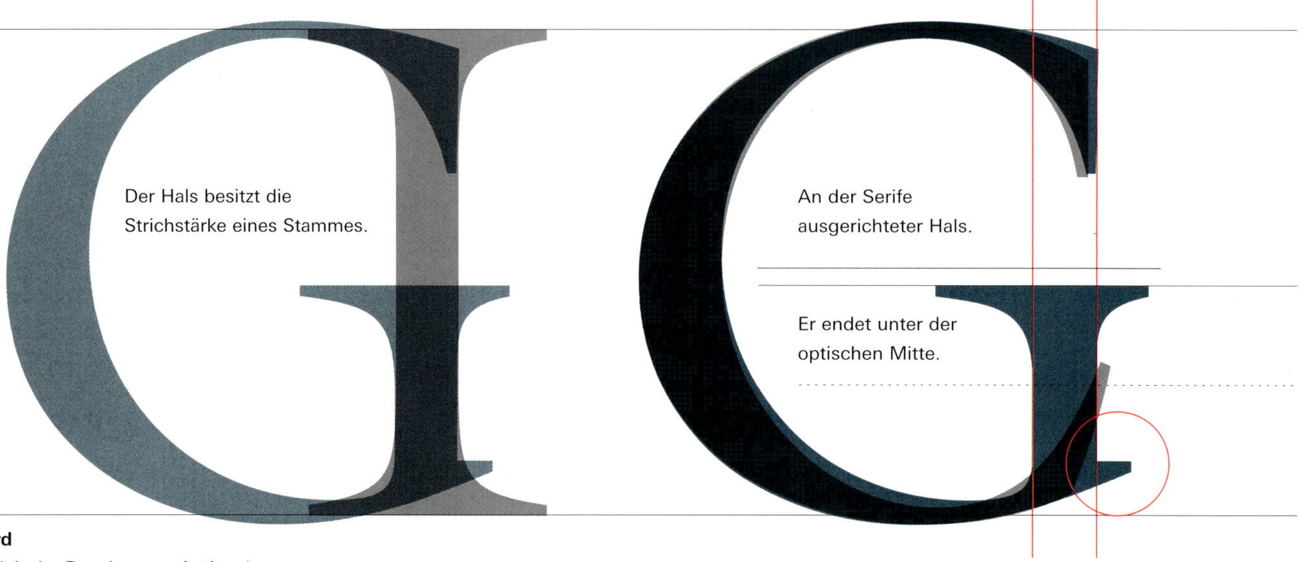

Galliard
(Französische Renaissance-Antiqua)

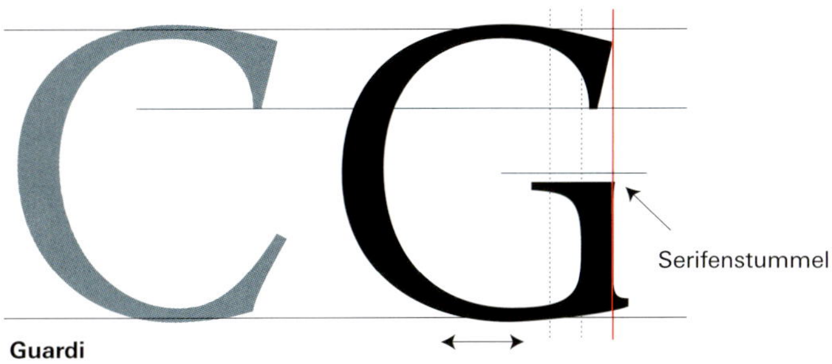

Guardi
(Venezianische
Renaissance-Antiqua)

Weit ausschwingende Basis.

Didot
(Klassizistische Antiqua)

Gekehlter Sporn.

Palatino
(Venezianische/Französische
Renaissance-Antiqua)

Winzige rechte Serife.

New Century Schoolbook
(Serifenbetonte Antiqua)

Ungekehlter Sporn.

Renaissance-Antiqua variieren die Länge der Serifen am Hals deutlich. Serifenbetonte, klassizistische und Übergangsantiqua zeichnen die linke Serife nur wenig länger als die rechte.

Unterschiedliche Halspositionen:
deutlich über oder auf der Grundlinie.

Verschiedene Entwürfe des Sporns:
gekehlter horizontaler Sporn, ungekehlter und gekehlter vertikaler Sporn.

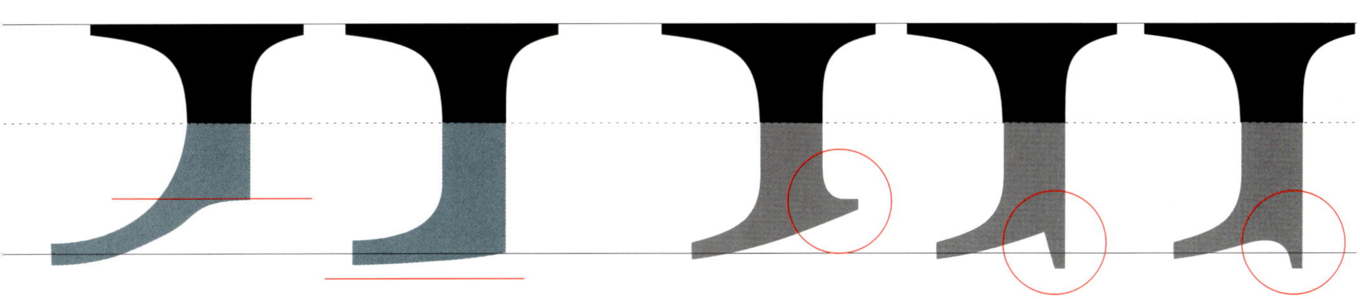

Großbuchstaben mit Serifen – das D

Das D kann als Kombination aus E und O gesehen werden. Wie zu erwarten, stimmen die Bögen von O und D wieder nicht genau überein, schon weil das D meist nicht Grundlinie und Versalhöhe überragt. Zudem darf das D asymmetrischer geformt werden. Der fetteste Teil des Bogens kann an einer anderen Stelle liegen als beim O.

Der Schwerpunkt der Rundung kann oberhalb, auf oder – selten – leicht unterhalb der optischen Mitte liegen. Die Verschiebung des Schwerpunktes bietet Vorteile. Sie verhindert eine Häufung dunkler Stellen in der optischen Mitte (also dort, wo das Zeichen meist am breitesten ist) und verteilt den Grauwert gleichmäßiger im Text. Darüber hinaus wirkt das typografische System durch solche gezielt eingestreute Varianten lebendiger.

Sowohl im humanistischen wie im modernen Proportionssystem ist das D etwas schmaler als das O. Als Buchstabe mit einer geraden Seite muss das D schmaler sein, um seine Punze gleich groß wirken zu lassen. Die Form der Punze bestimmt in besonderem Maße die Schönheit des Zeichens. Ein gekehlter Anschluss des Bogens erzeugt eine ausdrucksstarke Tropfenform. Mit ungekehltem Übergang entsteht eine rational wirkende, halbkreisförmige Binnenfläche. Doch auch diese ist nicht zwingend symmetrisch. Unterschiedlich große obere und untere Hälften gestalten ein dynamisches Formenspiel.

Sabon
(Französische Renaissance-Antiqua)

In allen Proportionssystemen ist das D etwas schmaler als das O.

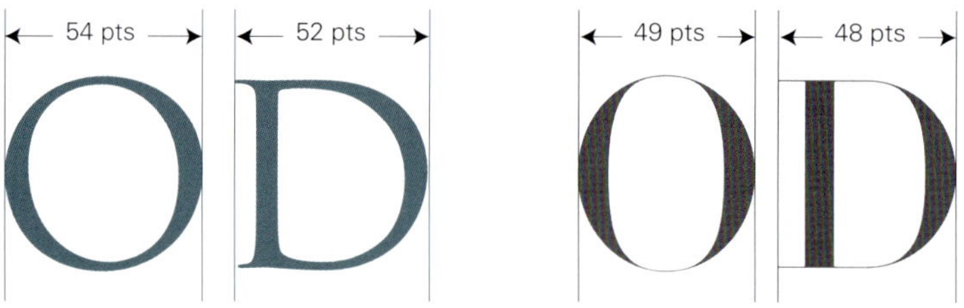

Trajan **HTF Didot**

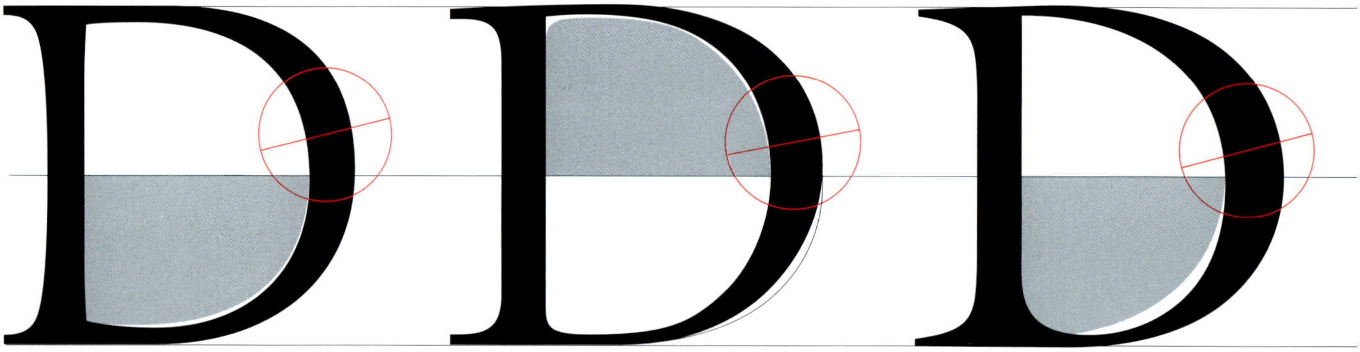

Guardi
(Venezianische Renaissance-Antiqua)

Bembo
(Venezianische/Französische Renaissance-Antiqua)

Galliard
(Französische Renaissance-Antiqua)

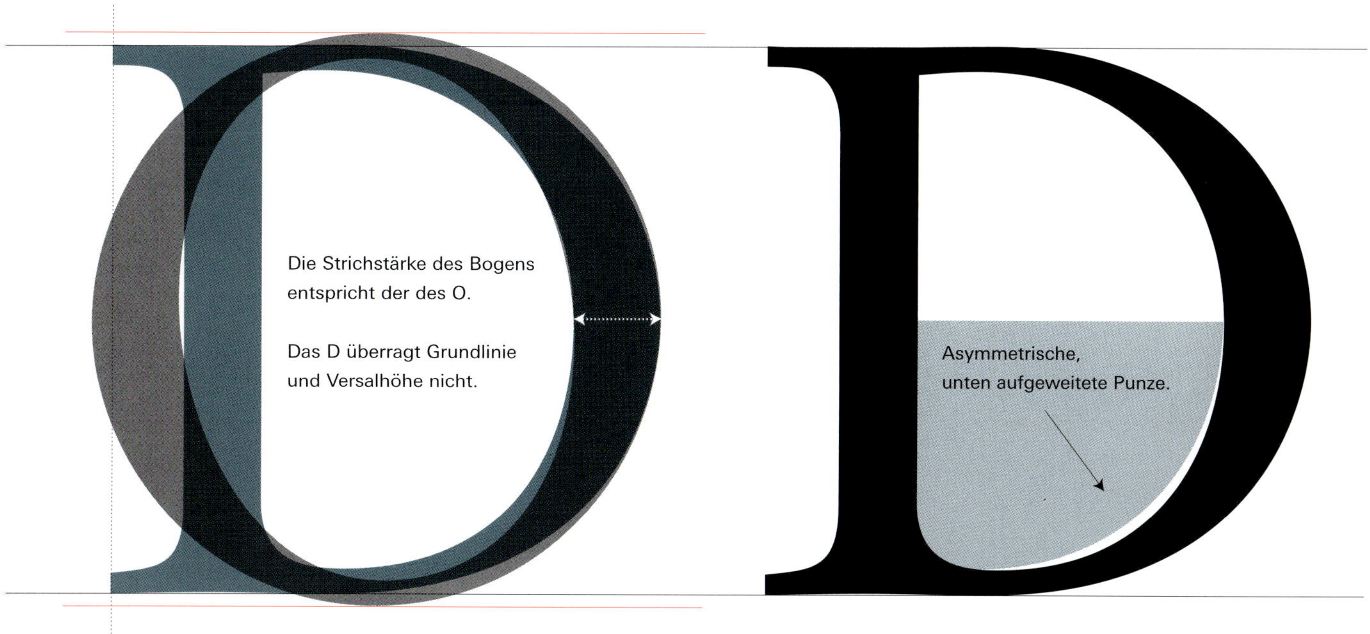

Die Punze kann tropfenförmig oder halbkreisartig geformt sein.

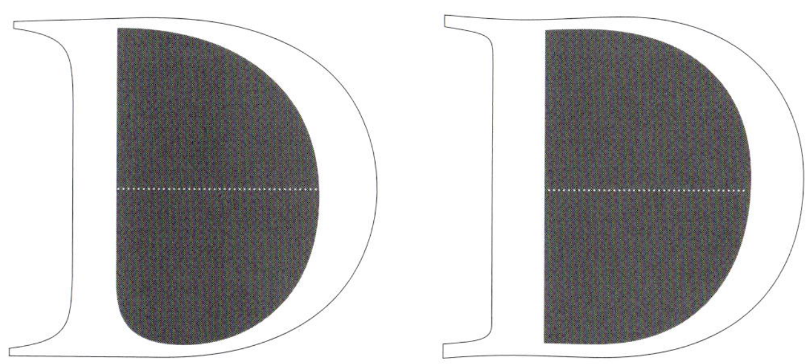

Galliard

New Caledonia

New Baskerville
(Übergangsantiqua)

Didot
(Klassizistische Antiqua)

Clarendon
(Egyptienne)

Großbuchstaben mit Serifen – das B

Mehr noch als das D stellt das B eine Fusion aus E und O dar. Der Grundstrich stammt vom E, die Bögen zitieren in Achsstellung und Form das O. Zudem besitzen B und E ungefähr die gleiche Zeichenbreite. In Schriften mit humanistischen Proportionen gehört das B zu den schmalen Zeichen, wobei Bögen und Punzen in etwa Halbkreisen entsprechen. Je moderner die Proportionen, desto breiter wird das B gestaltet. Das betont die Horizontale.

Am Beispiel des B offenbart sich erneut die Schwäche des rigiden humanistischen Proportionssystems. Es schreibt zwingend die Halbkreisform für die Bögen vor. Dadurch kann das Zeichen nur noch durch Anheben der Taille verbreitert werden.

Wie bei allen zweigeschossigen Zeichen muss die untere Hälfte des Zeichens größer sein als die obere. Bei gleicher Größe würde die obere Hälfte größer scheinen. Die beiden Bögen des B erreichen nicht die Strichstärke der Bögen des O. Damit wird verhindert, dass der Grauwert des B zu dunkel wird. Der obere Bogen muss sogar noch etwas leichter gezeichnet werden als der untere, um die kleinere Binnenfläche auszugleichen. Dennoch sollten beide Bögen immer noch fetter als der Grundstrich sein.

Die Bögen laufen in den mittleren Querstrich ein, der einen gebogenen, geneigten oder horizontalen Verlauf nehmen kann. Ein gebogener Querstrich kann angemessen sein, wenn andere Buchstabenteile ebenfalls gekrümmt sind (z. B. Grundstriche oder Serifen). Gewinkelte Querstriche gründen sich auf die kalligrafische Tradition und eignen sich daher am ehesten für Renaissance-Antiqua. Die übliche Form des mittleren Querstrichs ist horizontal, gezeichnet mit höchstens der Strichstärke der Haarlinien, häufig allerdings minimal leichter.

Wie beim D trägt die Form der Punzen auch beim B wesentlich zur Persönlichkeit des Zeichens bei. Zur Auswahl stehen tropfen- und halbkreisförmige Binnenräume, die durch Kehlen gestaltet werden. Gelegentlich sind die Punzen von D und B gleich, als übliche Praxis kann dies jedoch nicht empfohlen werden. Feine Unterschiede in der Form schaffen ein lebendigeres Schriftbild und erhalten des Lesers Interesse.

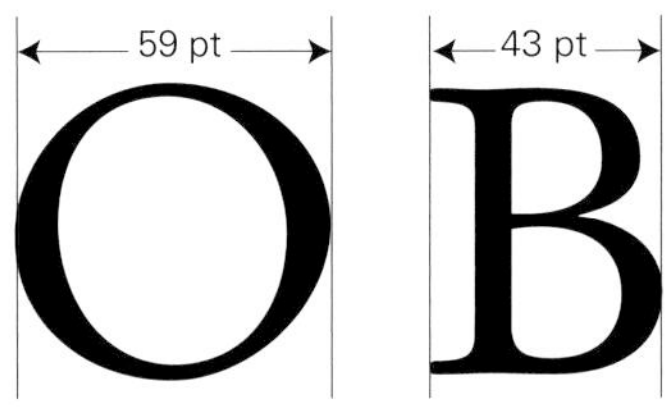

Die **Stempel Garamond** folgt humanistischen Proportionen: Das B ist deutlich schmaler als das O.

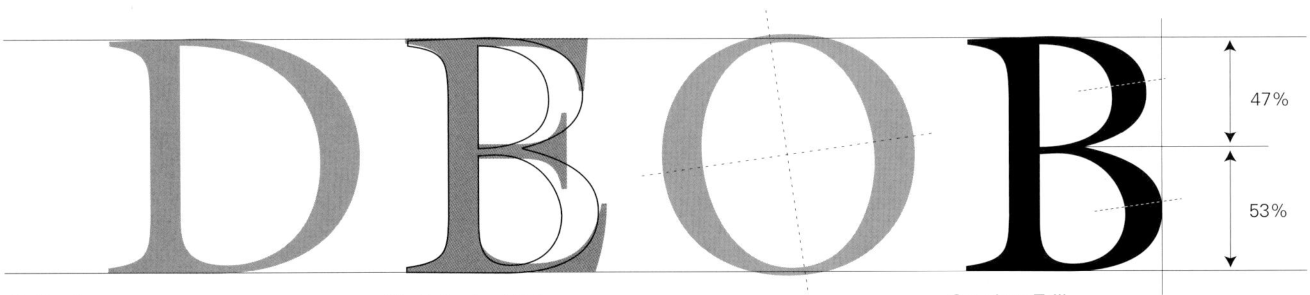

Galliard
(Französische Renaissance-Antiqua)

Die Taille des B ist magerer als der mittlere Arm des E.

Geneigte Taille, untere Punze in Tropfenform.

Hoefler Text
(Übergangsantiqua)

Die Taille des B liegt oberhalb des mittleren Arms des E.

Untere Punze in Tropfenform.

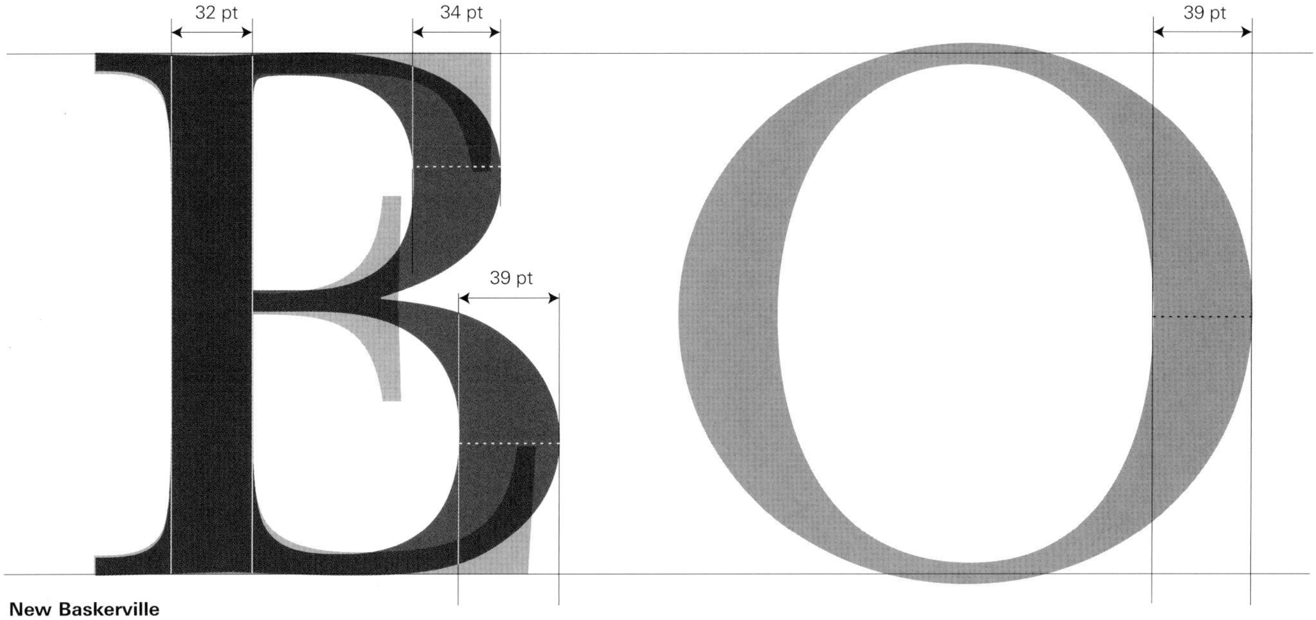

New Baskerville
(Übergangsantiqua)

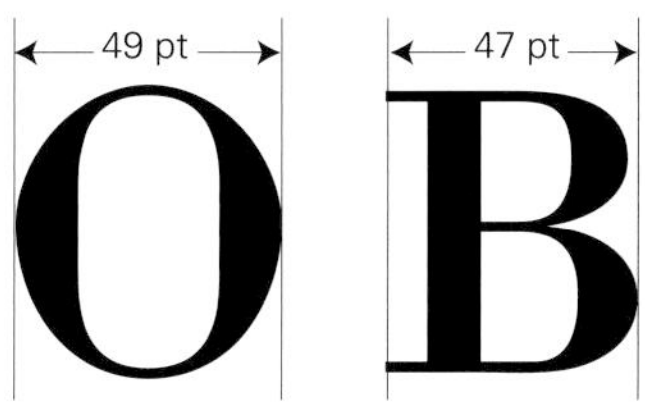

Die **Bodoni** ist nach modernen Proportionen angelegt:
B und O besitzen nahezu die gleiche Breite.

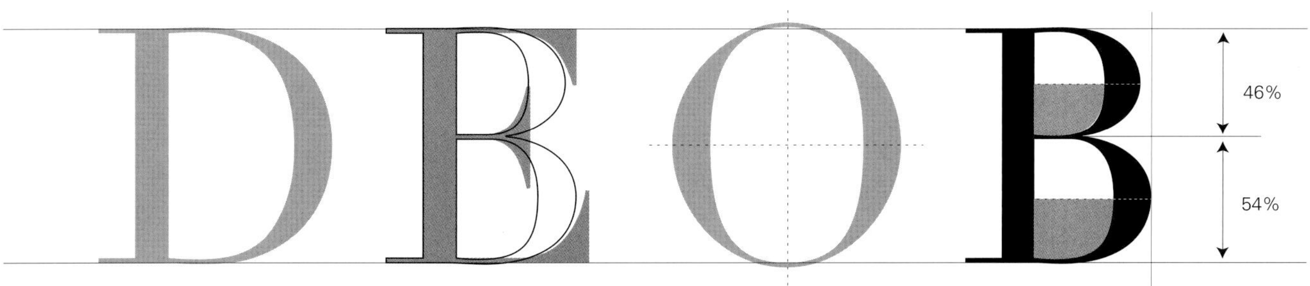

Didot
(Klassizistische Antiqua)

Die Taille entspricht in Strichstärke
und Position dem mittleren Arm des E.

Symmetrische Punzen.

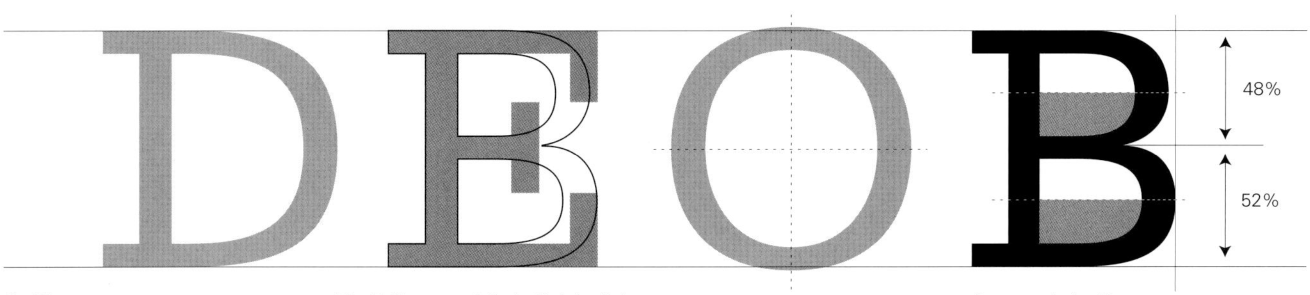

Serifa
(Serifenbetonte Antiqua)

Die Taille entspricht in Strichstärke
und Position dem mittleren Arm des E.

Symmetrische Punzen.

Großbuchstaben mit Serifen – P und R

P und R stehen in unübersehbar enger Verwandtschaft zum B, doch ein weiteres Mal liegen die Unterschiede im Detail.

Die obere Rundung wird vom B über das R zum P zunehmend größer. Der Grund dafür findet sich im größeren Weißraum unter dem Bogen. Während dem R sein Bein unterstützend zur Seite steht, leistet der deutlich vergrößerte Bogen des P die harmonische Grauwertbalance allein.

Die Bögen von R und P laufen normalerweise unten waagerecht in den Stamm. Kalligrafische Einflüsse zeigen sich in einer zum Stamm hin steigenden Linie oder durch einen unten offenen Bogen. Wenn der Bogen unten offen ist, sollte die Lücke deutlich gestaltet werden – als ungefähre Richtgröße gilt eine knappe Grundstrichstärke.

Das Bein des R streckt sich entweder in die Diagonale oder beugt sich in die Senkrechte. Diagonale Entwürfe benötigen mehr Platz als die Aufrechten. Die gebogenen Varianten enden entweder in einer nach rechts gerichteten Serife oder in einem geschweiften Endstrich kalligrafischen Ursprungs. Beide Formen fördern die Lesbarkeit. Niemals schließt das Bein des R mit einer nach links weisenden Serife ab. Um das R an der Grundlinie offen zu halten, kann unten am Stamm die innere Serife etwas verkürzt werden.

Diagonale Entwürfe des Beins überragen den Bogen des R deutlich. Hier gilt es, Maß zu halten, denn allzu ausladende Entwürfe führen zu Konflikten mit nachfolgenden Zeichen. Dies zeigt sich deutlich, wenn der folgende Buchstabe links einen vertikalen Stamm besitzt – wie beispielsweise bei Rh, Ri, RE, RL, RK, RM oder RN.

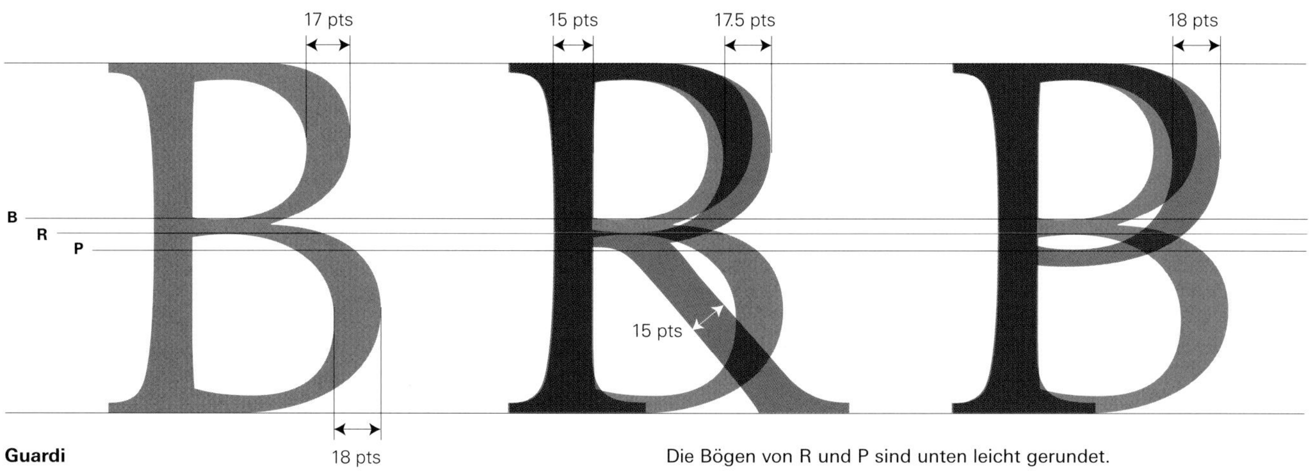

Guardi
(Venezianische Renaissance-Antiqua)

Die Bögen von R und P sind unten leicht gerundet.

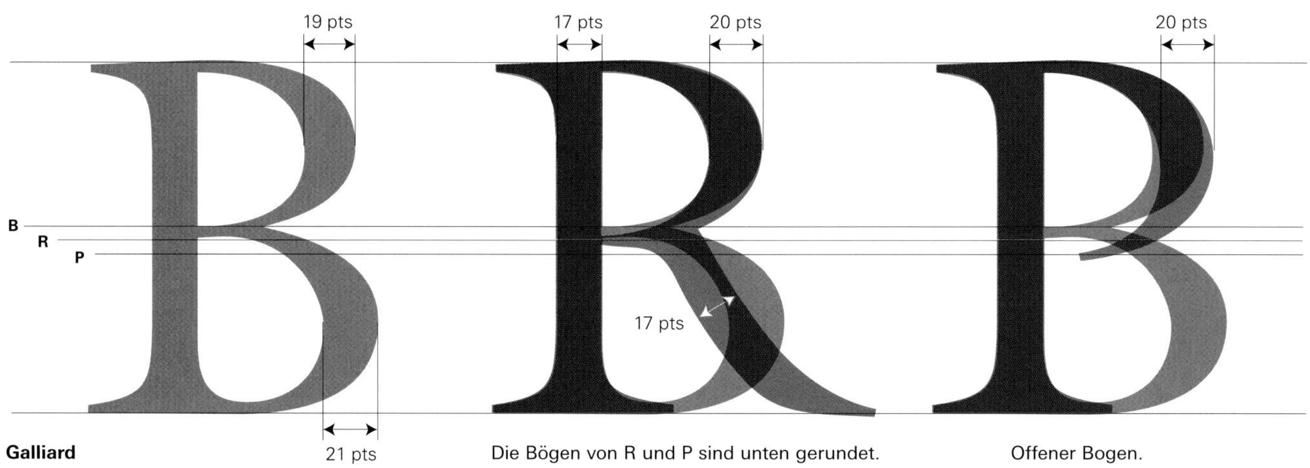

Galliard
(Französische Renaissance-Antiqua)

Die Bögen von R und P sind unten gerundet.

Offener Bogen.

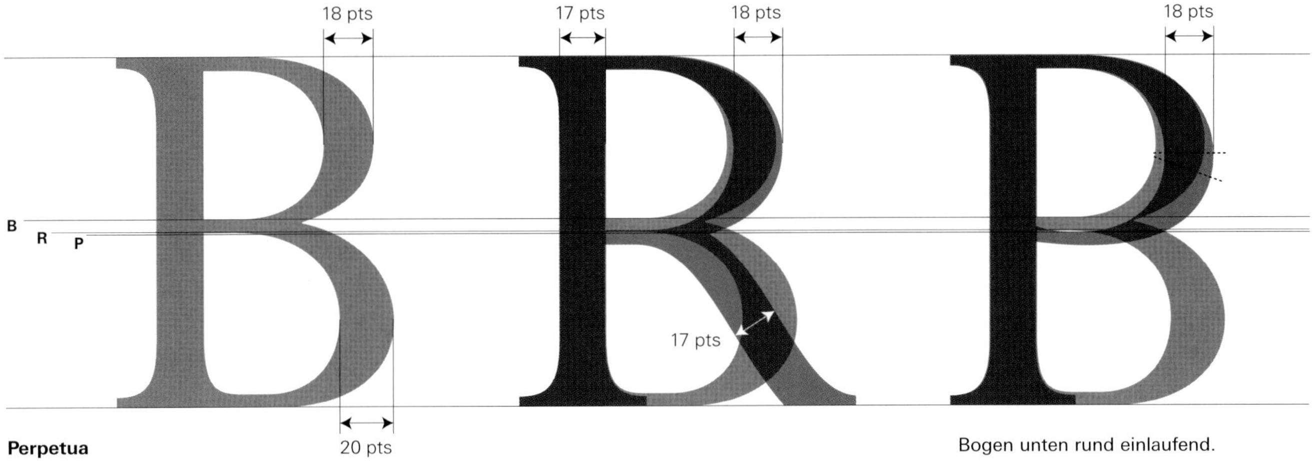

Perpetua
(Übergangsantiqua)

Bogen unten rund einlaufend.

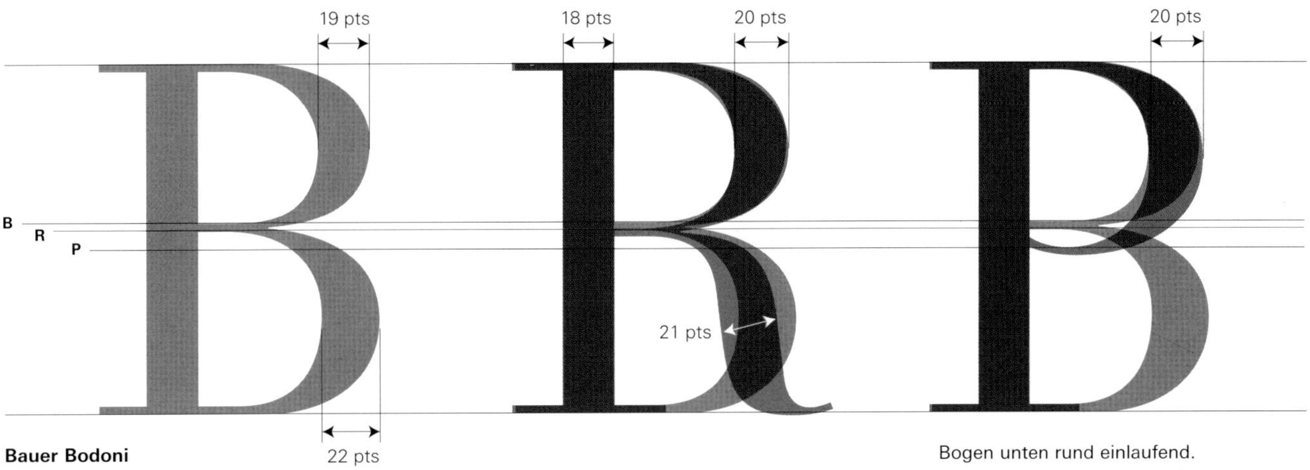

Bauer Bodoni
(Klassizistische Antiqua)

Bogen unten rund einlaufend.

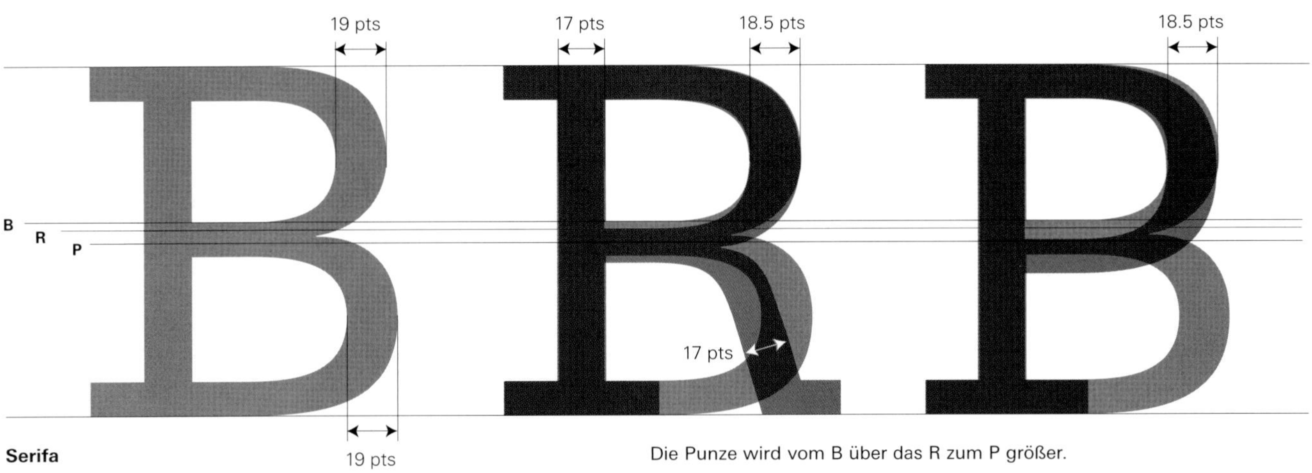

Serifa
(Serifenbetonte Antiqua)

Die Punze wird vom B über das R zum P größer.

Großbuchstaben mit Serifen – das J

Das J entsteht aus dem I. Der Stamm wird unten mit einem Bogen verlängert. Dieser wurde in den Jahrhunderten vielfach variiert. Einige biegen abrupt in die Diagonale ab, andere formen einen Halbkreis. Auch in der Länge hat der Entwerfer viele Freiheiten. Der Bogen kann die Schriftlinie so weit wie ein O überragen, aber auch eine weit ausgreifende Unterlänge bilden. Weit ausladende Bögen sind natürlich ausdrucksstärker, allerdings drohen dadurch – wie beim R – Kollisionen in Zeilen- und Buchstabenabstand.

Große Auswahl besteht auch beim Strichabschluss: unbetont stumpf auslaufend oder betont mit einer Serife, einem anschwellenden Federstrich oder einer runden bzw. elliptischen Form endend. Gekehlte runde Endungen bilden einen Tropfen. Bestimmte Formen lassen sich historischen Perioden zuordnen. Renaissanceschriften lassen ihre Schwünge gern in kalligrafisch aussehenden Serifen, Federstrichen oder stumpfen Abschlüssen enden. In der Übergangsantiqua verfeinert sich der Federstrich zu einem elliptischen Tropfen. Klassizistische Antiqua erzeugen den so charakteristischen, hohen Kontrast mit großen kreisförmigen Strichenden. Serifenbetonte Schriften zeigen eine große Vielfalt, knappe Schwünge sind hier jedoch im Vorteil, denn diese klobige Schriftgattung lässt wenig Raum für ausladende Formen.

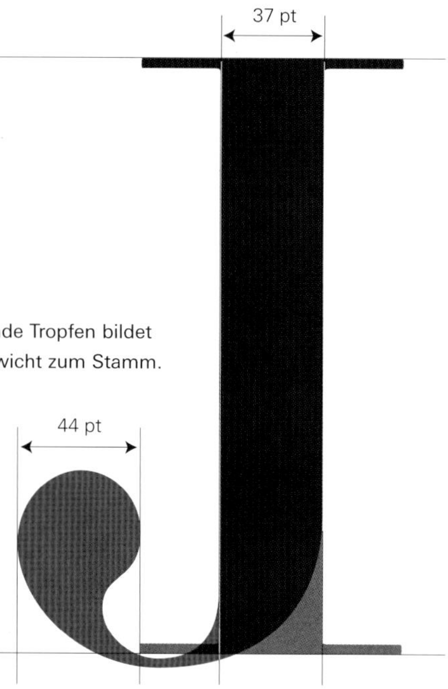

Der große runde Tropfen bildet das Gegengewicht zum Stamm.

HTF Didot
(Klassizistische Antiqua)

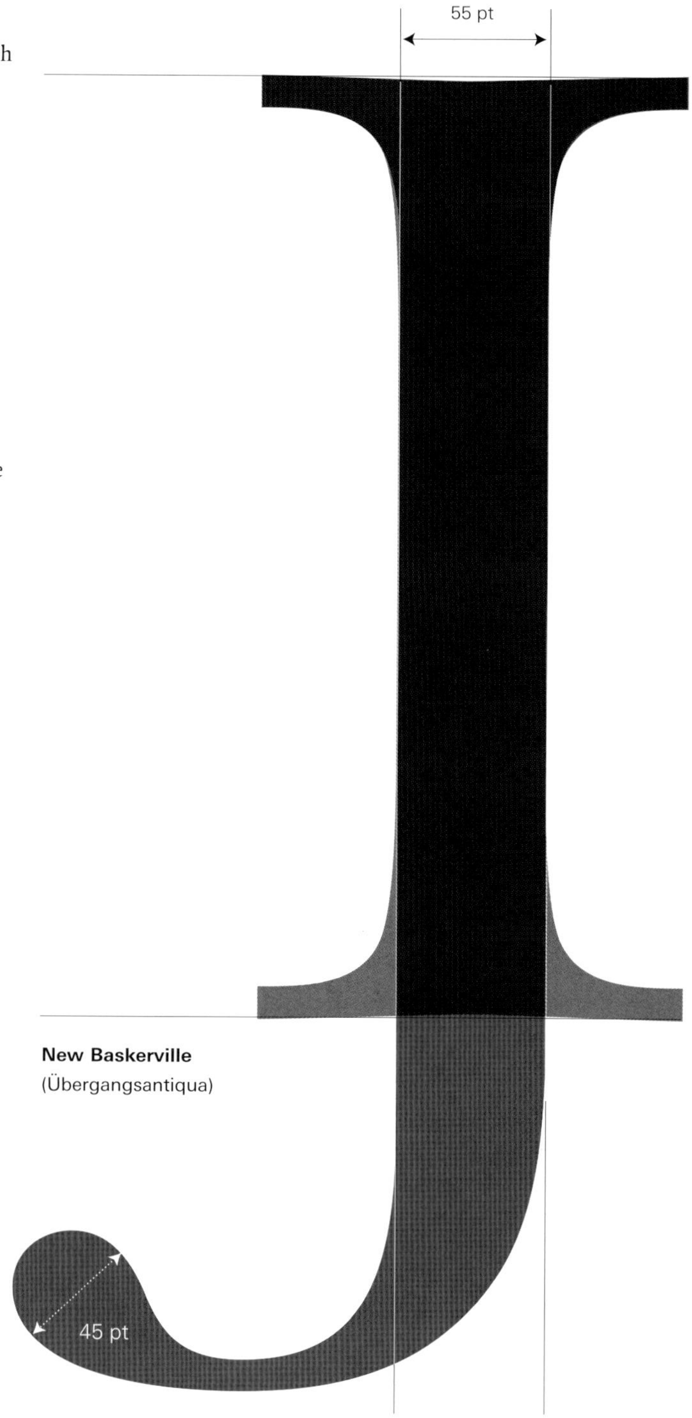

New Baskerville
(Übergangsantiqua)

Der elliptische Tropfen ist kleiner als der Stamm.

Berkeley
(Venezianische Renaissance-Antiqua)

Adobe Jenson
(Venezianische Renaissance-Antiqua)

Bembo
(Venezianische/Französische Renaissance-Antiqua)

Galliard
(Französische Renaissance-Antiqua)

Perpetua
(Übergangsantiqua)

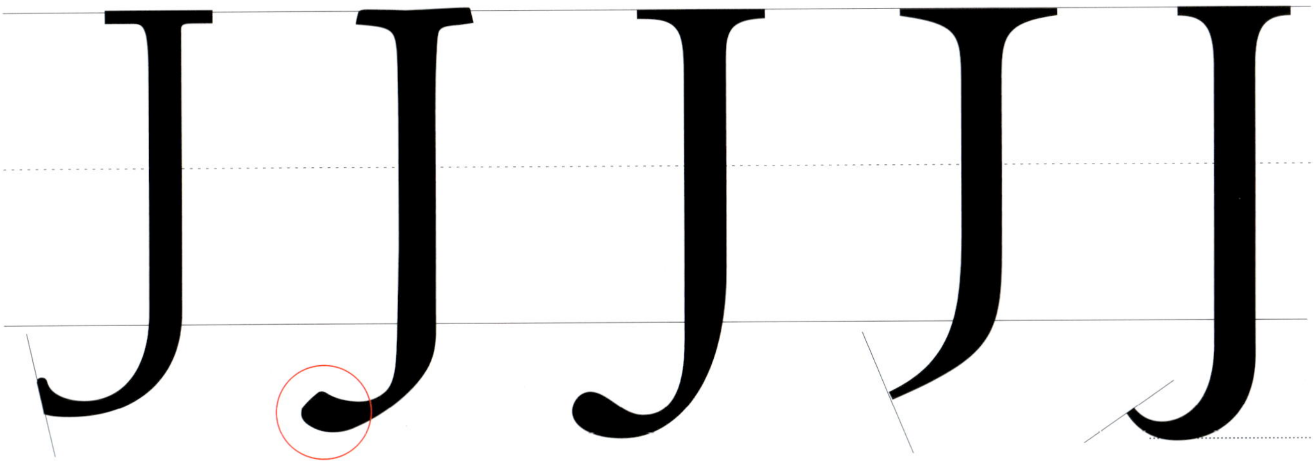

Die Form des Federzuges entspricht der geneigten Achse beim O.

Stumpfes Ende.

Große Unterlänge (38 % der Versalhöhe).

Bauer Bodoni
(Klassizistische Antiqua)

New Century Schoolbook
(Serifenbetonte Antiqua)

Centennial
(Serifenbetonte Antiqua)

Rockwell
(Serifenbetonte Antiqua)

Serifa
(Serifenbetonte Antiqua)

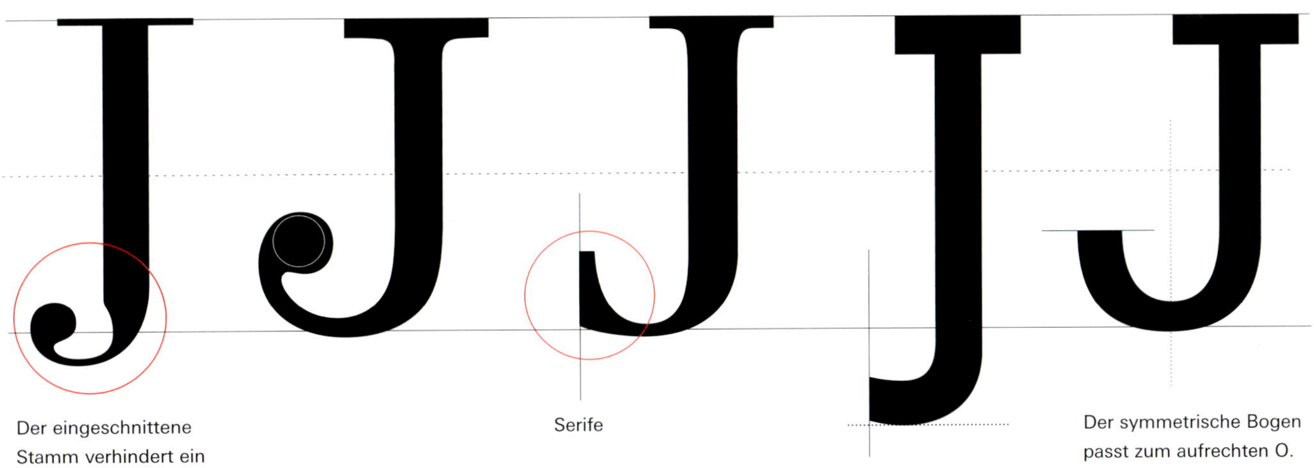

Der eingeschnittene Stamm verhindert ein Zulaufen im Druck.

Serife

Moderate Unterlänge (30 % der Versalhöhe).

Der symmetrische Bogen passt zum aufrechten O.

Großbuchstaben mit Serifen – das Q

Das Q ist schlicht ein O mit angefügtem Schweif. Die gebräuchlichste Form des Schweifs beschreibt eine nach rechts gerichtete Kurve und unterstützt so die Leserichtung. Die Länge und Krümmung der Kurve variiert erheblich. Ein kurzer Schweif vermeidet Konflikte mit Nachbarzeichen, ein langer Schwung ist jedoch ausdrucksstärker und dramatischer. Die wesentlichen Variationen des Schweifs sind: auslaufende Schwünge, s-förmige Kurven und z-förmige, kalligrafische Entwürfe. Bei manchen Schriften ziert ein kugelförmiger Abschluss oder eine nach rechts weisende Serife das Strichende.

In jeder Entwurfsvariante schwillt der Schweif nur bis zur Grundstrichstärke, nicht etwa zur fetteren Rundungsstrichstärke. Diese maßvolle Gewichtung gewährleistet einen angemessenen Grauwert des Q und verhindert, dass sich der Schweif mit benachbarten Unterlängen zu dunklen Flecken zusammenziehen kann.

Der Schweif kann dem O auf fünf verschiedene Arten hinzugefügt werden. Meist ist er mit der Rundung des O fließend verbunden. Nach rechts weisende Kurven entspringen leicht links des tiefsten Punktes im Bogen, die z-förmigen Varianten entwickeln ihre kalligrafischen Formen aus einer Stelle etwas rechts des unteren Extrempunktes (wie bei Baskerville und Didot).

Doch auch unverbundene Varianten sind möglich. Diese können überlappend (wie bei der Berkeley) oder tangential (wie bei Palatino und Ambroise) gestaltet werden. Schließlich kann der Schweif auch aus der Punze entspringen wie bei der Clarendon. Bei dieser Variante muss der Entwerfer allerdings darauf achten, dass der zwischen Schweif und Bogen eingeschlossene Binnenraum noch groß genug ist, um auch beim Druck in kleinen Schriftgraden offen zu bleiben.

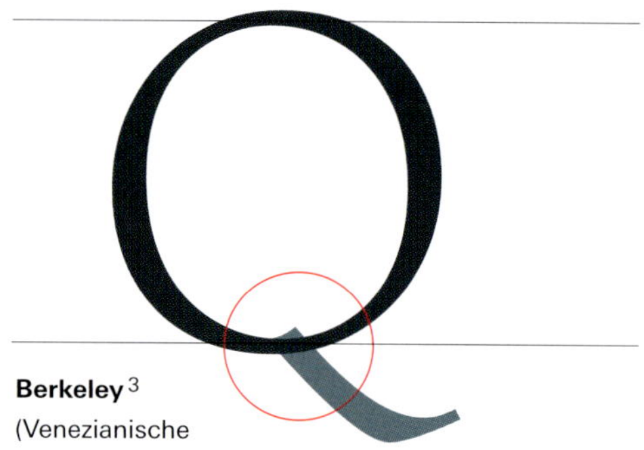

Berkeley [3]
(Venezianische Renaissance-Antiqua)

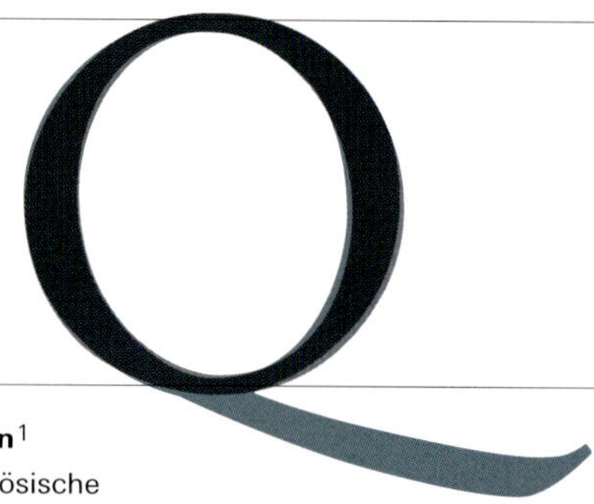

Caslon [1]
(Französische Renaissance-Antiqua)

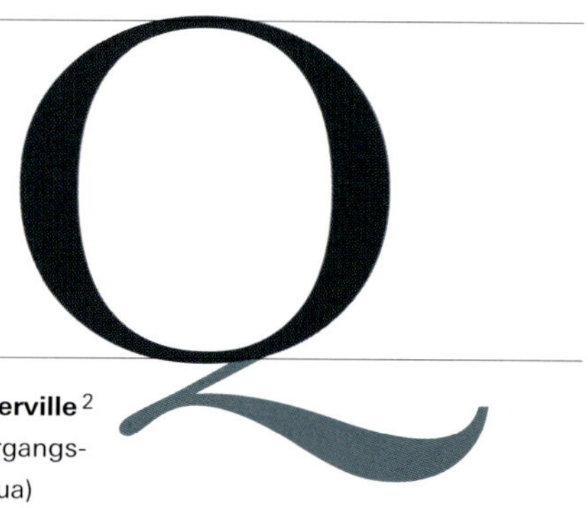

Baskerville [2]
(Übergangsantiqua)

Walbaum [1]
(Klassizistische Antiqua)

1 Dem Bogen von links entspringender Schweif.
2 Dem Bogen von rechts entspringender Schweif.
3 Überlappender Schweif.
4 Tangentialer Schweif.
5 Innenliegender Schweif.

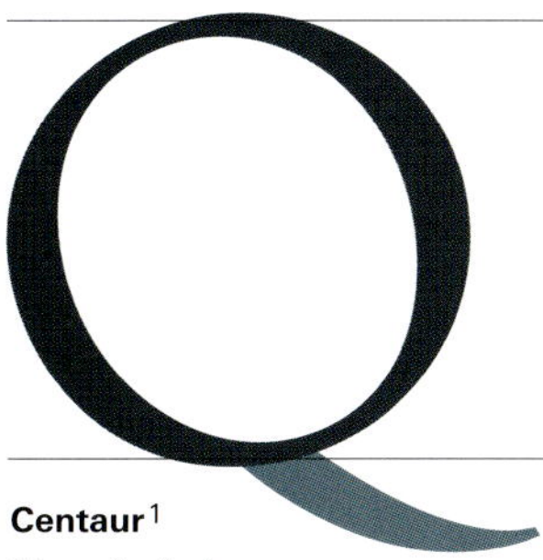

Centaur[1]
(Venezianische
Renaissance-
Antiqua)

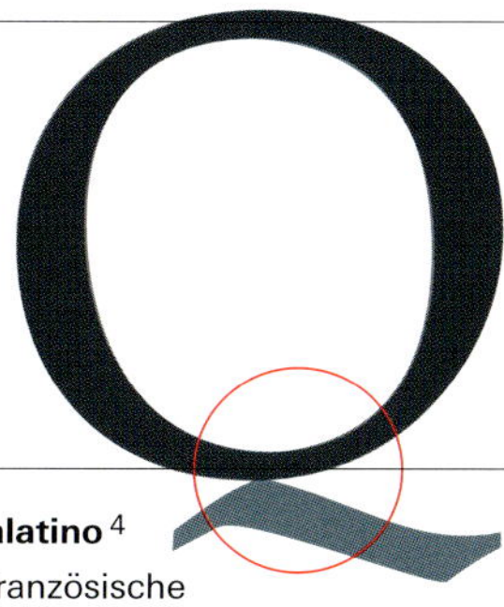

Palatino[4]
(Französische
Renaissance-
Antiqua)

Bembo[1]
(Venezianische/
Französische
Renaissance-
Antiqua)

Garamond[1]
(Französische
Renaissance-
Antiqua)

Fournier[1]
(Übergangs-
antiqua)

Scala[1]
(Übergangs-
antiqua)

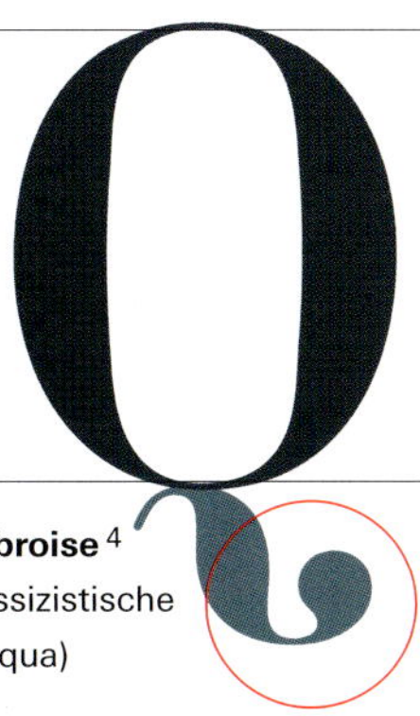

Ambroise[4]
(Klassizistische
Antiqua)

HTF Didot[2]
(Klassizistische
Antiqua)

Bodoni[1]
(Klassizistische
Antiqua)

Rockwell[3]
(Serifenbetonte
Antiqua)

Clarendon[5]
(Serifenbetonte
Antiqua)

Egyptienne[1]
(Serifenbetonte
Antiqua)

Großbuchstaben mit Serifen – das S

Das S, zur Gruppe der zweigeschossigen Zeichen gehörend, kann aus zwei gleichen, übereinander angeordneten Kreisen entwickelt werden. Zunächst vergrößern wir den unteren Kreis, um dem Buchstaben einen sicheren Stand zu verschaffen. Anschließend vergrößern wir beide Kreise, um den für runde Zeichenformen notwendigen Überhang zu erzeugen. Nun können wir die Kreise aufschneiden und die entstandenen Enden nach außen verschieben. Man bedenke, dass das untere Ende zu einem größeren Kreis gehört und daher auch stärker korrigiert werden muss. Zuletzt begradigen wir den mittleren Teil der Kurve zu einer Diagonalen.

Mit dieser simplen Herleitung haben wir das formale Grundgerüst eines aufrechten S entwickelt, passend zu allen Schriften mit einer senkrechten optischen Achse. In Schriften mit geneigter Achse lehnt sich das S zur rechten Seite – folgerichtig stehen die beiden Kreise zu Beginn unseres beschriebenen Ablaufs nicht zentriert übereinander.

Nun brauchen wir unserem S nur noch Muskeln ums Skelett wachsen zu lassen. Der kräftigste Teil des S liegt in der Mitte der Kurve. Da das S insgesamt eher schmal und leicht ist, ist seine Kurve in der Mitte zum Ausgleich fetter als die Rundungen des O.

Die Stärke der Haarlinien des S entsprechen der Strichstärke bei anderen Großbuchstaben. Schriften mit aufrechter Achse legen die lichtesten Stellen in den höchsten und tiefsten Punkt der Kurve. Zeichensätze mit geneigter Achse drehen diese Stellen gegen den Uhrzeigersinn in etwa auf die 11- und 5-Uhr-Position. Klassizistische Antiqua heben sich durch ein besonderes Merkmal ab. Im Unterschied zu den Schriften der anderen Gruppen ist bei ihnen der Ort der geringsten Strichstärke nicht nur ein eng umrissener Punkt im Kurvenverlauf, sondern ein weit gestrecktes Areal im Bereich des oberen und unteren Bogens. So wird der typische hohe Kontrast klassizistischer Antiqua ausgebildet.

Die Serifen des S entsprechen üblicherweise denen von C und G. Um das S seitlich offen zu halten, können die Serifen etwas kleiner gezeichnet werden. Ein zu stark geschlossenes S könnte mit einem B oder einer 8 verwechselt werden.

Bei der Gestaltung eines S ist es oft hilfreich sich vorzustellen, die Kurve würde sich an zwei Ovale (oder »Eier«) schmiegen. Diese Ovale sollten sich in Krümmung und Achse entsprechen. Bei größeren Abweichungen der Ovale würde das S unproportioniert wirken.

Ausgangspunkt: zwei gleiche Kreise. | Unterer Kreis vergrößert. | Geöffnete Kreise erzeugen die S-Form. | Enden verschoben, Mitte gestreckt.

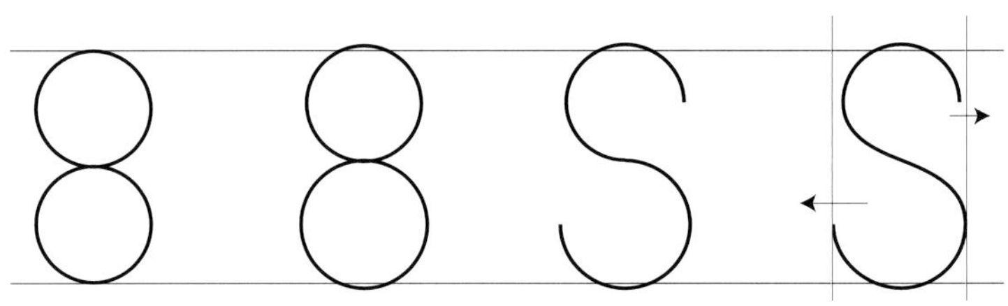

Das S lehnt sich nach rechts.

Galliard
(Französische Renaissance-Antiqua)

Sabon
(Französische Renaissance-Antiqua)

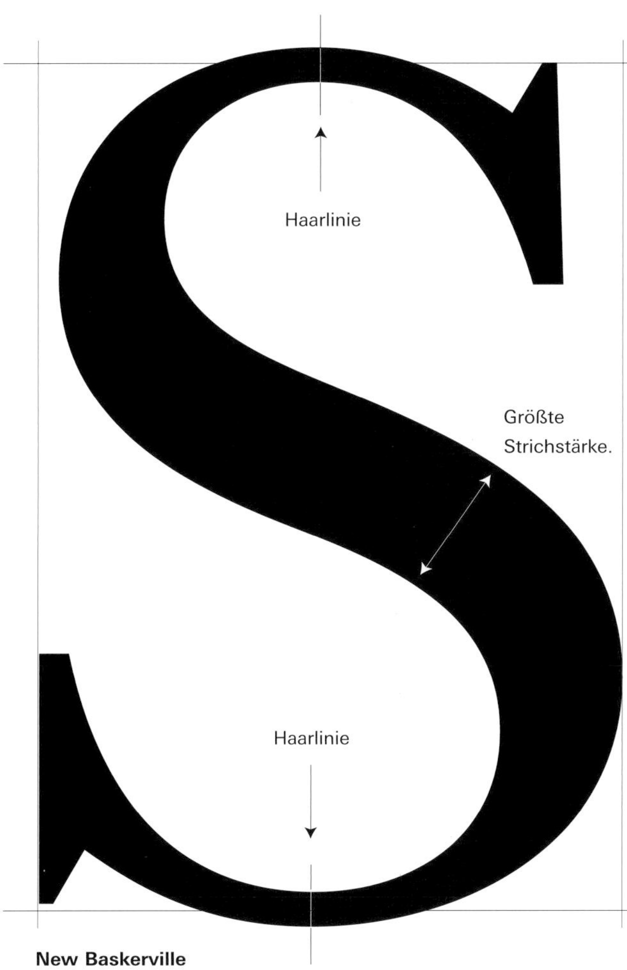

New Baskerville
(Übergangsantiqua)

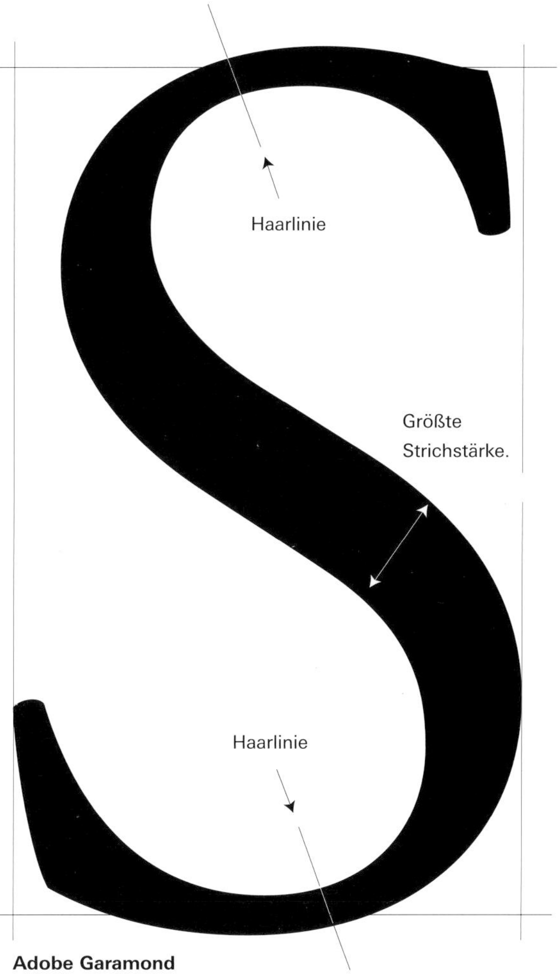

Adobe Garamond
(Französische Renaissance-Antiqua)

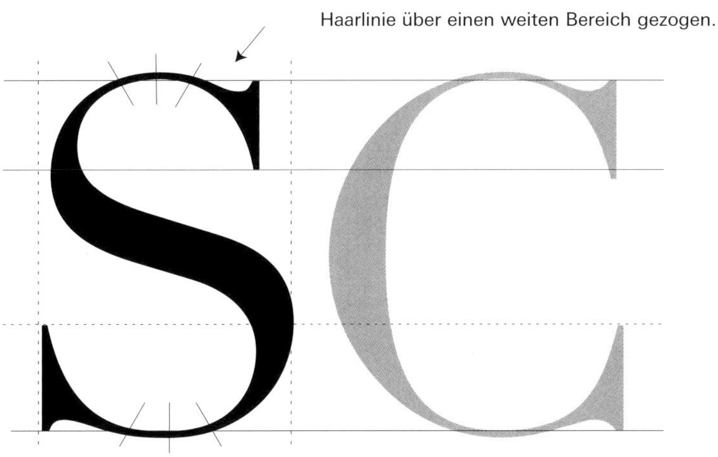

Didot
(Klassizistische Antiqua)

New Century Schoolbook
(Serifenbetonte Antiqua)

Großbuchstaben mit Serifen – I, H, T, F und L

Alle diese Großbuchstaben sind eckige Zeichen mit enger Verwandtschaft zum E. Verständlicherweise ist das I am einfachsten zu gestalten, handelt es sich doch schlicht um einen Grundstrich mit meist symmetrischen Abschlussserifen oben und unten.

Das H stellt uns auch nicht vor große Herausforderungen: zwei Stämme, mit einem Querstrich verbunden. Meist wird der Querstrich auf der gleichen Höhe liegen wie der mittlere Arm des E. Einige Entwerfer schieben den Querstrich leicht nach oben – die Zeichen wirken besser ausbalanciert, wenn die untere Hälfte größer ist als die obere.

Bemerkenswert ist, dass die Gesamtbreite des H größer ist als die des O. Diese größere Breite wirkt dem Eindruck eines schmalen Zeichens entgegen, denn die Stämme des H ziehen das Zeichen optisch zusammen.

Das T unterliegt einer dem H entgegengesetzten Täuschung. Sein langer Querstrich lässt uns ein breites Zeichen sehen. Zur Kompensation zeichnen wir das T schmaler als das H. Interessanterweise müssen die Ausgleichsserifen nicht unbedingt zu den Serifen von E, C, G oder S passen. Sie können einen Sporn tragen oder sogar asymmetrisch geformt sein wie bei der Garamond (bei der die linke Serife schräg gezeichnet ist und die rechte gerade).

Nun könnte man meinen, dass die verbleibenden Lettern F und L rasch durch Amputation des E entworfen werden können. Leider hinterlässt diese Verstümmelung leichte und verzagte Buchstaben. Beim F muss der mittlere Arm etwas nach unten rutschen, um den großen Weißraum unten auszugleichen. Zusätzlich können bei F und L die Ausgleichsserifen vergrößert und die Arme verkürzt werden, um die Dichte des Zeichens zu steigern.

Die richtige Breite für F und L zu ermitteln, ist gar nicht so einfach. Ein breites L kann seinen Arm (mithilfe des Kernings) unter nachfolgende offene oder diagonale Zeichen stecken (wie Ly, LT oder LV). Andererseits wächst mit dem Arm auch der Weißraum, der bei anderen folgenden Zeichen problematisch ist (LA, LM oder LS z. B.). Ein ausladendes F hat ähnliche, wenn auch weniger ernste Probleme, da sein unterer Arm die Lücke immerhin teilweise füllt. So ist die Entscheidung über die endgültige Breite immer ein wenig willkürlich – der Entwerfer muss seinen Frieden mit den gegensätzlichen Parteien Grauwert und Rhythmus schließen.

Adobe Garamond (Französische Renaissance-Antiqua)
Verschiedene Serifen am T – keine passt zu E, C oder S.

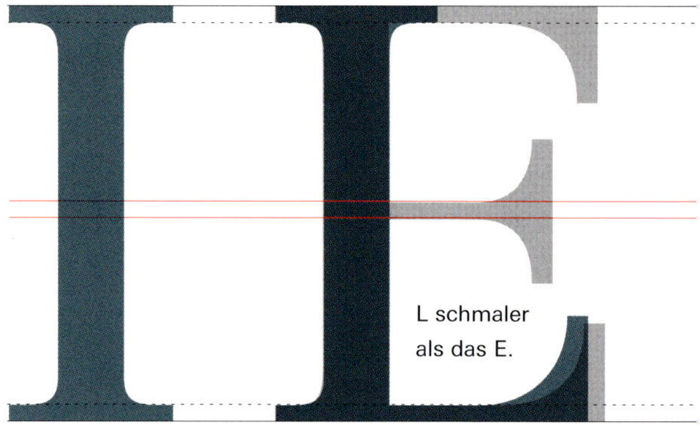

Centennial
(Serifenbetonte Antiqua)

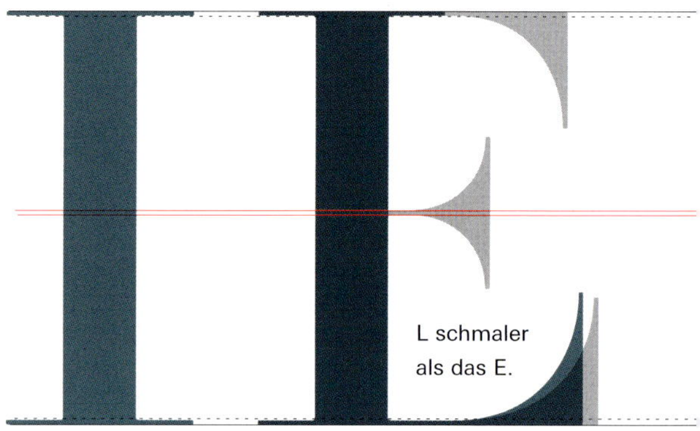

HTF Didot
(Klassizistische Antiqua)

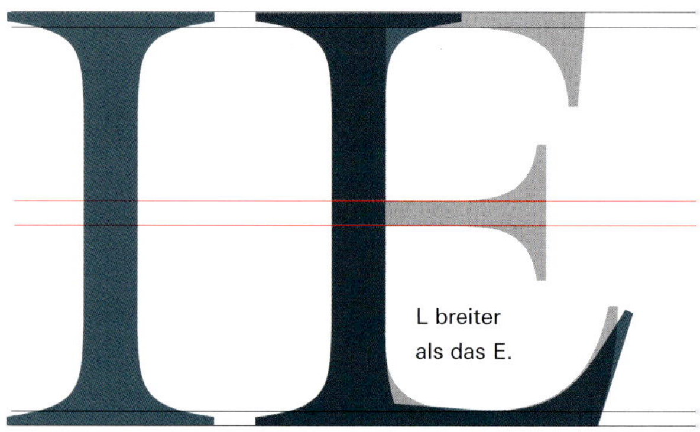

Galliard
(Französische Renaissance-Antiqua)

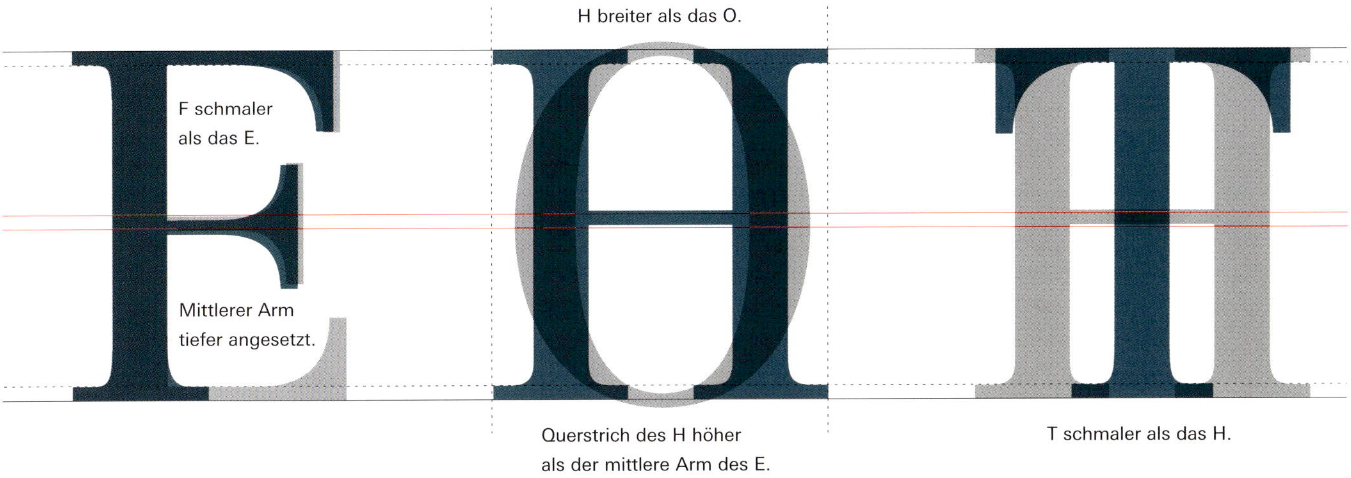
H breiter als das O.
F schmaler
als das E.
Mittlerer Arm
tiefer angesetzt.
Querstrich des H höher
als der mittlere Arm des E.
T schmaler als das H.

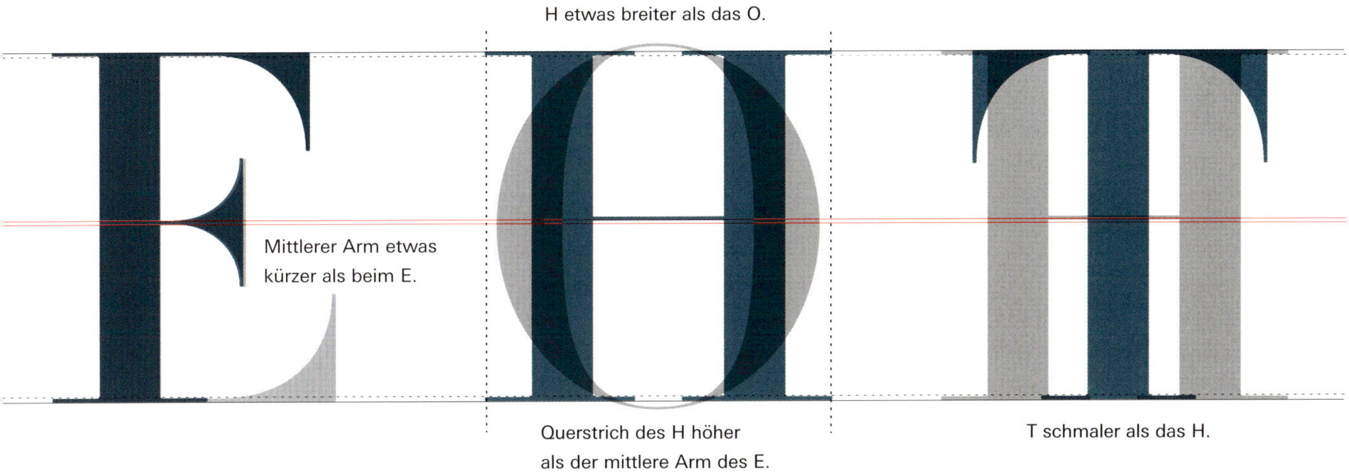
H etwas breiter als das O.
Mittlerer Arm etwas
kürzer als beim E.
Querstrich des H höher
als der mittlere Arm des E.
T schmaler als das H.

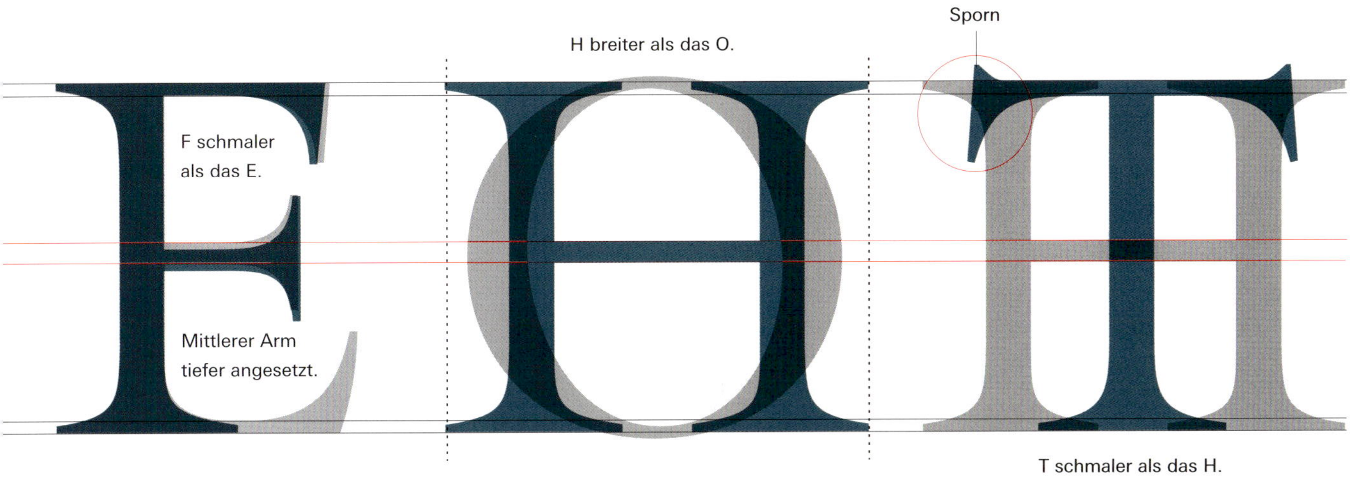
Sporn
H breiter als das O.
F schmaler
als das E.
Mittlerer Arm
tiefer angesetzt.
T schmaler als das H.

Großbuchstaben mit Serifen – V und A

Im Prinzip haben V und A dieselbe Form. Allerdings erhöht der Querstrich des A die visuelle Dichte. Zum Ausgleich kann daher der Binnenraum etwas größer gezeichnet werden als beim V. Üblicherweise sind die Diagonalen in symmetrischen Winkeln angelegt, doch vergrößerte linke bzw. rechte Hälften sind ebenfalls möglich. Dadurch gewinnt das Zeichen kalligrafische Neigung – diese Variation eignet sich eher für Renaissance-Antiqua.

In der humanistischen Proportion entspricht die Breite von A und V in etwa der des O. Die moderne Entwurfsmethode verlangt nach harmonischen Weißräumen innerhalb und um die Zeichen. In der Folge kennt die Moderne keine verbindliche Breite mehr.

Die Schrägen von V und A treffen im Scheitelpunkt zusammen. Die Breite des Scheitels basiert entweder auf dem breiten oder dem schmalen Strich, allerdings nur mäßig verbindlich. Je schmaler der Scheitel ist, desto mehr ragt er über die Schriftlinie bzw. Versalhöhe hinaus.

Die fettere Diagonale in A und V fällt in den meisten Schriften geringfügig leichter aus als der Grundstrich. Schräge Linien ziehen ohnehin mehr Aufmerksamkeit auf sich, zum Ausgleich wird der Strich etwas verschlankt.

Man beachte auch, dass die Diagonalen ihre Strichstärke nicht unbedingt über die gesamte Länge beibehalten. Viele Entwerfer verjüngen die Striche zum Scheitel hin, um die Schwärzung im Winkel zu kompensieren. Alternativ kann ein kleiner dreieckiger Einschnitt in die Innenecke vorgenommen werden. Diese Detailmodifikation am Innenwinkel leistet besonders bei fetten und schmalen Schriften gute Dienste. Leichte und breite Schriften haben solche Feinheiten kaum bis gar nicht nötig.

Die Abschlussserifen an Diagonalen sehen anders aus als ihre Geschwister an Horizontalen oder Vertikalen. Während der innenliegende Serifenteil in etwa der Größe einer Abschlussserife eines E entspricht, ist der nach außen gerichtete Teil meist kürzer. Dies kommt sowohl der Stabilität des Zeichens als auch der problemlosen Zurichtung zugute. Die Dreiecksform treibt große weiße Keile zwischen die Lettern. Kurze äußere Serifen erlauben engen Buchstabenabstand zu den häufigen senkrechten Zeichen (wie bei AB oder Vi).

Die **Galliard** folgt humanistischen Proportionen: A und O besitzen die gleiche Breite. Der Binnenraum des A ist größer als beim V.

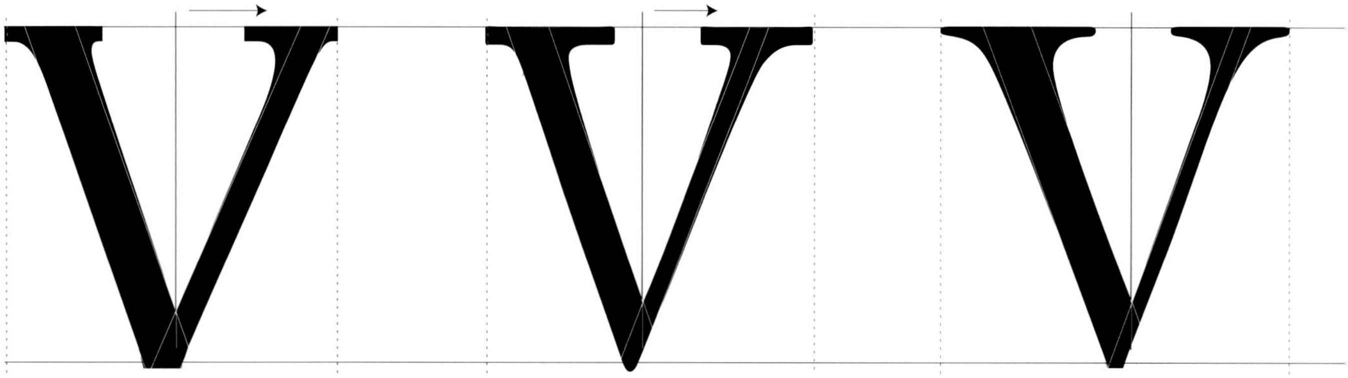

Apolline
(Venezianische Renaissance-Antiqua)

Caslon
(Französische Renaissance-Antiqua)

Bell
(Übergangsantiqua)

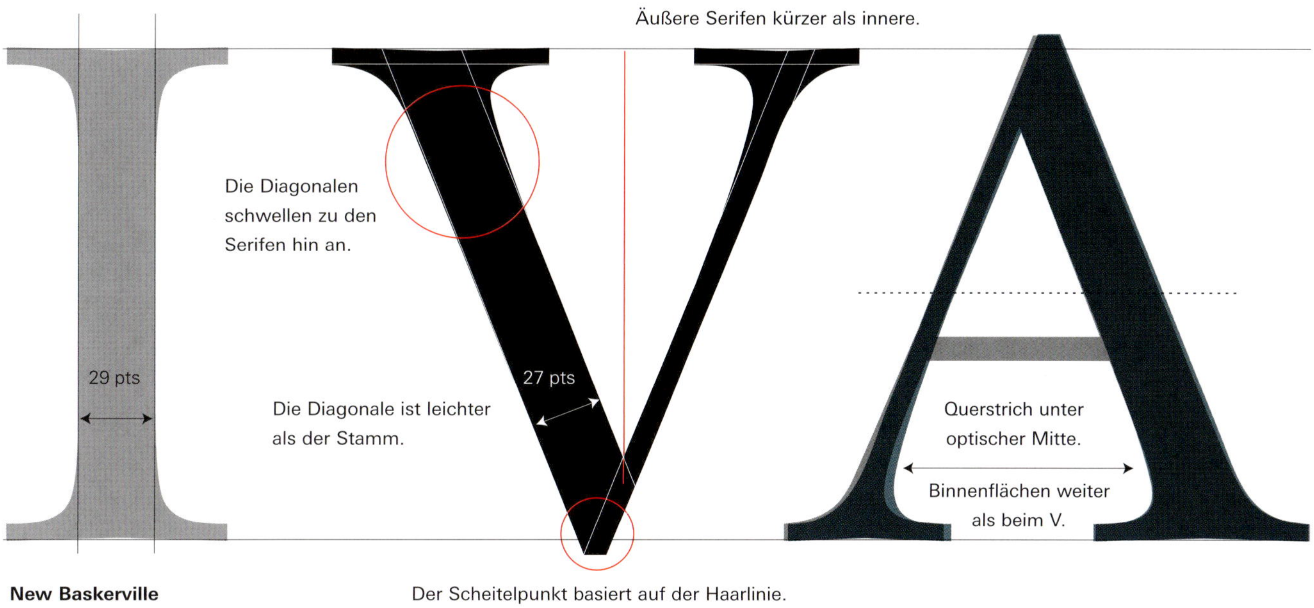

New Baskerville
(Übergangsantiqua)

Die **Didot** ist modern proportioniert: Das A ist weiter als das O.
V und A stimmen überein – der Querstrich ändert die visuelle Dichte des A kaum.

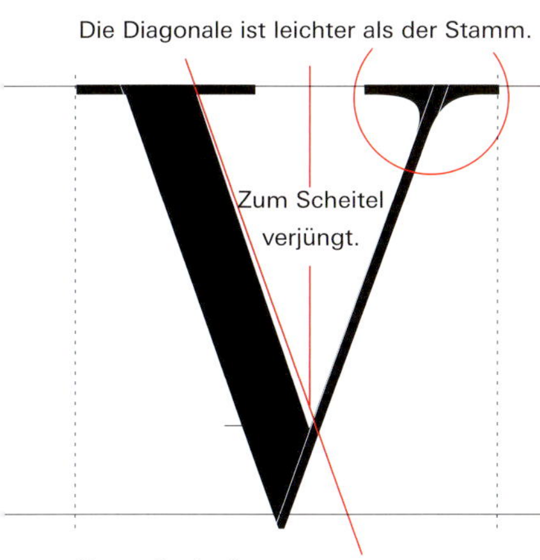

Bauer Bodoni
(Klassizistische Antiqua)

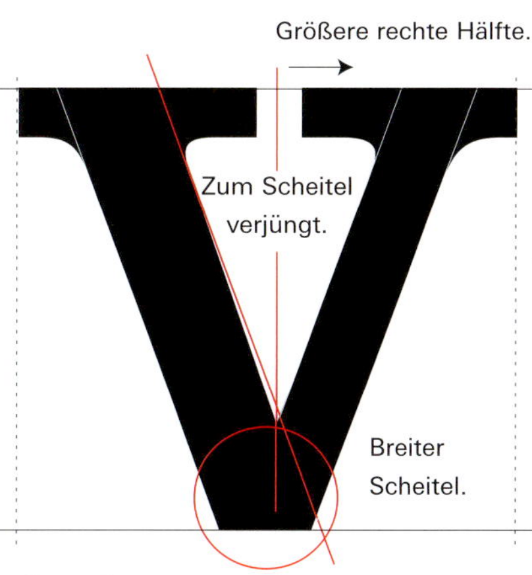

Clarendon
(Serifenbetonte Antiqua)

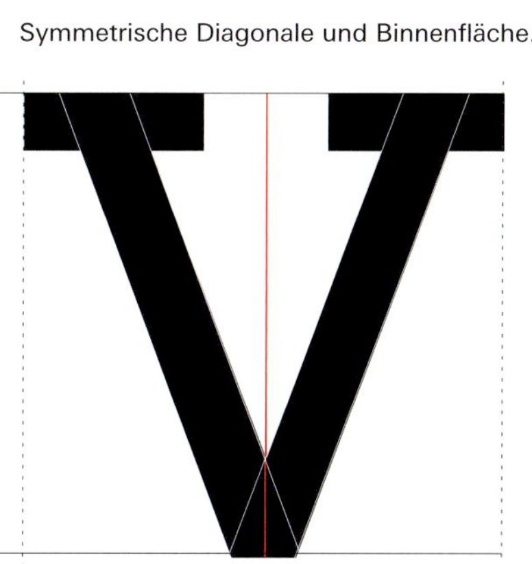

Rockwell
(Serifenbetonte Antiqua)

Details des großbuchstabigen Serifen-A

Der Querstrich des A sollte ein gutes Stück unter der optischen und mathematischen Mitte des Zeichens liegen. Das ergibt sich aus drucktechnischen Erfordernissen. Zwar soll der untere Weißraum größer als der obere sein, doch das kleinere Dreieck der Punze muss immer noch groß genug sein, um auch in kleinen Punktgrößen noch sauber zu drucken.

Die Strichstärke des Querstrichs folgt nicht zwingend der üblichen Haarstrichstärke. In Renaissance- und Übergangsantiqua findet sich häufig ein fetterer Strich, der den Grauwert des Zeichens gleichmäßiger verteilen soll. Demgegenüber besitzen serifenbetonte Schriften meist einen leichteren Querstrich, um das Zentrum des Buchstabens nicht zu sehr zu verfinstern. Klassizistische weisen in der Regel keine Unterschiede auf – ihre Haarlinien sind so fein, dass sie praktisch keinen Einfluss auf die Dichte des Zeichens ausüben.

Normalerweise wird der Scheitel des A nicht weiter betont, kalligrafisch beeinflusste Schriften können jedoch mit einem Sporn oder einer Serife verziert werden. Renaissanceschriften verlängern hierfür meist die fettere Diagonale, wobei ein Sporn die Illusion des Federstrichs zusätzlich stärkt. Serifenbetonte Schriften setzen ihrem A häufig eine beidseitige Serife auf. Dieses Vorgehen empfiehlt sich jedoch nur für Headline-Schriften, da sich dadurch die Dichte und Schwärzung des Scheitels erheblich erhöht.

Caslon
(Französische Renaissance-Antiqua)

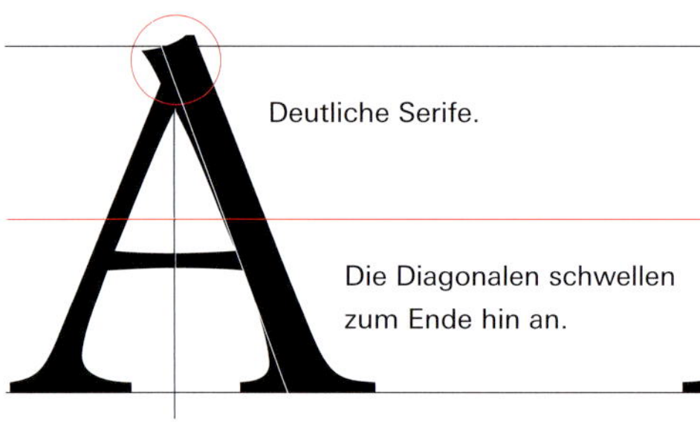

Guardi
(Venezianische Renaissance-Antiqua)

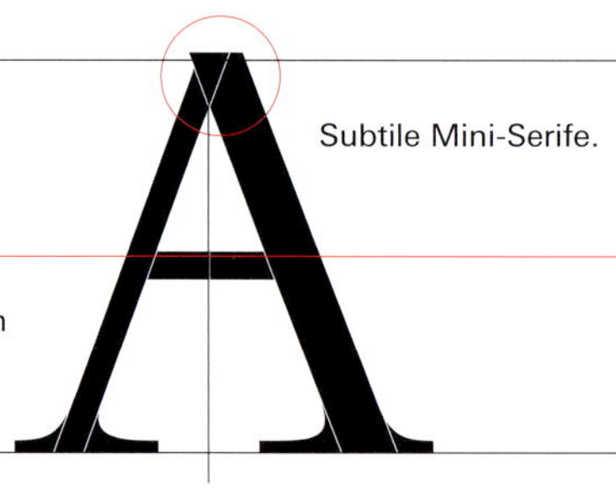

Bembo
(Ven./Frz. Renaissance-Antiqua)

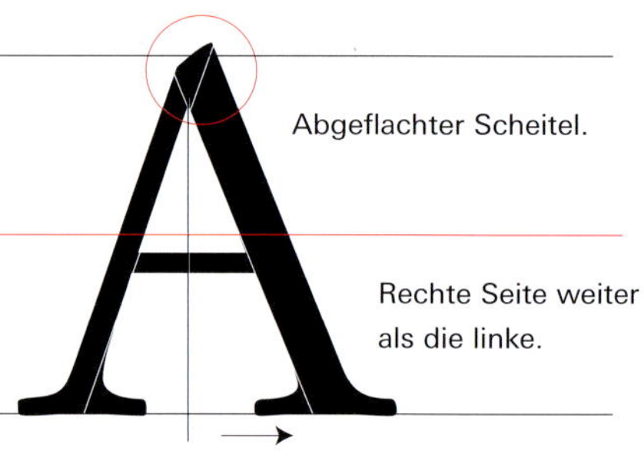

Stempel Garamond
(Französische Renaissance-Antiqua)

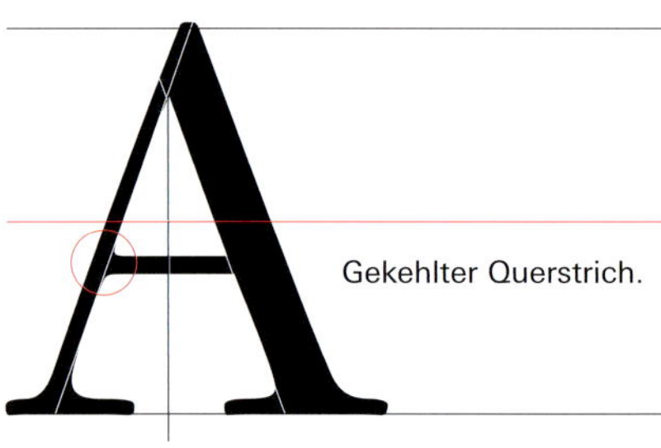

Janson
(Übergangsantiqua)

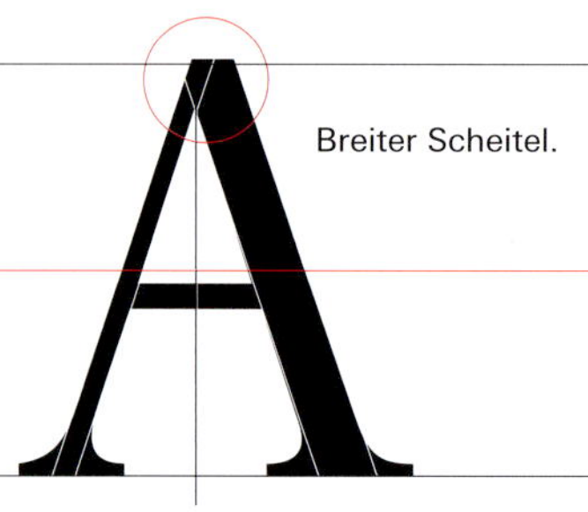

Perpetua
(Übergangsantiqua)

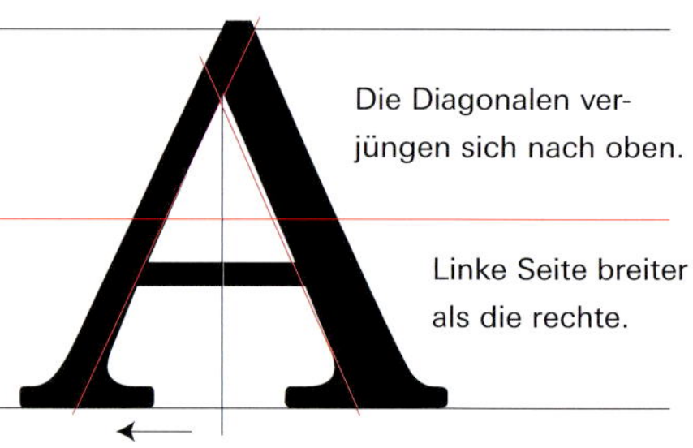

Apollo
(Übergangsantiqua)

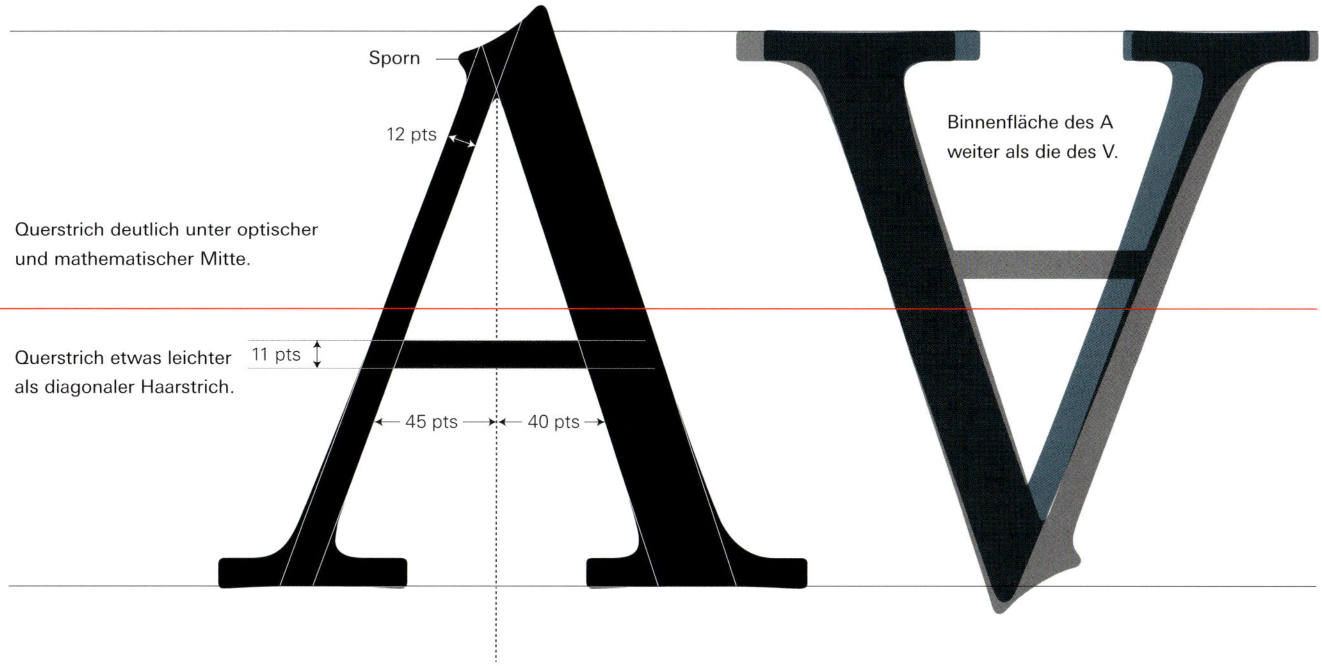

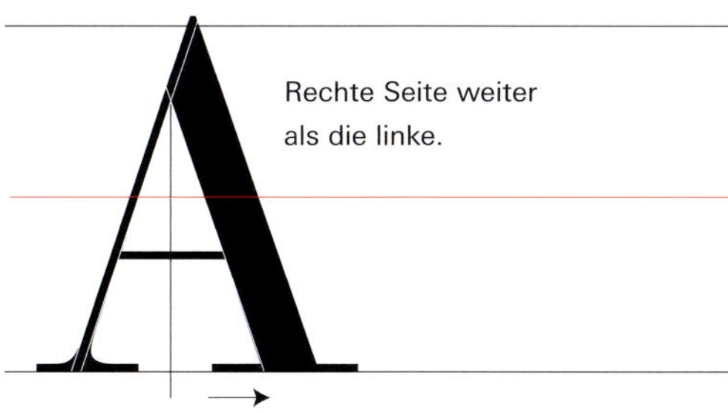

Bauer Bodoni
(Klassizistische Antiqua)

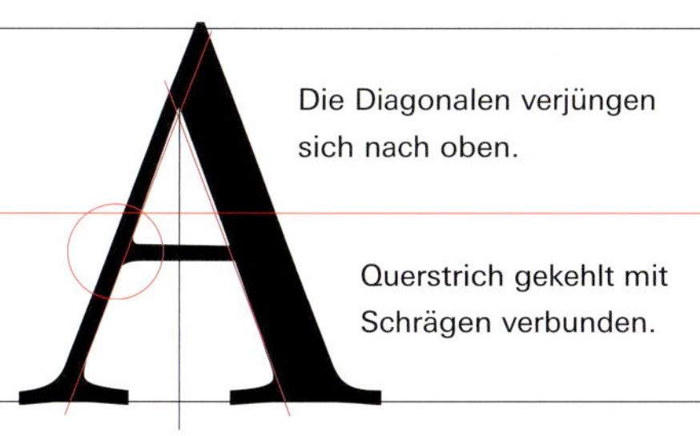

New Caledonia
(Übergangs-/Klassizistische Antiqua)

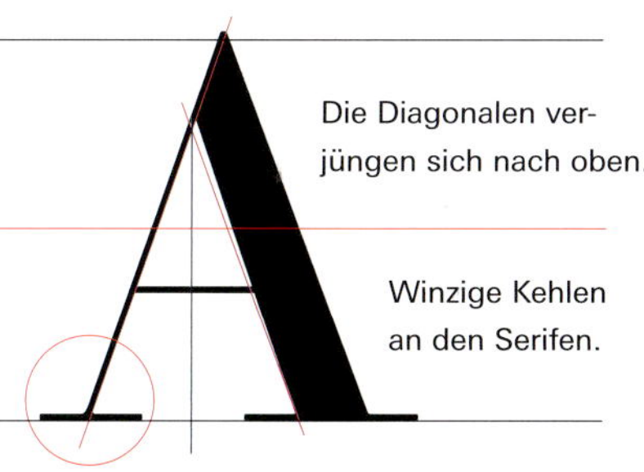

Didot
(Klassizistische Antiqua)

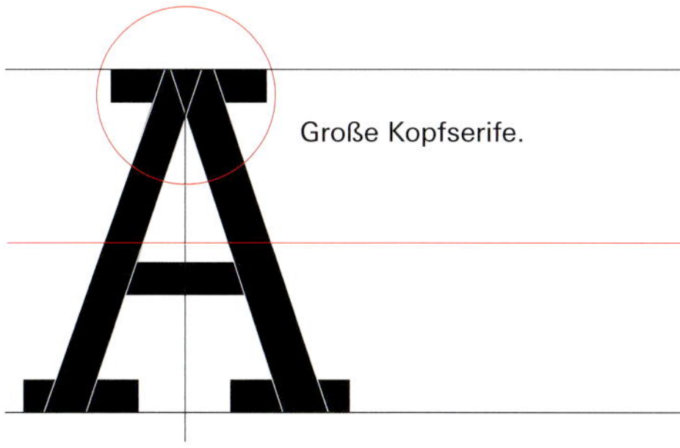

Memphis
(Serifenbetonte Antiqua)

Clarendon
(Serifenbetonte Antiqua)

Serifa
(Serifenbetonte Antiqua)

Großbuchstaben mit Serifen – das U

Das U entwickelte sich aus dem V. Bis ins Mittelalter stand das V sowohl für einen Vokal als auch für einen Konsonant. Ein V am Wortanfang bezeichnete einen Konsonanten, dasselbe Zeichen innerhalb des Wortes wurde jedoch als Vokal gesprochen.

Die Unzialen und Halbunzialen des Mittelalters machten runde Formen populär. Der Formenkanon der Unziale rundete neben vielen anderen Zeichen auch V und A. Mit der Zeit emanzipierte sich die runde Form des V zu einem vollwertigen alphabetischen Buchstaben für den Vokal. Zum Ende des Mittelalters hatte die ursprünglich kalligrafische Mode das offizielle Alphabet um ein neues Zeichen erweitert.

Vor diesem entwicklungsgeschichtlichen Hintergrund erklärt sich die enge Verwandtschaft von V und U. Beide Zeichen sind in den meisten Schriften ungefähr gleich breit, und in allen Schriften der Renaissance, der Barockzeit und des Klassizismus wird das U auch genauso asymmetrisch gezeichnet wie das V: links mit einem fetten Stamm und rechts mit einem mageren. Auch der Bogen des U erhält dabei eine asymmetrische, stärker nach Nordwesten ausschwingende Form.

Bei einigen serifenbetonten Schriften, meist bei den ungekehlten Egyptienne, erscheint erstmals eine symmetrische Variante mit zwei fetten Stämmen. Diese Form passt zwar besser ins klotzige Schriftbild der Egyptienne, benötigt jedoch eine größere Zeichenbreite. Wie wir bereits beim H sahen, täuschen die zwei fetten Senkrechten ein schmales Zeichen vor.

Die meisten Entwerfer bevorzugen die humanistische Variante. Diese Form wirkt dynamischer und ist lesbarer: Der leichtere Stamm auf der rechten Seite unterstützt die Augenbewegung in Leserichtung.

Die beiden wesentlichen Varianten des U:
asymmetrisch mit fettem und magerem Stamm (links) sowie symmetrisch mit zwei gleich fetten Stämmen (rechts).

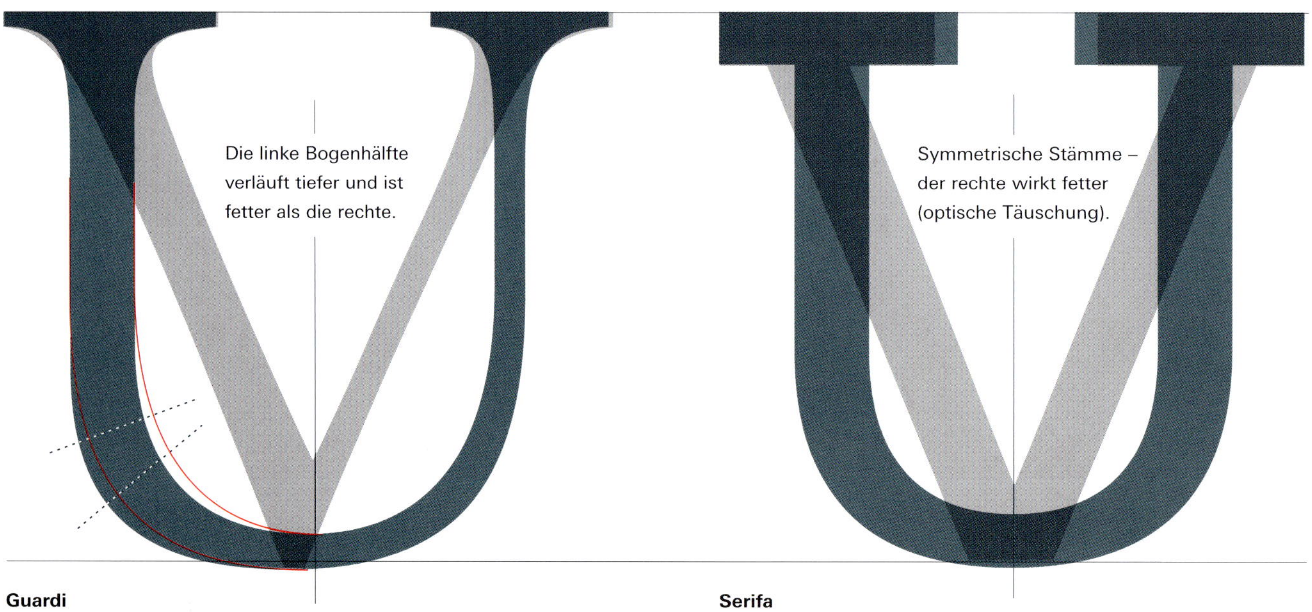

Guardi
(Venezianische Renaissance-Antiqua)

Serifa
(Serifenbetonte Antiqua)

New Baskerville
(Übergangsantiqua)

Bauer Bodoni
(Klassizistische Antiqua)

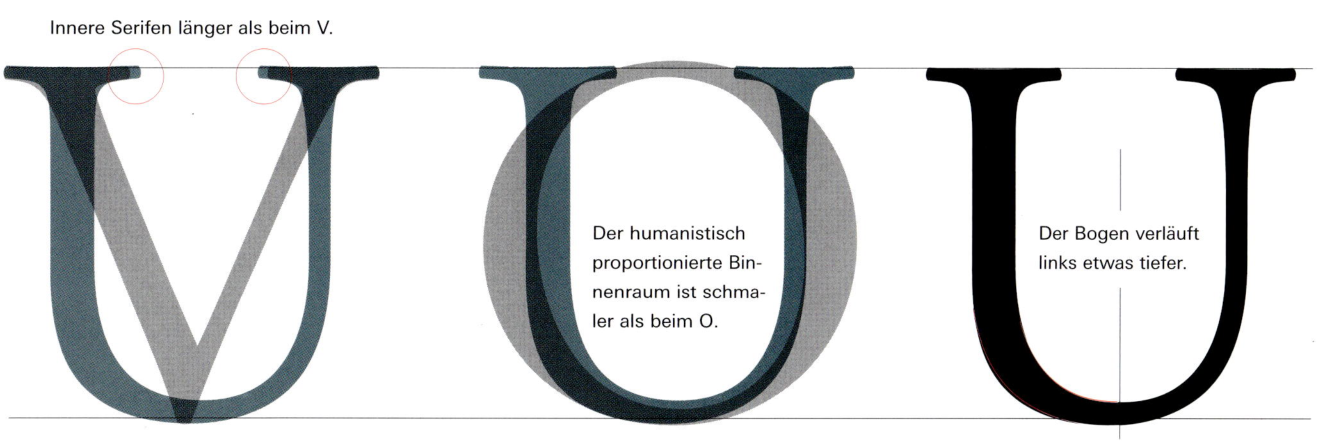

Adobe Garamond
(Französische Renaissance-Antiqua)

Großbuchstaben mit Serifen – das X

Das X erweist sich als verblüffend schwierig zu gestalten. Kreuzen sich zwei Linien unterschiedlicher Strichstärke, erscheint die dünnere Linie versetzt zu sein. Das Ausmaß dieser optischen Täuschung hängt von Kontrast und Winkel ab (rechtwinklige und gleich fette Linien erzeugen keinen Versatz).

Um diesen unerwünschten Effekt zu vermeiden, wird die dünnere Diagonale meist im Schnittpunkt versetzt. Die Stärke des Versatzes variiert. Man kann den Bruch absichtlich übertreiben und so zu einem stilistischen Merkmal machen oder unsichtbar für den oberflächlichen Betrachter integrieren.

Wie alle zweigeschossige Zeichen sollte das X nicht mit identischer oberer und unterer Hälfte gezeichnet werden. Echte, geometrische Symmetrie erzeugt kopflastige, unruhige Zeichen. Daher ist die untere Hälfte des X stets größer als die obere, der Schnittpunkt der Diagonalen liegt mehr oder weniger deutlich über der Mitte des Zeichens.

Es bestehen zwei gestalterische Alternativen für die Anlage der Diagonalen des X. In der einen Variante sind die Diagonalen linksbündig und erzeugen eine asymmetrische rechte Seite mit unten überstehender Diagonale. In der anderen Variante wird die obere Hälfte über der unteren zentriert. Die linksbündige Variante folgt kalligrafischen Vorbildern und unterstützt das Auge in der Leserichtung. Die zentrierte Variante wirkt statischer und betont die senkrechte Achse.

Wie wir schon beim V gesehen haben, können die Diagonalen des X zum Schnittpunkt hin verjüngen und zu den Serifen hin anschwellen. Zusätzlich können, wie bei allen diagonalen Linien, die nach außen weisenden Serifen verkürzt werden, um den Abstand zu benachbarten Zeichen gering zu halten.

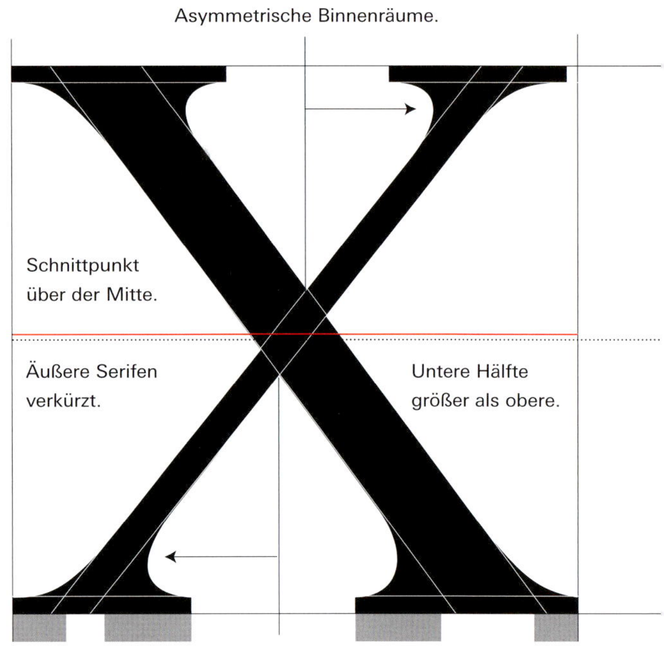

Perpetua
(Übergangsantiqua)

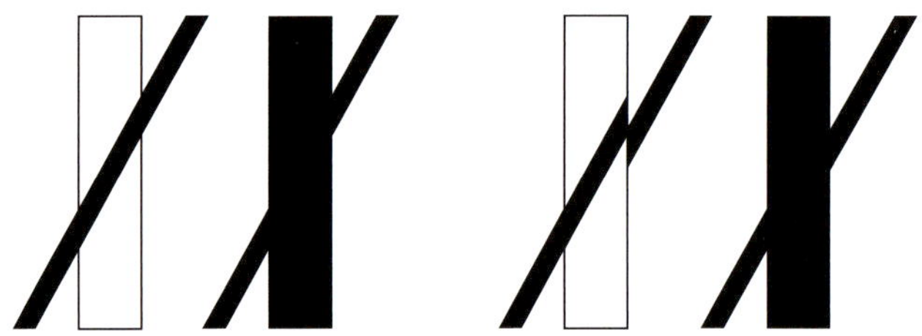

Wenn sich zwei verschieden starke Linien kreuzen, scheint die dünnere nach oben versetzt. Verschieben der Linien gleicht diesen Effekt aus.

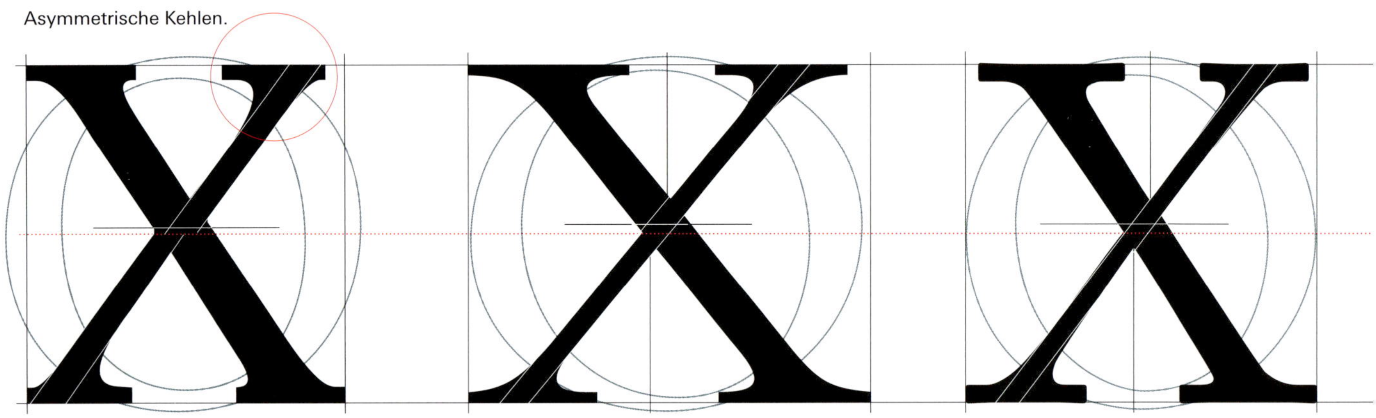

Apolline
(Venezianische Renaissance-Antiqua)

Bembo
(Ven./Frz. Renaissance-Antiqua)

Adobe Caslon
(Französische Renaissance-Antiqua)

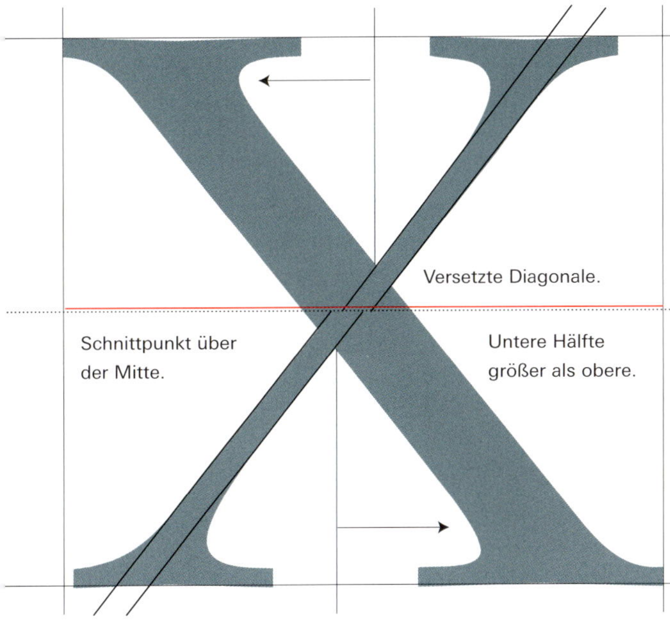

New Baskerville
(Übergangsantiqua)

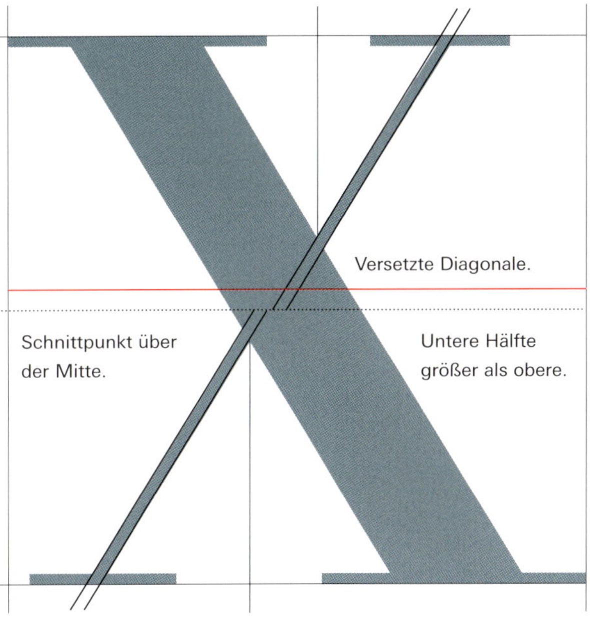

Didot
(Klassizistische Antiqua)

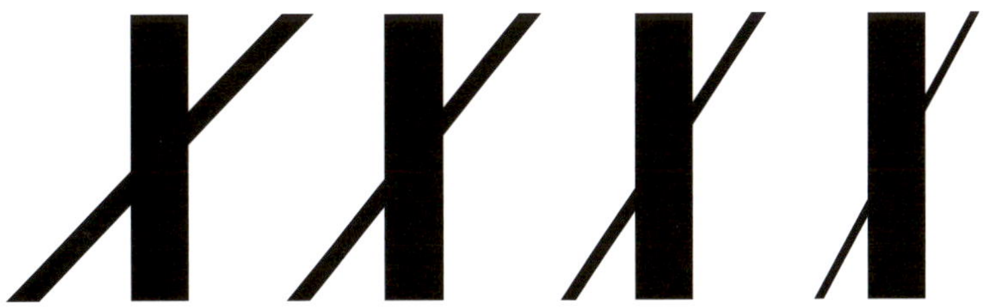

Die optische Täuschung nimmt mit höherem Kontrast und spitzerem Winkel zu.

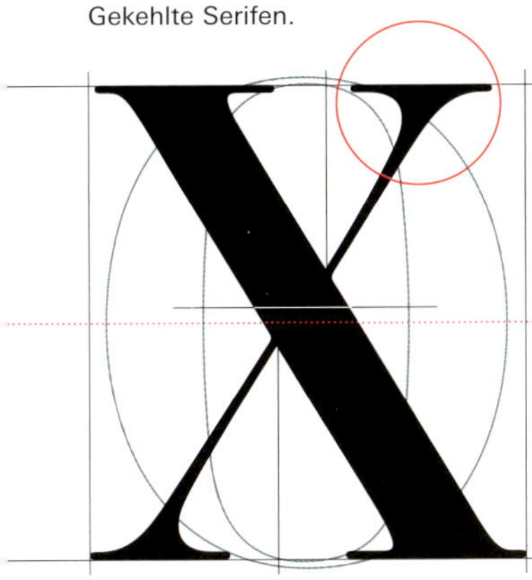

Ambroise
(Klassizistische Antiqua)

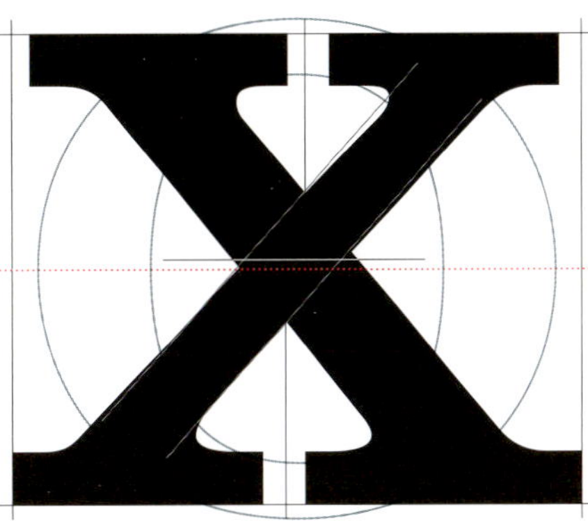

Clarendon
(Serifenbetonte Antiqua)

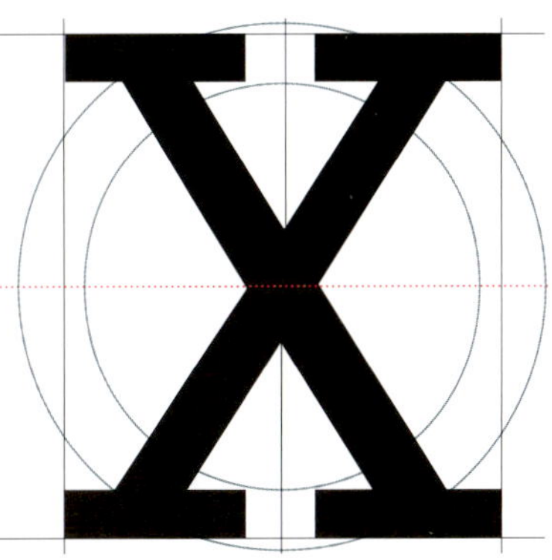

Memphis
(Serifenbetonte Antiqua)

Großbuchstaben mit Serifen – das W

Eigentlich stellt das W eine VV-Ligatur dar. Uns stehen drei Möglichkeiten zur Gestaltung zur Verfügung: Zwei verschmälerte V werden verbunden, zwei verbreiterte V überlappen oder das rechte V beschneidet das linke.

Das verbundene W ist am leichtesten zu gestalten. Da zwei V normaler Breite ein zu breites W erzeugen würden, werden zwei verschmälerte V-Formen aneinander gesetzt. Die beiden V-Formen sind nicht unbedingt identisch. Häufig stehen die äußeren Diagonalen aufrechter als die inneren. Die Modifikation vereinfacht die Zurichtung und verringert die Gesamtbreite des Zeichens.

Die mittlere Serife des verbundenen W kann weggelassen werden. Besonders bei schmalen oder fetten Schriftschnitten wird so ein gleichmäßiger Grauwert erhalten und Fleckenbildung vermieden. Ein schmuckloser mittlerer Scheitel muss im Gegensatz zu den beiden unteren Scheitelpunkten die Versalhöhe nicht überragen – die Höhe des Zeichens wird von den Serifen links und rechts bestimmt.

Das überlappende W aus verbreiterten V-Formen ist schwieriger zu gestalten. Der Schnittpunkt erzeugt einen dunklen Fleck in der Mitte und damit ein unruhigeres Zeichen. Die V-Formen sollten deshalb nicht symmetrisch verbreitert werden, sondern hauptsächlich an den inneren Diagonalen. Deren flacherer Verlauf vergrößert die Binnenflächen um die Kreuzung, während die steileren äußeren Diagonalen die Gesamtbreite des W gering halten.

Die beiden mittleren Serifen eines überlappenden W werden häufig einfach zu einer Linie zusammengezogen. Bei schmalen Schriftschnitten kann dieser Linienzug sogar die linke Serife mit einbeziehen. In jedem Fall wird dabei die obere dreieckige Binnenfläche eingeschlossen. Um die Punze auch beim Druck kleiner Punktgrößen offen zu halten, kann die magere Diagonale wie beim X oberhalb des Schnittpunktes etwas versetzt werden. En passant beseitigt diese Korrektur darüber hinaus auch die am Beispiel des X beschriebene optische Täuschung bei kreuzenden kontrastierenden Linien.

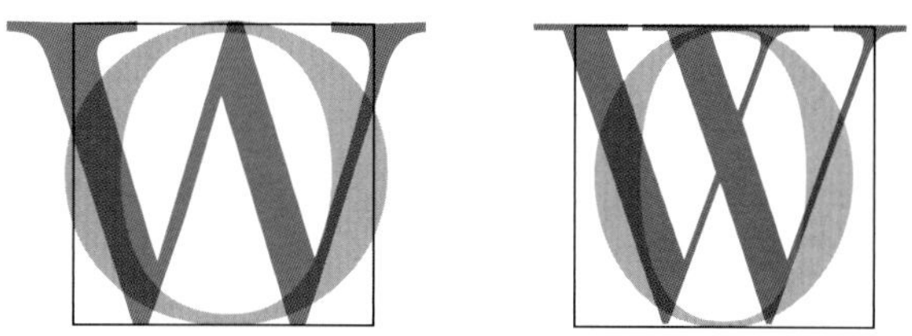

Das W ist ein breiterer Buchstabe als das O
(links: **New Baskerville;** rechts: **Bauer Bodoni**).

Verbundene Variante mit verschmälerten V-Formen.

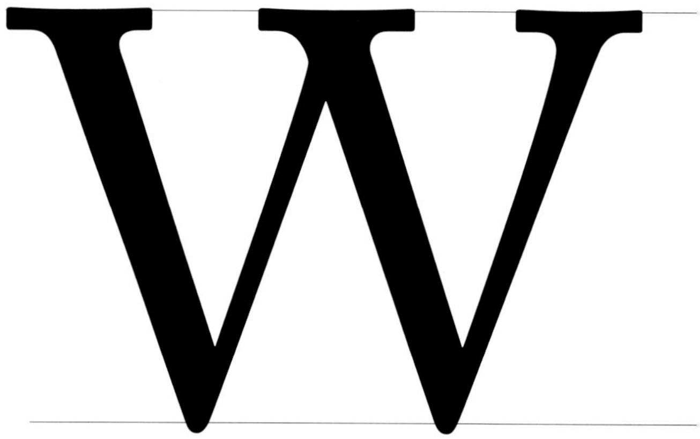

Adobe Caslon
(Französische Renaissance-Antiqua)

Überlappende Variante mit verbreiterter V-Form.

Adobe Garamond
(Französische Renaissance-Antiqua)

Beschnittene Variante mit verschmälerten V-Formen.

Granjon
(Übergangsantiqua)

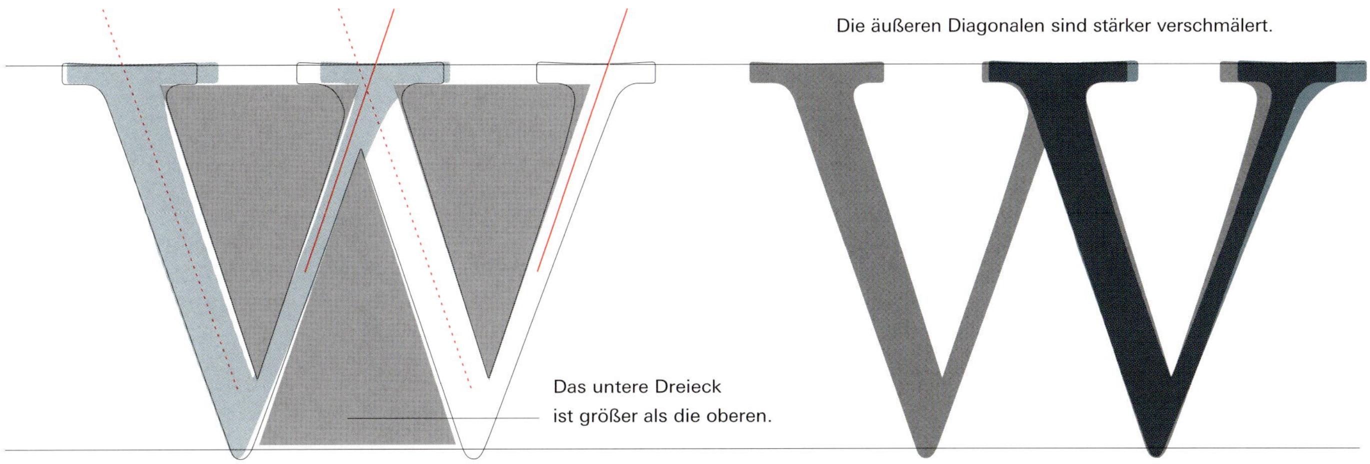
Die äußeren Diagonalen sind stärker verschmälert.
Das untere Dreieck
ist größer als die oberen.

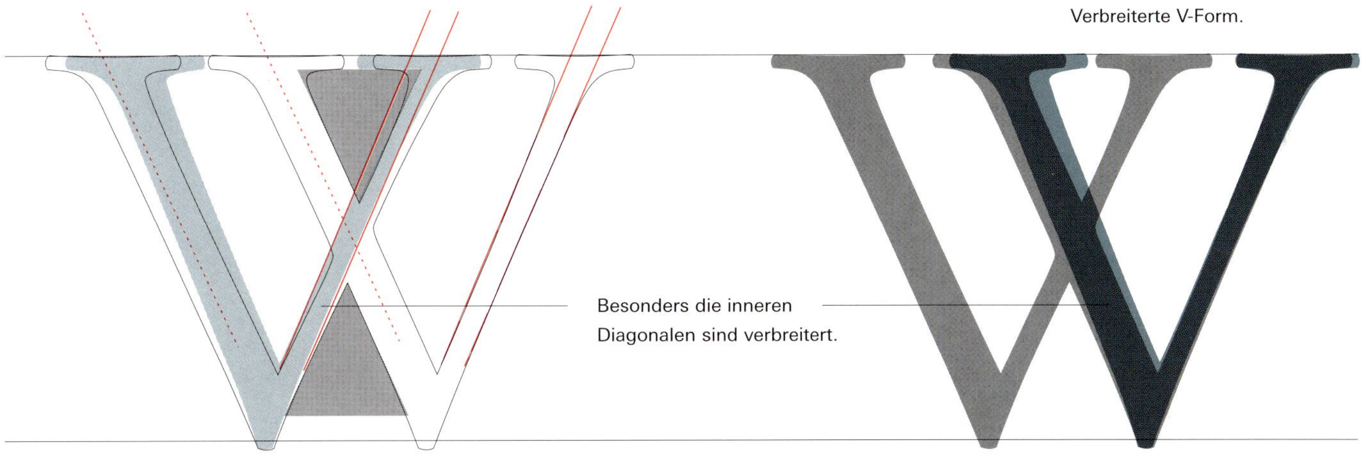
Verbreiterte V-Form.
Besonders die inneren
Diagonalen sind verbreitert.

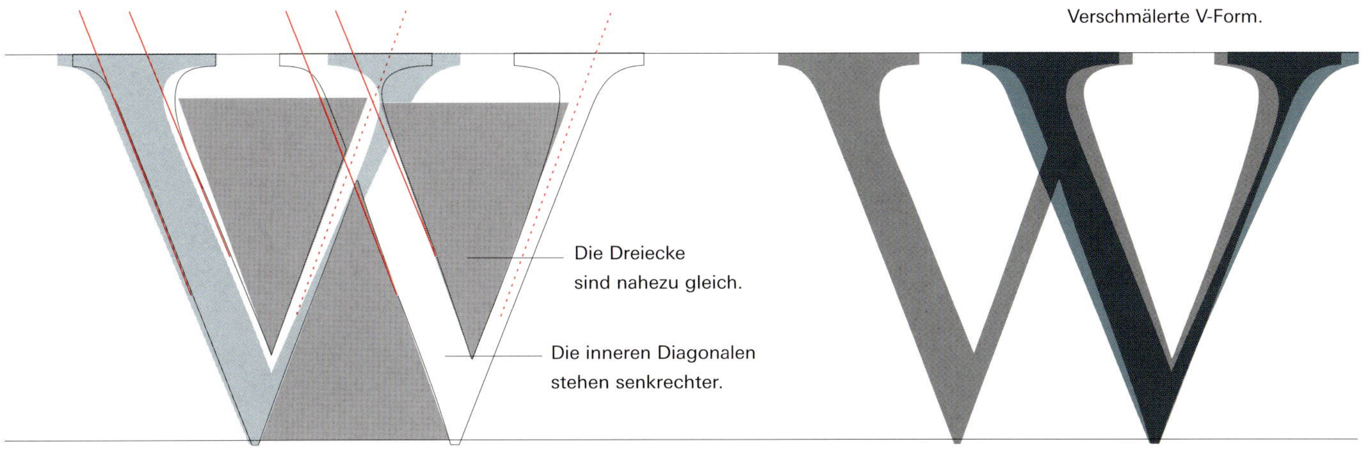
Verschmälerte V-Form.
Die Dreiecke
sind nahezu gleich.
Die inneren Diagonalen
stehen senkrechter.

Die kompakteste Form liefert uns das beschnittene W. Allerdings weist diese Variante auch einen unregelmäßigeren Grauwert auf, denn das Zeichen ist links dunkler als rechts. Diese Eigenschaft stellt jedoch kein großes Problem dar, da der Dichte-Unterschied eine willkommene Betonung der Leserichtung bewirkt. Wenn die unterschiedliche Schwärzung stört, kann die rechte äußere Diagonale steiler gestellt werden, um die Dichte auszugleichen.

In der Regel wird bei dieser Variante nur die leichtere, innere Diagonale beschnitten. In manchen Schriften findet sich jedoch ein W, dessen innere Diagonalen am Schnittpunkt zu einem serifenlosen Scheitel gekappt wurden. Dieser Scheitel sollte sehr hoch liegen, da das W andernfalls eine sehr leichte und offene Mitte erhält. Zudem neigt das offene Zentrum häufig zu einem linkischen, unförmigen Aussehen. Ein W sieht einfach am besten aus, wenn seine drei Binnenflächen eine eindeutig dreieckige Form annehmen.

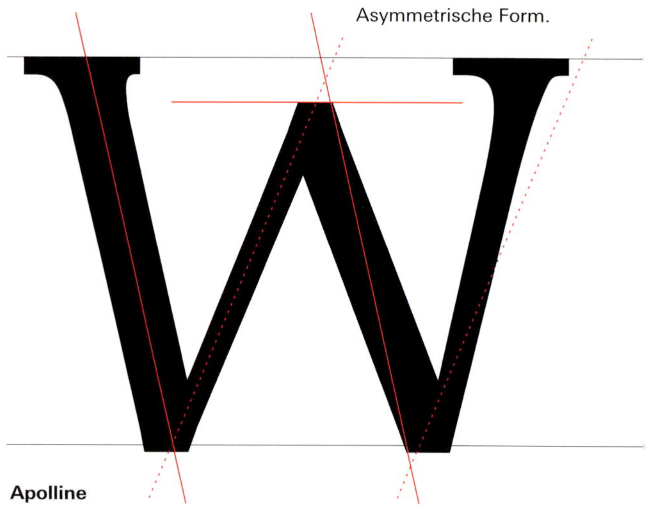

Apolline
(Venezianische Renaissance-Antiqua)

Galliard
(Französische Renaissance-Antiqua)

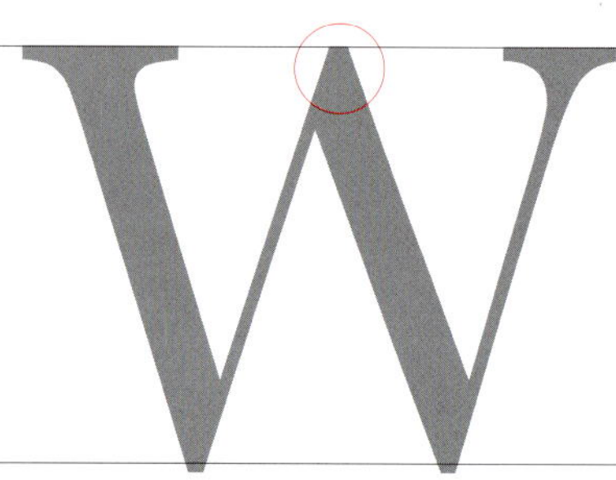

New Baskerville
(Übergangsantiqua)

Walbaum
(Klassizistische Antiqua)

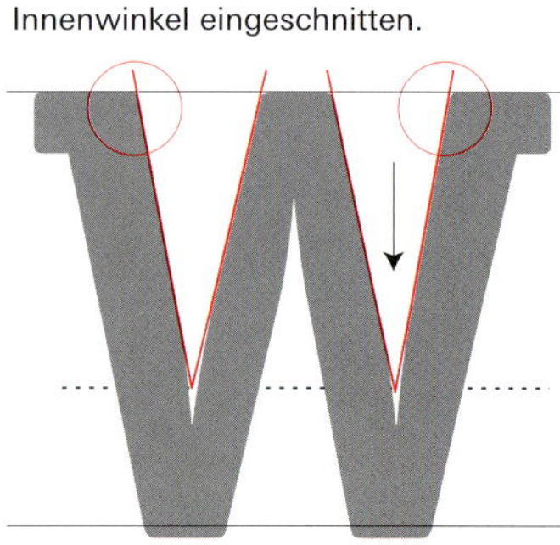

Officina Serif
(Serifenbetonte Antiqua)

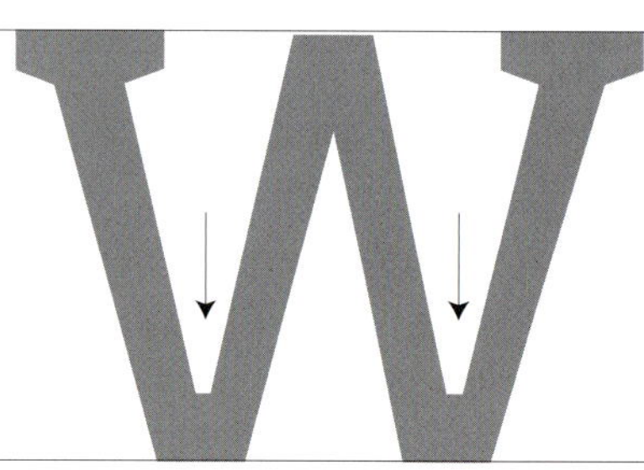

Olsen
(Serifenbetonte Antiqua)

Memphis
(Serifenbetonte Antiqua)

Hochliegender Schnittpunkt,
gleichmäßiger Grauwert.

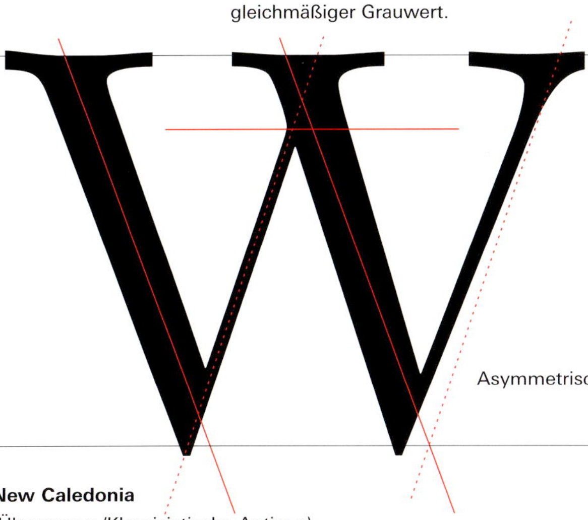

Asymmetrische Form.

New Caledonia
(Übergangs-/Klassizistische Antiqua)

Tiefliegender Schnittpunkt,
Zeichen rechts leichter als links.

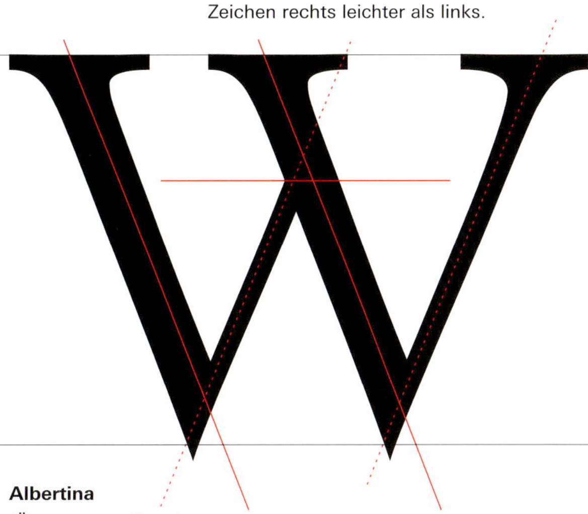

Albertina
(Übergangsantiqua)

Mittlere innere Serifen weggelassen.

Äußere Diagonale
aufrechter als innere.

Italian Old Style
(Venezianische Renaissance-Antiqua)

Mittlere Serifen verbunden.

Bembo
(Venezianische/Klassizistische Antiqua)

Linke und mittlere Serifen verbunden.

Bodoni
(Klassizistische Antiqua)

Zeichen rechts leichter als links.

Didot
(Klassizistische Antiqua)

Äußere Diagonale
aufrechter als innere.

Clarendon
(Serifenbetonte Antiqua)

PMN Caecilia
(Serifenbetonte Antiqua)

Großbuchstaben mit Serifen – das Y

Ein Y ist im Prinzip ein kurzes V auf einem Stamm. Die linke Diagonale geht direkt in den Stamm über, die rechte Diagonale wird entweder auf gleicher Höhe oder etwas höher angesetzt. Höher einlaufende Diagonalen zitieren kalligrafische Vorbilder.

Die Winkel der Diagonalen brauchen nicht gleich zu sein: Die rechte Diagonale kann sich weiter strecken. Die Korrektur sollte nur vorsichtig angewendet werden. Ihr Ziel ist nicht offensichtliche Asymmetrie, sondern die subtile Vergrößerung der Binnenfläche. Eine längere rechte Diagonale betont zudem die Leserichtung.

Der am häufigsten begangene Fehler bei der Gestaltung eines Y betrifft die Höhe des Stammes. Ein zu kurzer Stamm schafft ein kopflastiges Zeichen, ein zu langer Stamm verkleinert den Binnenraum darüber zu stark und lässt das Y schüchtern wirken. Der Stamm sollte zwischen 35 und 50 % der Versalhöhe erreichen, wobei das obere Ende dieses Bereichs für Schriften mit großer x-Höhe vorgesehen ist. Hohe Kleinbuchstaben benötigen mehr Platz unter den Diagonalen.

Sowohl im humanistischen als auch im modernen Proportionssystem nimmt das Y eine ungefähr quadratische Fläche ein. Klassizistische Designs sind etwas schmaler (passend zu ihrem ebenfalls schmalen O), serifenbetonte Antiqua benötigen etwas mehr Platz für ihre fetteren Strichstärken.

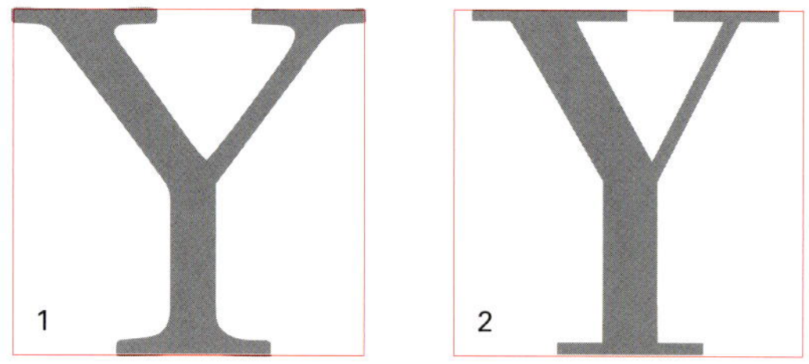

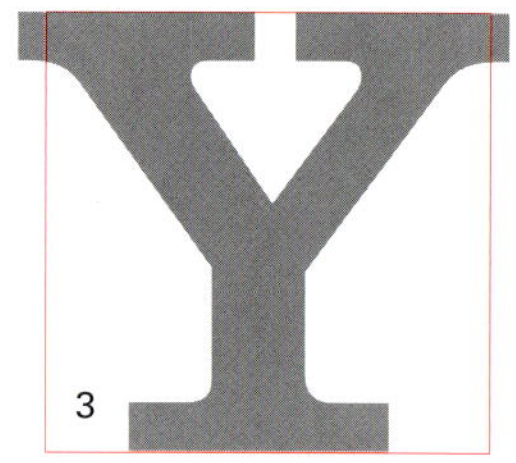

Die **Stempel Garamond** (1) folgt humanistischen Proportionen. Die **Walbaum** (2) ist passend zum O schmal gezeichnet. Die **Clarendon** (3) braucht mehr Platz für ihre fetten Striche.

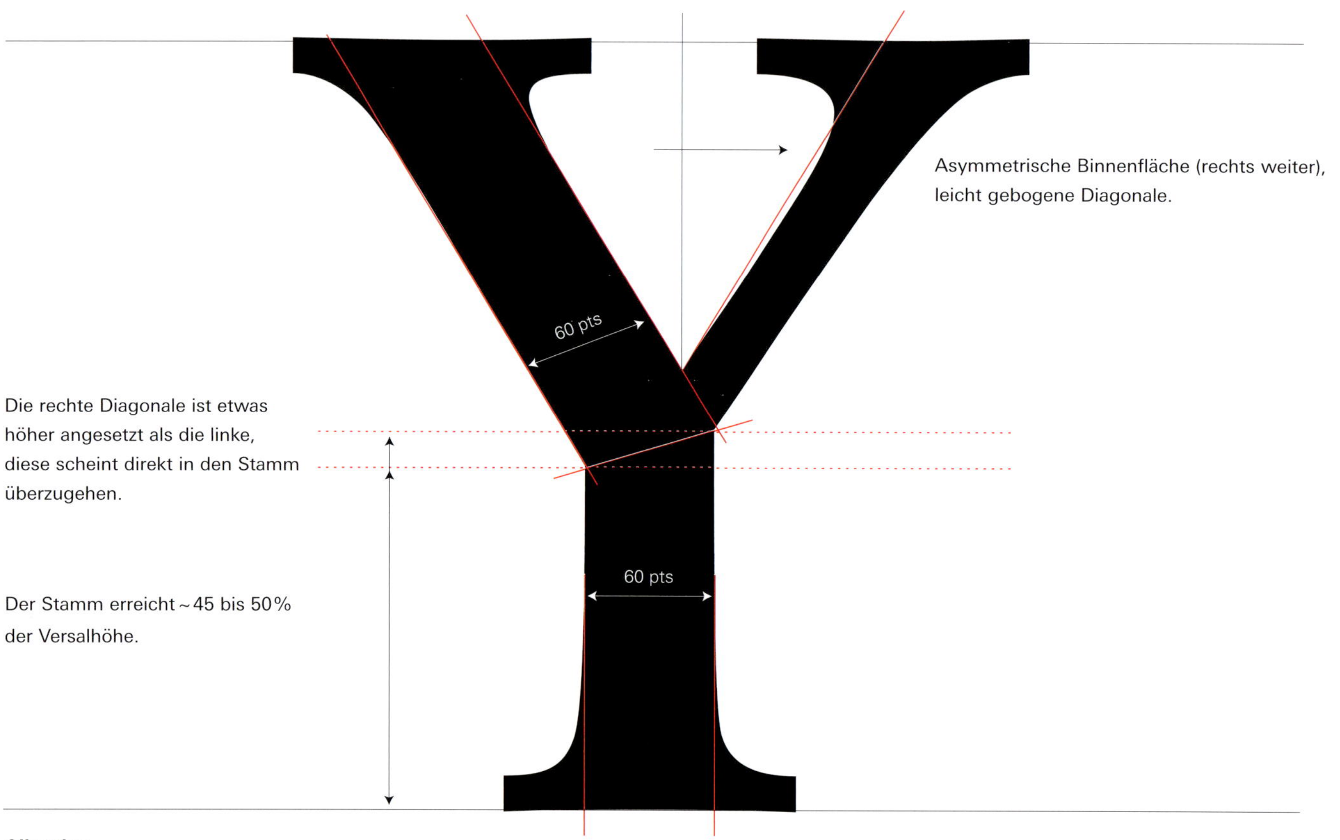

Albertina
(Übergangsantiqua)

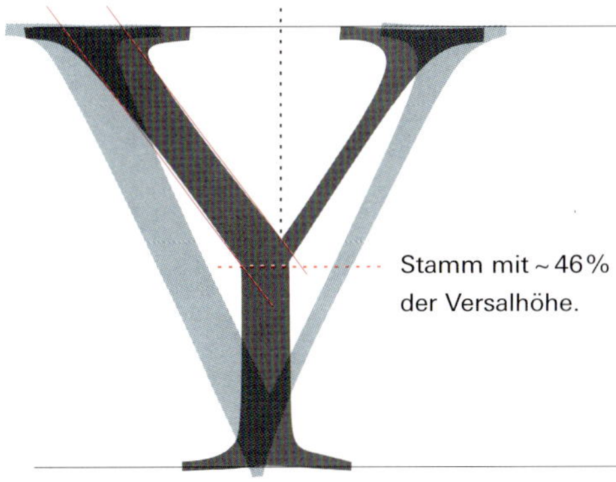

Centaur
(Venezianische Renaissance-Antiqua)

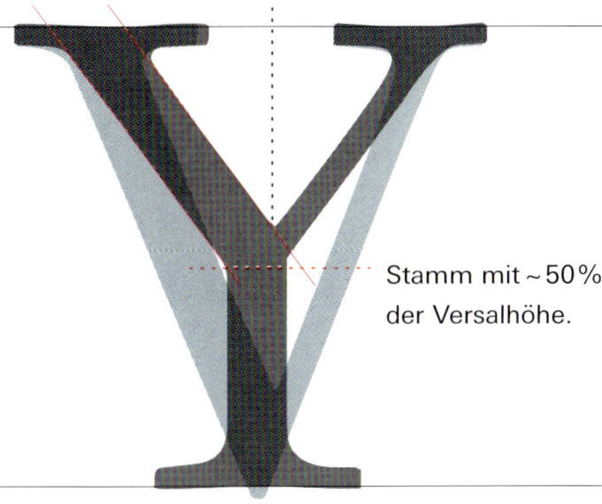

Stempel Garamond
(Französische Renaissance-Antiqua)

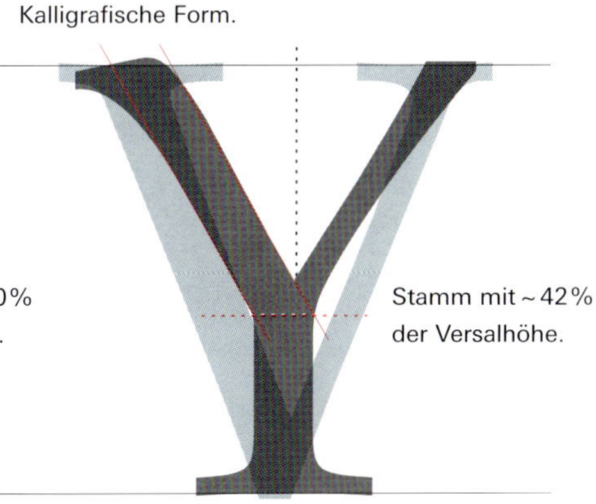

Palatino
(Übergangsantiqua)

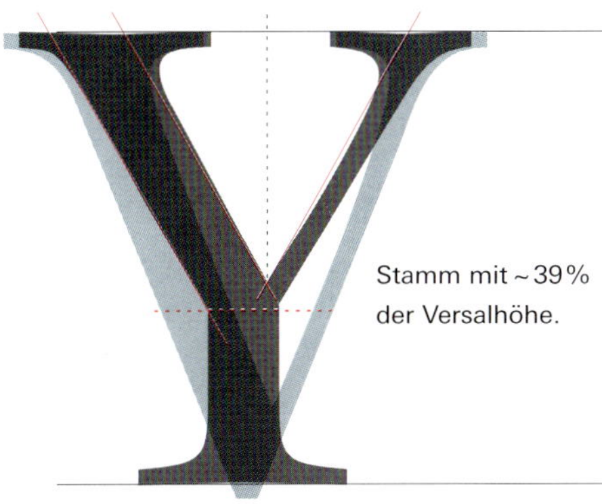

Baskerville
(Übergangsantiqua)

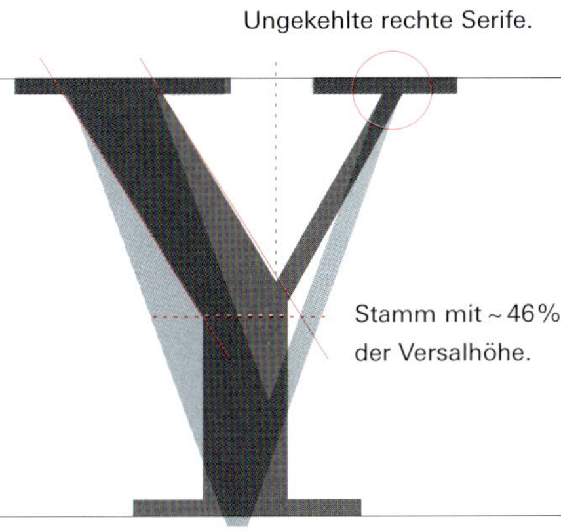

Bodoni
(Klassizistische Antiqua)

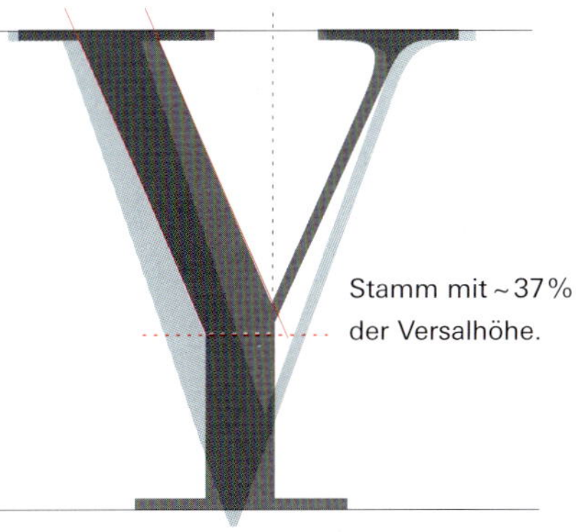

Bauer Bodoni
(Klassizistische Antiqua)

In den meisten Serifenbetonten vereinigen sich die Diagonalen auf der gleichen Höhe mit dem Stamm.

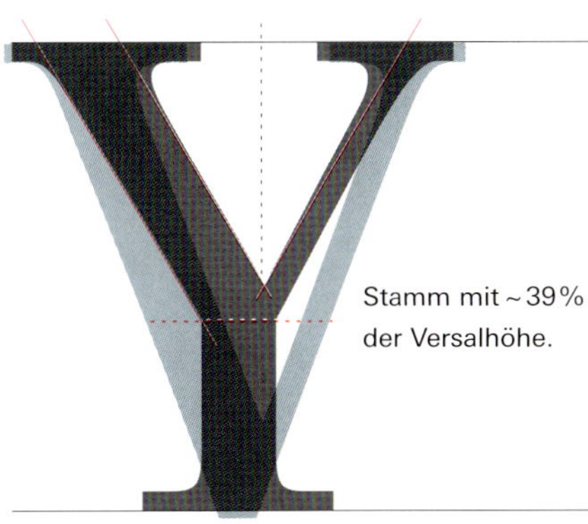

Centennial
(Serifenbetonte Antiqua)

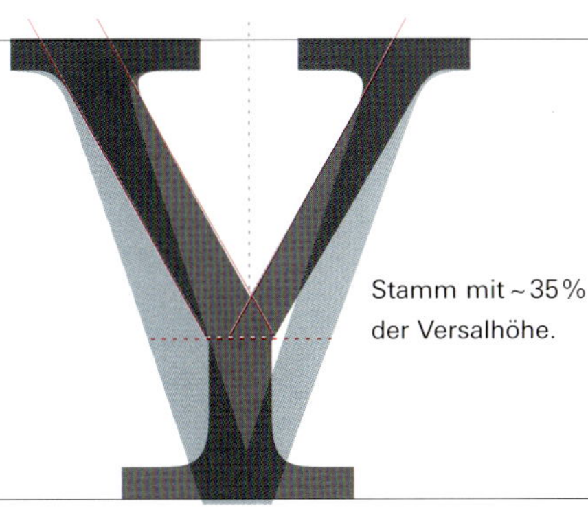

Egyptienne
(Serifenbetonte Antiqua)

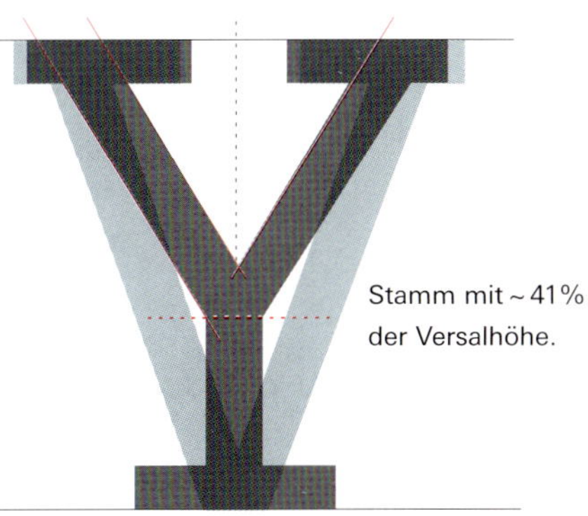

Glypha
(Serifenbetonte Antiqua)

Großbuchstaben mit Serifen – das M

Das M kann aus einem V und zwei unterstützenden Beinen konstruiert werden. Die Beine können senkrecht oder geneigt gestaltet werden. Die Variante mit geneigten Beinen ist ein direkter Nachfahre antiker griechischer Inschriften. Diese ältere Form des M beeinflusst noch immer die jüngere, aufrechte Variante. Auch aufrechte Beine werden links mager und rechts fett gezeichnet.

Die ältere Variante mit den ausgestellten Beinen findet sich üblicherweise in Renaissance-Antiqua. Diese Form weist eine gleichmäßigere Grauwertbalance auf als die senkrechte Variante, da die unteren, dreieckigen Binnenflächen dem oberen Dreieck ähnlicher sind. Allerdings verbreitern die geneigten Stämme das Zeichen deutlich. Zudem, wie wir schon bei A und V gesehen haben, erschweren die diagonalen Seiten die Zurichtung.

Doch auch mit senkrechten Stämmen zählt das M zu den breitesten Versalien. Es ist breiter als das O. In vielen Schriften entspricht die Dickte des M der Kegelhöhe. Daher hat das M Eingang in den englischen Typo-Jargon gefunden. Das Geviert (engl.: *em square* oder *em space*) entspricht in seiner Breite der Punktgröße des Textes. Bei Satz in 6 pt ist es 6 Punkt breit, bei Satz in 12 pt misst das Geviert 12 Punkt.

Wie wir bereits bei anderen diagonalen Zeichen gesehen haben, können sich die Diagonalen zu ihren Schnittpunkten hin verjüngen. Innere und/oder äußere Serifen der V-Form können entfernt werden, um Platz zu sparen und das Zeichen offen zu halten. Wenn die oberen Scheitel des M serifenlos sind, sollten sie über die Versalhöhe ragen, da das M sonst kleiner wirken würde als die anderen Großbuchstaben. Der mittlere Scheitelpunkt sollte jedoch nie unter die Grundlinie ragen. Im Gegenteil, in vielen Schriften liegt der mittlere Scheitel über der Grundlinie, um den komplexen Bereich am Fuß des Zeichens offen zu halten.

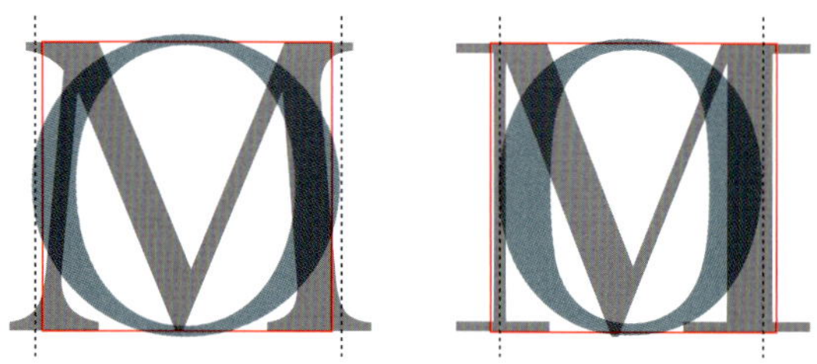

Das M ist ein breiterer Buchstabe als das O
(links: **Perpetua;** rechts: **Walbaum**).

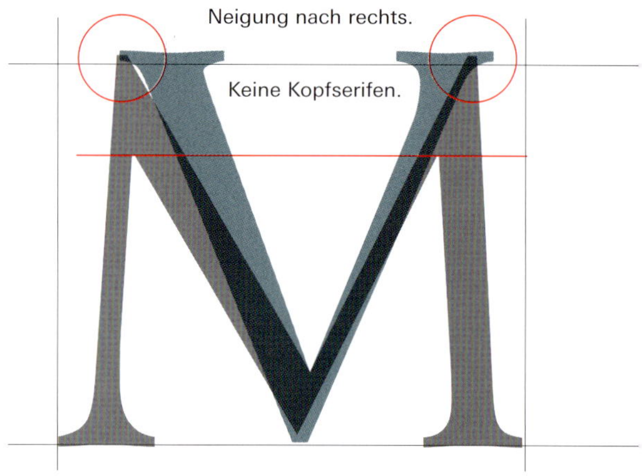

Weiss
(Venezianische Renaissance-Antiqua)

New Baskerville
(Übergangsantiqua)

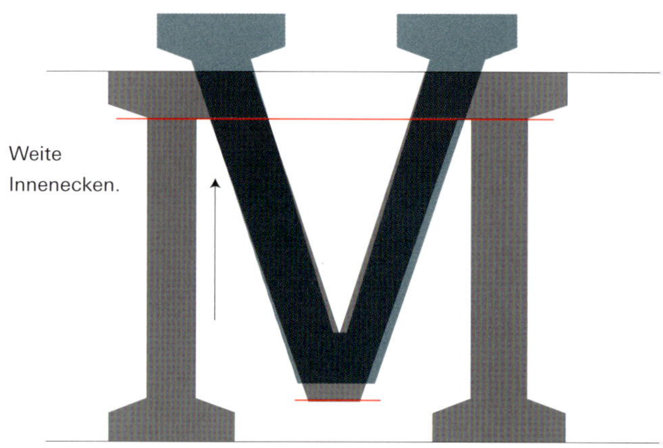

Olsen
(Serifenbetonte Antiqua)

Leichte Neigung nach rechts.

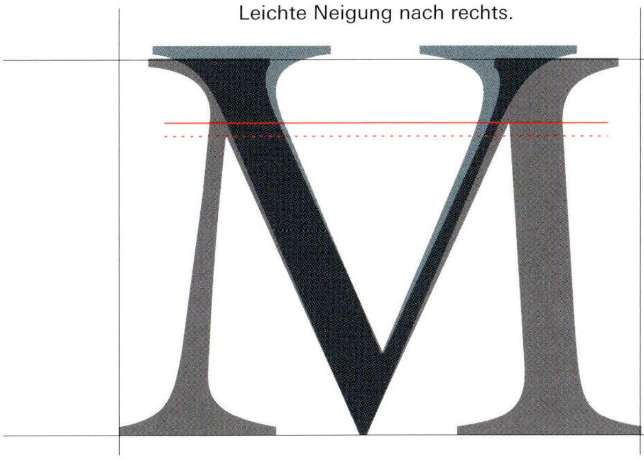

Unterschiedliche Höhe der Binnenflächen.

Galliard
(Französische Renaissance-Antiqua)

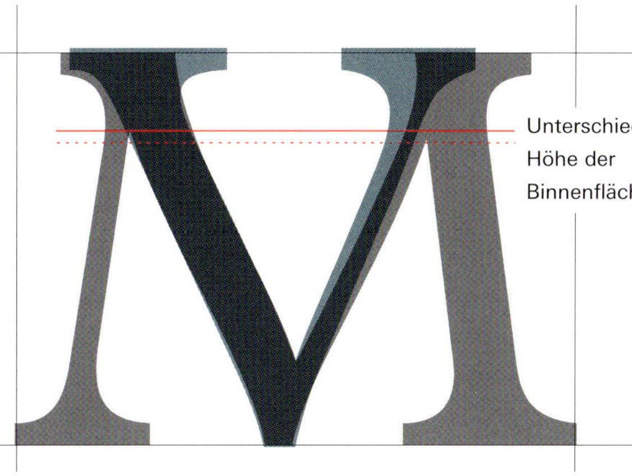

Unterschiedliche Höhe der Binnenflächen.

Plantin
(Übergangsantiqua)

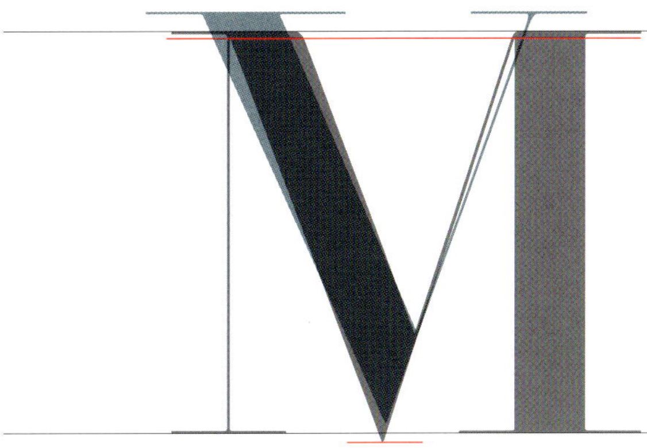

HTF Didot
(Klassizistische Antiqua)

Tiefer Scheitel.

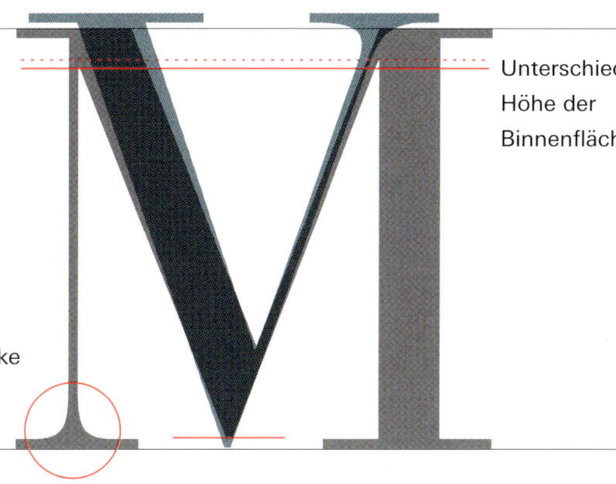

Unterschiedliche Höhe der Binnenflächen.

Gekehlte linke Fußserife.

Bauer Bodoni
(Klassizistische Antiqua)

Hoher Scheitel.

Verschmälerte Diagonale.

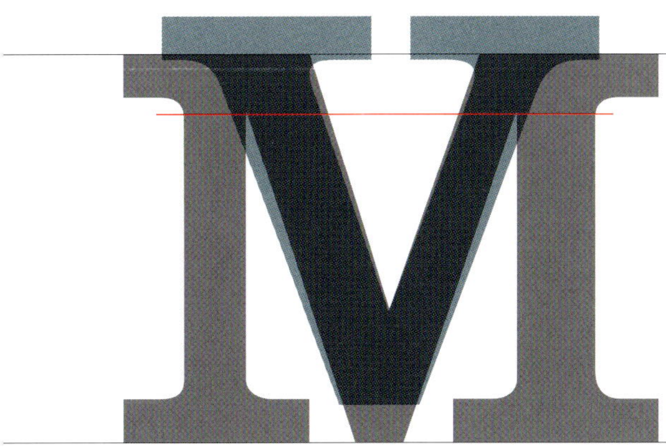

Clarendon
(Serifenbetonte Antiqua)

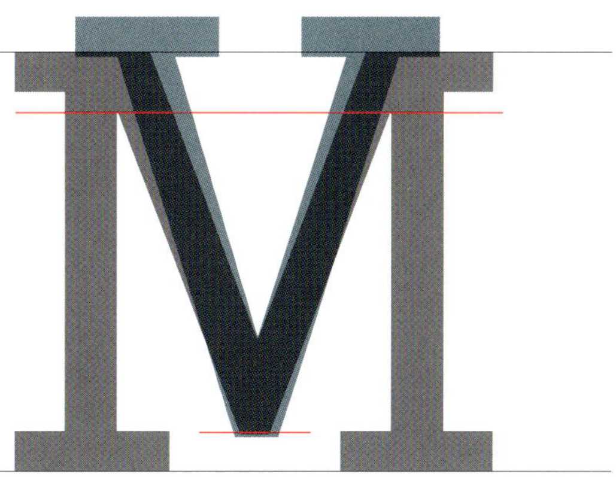

Memphis
(Serifenbetonte Antiqua)

Hoher Scheitel.

Großbuchstaben mit Serifen – das N

Das N besteht einfach aus zwei Senkrechten, die mit einer Diagonalen verbunden sind. Im Unterschied zu den Großbuchstaben, die wir bisher betrachtet haben, sind beide Senkrechten des N als Haarlinien gezeichnet. Ein N mit drei fetten Strichen wäre ein seltsamer, allzu dunkler Buchstabe. Das Ziel jeden Schriftentwurfs ist es, allen Zeichen den gleichen Grauwert und Kontrast zu verleihen.

In den meisten Schriften sind N und O in etwa gleich breit. In humanistisch proportionierten Schriften liegt beiden ein Quadrat zu Grunde, in moderner Proportion diktiert der Grauwert die Zeichenbreite.

Beim Entwurf des N spielt die Diagonale eine entscheidende Rolle. Im Idealfall teilt die Diagonale die Binnenfläche in ein größeres unteres und ein kleineres oberes Dreieck – sonst sähe das N unausgewogen aus. Dies ist besonders für schmale Lettern wichtig (z. B. jenen klassizistischer Schriften), da eine hohe Form an sich schon instabiler ist.

Das obere Ende der Diagonalen ziert meist eine nach links weisende Serife. Renaissanceschriften ahmen hier den Ansatz eines Federstrichs nach. Am unteren Ende der Diagonalen wird nie eine Serife angefügt, der Wendepunkt wird einfach mehr oder weniger spitz gestaltet. Wie bei den anderen Großbuchstaben mit diagonalen Formen müssen feine Spitzen die Grundlinie weiter überragen als breite, stumpfe Enden.

Die ungewöhnliche Form des N ruft leider eine wenig erwünschte optische Täuschung hervor. Die mageren Stämmchen scheinen von der fetten Diagonalen abzubrechen. Die Serife und der Wendepunkt an Anfang und Ende der Diagonalen gleichen diesen Effekt aus, indem sie das Auge zu den kritischen Verbindungen hinführen und damit, ganz nebenbei, die Leserichtung betonen. So betonen Serifen die Lesbarkeit einer Schrift.

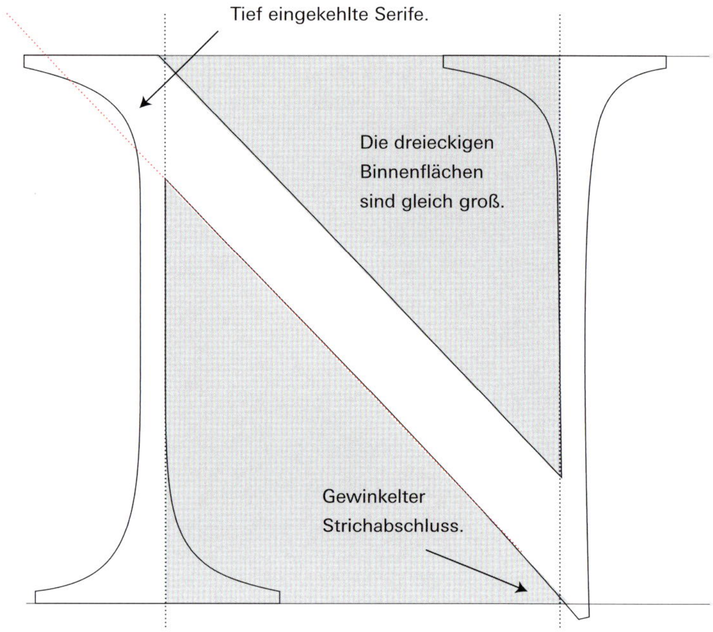

Galliard
(Französische Renaissance-Antiqua)

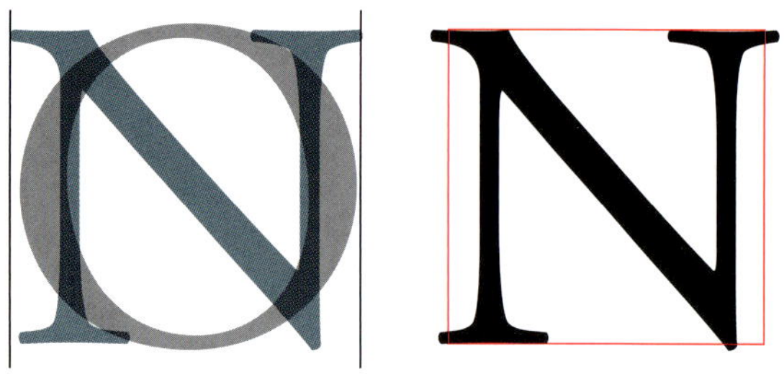

Die **Adobe Garamond** ist humanistisch proportioniert: N und O sind nahezu gleich breit und fußen auf einem Quadrat.

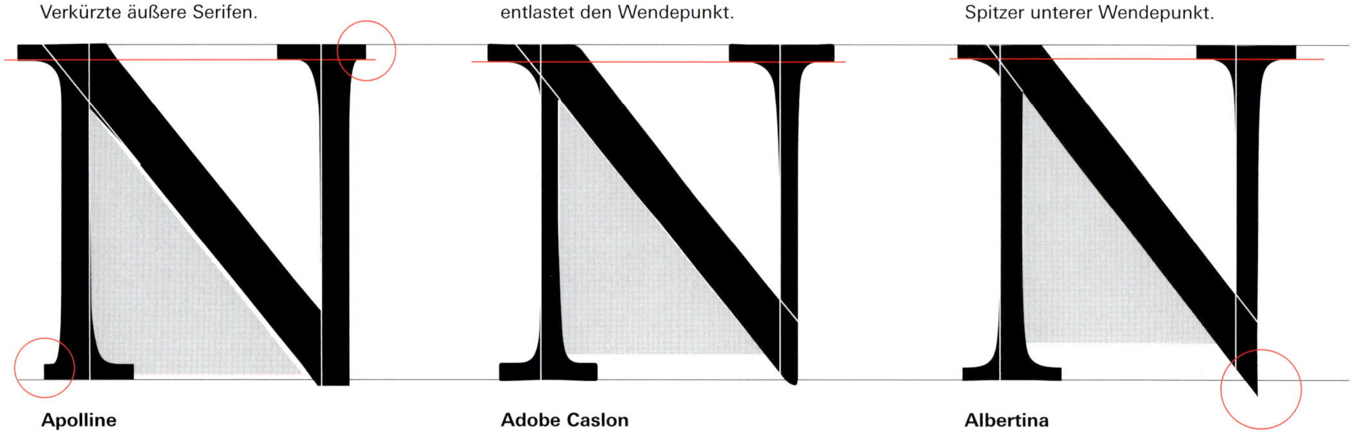

Apolline
(Venezianische Renaissance-Antiqua)

Adobe Caslon
(Französische Renaissance-Antiqua)

Albertina
(Übergangsantiqua)

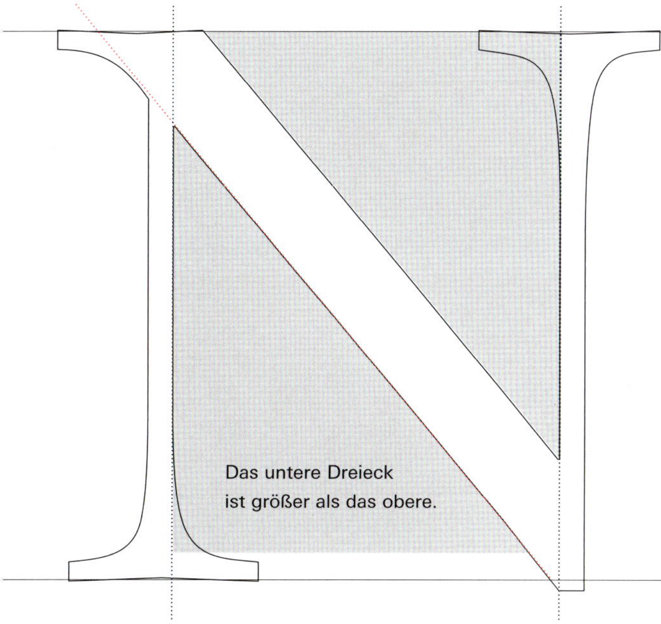

New Baskerville
(Übergangsantiqua)

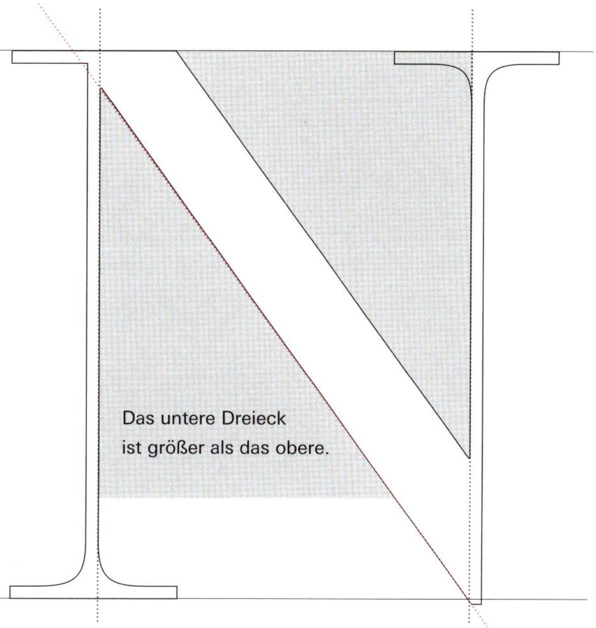

Bauer Bodoni
(Klassizistische Antiqua)

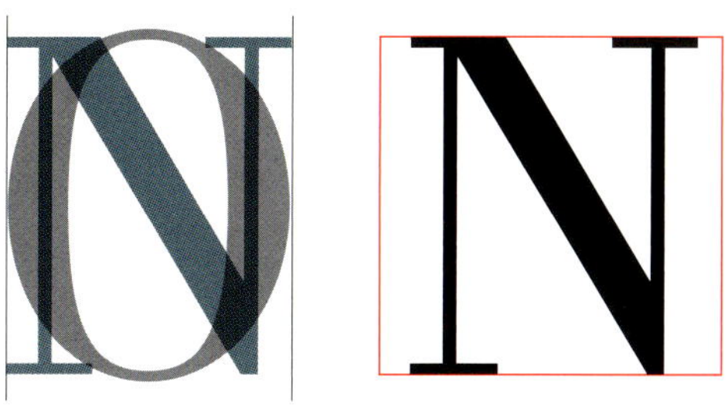

Die **Fenice** besitzt moderne Proportionen:
N und O sind zwar gleich breit, basieren jedoch nicht auf einem Quadrat.

Auch die **New Century Schoolbook** ist modern proportioniert:
Das N ist etwas breiter als O und Quadrat.

Das untere Dreieck
ist größer als das obere.

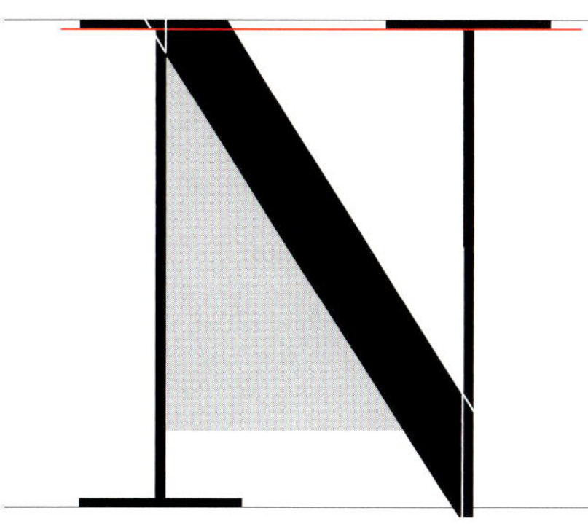

Didot
(Klassizistische Antiqua)

Clarendon
(Serifenbetonte Antiqua)

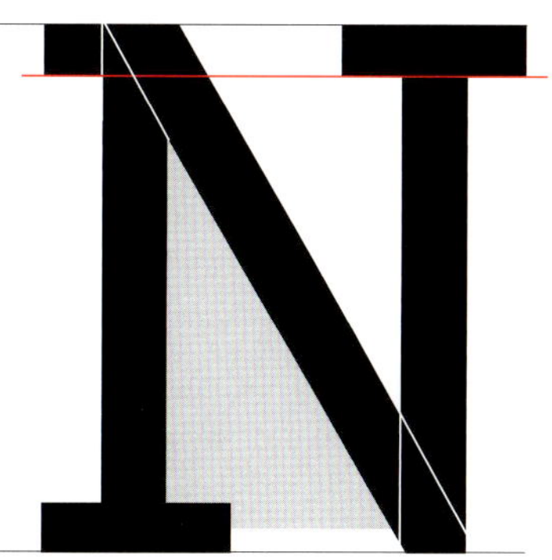

Memphis
(Serifenbetonte Antiqua)

Großbuchstaben mit Serifen – das K

Das K, ein ausdrucksstarker, das Schriftbild prägender Buchstabe, kann entweder einfach oder verschachtelt gestaltet werden. Für die einfache Variante spricht ihre Eleganz, ihre Symmetrie und die klar umrissenen Binnenflächen. Demgegenüber bietet die verschachtelte Variante Vorteile bei schmalen Schriften und erleichtert die Zurichtung durch die verkleinerte offene Fläche zur Rechten.

Bei der einfachen Form des K treffen sich die Diagonalen in oder unter der Mitte. Wie bei allen bislang besprochenen Lettern wird aus Gründen der Stabilität eine breite Basis angestrebt. Aus diesem Grund muss das Bein länger sein als der Arm. Der Schnittpunkt der beiden Diagonalen ist meist eher spitz als stumpf gestaltet – allerdings kann die Spitze in den Stamm ragen. Bei manchen Übergangsantiqua verbindet eine kurze Haarlinie die Diagonalen mit dem Stamm.

Bei der verschachtelten Variante des K trifft der Arm erst deutlich unter der Zeichenmitte auf den Stamm. Das Bein wird dabei in der unteren Hälfte des Armes angesetzt. Das Konstruktionsprinzip kennen wir schon vom R. Um das Gewicht des Obergeschosses visuell abzustützen, muss das Bein unten weiter nach rechts ausgestellt sein als der Arm oben.

Sowohl in der einfachen wie in der verschachtelten Variante können die Diagonalen gerade oder gebogen verlaufen. Und wie bei den anderen Zeichen mit Diagonalen können diese sich zum Schnittpunkt hin verjüngen. Das Bein kann in einer beidseitigen oder in einer einseitigen, nach rechts weisenden Serife enden, aber auch stumpf auslaufen. Die letzte Möglichkeit passt – wie beim R – nur zu einem Bein in der Form eines Schweifs. Die Serifen können zur leichteren Zurichtung nach außen verkürzt werden.

Humanistisch proportionierte Schriften zeichnen ihr K meist breiter als das E, jedoch schmaler als das O. Modern proportionierte Schriften variieren die Breite des K. Auch bei leichten oder schmalen Schriftschnitten (wie die Fenice) liegt die Breite des K zwischen der des E und der des O. Anders bei breiten oder fetten Schnitten. In diesen übertrifft das K nicht selten die Breite des O. Die knifflige Verbindung fetter Striche braucht Platz.

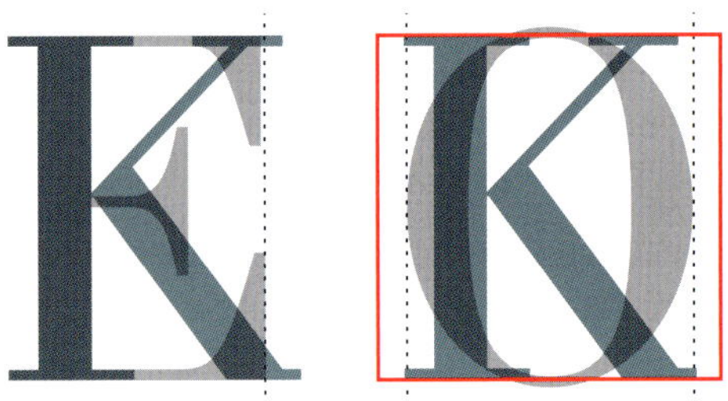

Die **Fenice** ist modern proportioniert.
Das K ist breiter als das E, jedoch identisch mit dem O.
Es ist schmaler als ein Quadrat.

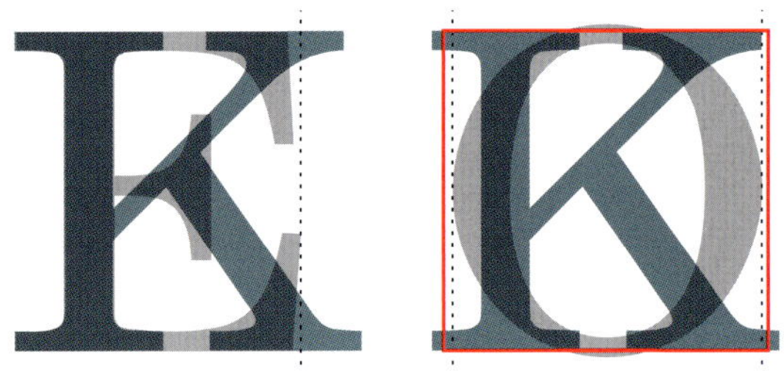

Moderne Proportionen auch bei der **New Century Schoolbook.**
Das K ist breiter als E und O.
Es ist auch breiter als ein Quadrat.

Centaur
(Venezianische Renaissance-Antiqua)

Galliard
(Französische Renaissance-Antiqua)

Bembo
(Ven./Frz. Renaissance-Antiqua)

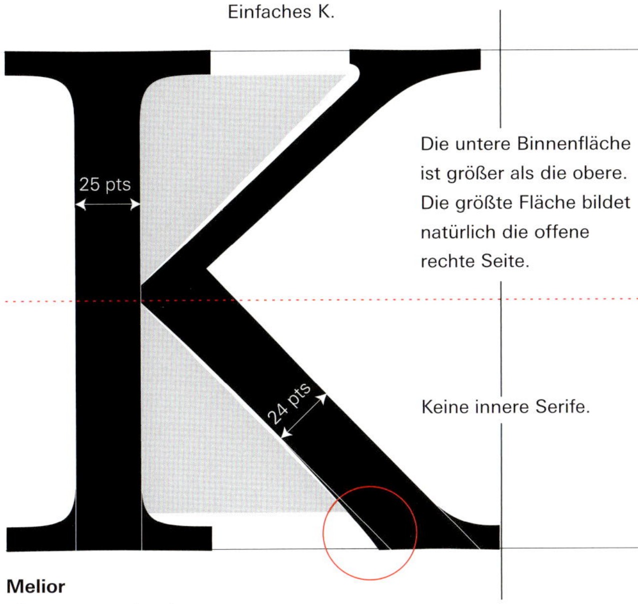

Melior
(Übergangsantiqua)

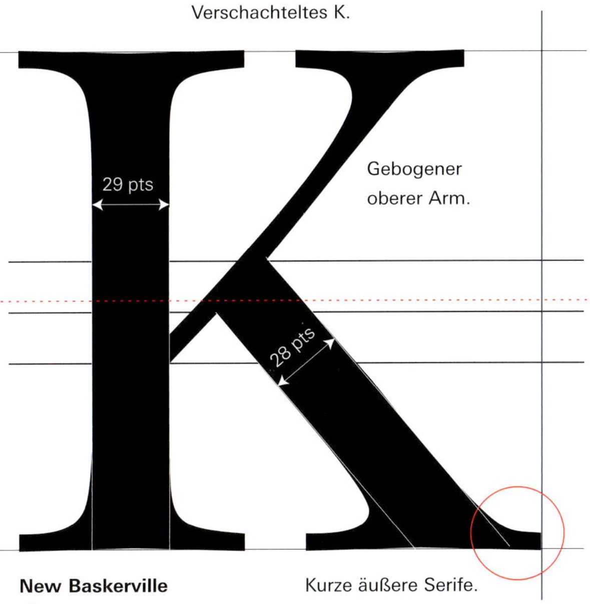

New Baskerville
(Übergangsantiqua)

Die **Adobe Garamond** folgt der humanistischen Proportion.
Das K ist breiter als das E, jedoch schmaler als das O.
Das K ist quadratisch.

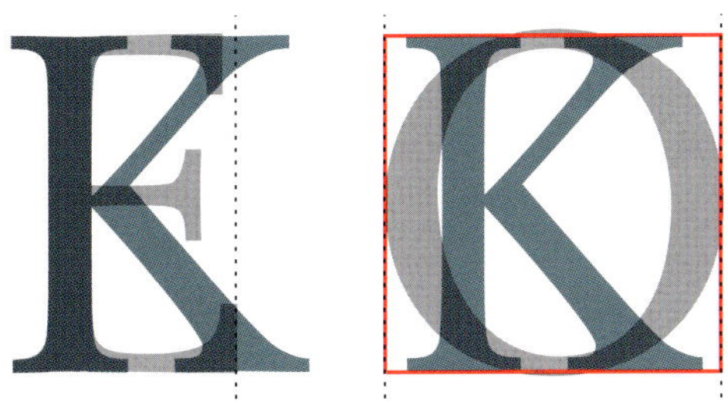

Die **Albertina** ist humanistisch proportioniert.
Das K ist breiter als das E, jedoch schmaler als das O.
Es ist auch schmaler als ein Quadrat.

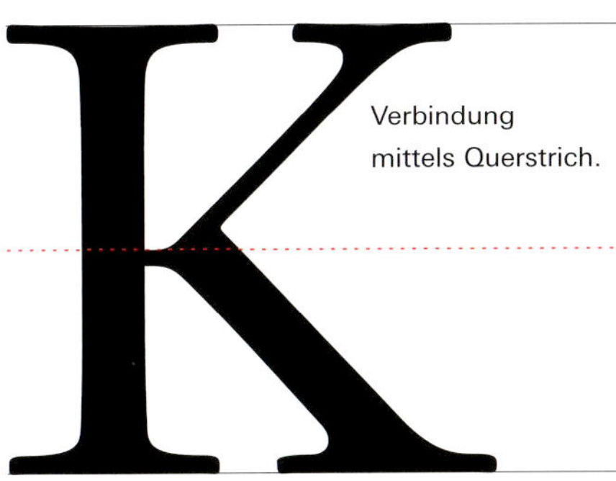

Janson
(Übergangsantiqua)

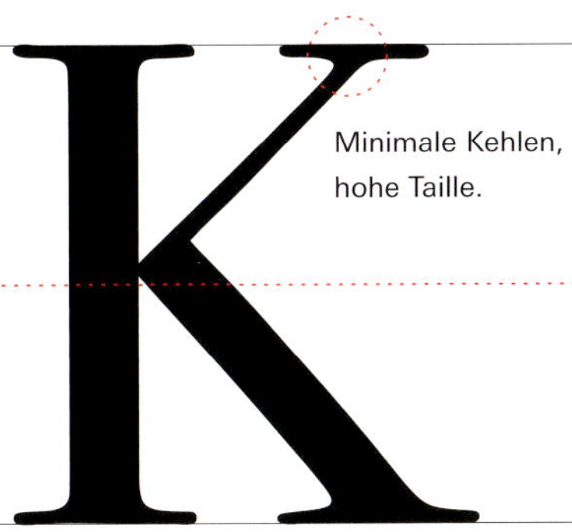

Bodoni
(Klassizistische Antiqua)

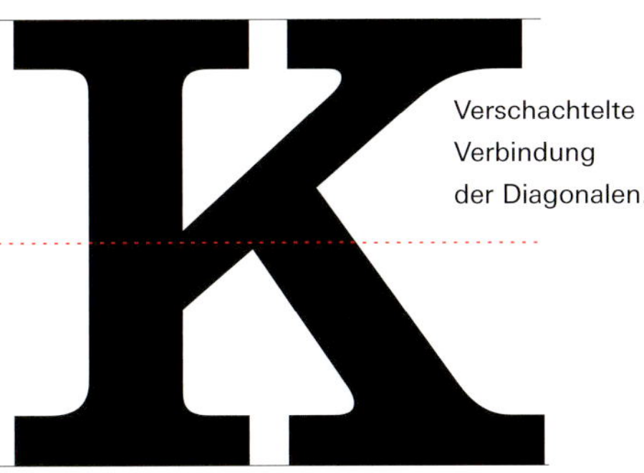

Clarendon
(Serifenbetonte Antiqua)

Großbuchstaben mit Serifen – das Z

Für das Z existieren im Wesentlichen zwei Varianten. Die übliche Form verbindet zwei waagerechte Striche mit einer fetten Diagonalen. Die ungebräuchliche Form wird aus fetten Horizontalen und einer mageren Diagonalen gebildet – übrigens die kalligrafisch korrektere Form. Schreibt man in der üblichen Handhaltung mit einer Breitfeder, entsteht eine fette Waagerechte und eine magere Diagonale. Das Ergebnis ist allerdings ein recht zerbrechliches Zeichen: Die filigrane Diagonale scheint dem Druck der schweren Horizontalen nicht recht gewachsen zu sein. Daher bevorzugen Schriftentwerfer meist die umgekehrte Strichstärkenverteilung. Ausnahmen werden nur bei Schriften mit deutlichem kalligrafischen Einfluss gemacht.

Ungeachtet der Gewichtsverteilung im Zeichen zählt das Z zu den Lettern mit mittlerer Breite. Humanistisch proportionierte Entwürfe zeichnen das Z mit der Breite eines Quadrats, im modernen Proportionssystem variiert die Breite des Z.

Die untere Waagerechte sollte breiter sein als die obere, weil die breitere Basis wie immer für den sicheren Stand des Zeichens sorgt. Bemerkenswert ist, dass die meisten Z sich sanft zur rechten Seite neigen: Der untere Wendepunkt ragt nach links über die obere Serife hinaus, der obere Wendepunkt ist jedoch mit der unteren Serife nahezu bündig.

Die genaue Ausgestaltung der Wendepunkte verdient nähere Betrachtung. Sie können spitz, stumpf oder gekappt gezeichnet werden. Ein Z mit spitzen Wendepunkten wirkt besonders aggressiv und ist häufig breiter gestaltet. Stumpfe Formen, besonders jene mit geneigten Schnittkanten, entstammen der kalligrafischen Praxis. Mit gekappten Ecken hinterlässt das Z einen ausgeprägt »vernünftigen« und stabilen Eindruck – eine Folge der stärkeren Betonung der Senkrechten. Die gekappte Form ist natürlich ausgezeichnet geeignet für serifenbetonte Antiqua. Sie erleichtert auch die Gestaltung eines Z für eine schmale Schrift.

Die Serifen des Z stehen in enger Verwandtschaft zu denen von E, L und T. Wie schon beim E ist die obere Serife kleiner als die untere. Länge und Winkel der oberen und unteren Serife sind nicht unbedingt gleich, sie müssen nicht einmal denen anderer Großbuchstaben entsprechen. Allerdings stärkt es die visuelle Geschlossenheit einer Schrift, wenn ihre Serifen (Form, Winkel, Größe der Kehlen) einigermaßen konsistent gestaltet werden.

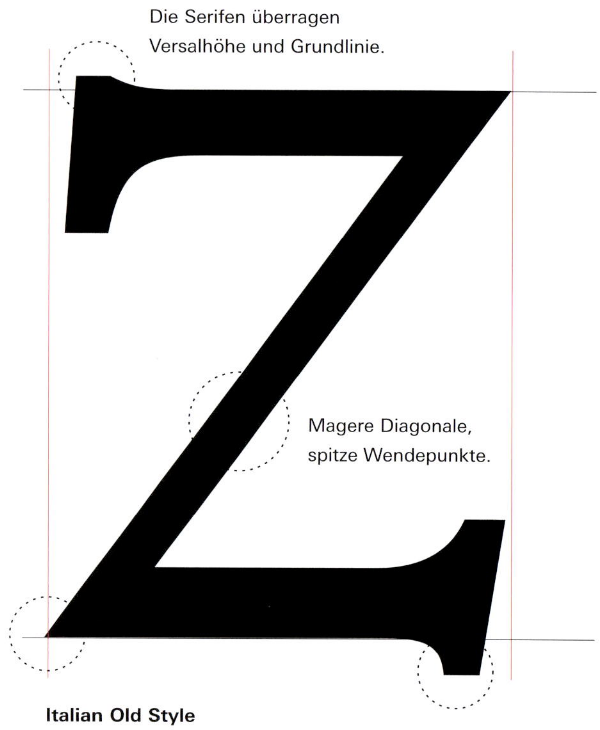

Italian Old Style
(Venezianische Renaissance-Antiqua)

Die Wendepunkte des Z können spitz, stumpf oder gekappt gestaltet werden. Die bei den beiden letztgenannten Varianten entstehende Schnittkante muss sich nicht an die Strichstärken anlehnen. Der Winkel der Schnittkanten stumpfer und gekappter Varianten variiert erheblich.

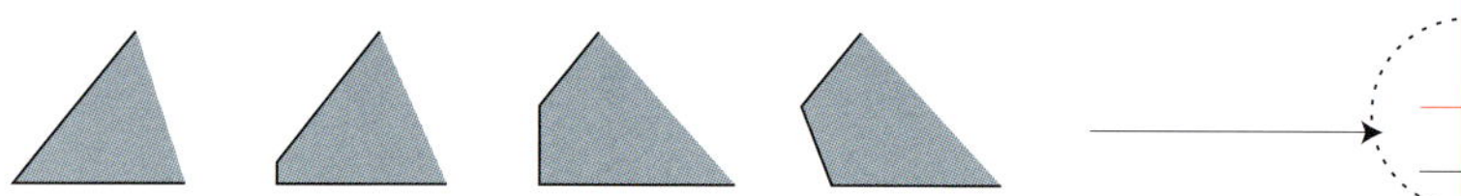

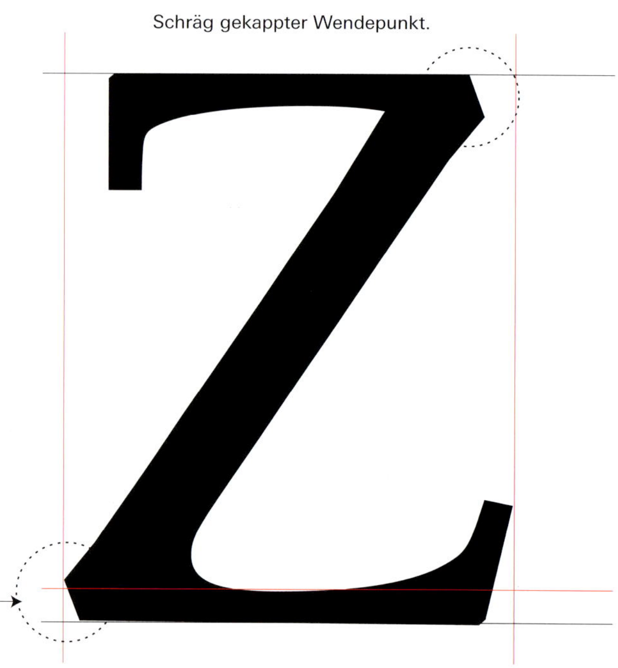

Apolline
(Venezianische Renaissance-Antiqua)

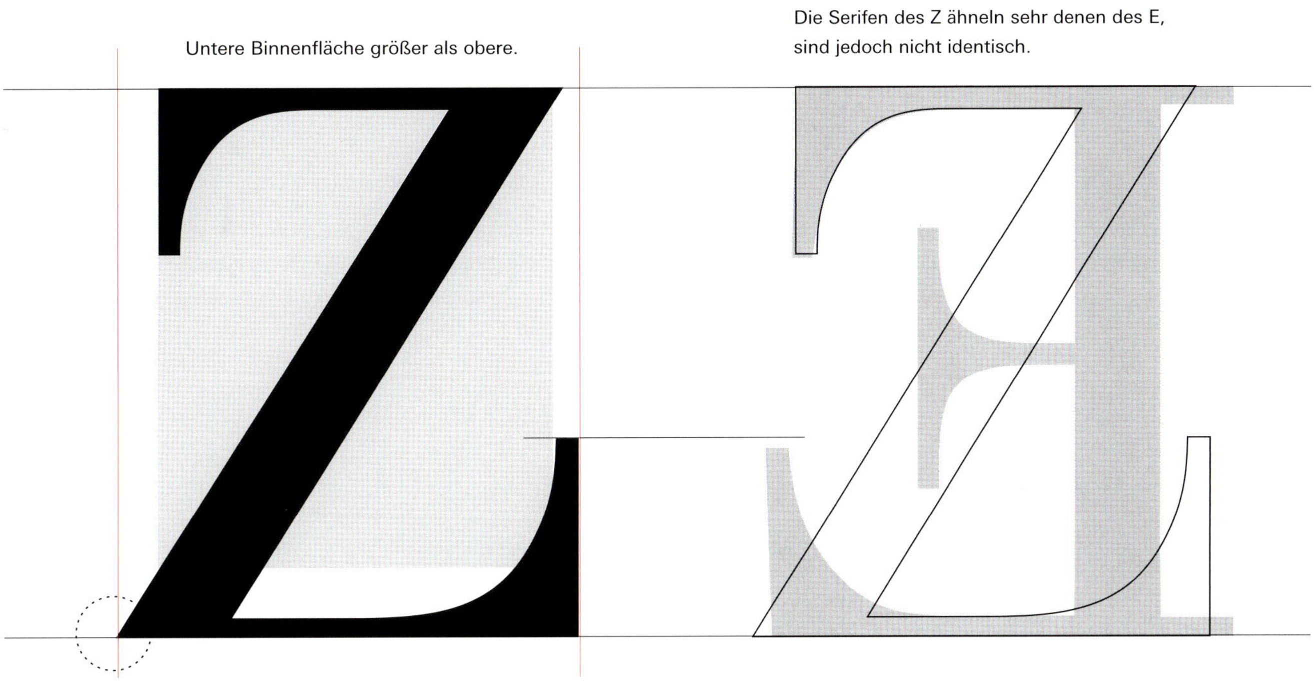

Walbaum
(Klassizistische Antiqua)

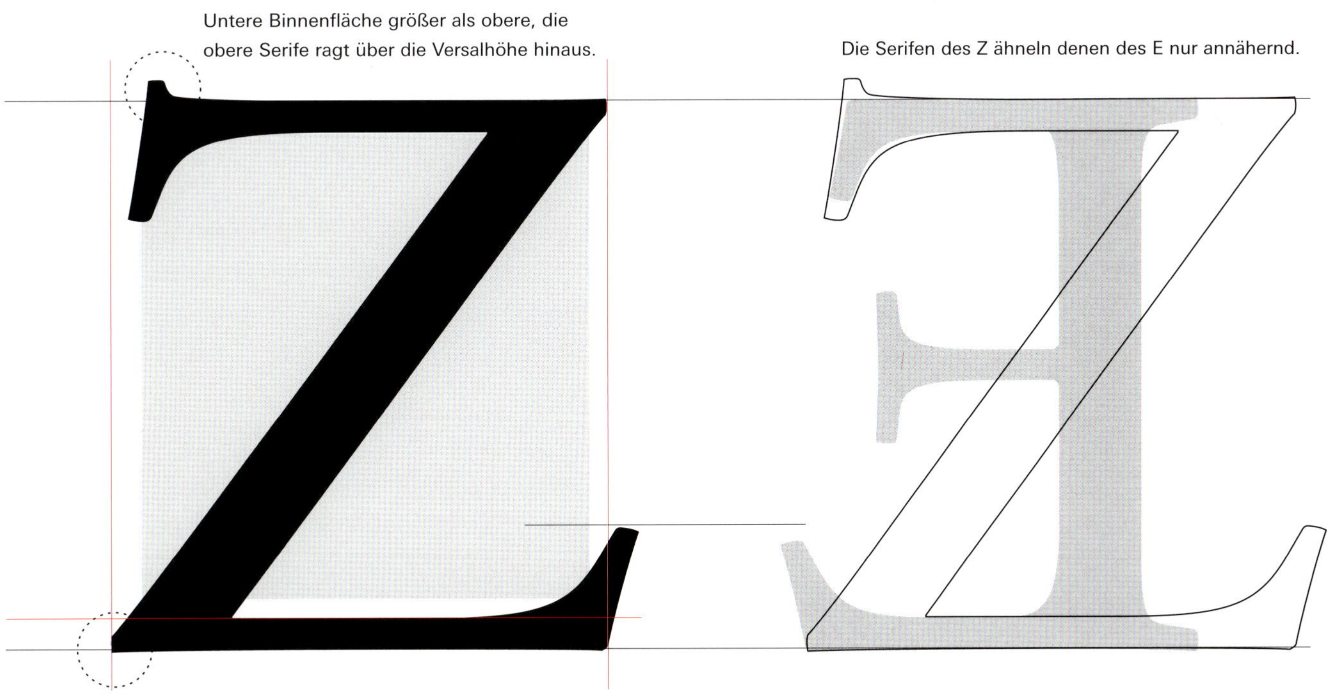

Sabon Next
(Französische Renaissance-Antiqua)

Kleinbuchstaben mit Serifen

Kleinbuchstaben mit Serifen

Kleinbuchstaben können, wie die Großbuchstaben, nach ihren formalen Merkmalen in Untergruppen eingeteilt werden. Die komplexere Struktur der Kleinbuchstaben macht neben den üblichen Gruppen runder, eckiger und diagonaler Formen zwei zusätzliche Einteilungen erforderlich: die verzweigten (n, h, m, u und r) sowie die senkrechten Formen (i, j, f, t und l).

Die strukturellen Unterschiede der Kleinbuchstaben sind das Ergebnis einer längeren schriftgeschichtlichen Entwicklung. In der Antike gab es Kleinbuchstaben noch gar nicht. Die Römer verwendeten Großbuchstaben für monumentale Inschriften und für die vergänglichere Korrespondenz. Inschriften wurden langsam und sorgfältig mit Pinsel und Meißel gefertigt. Der Lohnschreiber ließ seinen Federkiel jedoch mit höherer Geschwindigkeit übers Pergament gleiten. In den Händen der Skriben gab die römische Capitalis dem Druck von Zeitnot und Werkzeug nach: Der Schreibstil wurde zunehmend schneller und lässiger. Im Verlauf mehrerer Jahrhunderte entstanden Halbunziale, Unziale und die Karolingische Minuskel. Nach der Erfindung des Drucks entwickelten sich diese kalligrafischen Handschriften erneut über mehrere Jahrhunderte zu modernen Kleinbuchstaben.

Dieser kurze geschichtliche Abriss erklärt die Abwesenheit einer »Oldstyle«-Proportion für Kleinbuchstaben – es existiert einfach kein antikes Vorbild für sie. Doch auch die Kleinbuchstaben folgen dem Prinzip der gleichmäßigen Grauwertverteilung. Das n wird z. B. etwas schmaler gezeichnet als das o, um dessen Binnenfläche gleich groß zu gestalten.

Die Proportionen der Minuskeln lassen sich vielleicht am einfachsten in folgenden vier Gruppen fassen: breite Zeichen (m und w), mittlere Zeichen (o, b, d, p, q, g, n, h, u, k, v, x, y und z), schmale Zeichen (c, e, a, r und s) sowie besonders schmale Zeichen (i, j, f, l und t).

Kleinbuchstaben sind stets magerer gezeichnet als die Großbuchstaben. Die schwereren Versalien betonen subtil die Satzanfänge und die Eigennamen im Text (im Deutschen etwas weniger subtil alle Hauptworte). Die Strichstärken von Groß- und Kleinbuchstaben unterscheiden sich in verschiedenen Schriftarten verschieden stark. Im Allgemeinen weisen ältere Stile (Renaissance- und Übergangsantiqua) einen größeren Unterschied auf als jüngere Entwürfe (Klassizistische und serifenbetonte Antiqua).

Manche Schriftarten (beispielsweise die Baskerville) weisen extreme Strichstärkenunterschiede zwischen Versalien und Gemeinen auf. Einige Schriftentwerfer vertreten die Ansicht, dass mit diesem ausgeprägten Unterschied lediglich der drucktechnische Einfluss kompensiert werden sollte. Im früher üblichen Buchdruck verfetteten die unvermeidlichen Quetschränder die Zeichen. Dieser Fettenzuwachs wirkte sich zwangsläufig auf die Kleinbuchstaben stärker aus, da deren Punzen und Öffnungen kleiner sind. Zum Ausgleich könnten zeitgenössische Schriftentwerfer die Großbuchstaben von vornherein verfettet haben, um im Druck einen gleichmäßigeren Grauwert zu erzielen.

Vor dem Hintergrund dieser Betrachtungen stellt sich der richtige Grauwert der Kleinbuchstaben als eine Frage der persönlichen Vorliebe dar. Zwar können wir die Strichstärkerelation im historischen Wandel untersuchen, doch für die spezifische Absicht und Funktion eines Schriftentwurfs muss der Entwerfer dennoch seine eigene Entscheidung treffen. Auch von einer historischen Vorlage inspirierte Schriftentwürfe – selbst werktreue Wiederbelebungen – werden durch den Entwerfer gefiltert und interpretiert.

Kleinbuchstaben können nach ihren Merkmalen gruppiert werden.

o c e	Runde Formen	**i l**	Senkrechte Formen
b d p q g	Rund-eckige Formen	**f t j**	Senkrechte Formen mit Haken
a s	Rund-diagonale Formen	**v w y x**	Diagonale Formen
n h m u r	Verzweigte Formen	**k z**	Diagonal-eckige Formen

b d h f l k t	Formen mit Oberlängen
p q g y	Formen mit Unterlängen

Octovo
Eight Five Zero
Publishing

New Baskerville
(Übergangsantiqua)

Kleinbuchstaben werden etwas leichter gezeichnet als Großbuchstaben.
Dadurch werden die Versalien im Text subtil hervorgehoben.
Wie stark die Großbuchstaben betont werden, ist von Schriftart zu Schriftart unterschiedlich.

Octovo
Eight Five Zero
Publishing

New Caledonia
(Venezianische Renaissance-/Klassizistische Antiqua)

Kleinbuchstaben mit Serifen – o und l

Trotz aller Einfachheit besitzen o und l unter den Kleinbuchstaben besondere Bedeutung. Der Stamm des l legt die Grundstrichstärke für die Kleinbuchstaben fest, der Bogen des o bestimmt die größte Strichstärke gebogener Buchstabenteile (Bögen, Kurvenzüge, Schleifen usw.).

Da Kleinbuchstaben einen helleren Grauwert haben sollten als Großbuchstaben, wird die Strichstärke von o und l gegenüber ihren versalen Gegenstücken verringert. Dabei magern fette Partien relativ stärker ab als die lichten Haarlinien. Die Stärke der Diät variiert: Schriften mit kleinen Binnenflächen (z. B. fette oder schmale Schnitte) benötigen stärker reduzierte Strichstärken bei den Minuskeln, um deren Punzen offen zu halten.

Als Folge des helleren Grauwerts müssen auch die Serifen der Gemeinen kleiner gezeichnet werden als die der Großbuchstaben. Der Anstrich des l (die obere Serife) ist ein gestalterisches Element, das es nur bei Kleinbuchstaben gibt. In Renaissanceschriften erhält der Anstrich meist eine spitze oder gerundete Keilform, die vom Schreiben mit der Feder stammt. Im Verlauf der Jahrhunderte streckt und verflacht sich der ursprüngliche Keil – in einigen Fällen bis zum simplen, waagerechten Strich.

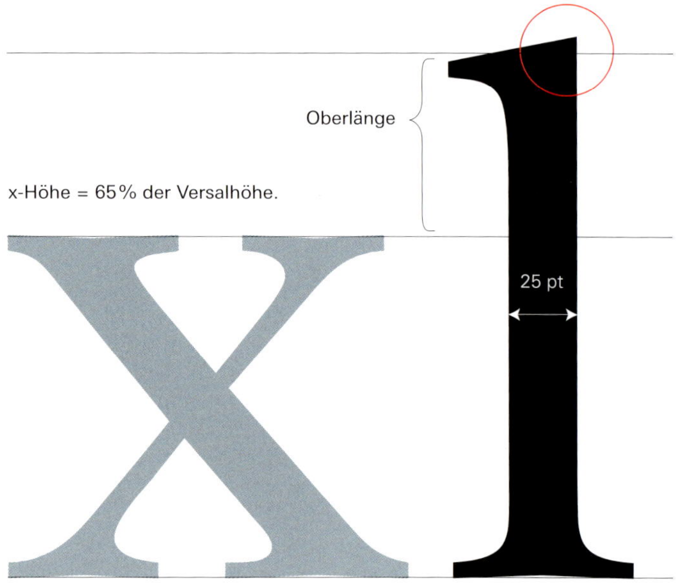

New Baskerville
(Übergangsantiqua)

Die Strichstärken der Minuskeln (gefüllte Kästen) sind geringer als die der Großbuchstaben (ungefüllte Kästen). Das Ausmaß der Verringerung hängt von Breite und Fette der Schrift ab.

	Haarlinie	Stamm	max. Bogenstrichstärke
New Baskerville	84 %	83 %	81 %
Centennial	100 %	91 %	91 %

Oberlängen dürfen über die Versalhöhe ragen.
Dies dient, besonders in Schriften mit großer x-Höhe, der Lesbarkeit.

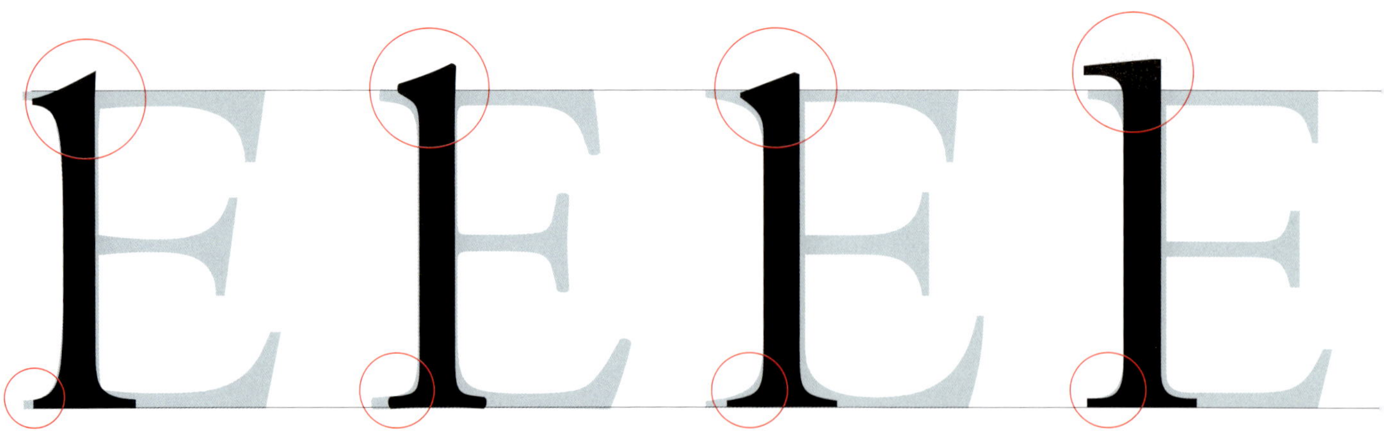

Centaur
(Venezianische Renaissance-Antiqua)

Adobe Garamond
(Französische Renaissance-Antiqua)

Galliard
(Französische Renaissance-Antiqua)

Perpetua
(Übergangsantiqua)

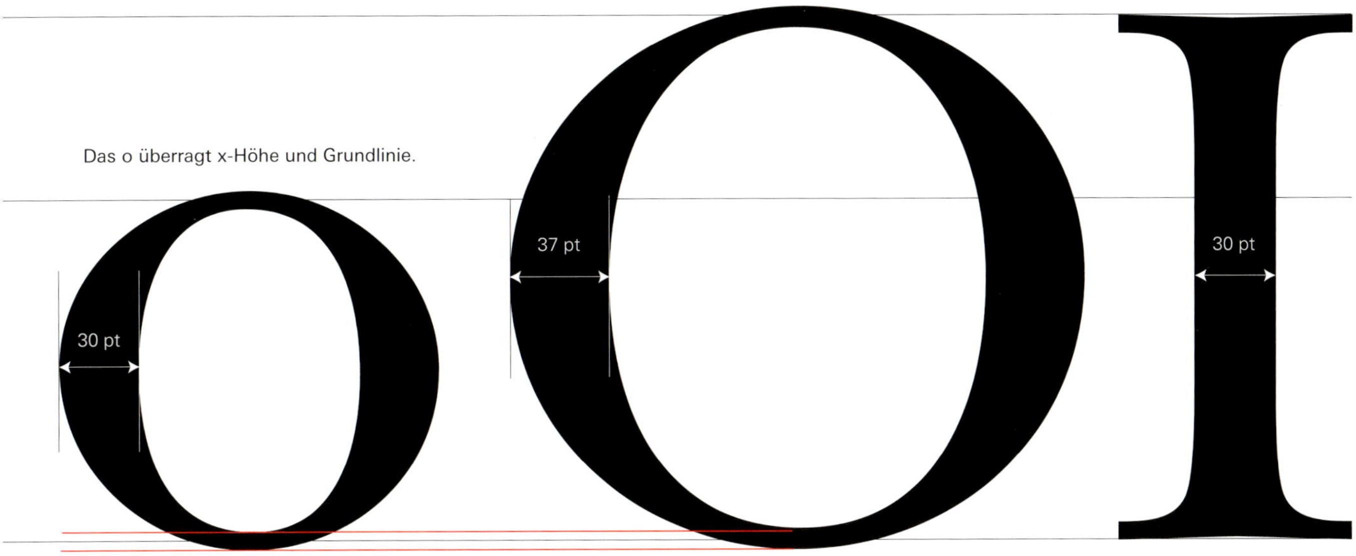

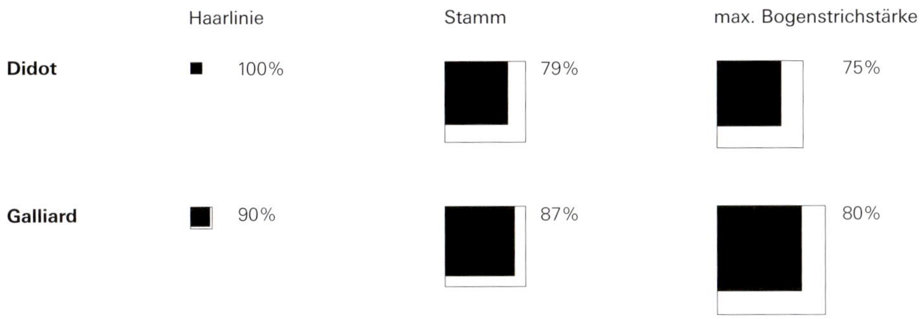

Bauer Bodoni
(Klassizistische Antiqua)

Didot
(Klassizistische Antiqua)

New Century Schoolbook
(Serifenbetonte Antiqua)

Rockwell
(Serifenbetonte Antiqua)

Das kleine o ist lediglich eine kleine Fassung des Großbuchstabens. Proportion, Achse und Anmutung entsprechen im Wesentlichen dem versalen Pendant.

Es überragt ebenfalls Grundlinie und x-Höhe, wenn auch nicht unbedingt so weit wie sein großer Bruder. Dieser Ausgleich lässt das o genauso groß wirken wie die anderen Kleinbuchstaben.

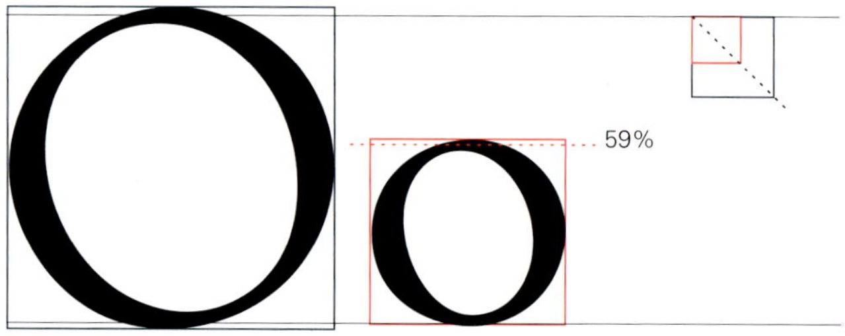

Centaur
(Venezianische Renaissance-Antiqua)

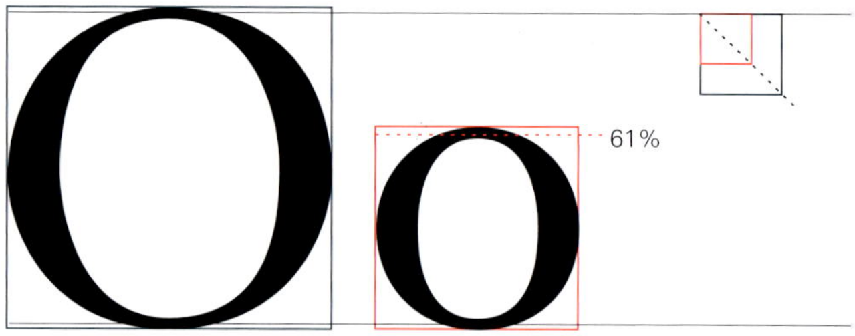

Janson
(Venezianische Renaissance-Antiqua)

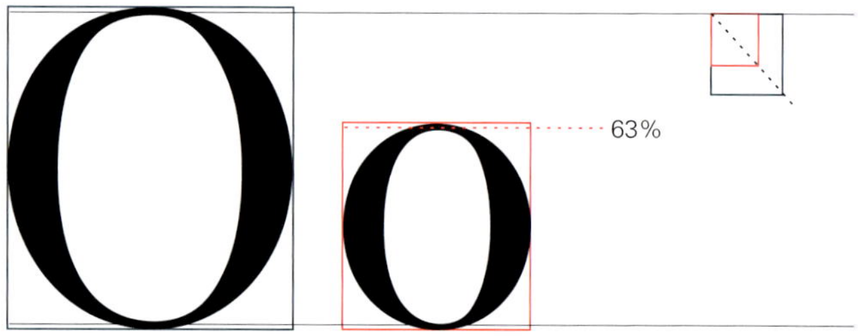

Bodoni
(Klassizistische Antiqua)

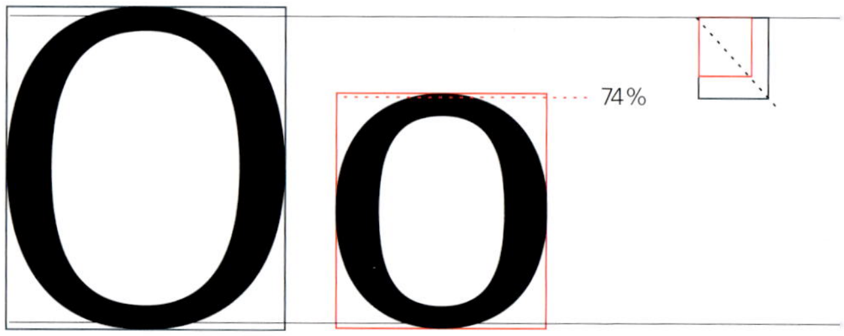

Egyptienne
(Serifenbetonte Antiqua)

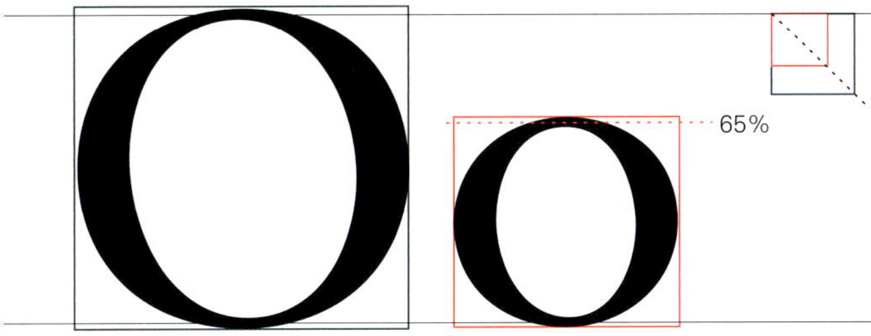

Galliard
(Französische Renaissance-Antiqua)

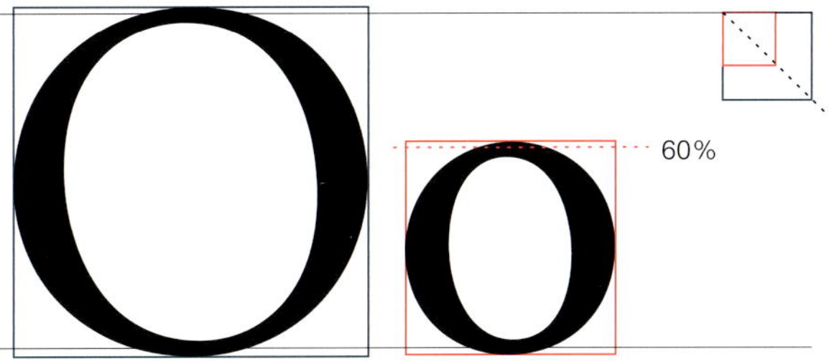

Adobe Garamond
(Französische Renaissance-Antiqua)

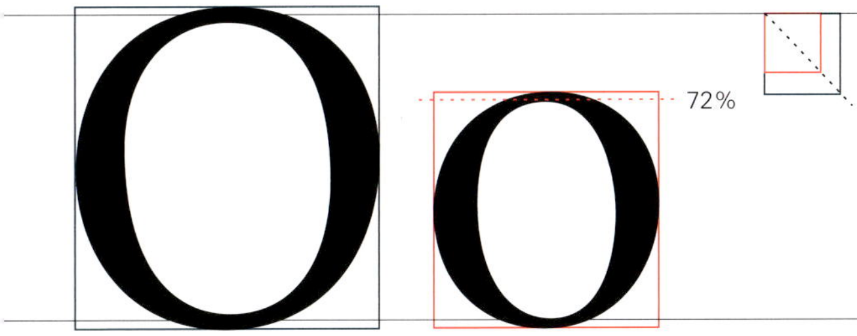

Méridien
(Übergangsantiqua)

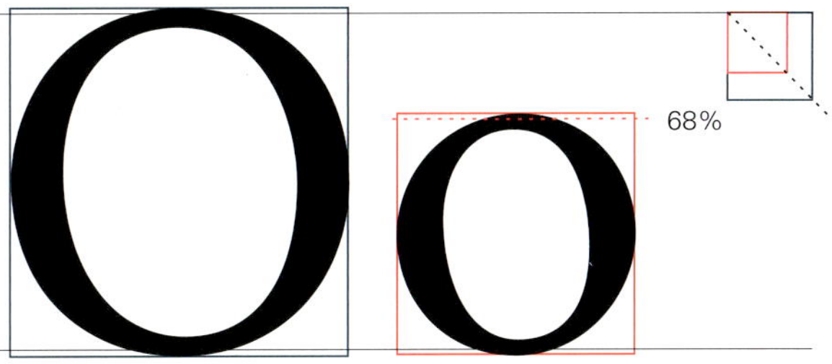

Albertina
(Übergangsantiqua)

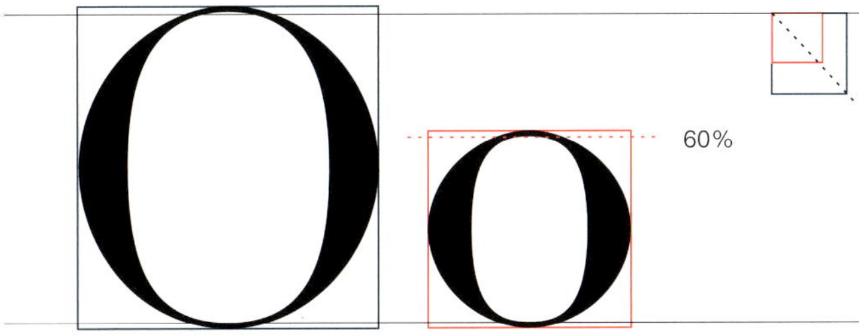

Didot
(Klassizistische Antiqua)

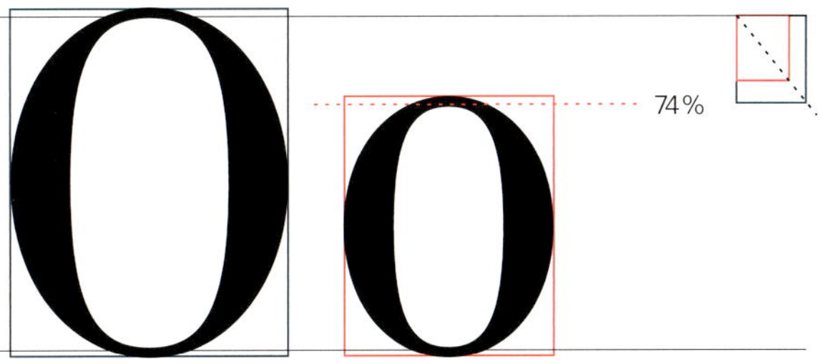

Fenice
(Klassizistische Antiqua)

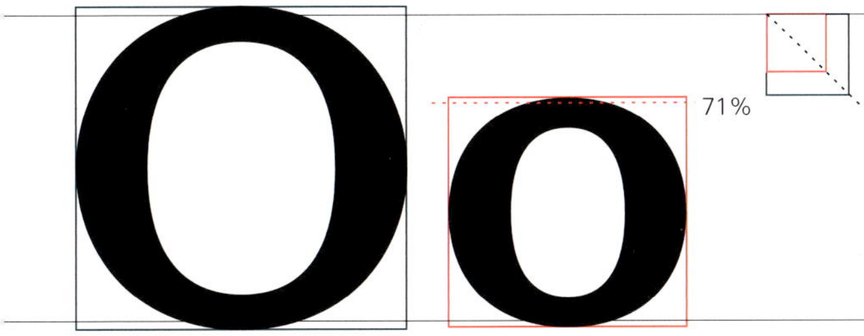

Clarendon
(Serifenbetonte Antiqua)

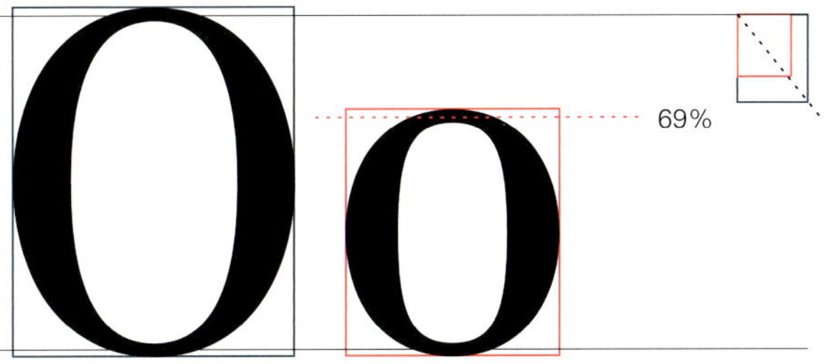

Centennial
(Serifenbetonte Antiqua)

Kleinbuchstaben mit Serifen – d, q, b und p

Obwohl d, q, b und p aus einem Bogen und einem Stamm bestehen, können sie nicht einfach aus einem o und einem l zusammengefügt werden. Sie sind zueinander auch nicht rotations- oder spiegelsymmetrisch.

In Schriften mit geneigter Achse spiegelt der Bogen die Betonungen der kalligrafischen Federzüge wider. Daher befinden sich die fetten Abschnitte der Bögen von d und q an einer anderen Stelle als bei b und p. Doch auch bei Schriften mit aufrechter Zeichnungsachse weist jeder der hier besprochenen Buchstaben Merkmale auf, die für ihn charakteristisch sind. So besitzen die Zeichen b und q einen Sporn an Stellen, an denen d und p eine Serife haben. Außerdem wird meist die Oberlänge kürzer gezeichnet als die Unterlänge – insbesondere bei Schriften mit großer x-Höhe.

Bei aller Unterschiedlichkeit haben diese vier Lettern ein gemeinsames Problem: die Einläufe der Bögen in den Stamm. Zwei dreieckige Einschnitte wirken oben und unten der visuellen Verdichtung entgegen. Diese Kerben müssen deutlich ausgeprägt sein, um auch in kleinen Schriftgraden noch offen zu drucken. Um den eingekerbten Bereich zu vergrößern, kann der Stamm verjüngt oder vom Einlauf weggebogen werden. Auch die Form des Bogens kann verändert werden, damit der Bogen in einem stumpferen Winkel auf den Stamm trifft. Darüber hinaus kann sich die Bogenlinie auf weniger als Haarstrichstärke verjüngen.

In fetten Schnitten wirken d, q, b und p manchmal etwas unausgewogen, da der Stamm fetter wirkt als der Bogen. Zum Ausgleich kann die Strichstärke des Stammes leicht reduziert werden. Ist die Binnenfläche rund wie bei der Memphis im Beispiel rechts, kann die Punze auch in den Stamm ragen. Durch die runde Form bleibt die Illusion einer durchgängig gleich bleibenden Strichstärke des Stammes erhalten.

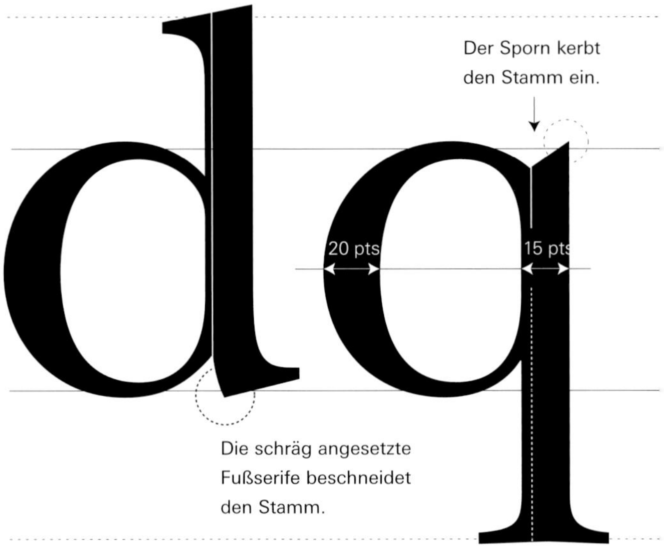

New Baskerville
(Übergangsantiqua)

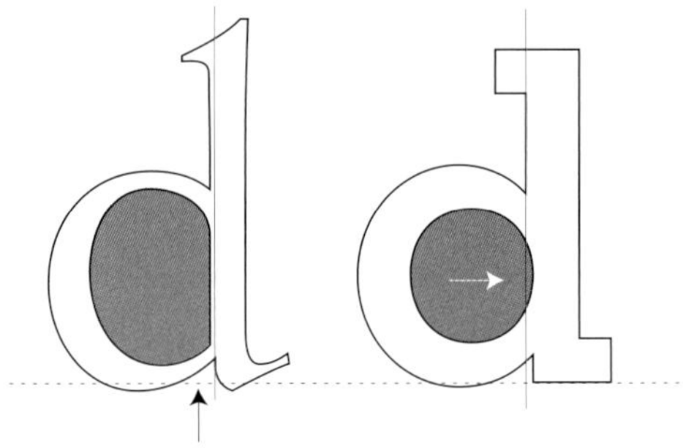

Weiß (links): Der untere Einschnitt ist zu Lasten des Stammes vergrößert. **Memphis** (rechts): Die runde Punze ragt in den Stamm.

Galliard
(Französische Renaissance-Antiqua)

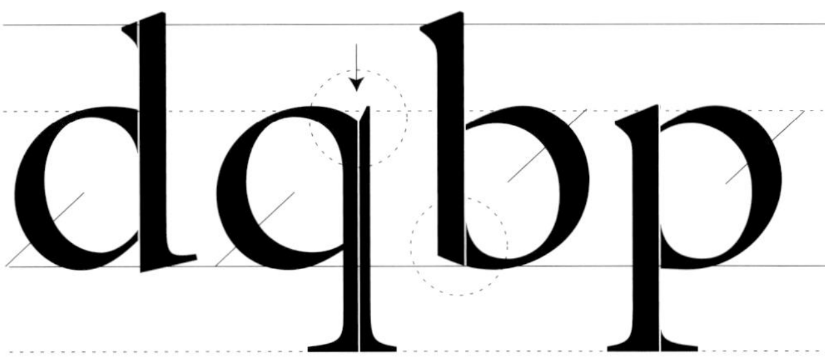

Der Stamm ist eingekerbt.

Bauer Bodoni
(Klassizistische Antiqua)

Gebogene obere und gerade untere Serife.

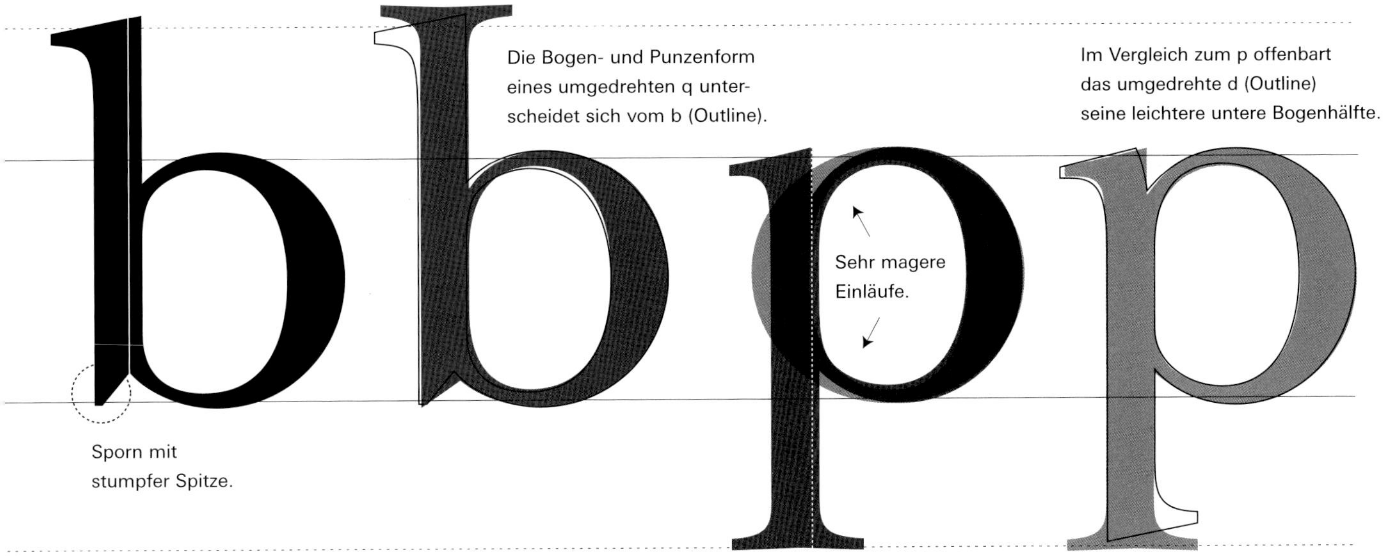

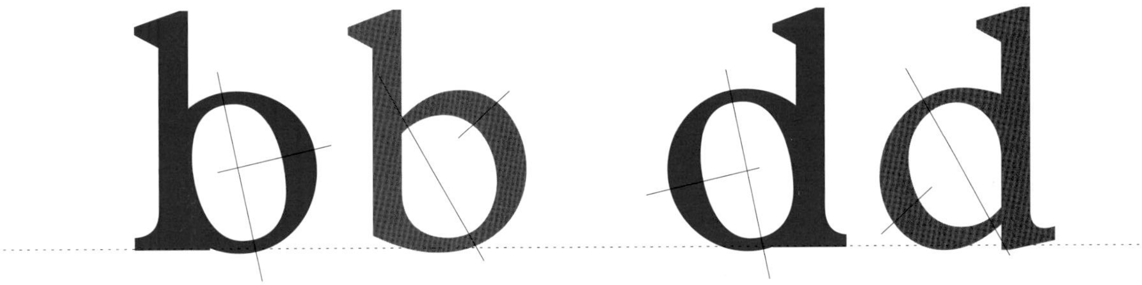

Plantin: b und d können nicht durch schlichtes Kombinieren von o und l (jeweils links) erzeugt werden. Der Schwerpunkt des Bogens muss verschoben, die Gesamtbreite verringert werden.

Egyptienne
(Serifenbetonte Antiqua)

Der Einschnitt beschneidet den Stamm.

Der Bogen verjüngt sich zum Stamm hin auf weniger als Haarstrichstärke.

Serifa
(Serifenbetonte Antiqua)

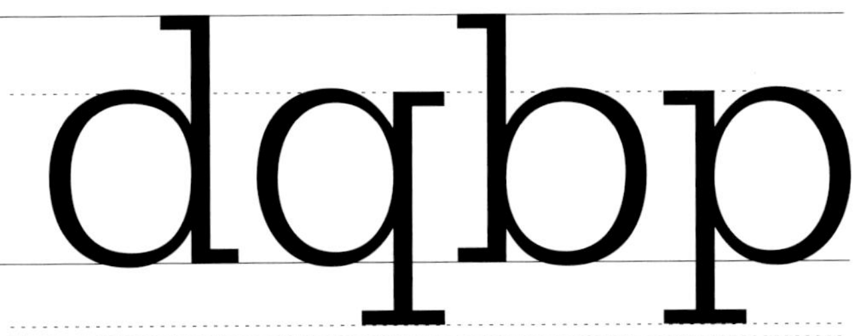

Die Unterlängen sind kürzer als die Oberlängen.

Kleinbuchstaben mit Serifen – e und c

Obwohl e und c mit dem o verwandt sind, stimmen deren Bögen wegen des besseren Grauwerts nicht überein. Die seitliche Öffnung lässt e und c leichter erscheinen. Als Gegenmaßnahme verschmälern wir beide Zeichen. Das c muss wegen seiner größeren offenen Seite stärker verschmälert werden.

Das kleine e besitzt zwei charakteristische Merkmale: den Querstrich sowie die darüber eingeschlossene Punze – das Auge. Das Auge muss keineswegs symmetrisch sein. Es kann auf der linken Seite größer sein. Auch der Querstrich wird nicht unbedingt waagerecht und mit gleich bleibender Strichstärke gezeichnet. Venezianische Renaissance-Antiqua verjüngen meist ihren Querstrich nach links und richten ihn gemäß der Zeichnungsachse aus. In allen Renaissanceschriften liegt der Querstrich höher als in jüngeren Entwürfen. Der höhere Querstrich betont die Leserichtung und täuscht ein breiteres Zeichen vor. Besser lesbar ist allerdings die tiefere Anordnung durch das damit vergrößerte Auge.

Die schwere obere Hälfte von e und c benötigt ein Gegengewicht im Bogen. Bei beiden Zeichen befindet sich dieses zusätzliche Gewicht im Südwesten des Bogens. Der Strichstärkenzuwachs fällt beim e üppiger aus, da der untere Bogen des e den ganzen Querstrich und Gegenbogen ausbalancieren muss, das c jedoch nur seine Serife. Durch die Gewichtsverschiebung neigt sich die optische Achse bei beiden Zeichen weiter nach links als beim o.

Durch die offene Form läuft der untere Bogen nach rechts aus. Der Strich kann dabei spitz oder stumpf enden. Ein stumpfer Abschluss erhält in der Regel in etwa die Dicke einer Haarlinie.

Man beachte, dass das Strichende des c über die obere Serife hinausragt, während das Strichende des e entweder bündig abschließt oder unter die obere Hälfte zurückgezogen ist. Bei beiden Lettern verläuft das Strichende nicht entlang des Kurvenverlaufs beim o. Ein flacherer Verlauf ist die ruhigere, ein steilerer die dynamischere Variante.

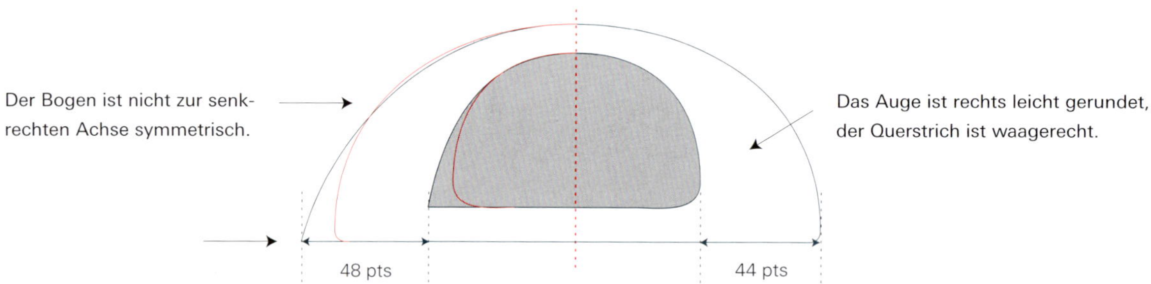

In Schriften mit senkrechter Achse sind das Auge und der Bogen links größer.

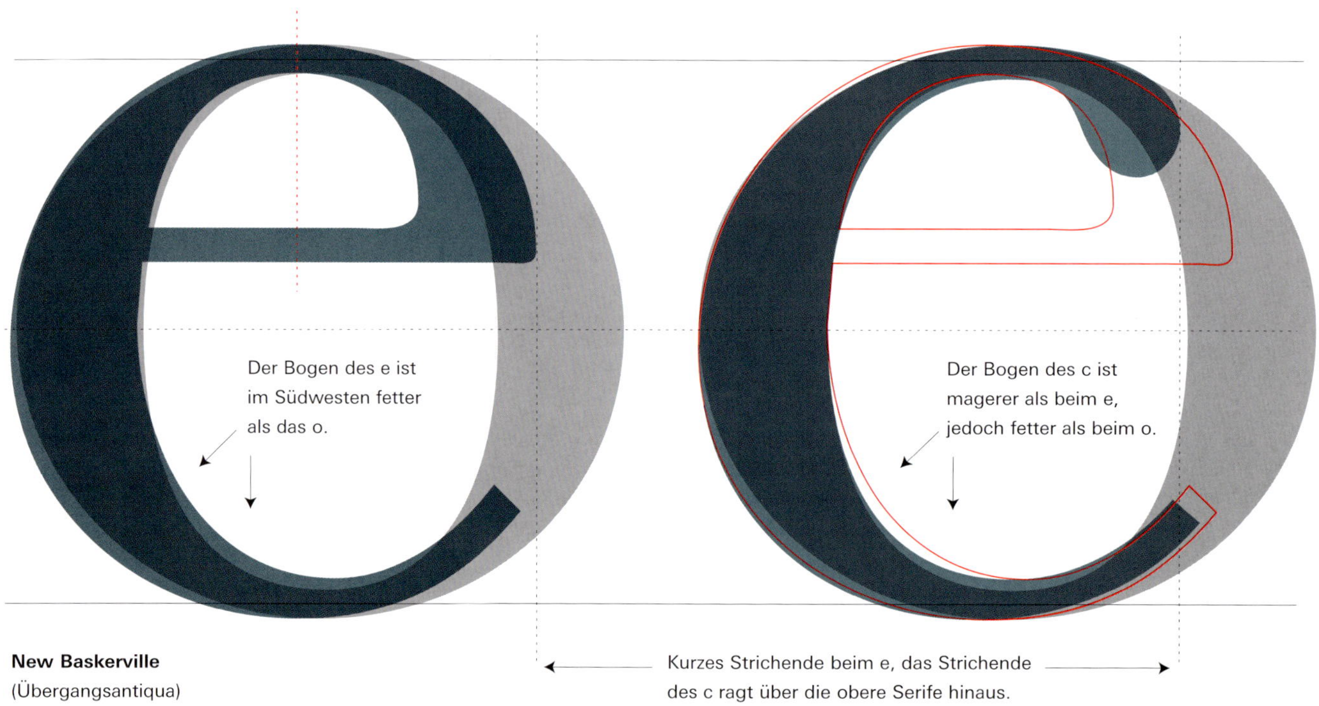

New Baskerville
(Übergangsantiqua)

New Baskerville
(Übergangsantiqua)

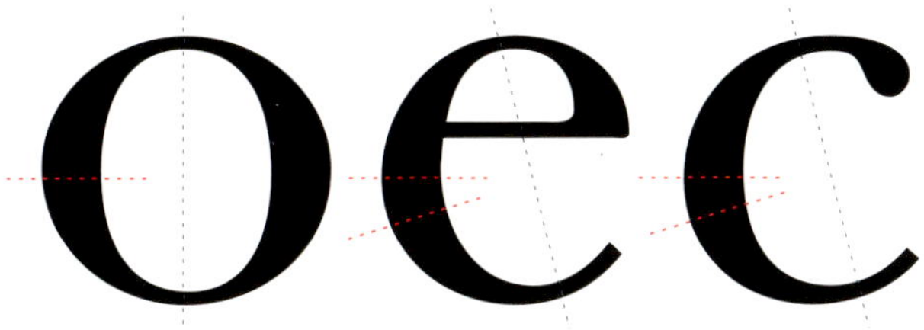

Das kleine o besitzt eine senkrechte Achse.
Das Hauptgewicht im Bogen rutscht bei e und c nach unten.

Stempel Garamond
(Französische Renaissance-Antiqua)

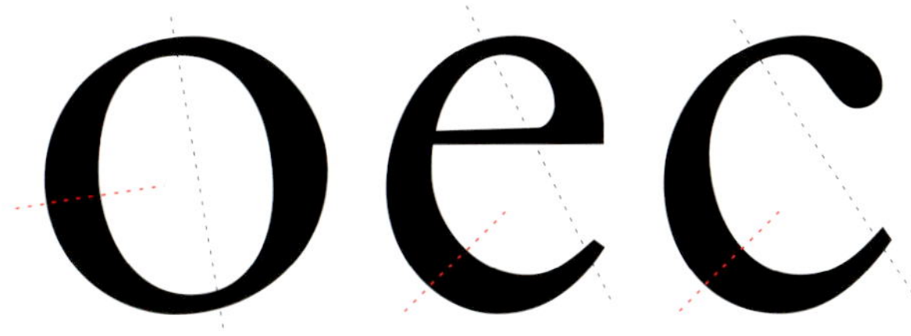

Das kleine o besitzt eine geneigte Achse.
Das Hauptgewicht im Bogen rutscht bei e und c nach unten.

Der Bogen ist auch nicht zur geneigten Achse symmetrisch.

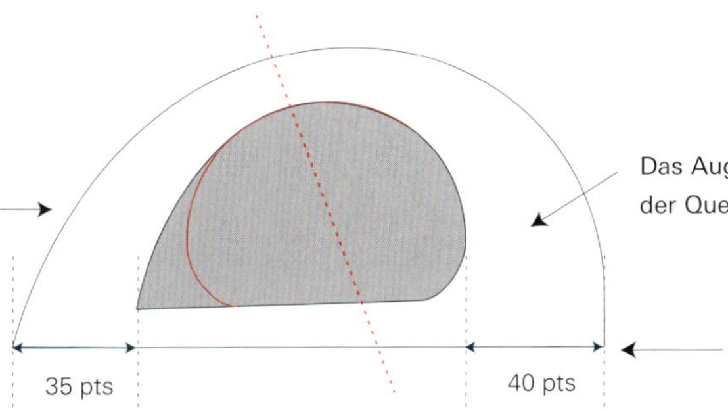

Das Auge ist rechts gerundet, der Querstrich verjüngt sich nach links.

In Schriften mit geneigter Achse ist das Auge links größer.

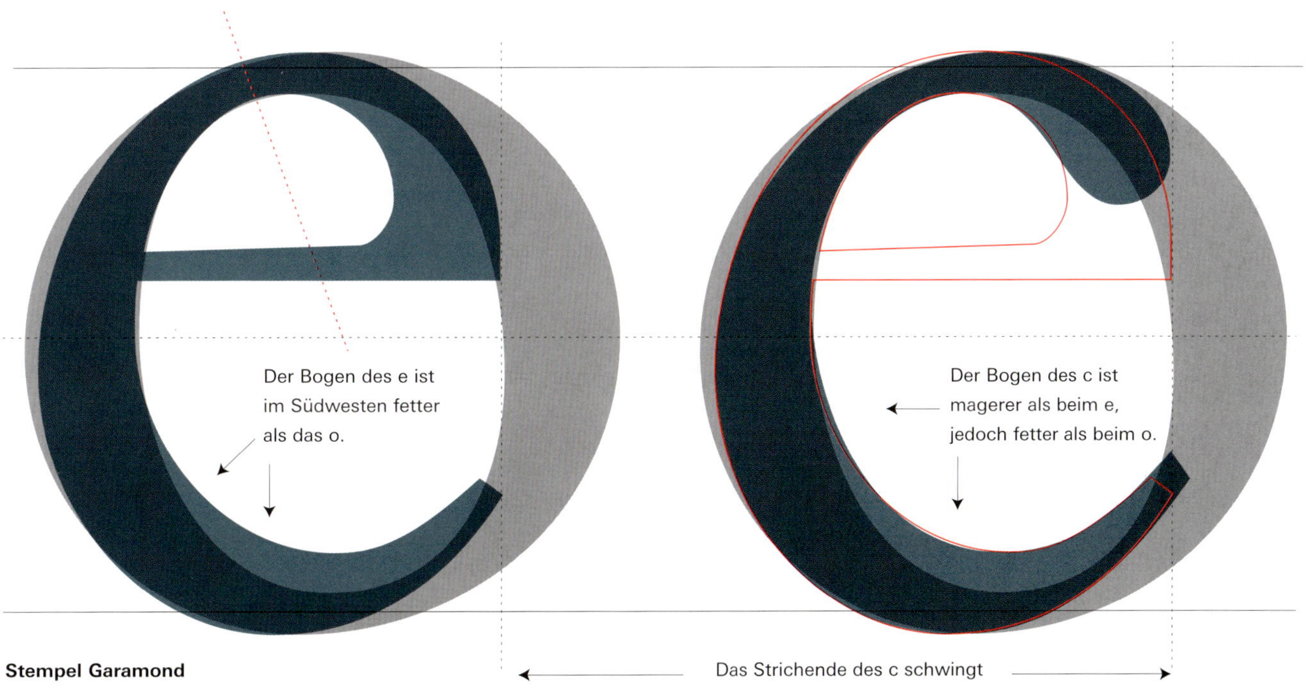

Stempel Garamond
(Französische Renaissance-Antiqua)

Das Strichende des c schwingt weiter aus als das des e.

Details des kleinbuchstabigen c

Oben endet das kleine c in einer fetten Form. Der einem Federzug nachempfundene Strichabschluss der venezianischen Renaissance-Antiqua offenbart die kalligrafischen Ursprünge dieser typografischen Gruppe. Französische Renaissance- sowie Übergangsantiqua formen den ursprünglichen Federzug zu einer ovalen Endung um. Für den charakteristischen, hohen Kontrast klassizistischer Schriften sorgen fette, kugelförmige Abschlüsse. Bei den serifenbetonten Antiqua finden sich meist klotzige, rechteckige Serifen.

Die Größe des oberen Strichabschlusses variiert erheblich. Grundsätzlich sollte jedoch der Durchmesser der Endung nicht größer sein als die maximale Rundungsstrichstärke. Übergangsantiqua, klassizistische und serifenbetonte Schriften besitzen tendenziell größere und schwerere Serifen. Schriften dieser typografiegeschichtlichen Epochen gleichen mit ihren fetten Strichabschlüssen die große offene Binnenfläche des c aus, um einen harmonischeren Grauwert zu erreichen.

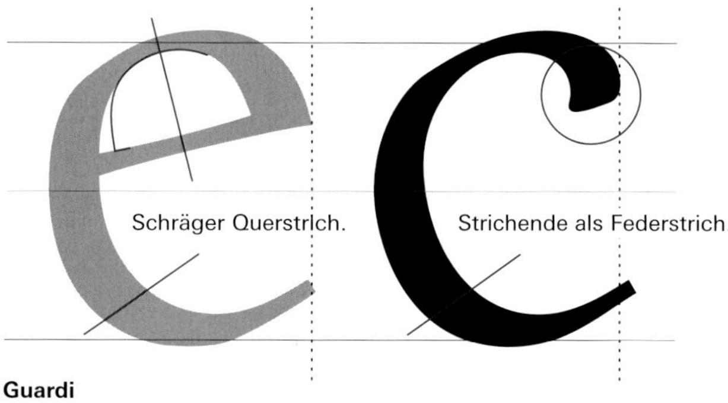

Guardi
(Venezianische Renaissance-Antiqua)

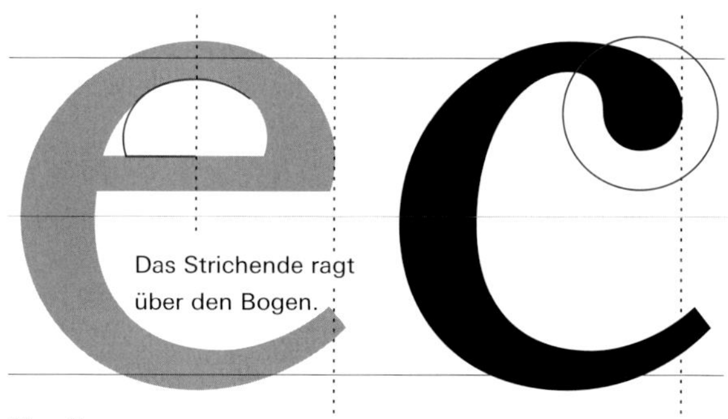

Mrs. Eaves
(Übergangsantiqua)

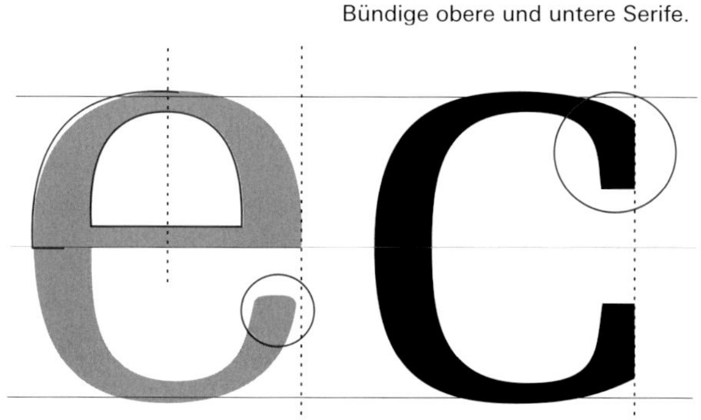

Melior
(Serifenbetonte Antiqua)

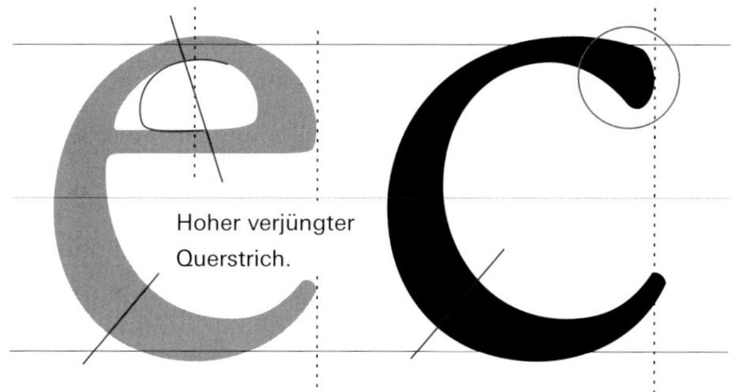

Adobe Garamond
(Französische Renaissance-Antiqua)

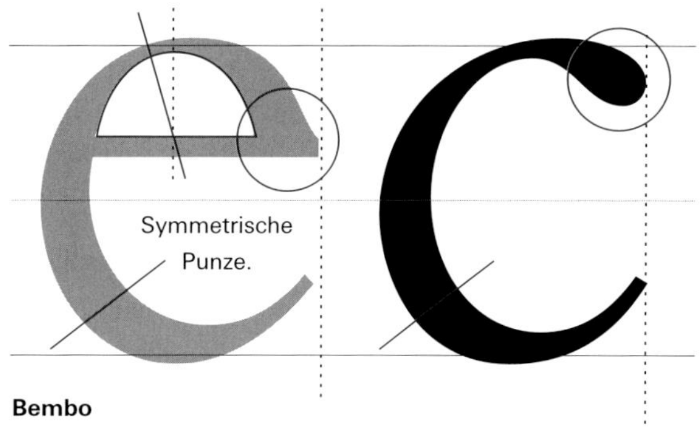

Bembo
(Ven./Frz. Renaissance-Antiqua)

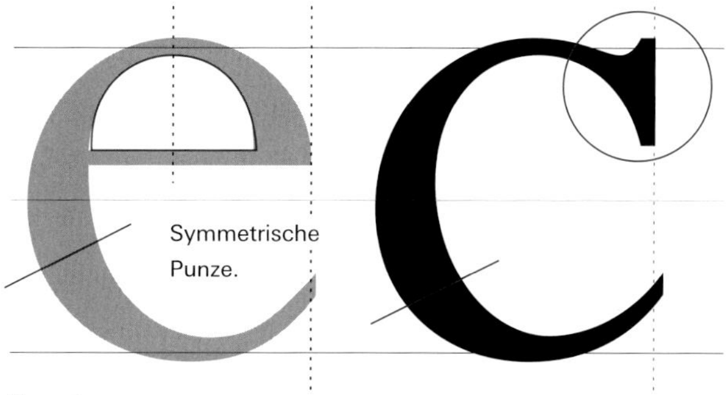

Perpetua
(Übergangsantiqua)

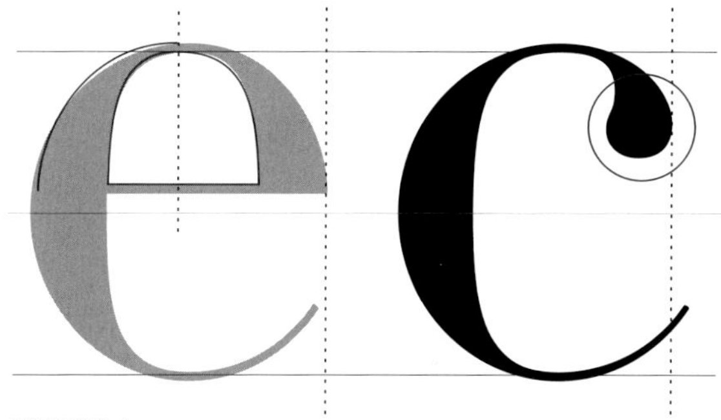

HTF Didot
(Klassizistische Antiqua)

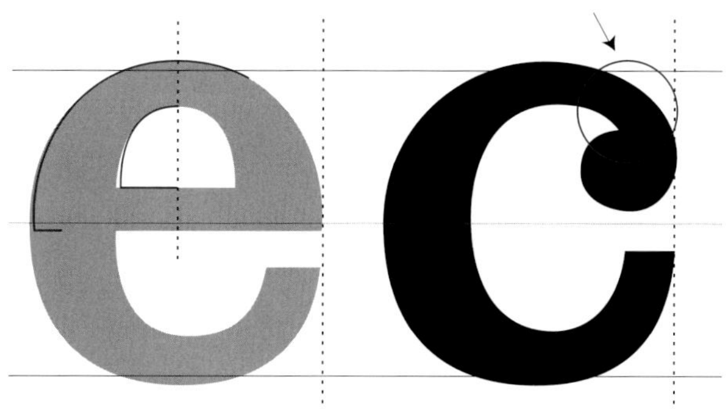

Clarendon
(Serifenbetonte Antiqua)

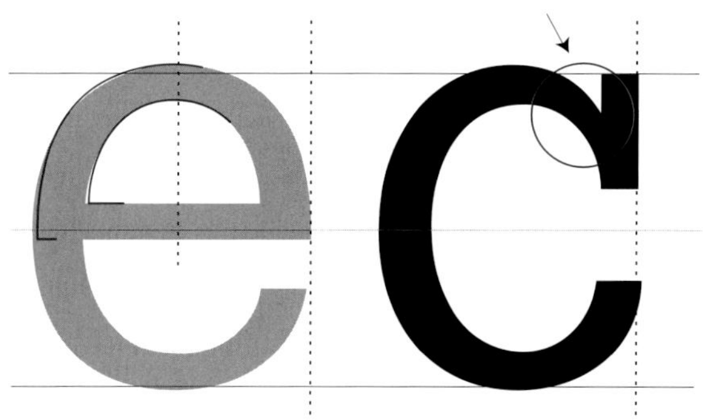

Glypha
(Serifenbetonte Antiqua)

Kleinbuchstaben mit Serifen – n, h, m und u

Die Zeichen n, h, m und u bilden eine eng verwandte Gruppe verzweigter Kleinbuchstaben. Wir beginnen mit dem n und entwickeln daraus die anderen Zeichen. Zum Glück ist das n vergleichsweise einfach zu gestalten – nur zwei, mit einem Bogen verbundene Senkrechte. Doch wie immer gibt es einige Punkte, die wir beachten sollten.

Zunächst wollen wir sicherstellen, dass o und n den gleichen Grauwert besitzen. Zu diesem Zweck muss die Binnenfläche des n etwas schmaler gestaltet werden als die des o, da das n durch seine Öffnung zur Grundlinie ansonsten heller wirken würde.

Anschließend geben wir der Schulter des n eine angemessene Gewichtsverteilung. Nach links zum Stamm hin verjüngt sich der Bogen, seine größte Strichstärke erreicht er im Abschnitt zwischen zwei und drei Uhr. Die Verschiebung der fettesten Stelle in den Bogen verleiht dem n Schwung. Diesen lesefreundlichen, kalligrafischen Dreh kann man auch in Schriften anwenden, die sonst keine geneigte Zeichnungsachse besitzen.

Wie bei d, q, b und p weist das n links oben einen Einschnitt auf. Allerdings fällt die Kerbe beim n tiefer aus, da sie hier zwei Senkrechte trennen muss. Der Einschnitt kann vergrößert werden, indem der Stamm verjüngt oder vom Einlauf weggebogen wird.

Wenn das n fertig ist, wenden wir uns dem h zu. Das h ist schlicht eine minimal breitere Version des n mit einer Oberlänge. Die zusätzliche Breite gleicht den von der Oberlänge verursachten leicht dunkleren Grauwert aus.

Auch das m leiten wir rasch aus dem n ab. Wir verschmälern unser n ein wenig, duplizieren es und fügen den zweiten Bogen rechts an. Die Serife des mittleren Stamms darf etwas verkürzt werden, damit die Öffnungen zur Grundlinie erhalten bleiben. Wenn es eng wird, kann die Serife auf einer oder gar auf beiden Seiten ganz entfallen.

Zuletzt entwerfen wir das u. Hierzu stellen wir das n auf den Kopf und zeichnen den Bogen links etwas tiefer sowie zum rechten Stamm etwas höher. Zu guter Letzt schneiden wir die oberen Serifen rechts ab und verleihen ihnen die kalligrafisch korrekte Form, die wir von den oberen Serifen bei n, h und m kennen.

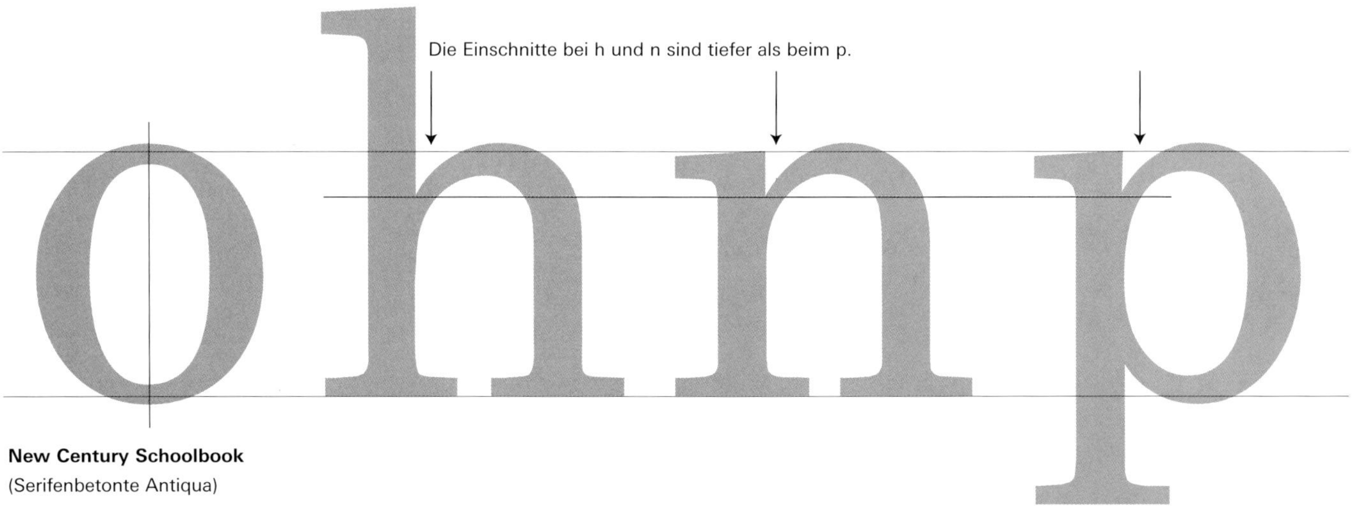

New Century Schoolbook
(Serifenbetonte Antiqua)

Adobe Garamond
(Französische Renaissance-Antiqua)

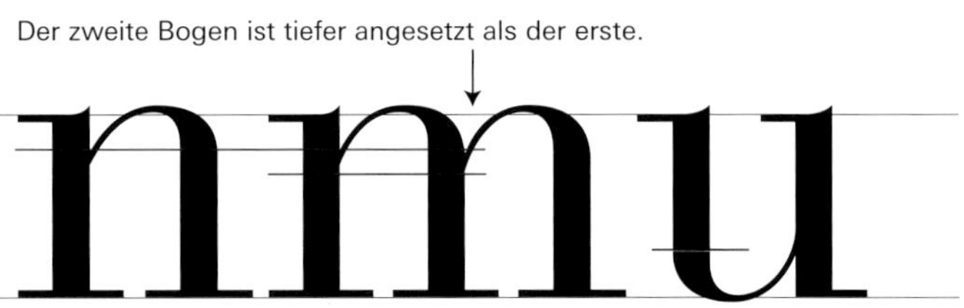

Bauer Bodoni
(Klassizistische Antiqua)

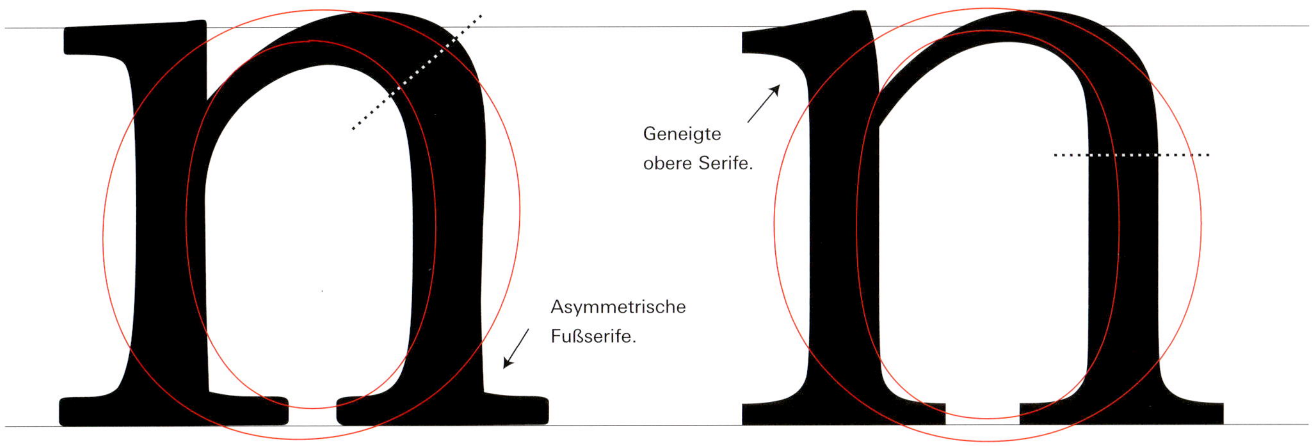

Apollo
(Übergangsantiqua)

Baskerville
(Übergangsantiqua)

Um einen gleichmäßigen Grauwert zu erzielen, muss das n schmaler gezeichnet werden als das o.
Die fetteste Stelle des Bogens kann im Bogen liegen (geneigte Achse) oder im Übergang zum Stamm (aufrechte Achse).

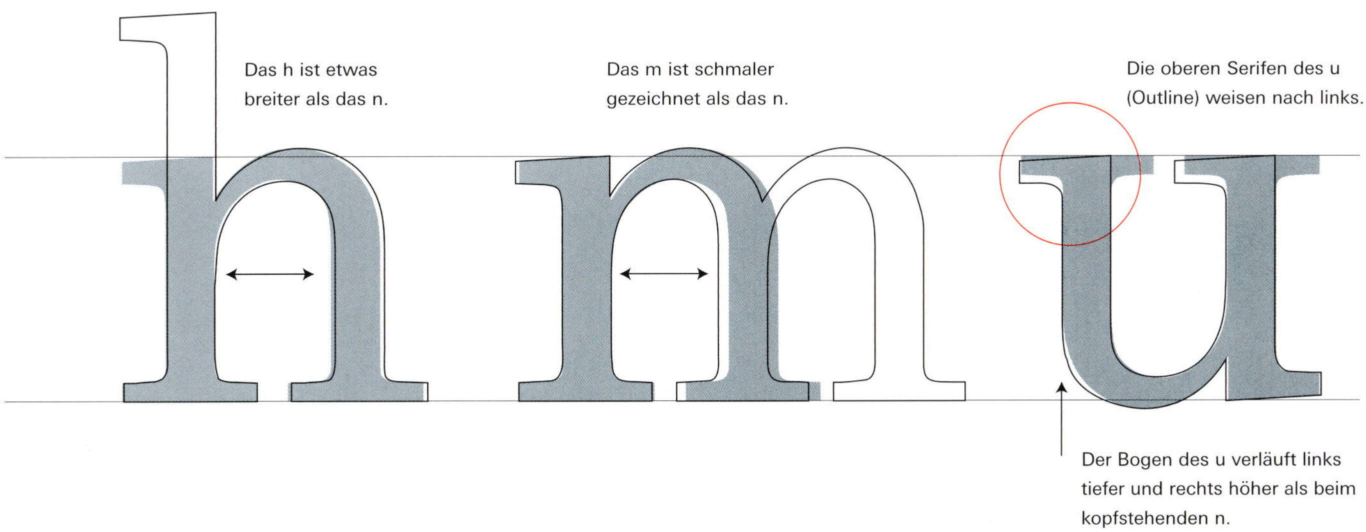

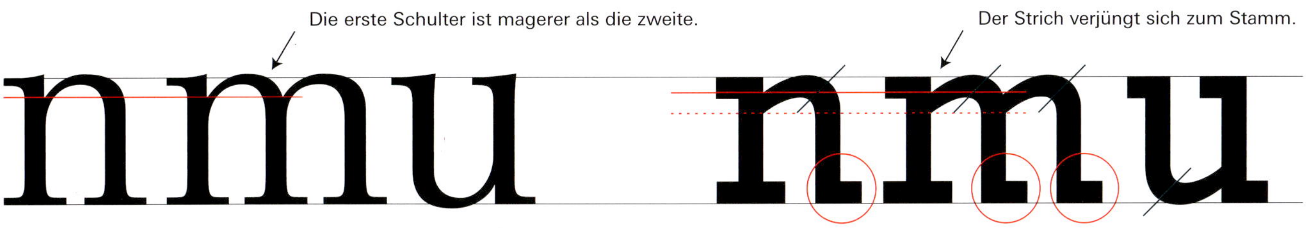

Centennial
(Serifenbetonte Antiqua)

Rockwell
(Serifenbetonte Antiqua)

Kleinbuchstaben mit Serifen – das r

Auch das r gehört zur Gruppe der verzweigten Kleinbuchstaben. Der Bogen des r unterscheidet sich jedoch von dem des n. Der innere Scheitelpunkt des Bogens sowie der Einlauf des Bogens liegen meist tiefer als beim n. Immerhin muss beim r der Bogen das Gewicht der Serife tragen, der dabei entstehende tiefere Einschnitt sorgt für eine gute Grauwertbalance und verleiht dem r zusätzliche Dynamik.

Unerfreulicherweise besitzt das r eine sehr ungleichmäßige Schwärzung. Die große offene Fläche unter dem Bogen hinterlässt unausweichlich einen hellen Fleck im Satzbild. Durch eine schmale Gestaltung des r können wir diese Problemzone etwas entschärfen. Mithilfe eines großzügigen Strichabschlusses am Bogen kann der Weißraum weiter verringert werden.

Meist endet der Bogen des r mit einer leicht vergrößerten Variante des beim c verwendeten Strichabschlusses. Wie immer variieren die Endungen im Verlauf der Jahrhunderte. Renaissance- und Übergangsantiqua lassen sich in der Regel bei ihren Strichabschlüssen von kalligrafischen Formen inspirieren, klassizistische Schriften werden mit Tropfen und Kugeln verziert und eckige Klötze stellen bei den Serifenbetonten die Norm dar. In der letztgenannten Klasse bilden die Egyptienne jedoch eine Ausnahme: Bei diesen ungekehlten Serifenbetonten würden gestalterisch konsequent entworfene Ausgleichsserifen häufig viel zu groß geraten und damit sowohl in die Binnenfläche als auch zu den nachfolgenden Zeichen zu viel Schwärzung einbringen. Daher beschließen Egyptienne ihren Bogen meist mit einem schlichten senkrechten oder geneigten Schnitt – ein erstes Auftreten der kommenden serifenlosen Form.

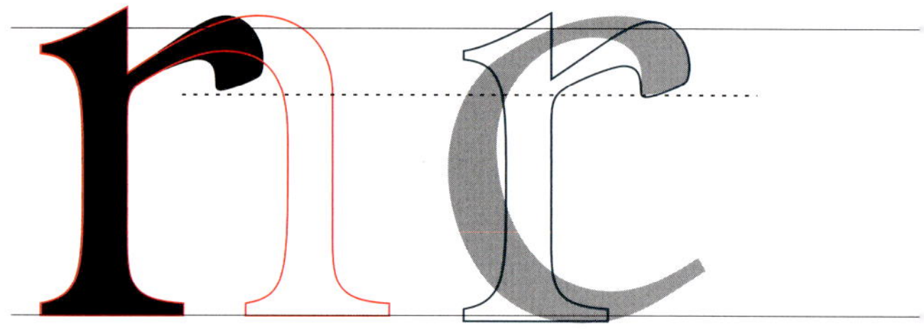

Guardi
(Venezianische Renaissance-Antiqua)

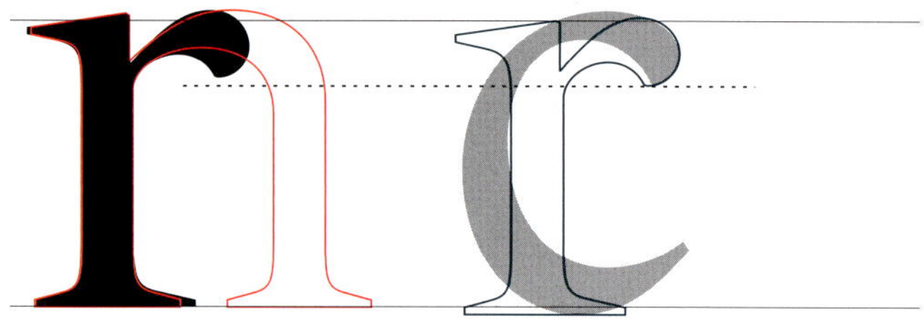

Le Monde
(Übergangsantiqua)

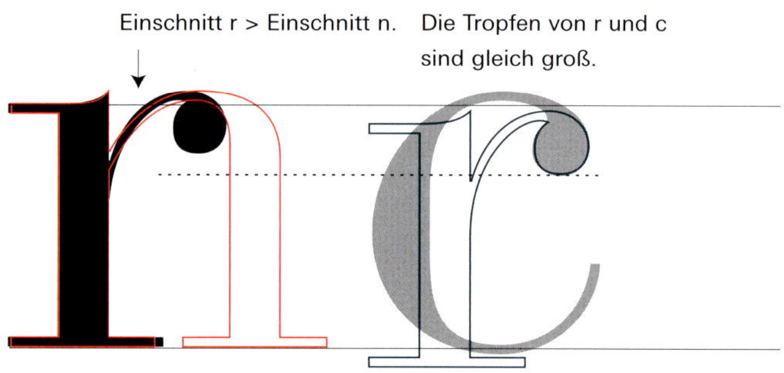

Bauer Bodoni
(Klassizistische Antiqua)

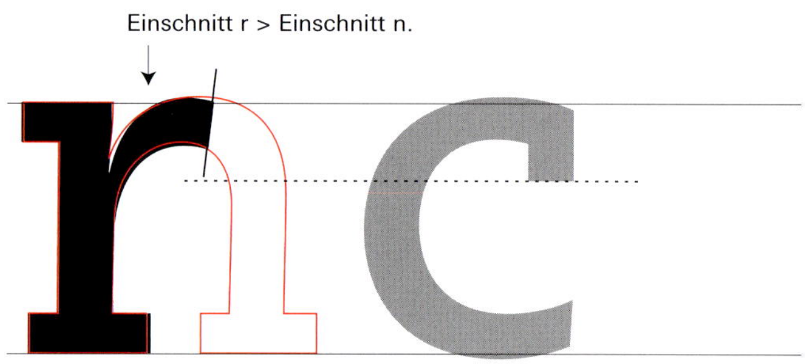

PMN Caecilia
(Serifenbetonte Antiqua)

Serife am Fuß rechts länger.
Einschnitt r > Einschnitt n.

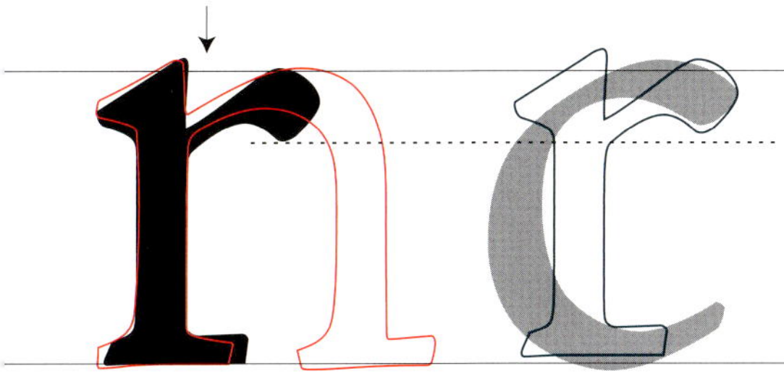

Adobe Jenson
(Venezianische Renaissance-Antiqua)

Einschnitt r > Einschnitt n.

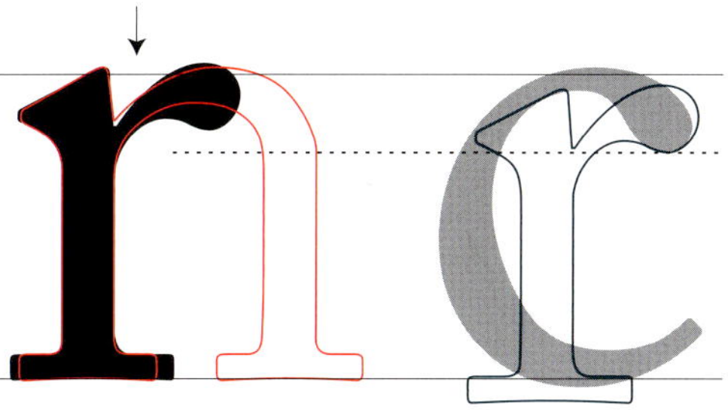

Adobe Caslon
(Französische Renaissance-Antiqua)

Einschnitt r > Einschnitt n.

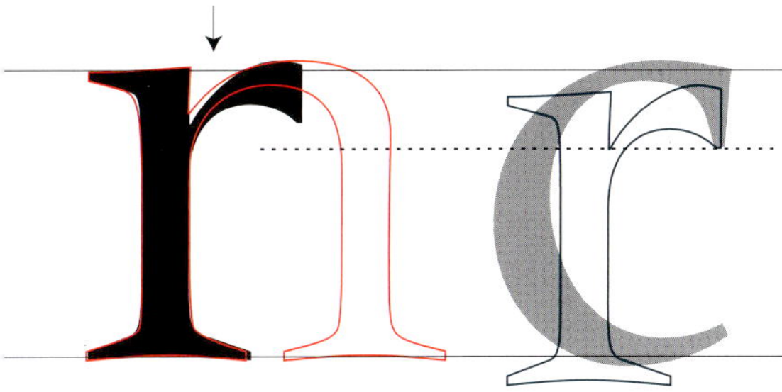

Méridien
(Übergangsantiqua)

Einschnitt r > Einschnitt n.

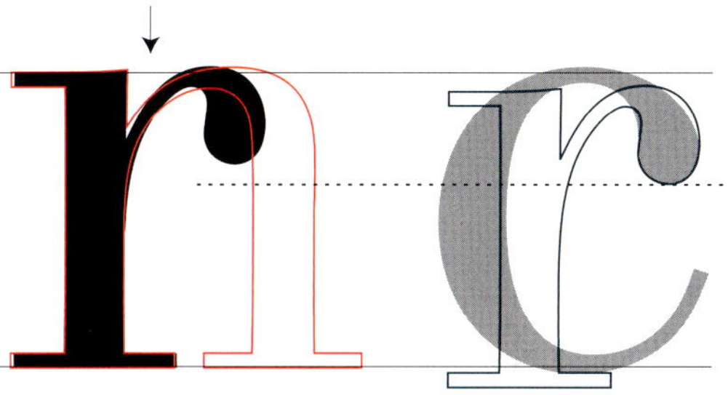

Walbaum
(Klassizistische Antiqua)

Einschnitt r > Einschnitt n.

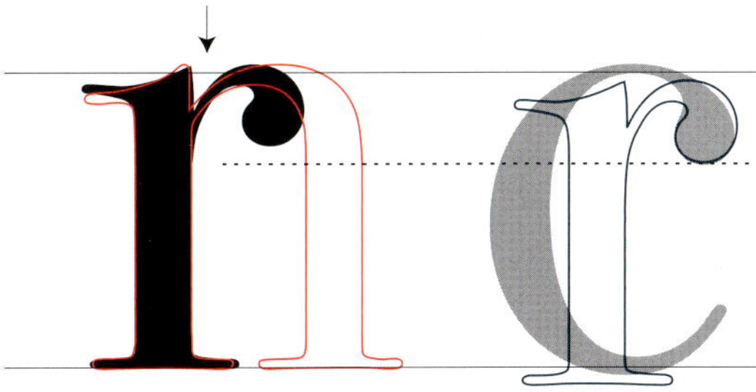

Bodoni
(Klassizistische Antiqua)

Einschnitt r > Einschnitt n.

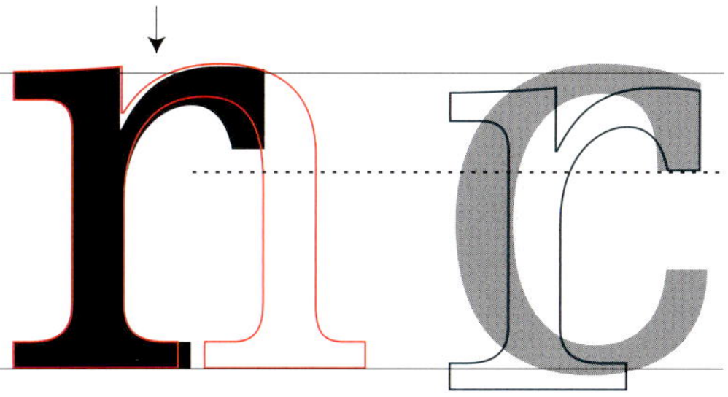

Egyptienne
(Serifenbetonte Antiqua)

Die Serifen von r und c sind gleich groß,
doch beim c hängt sie tiefer.

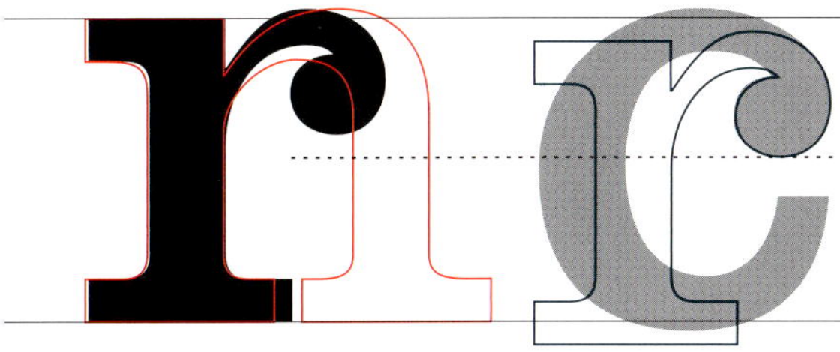

Clarendon
(Serifenbetonte Antiqua)

Einschnitt r > Einschnitt n.

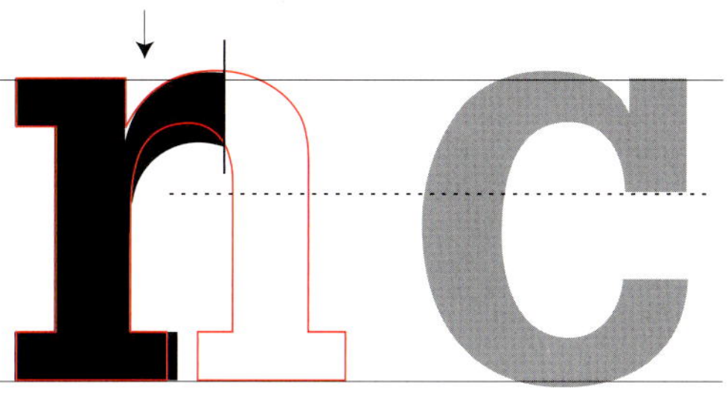

Glypha
(Serifenbetonte Antiqua)

Kleinbuchstaben mit Serifen – das a

Das a ist ein schwierig zu gestaltender Buchstabe. Obwohl es ziemlich schmal ist – sogar schmaler als das n –, weist es eine komplexe Kombination von Bögen und Schwüngen auf.

Der geschlossene Bogen erreicht zwischen 55 und 65 % der x-Höhe. Die Form des oberen Bogenansatzes gibt die Kontur des gesamten Bogens vor. Ein gerundeter Ansatz formt einen kreisförmigen Bogen, eine gerade Horizontale ergibt einen »quadratischen« Bogen, gerundete oder gerade Diagonalen führen zu einem tropfenförmigen Bogen. Auch der untere Einlauf des Bogens in den Stamm ist von Bedeutung. Ein weicher Übergang schafft eine anmutige, fließende Punzenform. Eckige Anschlüsse fördern einen erfrischenden Kontrast zwischen runder und gerader Form.

Schriften mit geneigter Achse legen den fettesten Punkt ihres geschlossenen Bogens auf die 7-Uhr-Position. Bei aufrechter Achse liegt die größte Strichstärke im senkrechten Bogenabschnitt. Zum Stamm hin ist die Bogenlinie stets am magersten.

Der obere offene Bogen sollte mit dem geschlossenen harmonieren. Ein runder geschlossener Bogen erhält einen symmetrischen offenen Bogen, eckige Formen im »Erdgeschoss« werden oben wiederholt und dem tropfenförmigen »Bauch« wird ein asymmetrischer oberer Bogen zur Seite gestellt. Der offene Bogen sollte schmal gestaltet werden. Auch das a wirkt stabiler, wenn die untere Hälfte breiter als die obere ist. Der offene Bogen endet entweder in einer Serife oder wird stumpf abgeschnitten. In fetten Schriftschnitten spart die unbetonte Form Platz, bei leichteren Schnitten begrenzen Serifen die Öffnung zwischen den Bögen. Meist ähneln sich die Serifen von a und c.

Wie bei den verzweigten Lettern kann auch dem oberen Bogen kalligrafischer Schwung verliehen werden, indem zusätzliches Gewicht in die Schulter gelegt wird. Bedingt durch die schmale Form des a sollte dieser Strichstärkenzuwachs jedoch geringer ausfallen als beim n.

Der Stamm des a endet in einem geschweiften oder geraden Endstrich. Die geschweifte Form ist bei Renaissanceschriften üblich. Sie stellt ein Überbleibsel der kalligrafisch verbundenen Schreibschrift dar. Eine gerade Fußserife sorgt jedoch für mehr Standfestigkeit. Daher wird die gerade Fußserife bei modernen Schriften mit aufrechter Achse bevorzugt.

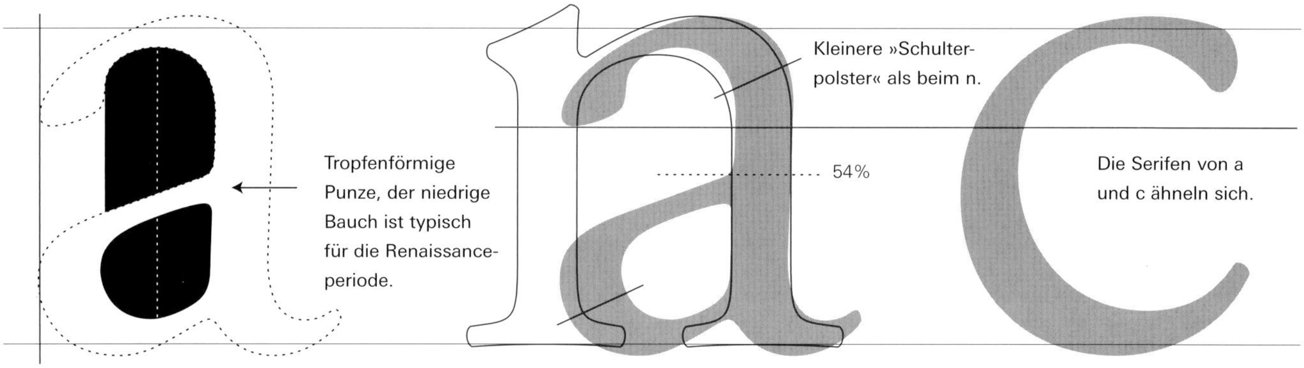

Adobe Garamond
(Französische Renaissance-Antiqua)

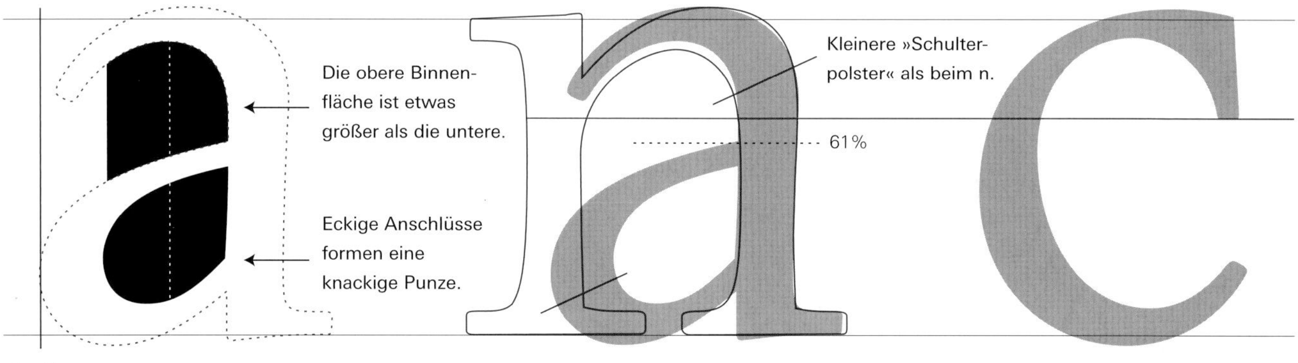

Apollo
(Übergangsantiqua)

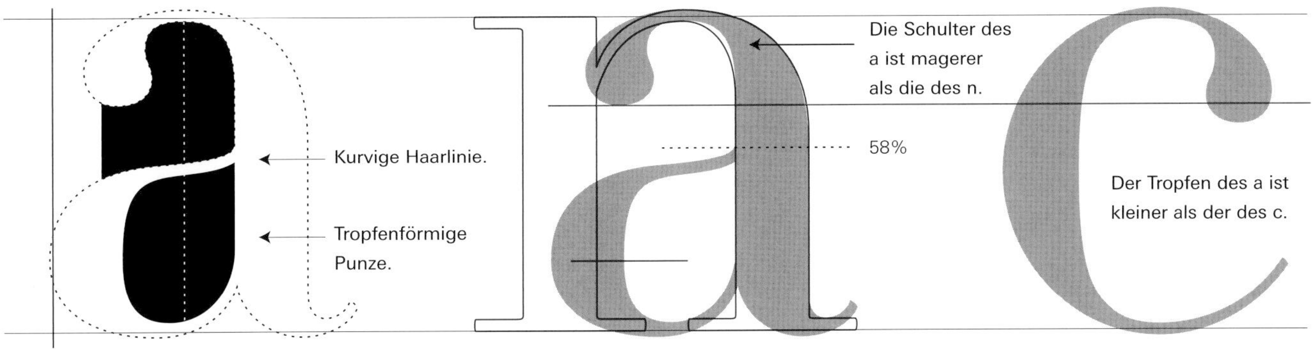

HTF Didot
(Klassizistische Antiqua)

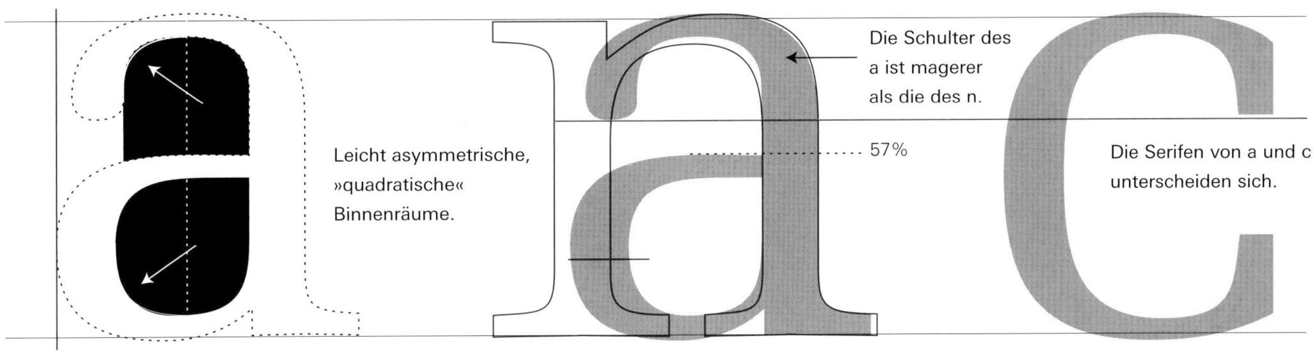

Melior
(Serifenbetonte Antiqua)

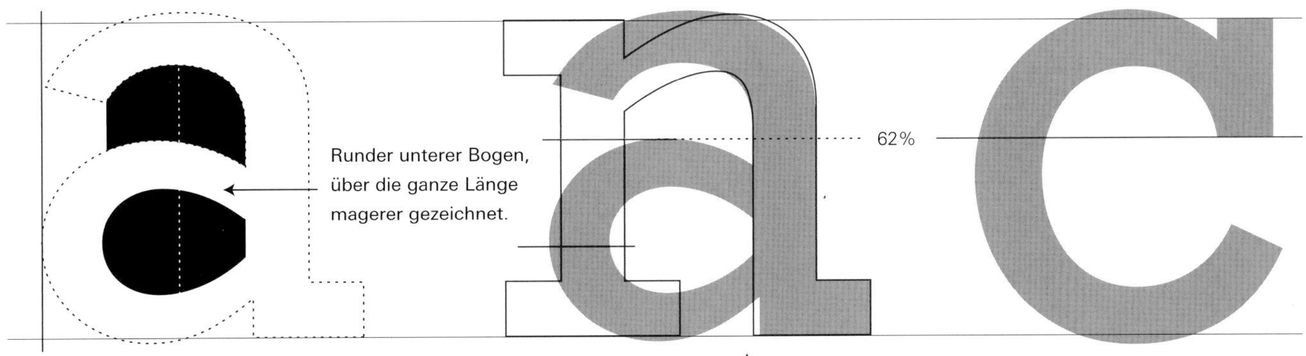

Rockwell
(Serifenbetonte Antiqua)

Kleinbuchstaben mit Serifen – das s

In den meisten Schriften stellt das kleine s lediglich eine verkleinerte Fassung des Großbuchstabens dar. Besonders in Schriften mit geringer x-Höhe geriete ein unkorrigiert verkleinertes s jedoch zu dunkel, da sich seine Öffnungen zu sehr schließen würden. Um den Weißraum des Zeichens zu vergrößern, können die Serifen verkürzt, Sporne entfernt und/oder die Winkelung der Serifen verändert werden. Eine etwas radikalere Problemlösung zeigt die Cheltenham: Hier sind die Serifen am kleinbuchstabigen s zu Tropfen umgeformt. Falls die Minuskel trotz aller Gegenmaßnahmen noch mehr Weißraum benötigt, kann das gemeine s leicht verbreitert werden – wie in unseren Beispielen bei Egyptienne, Cheltenham und Glypha zu sehen.

Guardi
(Venezianische Renaissance-Antiqua)

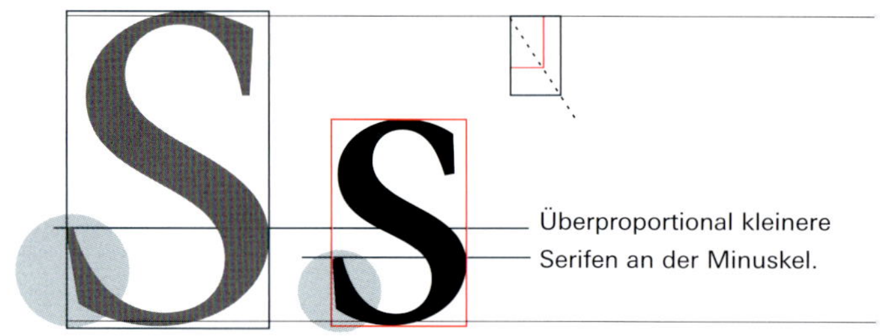

Galliard
(Französische Renaissance-Antiqua)

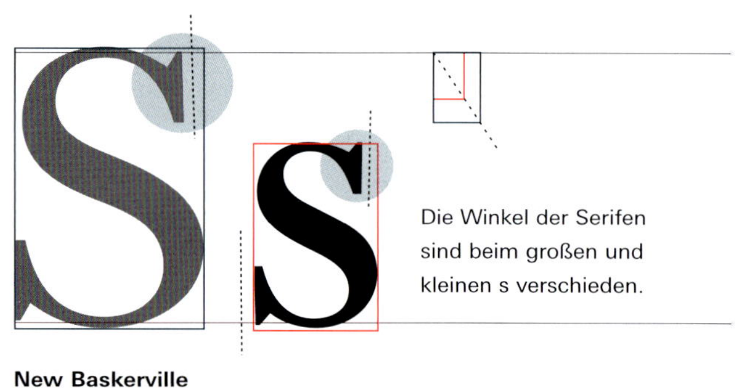

New Baskerville
(Übergangsantiqua)

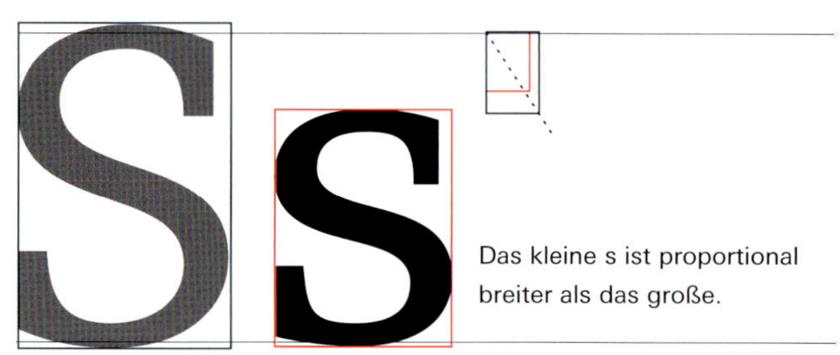

Egyptienne
(Serifenbetonte Antiqua)

Centaur
(Venezianische Renaissance-Antiqua)

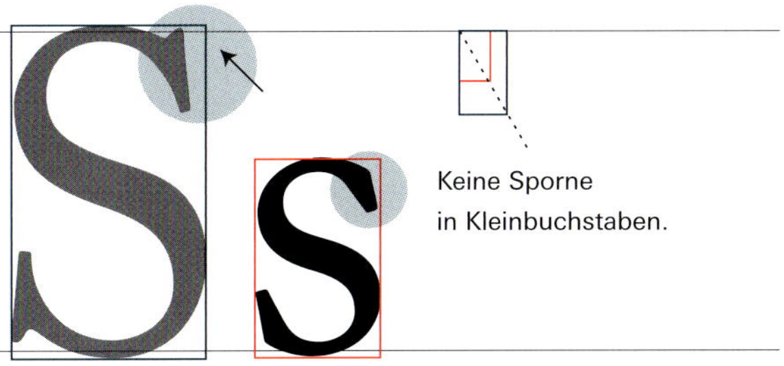

Adobe Caslon
(Französische Renaissance-Antiqua)

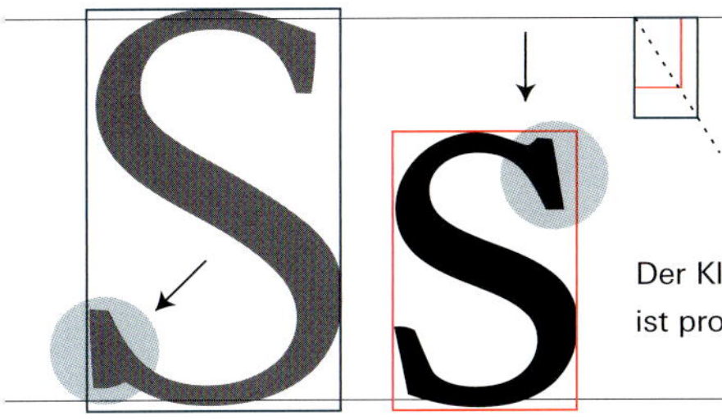

Fournier
(Übergangsantiqua)

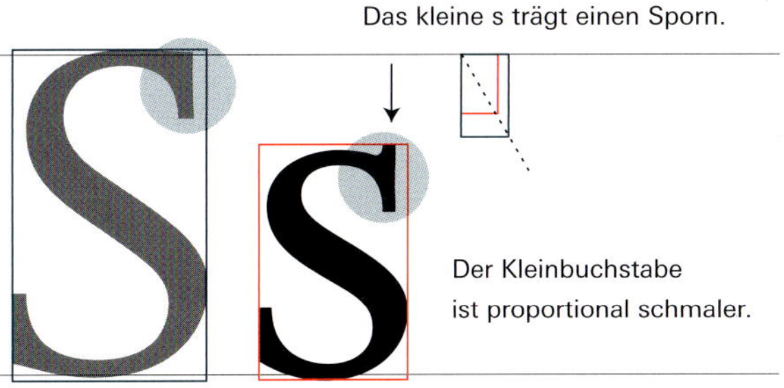

Albertina
(Übergangsantiqua)

Bauer Bodoni
(Klassizistische Antiqua)

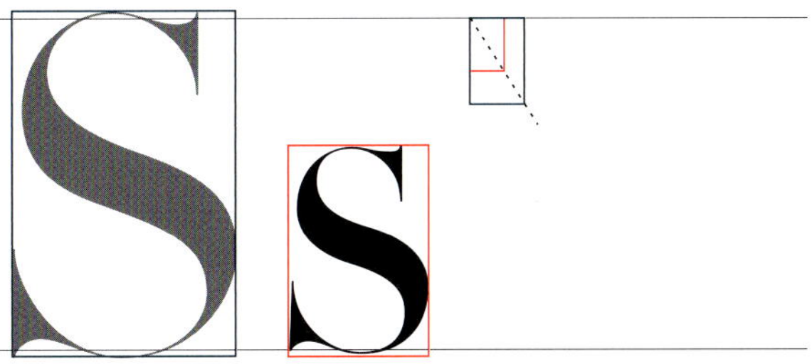

HTF Didot
(Klassizistische Antiqua)

Glypha
(Serifenbetonte Antiqua)

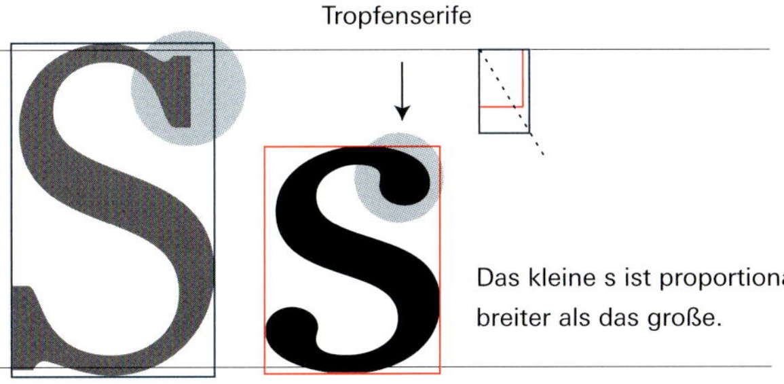

Cheltenham
(Serifenbetonte Antiqua)

Kleinbuchstaben mit Serifen – das g

Das zweigeschossige kleine g ist für mich der schönste Buchstabe des lateinischen Alphabets. Seine komplexe Form aus einfachen und verbundenen Kurven vereint organische Zwanglosigkeit und intelligente Struktur. Die kontrastierenden Eigenschaften verleihen dem g seine einzigartige, ausdrucksstarke Persönlichkeit.

Wir unterscheiden vier Teile des kleinen g: den geschlossenen oberen Bogen (das kleine o), den verbindenden Bogen (den Steg), den offenen oder geschlossenen unteren Bogen (die Schleife) sowie den kleinen, abschließenden Haken (das Ohr). Das obere o stellt eine verkleinerte Version des kleinbuchstabigen o (ungefähr 60 bis 70% der x-Höhe) mit etwas verminderten Strichstärken dar.

Der Steg setzt in Haarstrichstärke unten links am oberen Bogen an. Er schwillt zur Schleife hin auf die Strichstärke des oberen Schleifenbogens an. In Renaissanceschriften ahmt dieser Übergang den abrupten Richtungswechsel des Federzugs nach. In späteren Schriftstilen erfolgt der Übergang weicher und fließender.

Die Schleife des g erfreut uns mit vielen Variationsmöglichkeiten. Der obere Schleifenbogen verläuft entweder waagerecht oder diagonal. Die diagonale Form erzeugt ein schmales g mit eher kleiner Schleife. Je waagerechter der obere Bogen verläuft, desto breiter und höher wird die Schleife. Weiterhin kann die Schleife offen oder geschlossen gestaltet werden. Offene Schleifen können am Schleifenende mit einer Tropfenserife oder einem breiten Federzug betont werden. Geschlossene Schleifen greifen häufig Form und Winkel des Stegs auf.

Auch in Schriften mit aufrechter Zeichnungsachse darf die Gewichtsverteilung in der Schleife asymmetrisch erfolgen. In diesem Punkt ist das kleine g stärker mit dem s als mit dem o verwandt. S und g werden von einem organisch an- und abschwellenden Kurvenzug bestimmt.

Das Ohr ragt oben rechts nahe der x-Höhe aus dem kleinen o-Bogen. Es kann als gerader Strich oder als kleiner Bogen gestaltet werden. Das Ohr endet mit einem schrägen Schnitt oder mit einer, dem Strichabschluss beim kleinen r meist ähnlichen Tropfen- oder Kugelform. Um die Zurichtung zu erleichtern, sollte das Ohr nicht zu weit über die rechte Kante der unteren Schleife hinausragen.

Bauer Bodoni: Der Strichabschluss des Ohrs sollte mit anderen Strichabschlüssen verwandt sein.

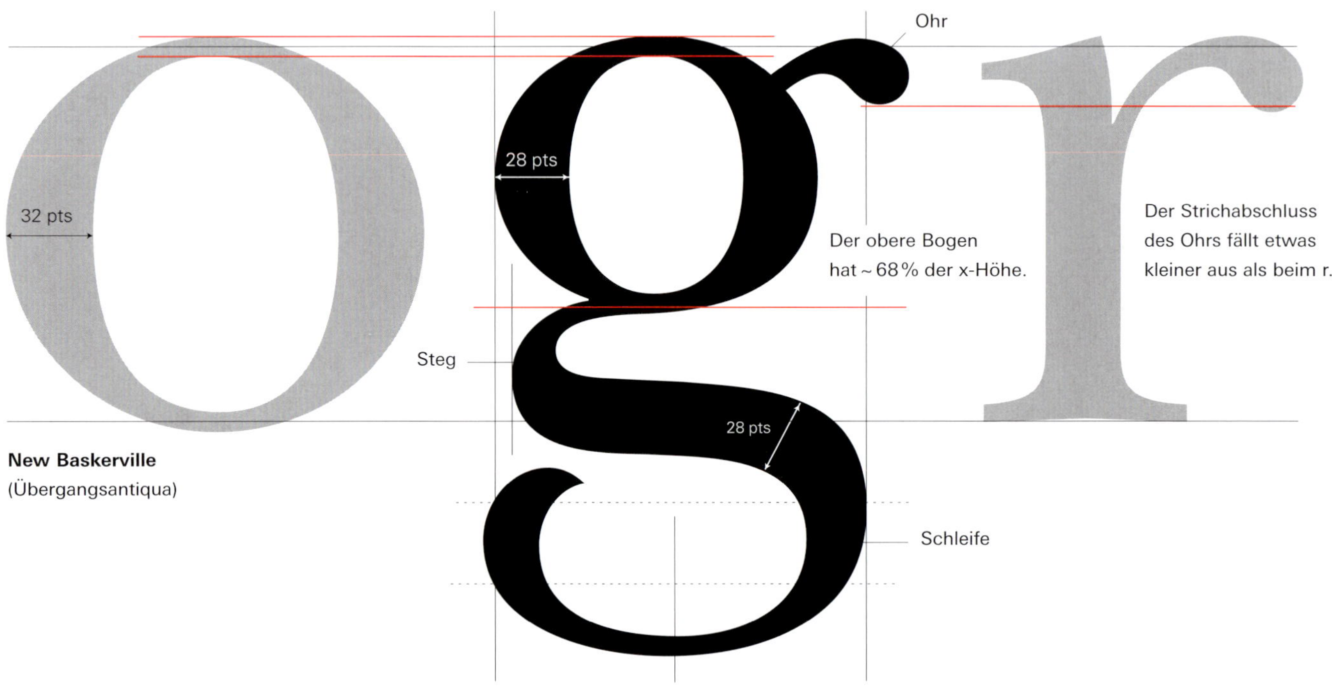

New Baskerville
(Übergangsantiqua)

Guardi
(Venezianische Renaissance-Antiqua)

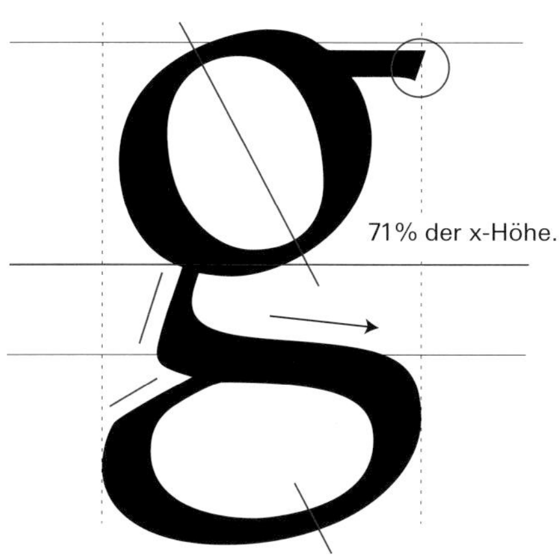

Apolline
(Venezianische Renaissance-Antiqua)

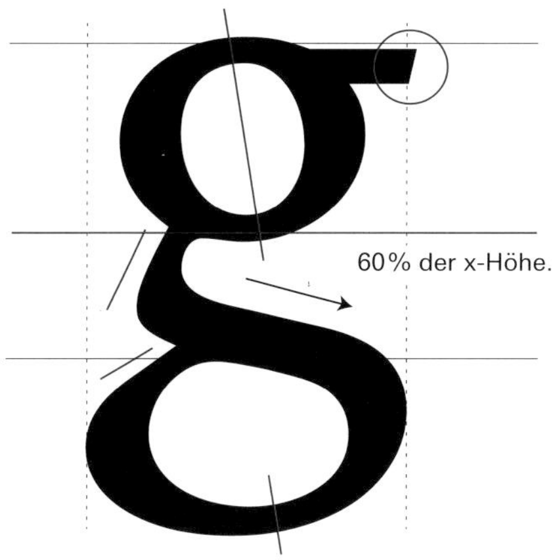

Adobe Garamond
(Französische Renaissance-Antiqua)

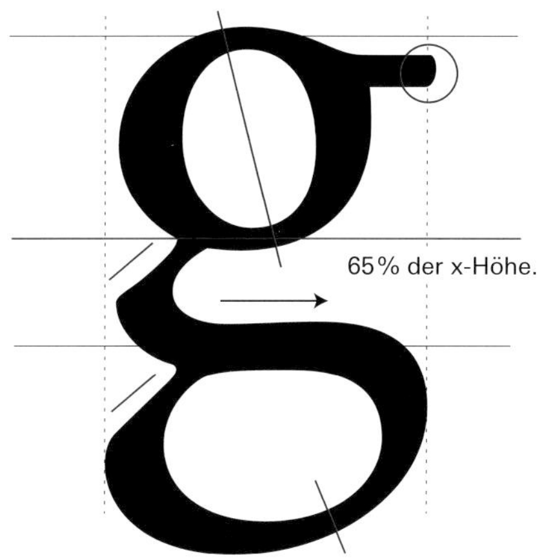

New Caledonia
(Übergangs-/Klassizistische Antiqua)

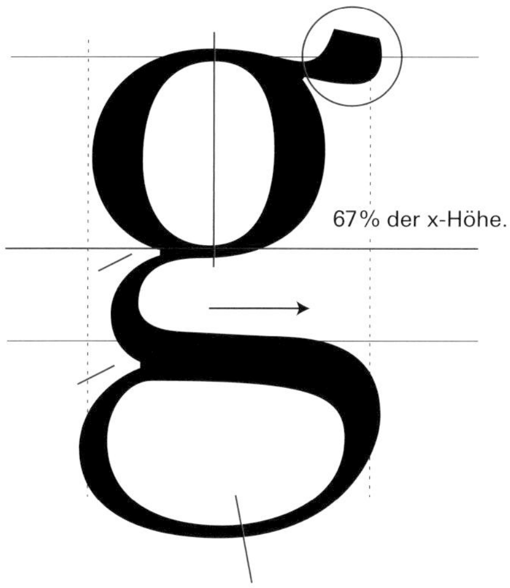

HTF Didot
(Klassizistische Antiqua)

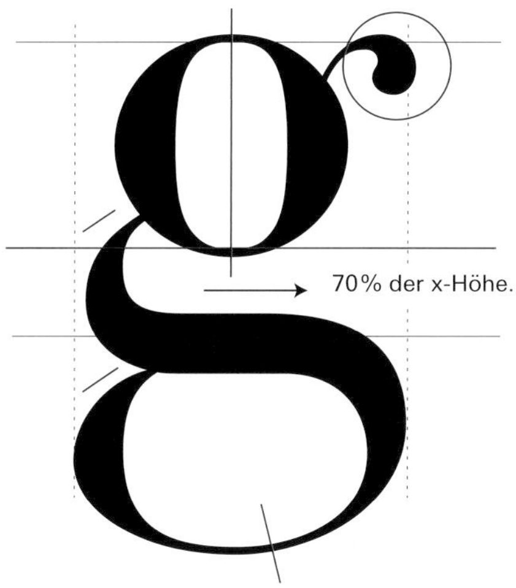

Didot
(Klassizistische Antiqua)

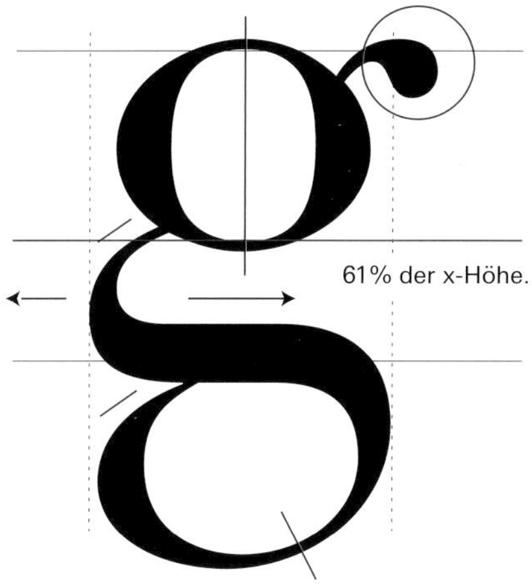

Cheltenham
(Serifenbetonte Antiqua)

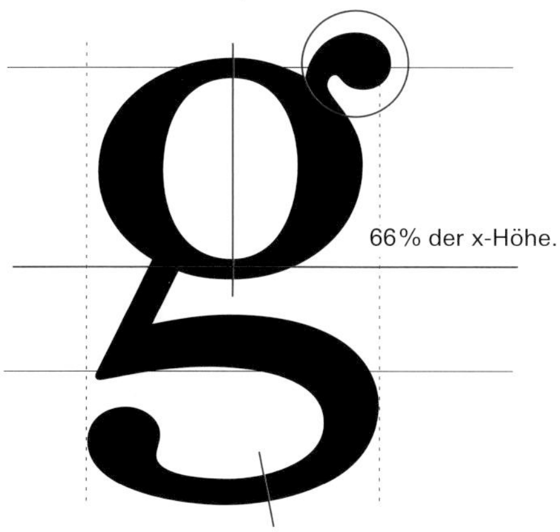

Clarendon
(Serifenbetonte Antiqua)

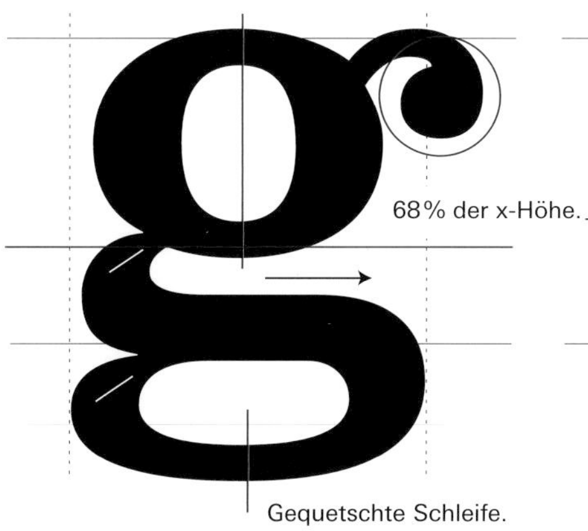

Century
(Serifenbetonte Antiqua)

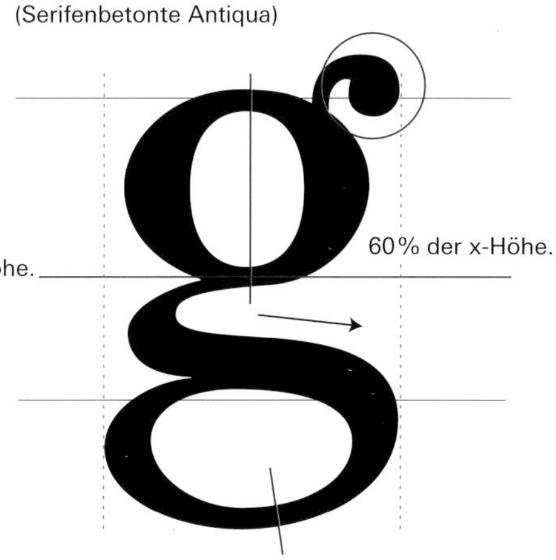

Kleinbuchstaben mit Serifen – i und j

Diese beiden sind wohl die am leichtesten zu gestaltenden Zeichen. Der Stamm des i ist lediglich eine kurze Variante des kleinen l. Das j wiederum besteht nur aus einem i mit angefügtem Häkchen.

Die Punkte auf i und j benötigen jedoch ein wenig gestalterisches Fingerspitzengefühl. Sie dürfen zwar praktisch jede beliebige Form annehmen (beispielsweise rund, elliptisch, rechteckig, quadratisch, rautenförmig), ihre Größe muss allerdings passend zum Stamm gewählt werden. Daher erhalten runde und rautenförmige Punkte einen Durchmesser, der größer als die Grundstrichstärke ist. Quadratische und rechteckige Punkte können der Strichstärke des Stammes entsprechen.

Im Allgemeinen werden die Punkte von i und j über dem Stamm zentriert und mit der Oberkante ungefähr an der Versalhöhe ausgerichtet. Doch auch hier gilt: keine Regel ohne Ausnahme. In einigen Renaissanceschriften sind die Punkte nach rechts versetzt, wie bei einer flüchtig hingeworfenen Notiz. Einige Schriftentwerfer trauen diesem Versatz eine Verbesserung der Lesbarkeit zu, da er die Leserichtung betont.

In Schriften mit geringer x-Höhe werden die Punkte häufig niedriger angeordnet, damit sie ihrem Stamm nahe sein können. Entsprechend werden die Punkte in Schriften mit großer x-Höhe zumeist nach oben verschoben, um den Abstand zum Stamm zu vergrößern.

Nachdem Form, Größe und Platzierung des Punktes erfolgt sind, bleibt nur noch der Bogen des j zu gestalten. Wie wir schon beim großen J gesehen haben, stehen grundsätzlich zwei Varianten zur Wahl: Ein kurzer Schwung, der innerhalb des Kegels bleibt, oder ein weit ausladender Haken, der unter die vorstehenden Zeichen ragt. Kollisionen sind bei beiden Varianten kaum zu befürchten, da die Kombinationen gj und qj ausgesprochen selten sind. Wer auf der sicheren Seite sein will, entscheidet sich für die kurze Variante.

Punkte leicht nach rechts versetzt, unterschiedliche Form bei i und j.

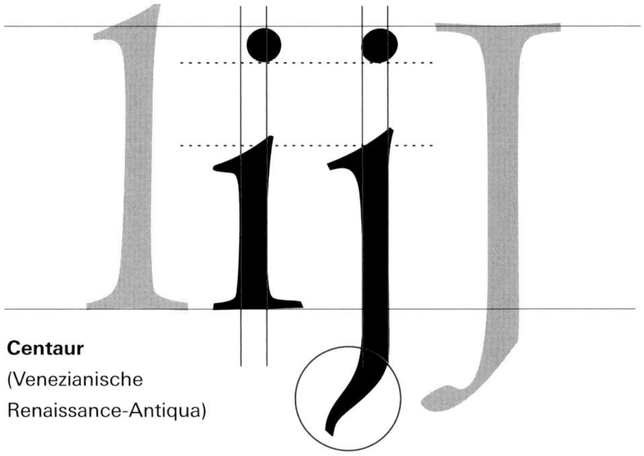

Centaur
(Venezianische Renaissance-Antiqua)

Ungewöhnliche Bogenvariante.

Rautenförmige Punkte.

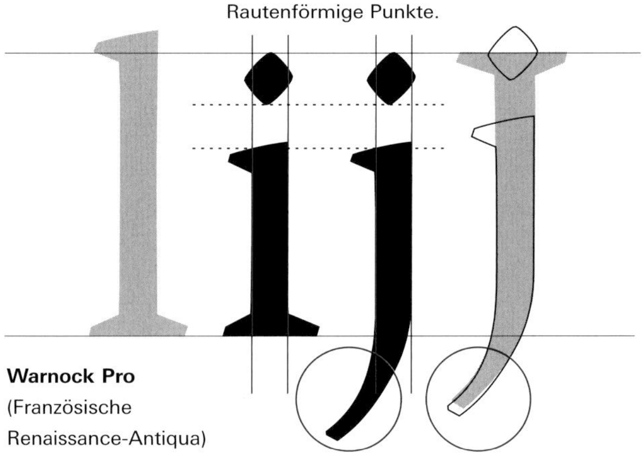

Warnock Pro
(Französische Renaissance-Antiqua)

Ähnlicher, jedoch nicht identischer Bogen.

Punkte leicht unter Versalhöhe.

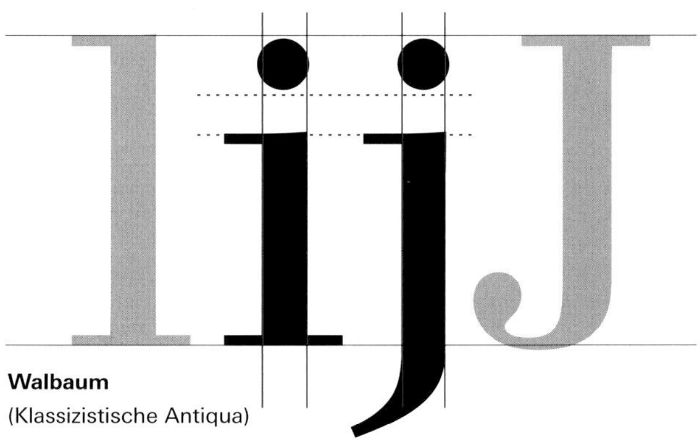

Walbaum
(Klassizistische Antiqua)

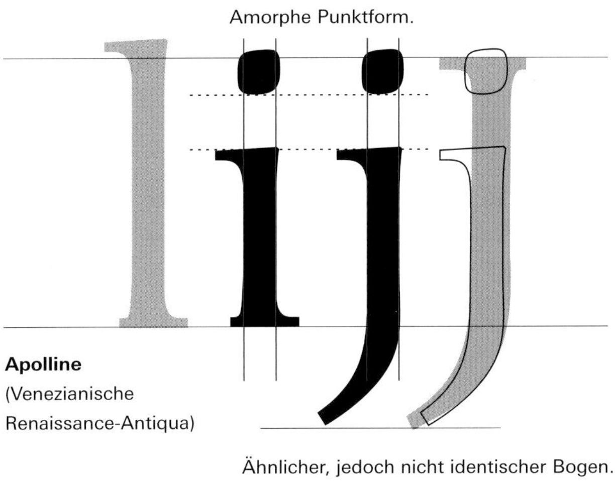

Apolline
(Venezianische
Renaissance-Antiqua)

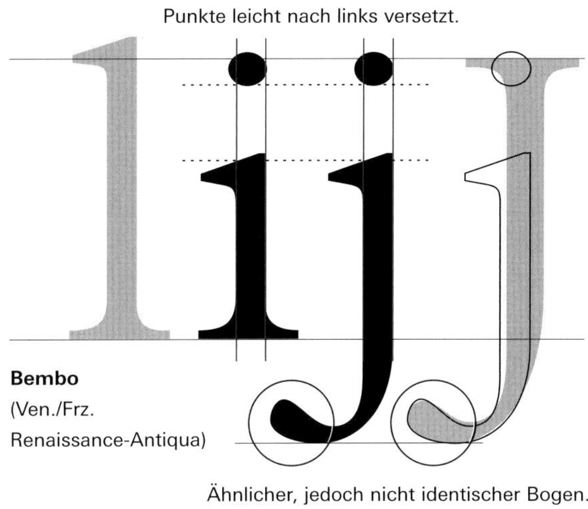

Bembo
(Ven./Frz.
Renaissance-Antiqua)

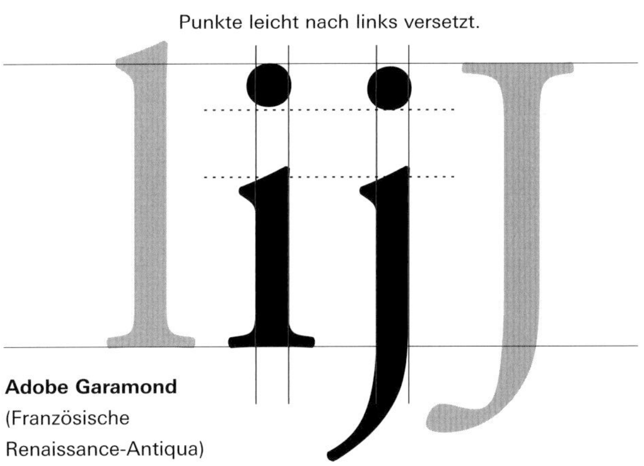

Adobe Garamond
(Französische
Renaissance-Antiqua)

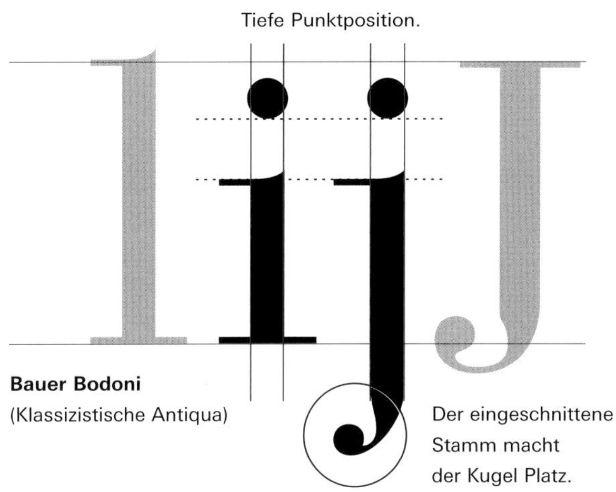

Bauer Bodoni
(Klassizistische Antiqua)

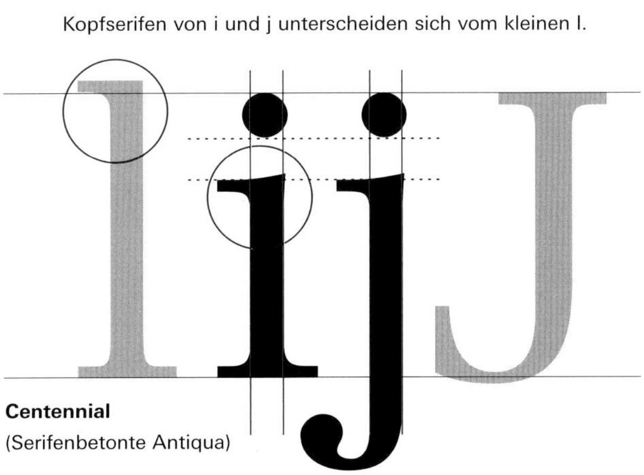

Centennial
(Serifenbetonte Antiqua)

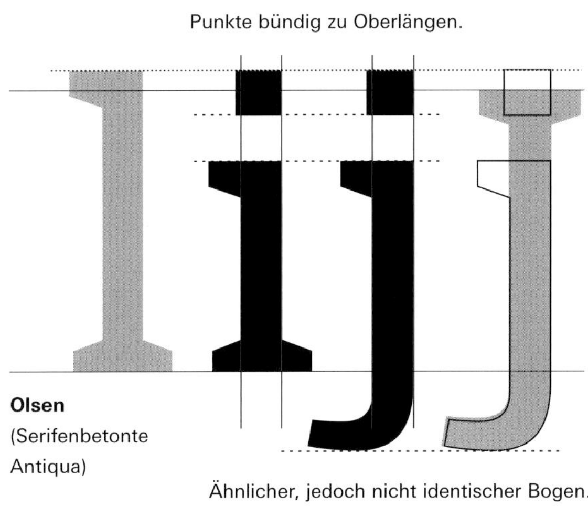

Olsen
(Serifenbetonte
Antiqua)

Kleinbuchstaben mit Serifen – f und t

Die Kleinbuchstaben f und t sind verwandt. Beide besitzen einen den Stamm kreuzenden Querstrich, der jedoch nicht unbedingt identisch ist. Beide Querstriche sind rechts länger als links. Ihre Länge und Positionierung können unterschiedlich sein. Meist sind beide Querstriche bündig mit der x-Höhe. Der Querstrich des t kann jedoch leicht angehoben sein, um das schwere dreieckige Dach darüber zu verkleinern. Analog, insbesondere in Schriften mit großer x-Höhe, kann der Querstrich des f nach unten verschoben werden, um dessen Bogen Platz zu machen.

In Renaissance- und Übergangsantiqua wird der Querstrich des t mit der Oberlänge diagonal verbunden. Die Diagonale kann gerade oder gekehlt sein. Eine Kehlung verringert das Gewicht des Dreiecks. Nach oben spitzt sich die dreieckige Oberlänge des t mehr oder weniger stumpf zu. Interessanterweise ist der Stamm des t auch bei Schriften ohne verbindendes Dreieck oft schräg abgeschnitten, möglicherweise als dezente Erinnerung an die frühere kalligrafische Praxis.

Der Stamm des t wird, ähnlich wie beim a, mit einem Bogen abgeschlossen. Mit Blick auf die Zurichtung sollte der Bogen in etwa mit dem Querstrich bündig sein. Der Bogen sollte anderen runden Formen ähneln. Klassizistische und serifenbetonte Antiqua weisen im Allgemeinen größere und geschlossenere Bogenformen auf als Renaissance- und Übergangsantiqua.

Das wesentliche Element des f ist natürlich der Bogen. Er ist manchmal, aber nicht immer, eine Kopie der Unterlänge des j. Wie beim j sind Kollisionen das Hauptproblem – bei Oberlängen sind sie sehr wahrscheinlich.

Manche Entwerfer vermeiden solche »Auffahrunfälle«, indem sie das f schmal mit einem kurzen Bogen gestalten. Keine gute Idee, denn das Resultat ist ein zaghaftes, schlechter lesbares f (f und t ähneln sich zu sehr). Daher ist es besser, Ligaturen für die kritischen Kombinationen zu entwerfen: fi, fj, fl, ff, ffi und ffl. Dann kann das freistehende f ohne Einschränkungen entworfen werden.

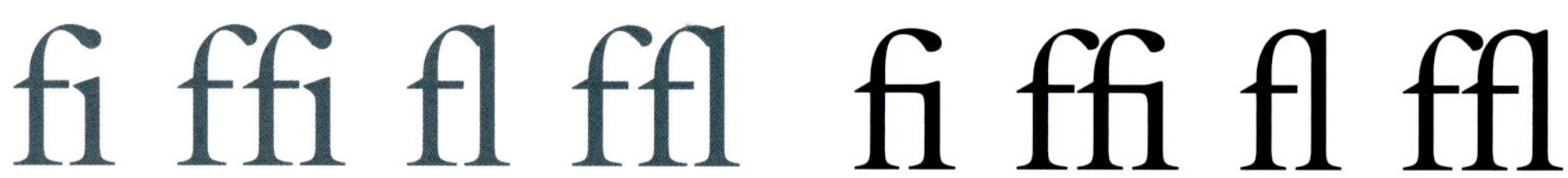

Die **Galliard,** ohne (links) und mit Ligaturen (rechts) gesetzt.

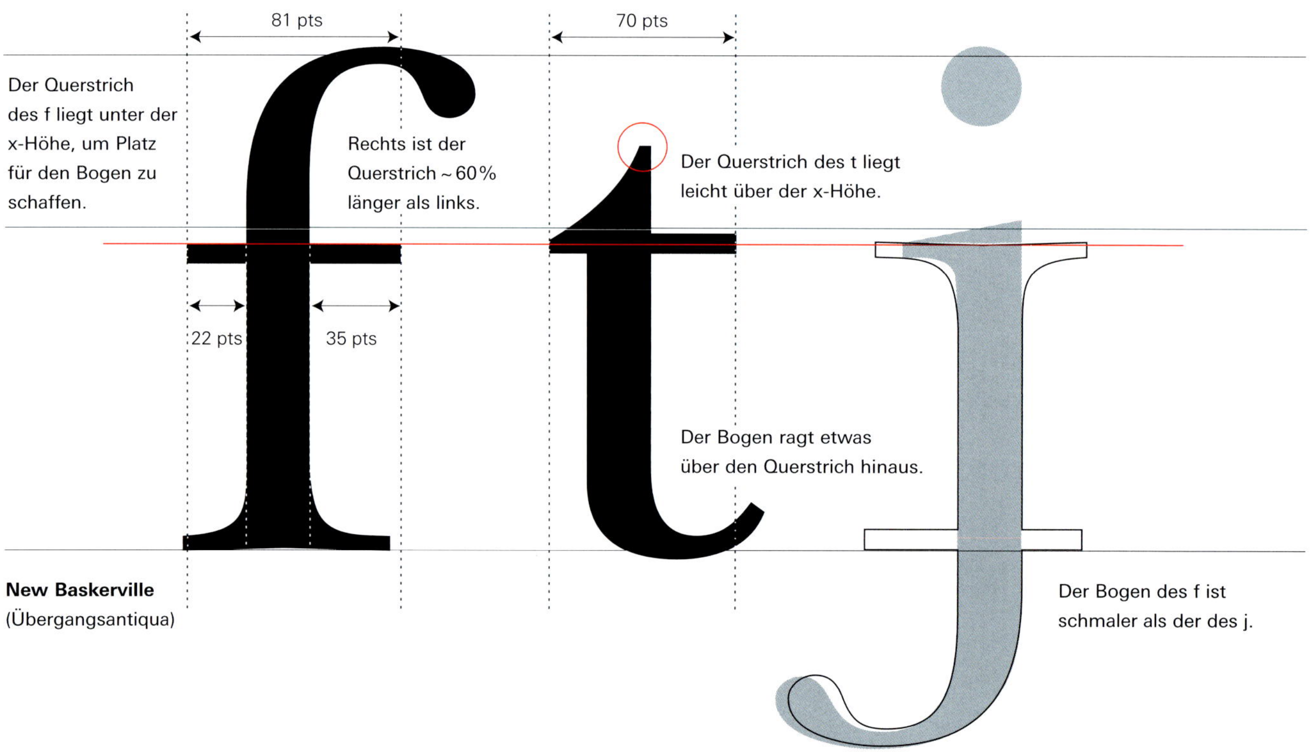

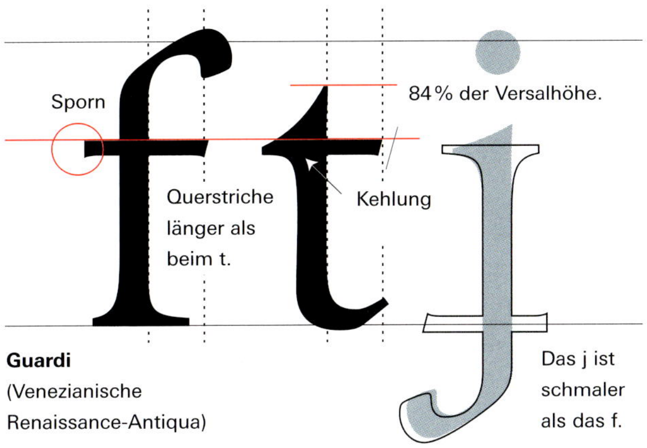

Guardi
(Venezianische
Renaissance-Antiqua)

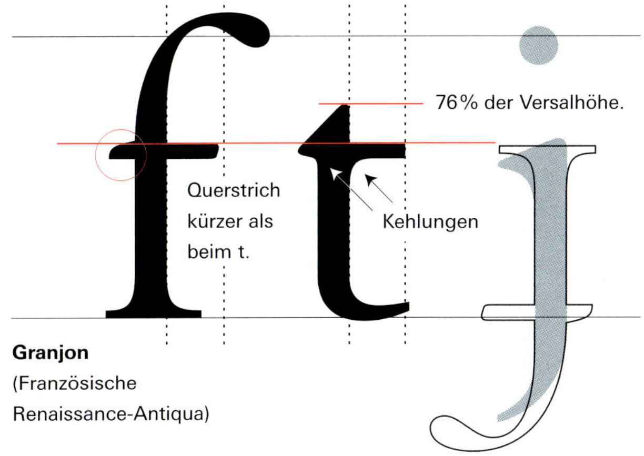

Granjon
(Französische
Renaissance-Antiqua)

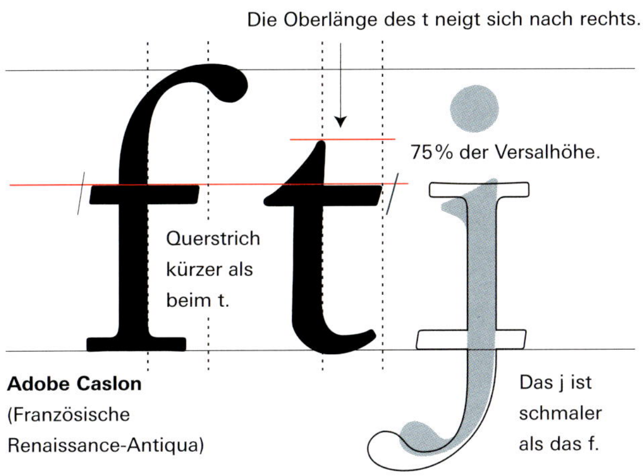

Adobe Caslon
(Französische
Renaissance-Antiqua)

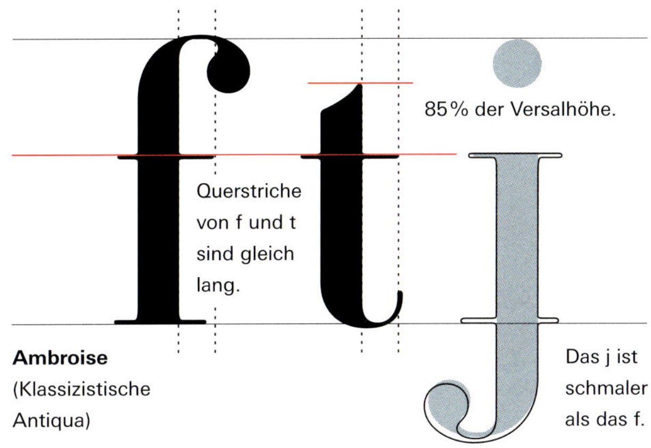

Ambroise
(Klassizistische
Antiqua)

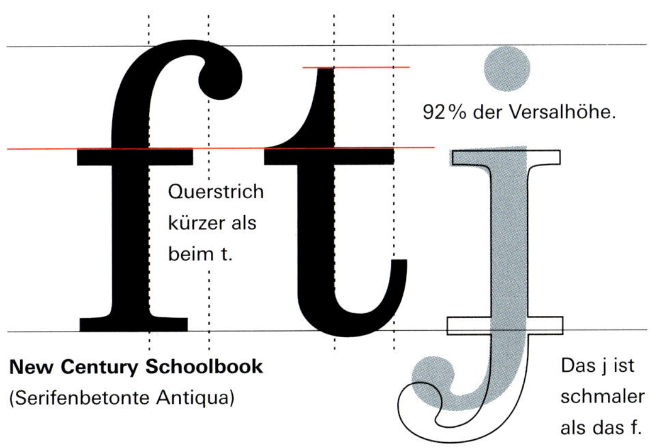

New Century Schoolbook
(Serifenbetonte Antiqua)

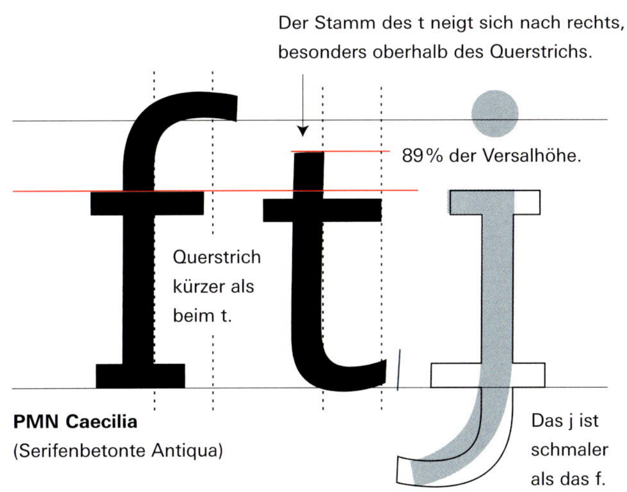

PMN Caecilia
(Serifenbetonte Antiqua)

Kleinbuchstaben mit Serifen – v, w und y

Die Minuskeln v, w und y bilden eine eng verwandte Gruppe. Wie bei den Großbuchstaben stellt das v die Blaupause für die anderen Zeichen dar: Das w besteht aus zwei verschmälerten v-Formen, für das y wird dem v eine Unterlänge hinzugefügt.

Die Gemeinen v und w sind einfach kleine Fassungen der Versalien. Allerdings eignet sich die verbreiterte, überlappende Variante des W nicht für Kleinbuchstaben – die Mitte des Zeichens wäre beim kleinen w doch etwas »übervölkert«. Folgerichtig verwenden manche Schriften für das große und das kleine w unterschiedliche Gestaltungsvarianten. Formale Konsistenz ist gut, gleichmäßiger Grauwert ist besser.

Das kleine v muss stellenweise verändert werden, damit ein kleines y daraus werden kann. In Schriften mit großer x-Höhe sollte der Schnittpunkt der Diagonalen beim y etwas höher liegen, um der Unterlänge mehr Raum zu geben. In schmalen Schriften hilft eine größere Binnenfläche beim y, den dunkleren Schnittpunkt an der Grundlinie aufzuhellen.

Ein traditionell gestaltetes y verlängert seine rechte Diagonale zur Unterlänge, biegt sie nach links, um sie mehr oder weniger bündig zur linken Zeichenkante enden zu lassen. Manche Schriftepochen kannten allerdings auch anders gewinkelte und sogar senkrechte Unterlängen, die nicht die rechte Diagonale verlängerten.

In jedem Fall muss die Unterlänge des y mit einer Betonung enden, meist ein anschwellender Federzug, eine Kugel, ein Tropfen oder eine Serife. Besonders Schriften mit hohem Kontrast (klassizistische und Übergangsantiqua) benötigen einen deutlichen Schlusspunkt, um unter der Grundlinie eine tiefere Schwärzung zu erzielen.

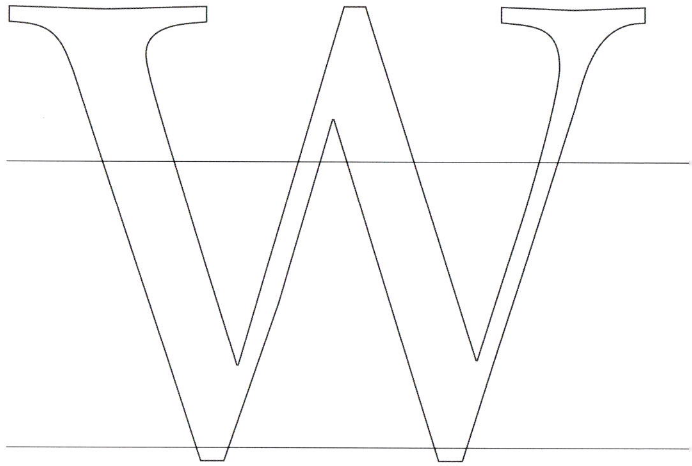

New Baskerville
(Übergangsantiqua)

Clarendon: Der Strichabschluss der Unterlänge sollte mit anderen Ausgleichsserifen verwandt sein.

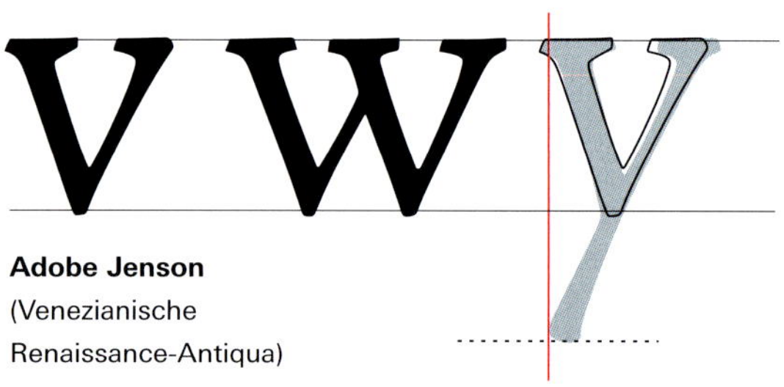

Adobe Jenson
(Venezianische Renaissance-Antiqua)

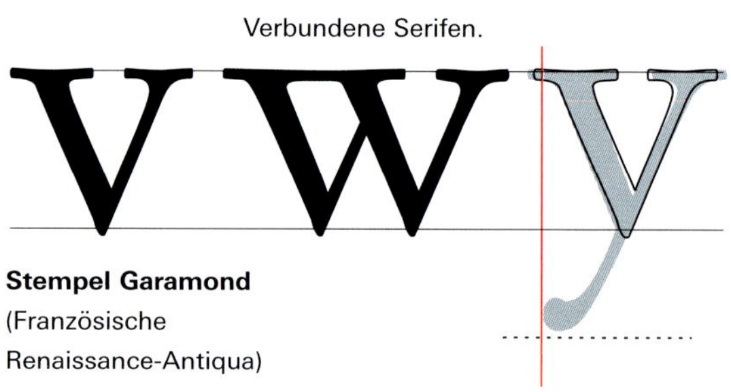

Stempel Garamond
(Französische Renaissance-Antiqua)

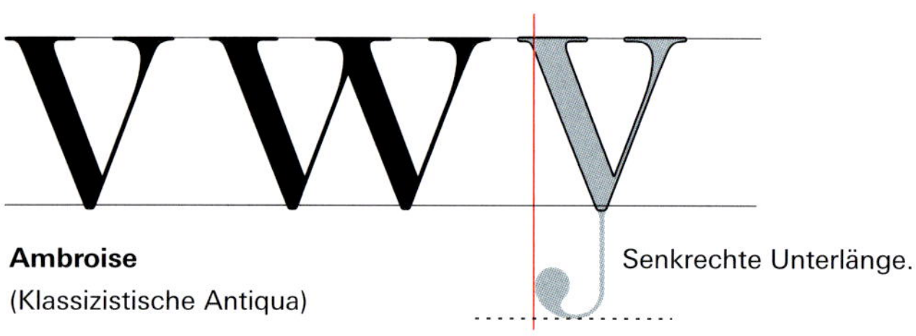

Ambroise
(Klassizistische Antiqua)

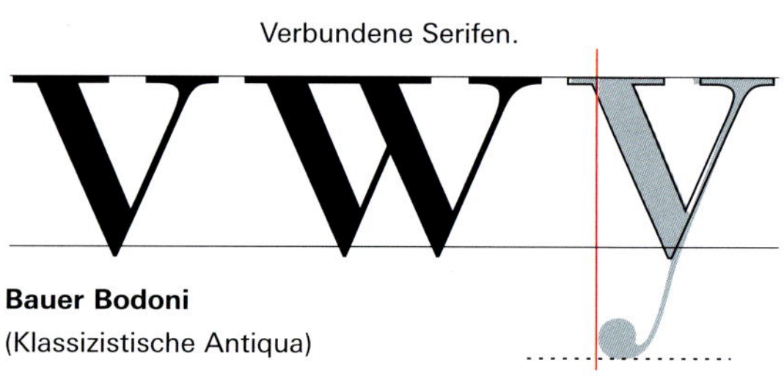

Bauer Bodoni
(Klassizistische Antiqua)

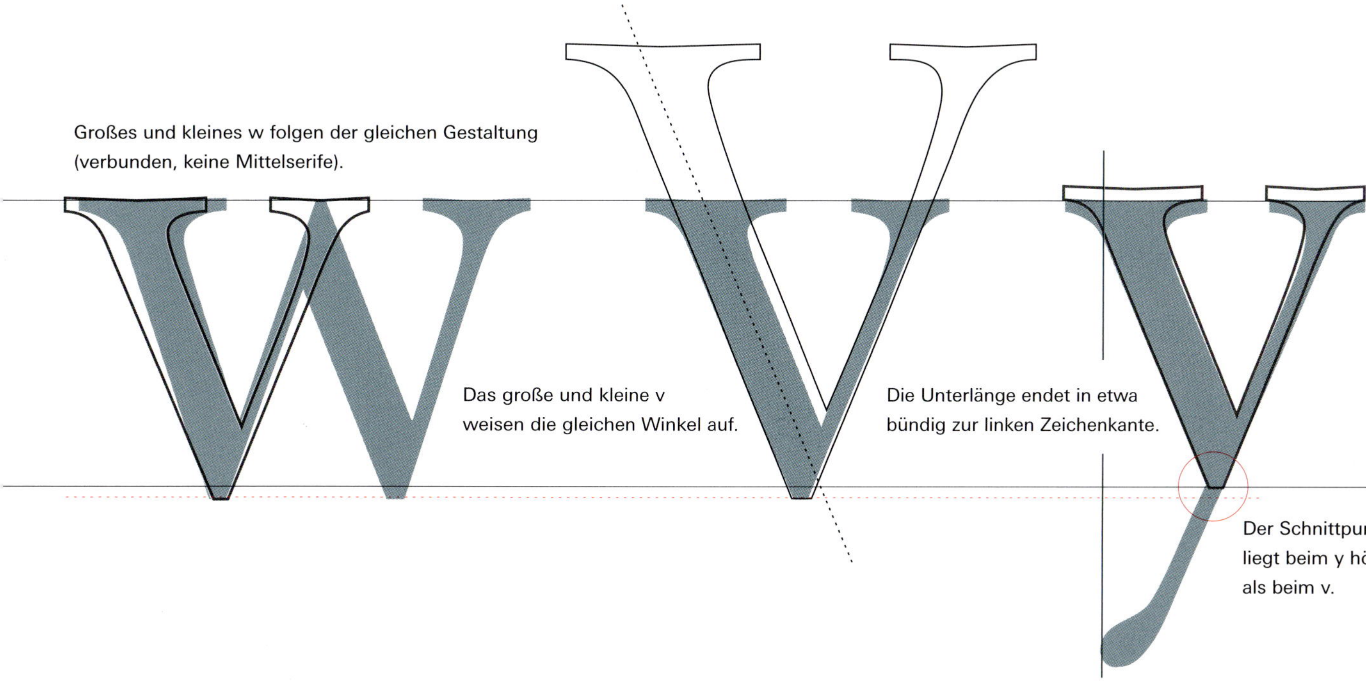

Großes und kleines w müssen nicht gleich gestaltet sein. Bei der **Adobe Garamond** (links) wäre die überlappende Variante des großen W zu komplex für den Kleinbuchstaben. Bei der **Albertina** (rechts) ist der Schnittpunkt der Diagonalen beim kleinen w höher, um das Zeichen offen zu halten.

Breites w.

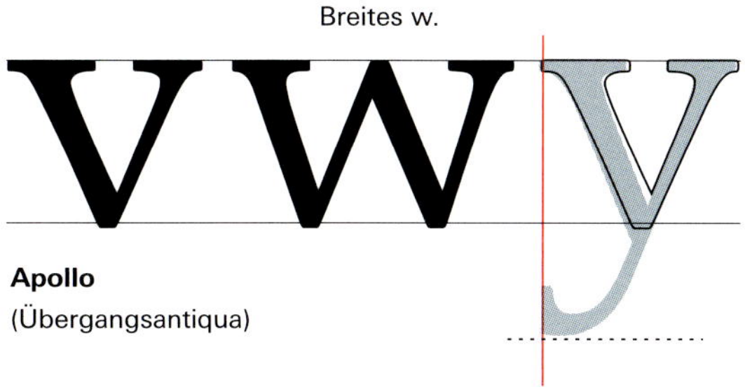

Apollo
(Übergangsantiqua)

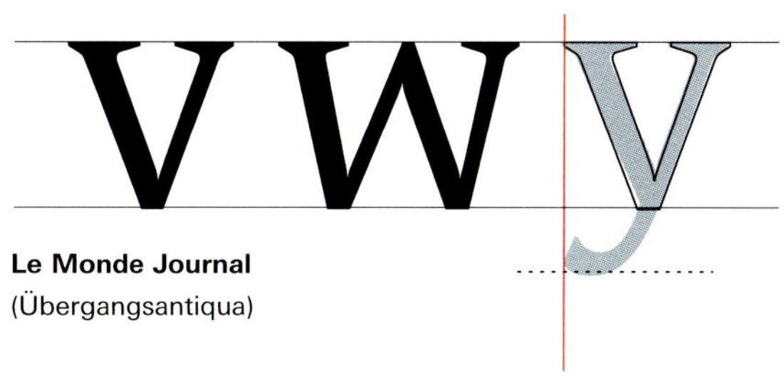

Le Monde Journal
(Übergangsantiqua)

Breites w.

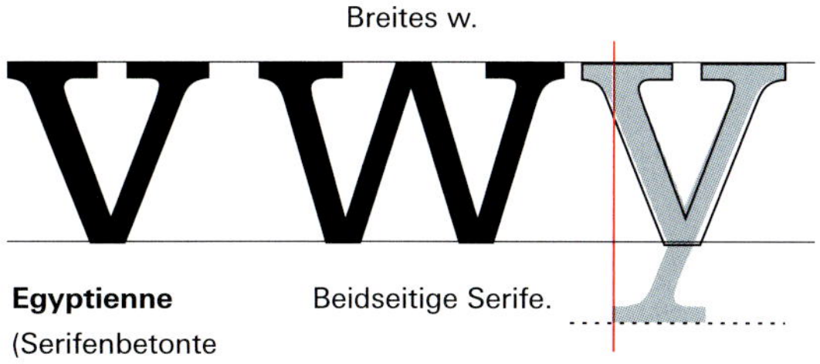

Egyptienne
(Serifenbetonte Antiqua)

Beidseitige Serife.

Olsen
(Serifenbetonte Antiqua)

Breiter, »stufiger« Schnittpunkt, schräger Abschluss der Unterlänge.

Kleinbuchstaben mit Serifen – das k

Im Gegensatz zum Großbuchstaben hat das kleine k eine Oberlänge. Davon abgesehen, unterscheidet sich die Gestaltung der Minuskel nicht wesentlich von der Majuskel. Uns stehen im Prinzip die gleichen Varianten zur Verfügung, die wir bereits auf Seite 68 am Großbuchstaben erläutert haben: die einfache und die doppelte Verbindung der Diagonalen, entweder verbunden oder unverbunden mit dem Stamm.

Die meisten Entwerfer gestalten die Verbindungen des großen und des kleinen k konsequent gleich. Dabei kann es erforderlich sein, die Winkel des Arms und/oder des Beins beim Kleinbuchstaben etwas zu modifizieren, da sich in der kleineren Fläche die Proportion etwas ändert. Solange es bei kleineren Änderungen bleibt, ist das in Ordnung – allzu offensichtliche Unterschiede sollten vermieden werden. Wenn sich die Gestaltung des großen K nicht ohne größere Abweichungen auf den Kleinbuchstaben übertragen lässt, ist ein klarer gestalterischer Bruch die bessere Lösung – beispielsweise eine andere Verbindungsvariante oder eine andere Form für den Arm bzw. das Bein.

Die größere Enge bei den Kleinbuchstaben kann auch Änderungen an den Serifen des k erforderlich machen. Die inneren Serifen des Stammes und des Beines können verkürzt oder entfernt werden (siehe New Baskerville), um die Öffnung an der Grundlinie zu erhalten. Dies gilt besonders für fette und schmallaufende Schriftschnitte.

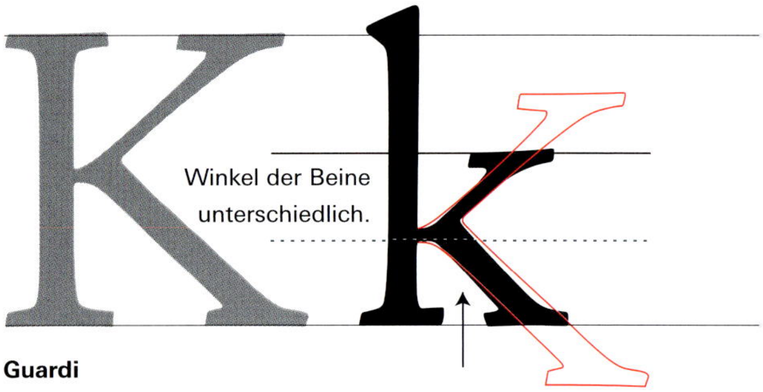

Guardi
(Venezianische Renaissance-Antiqua)

Galliard
(Französische Renaissance-Antiqua)

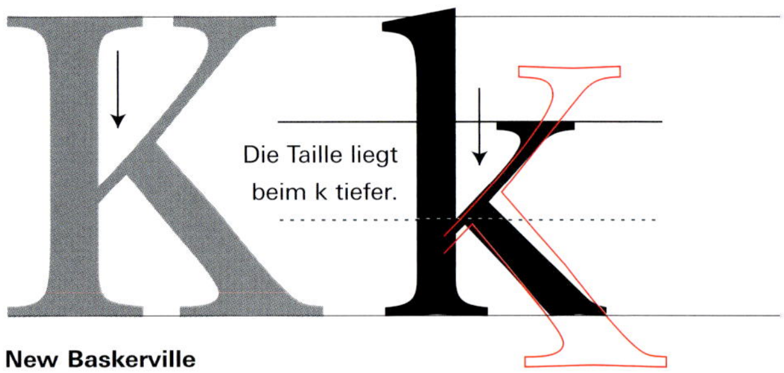

New Baskerville
(Übergangsantiqua)

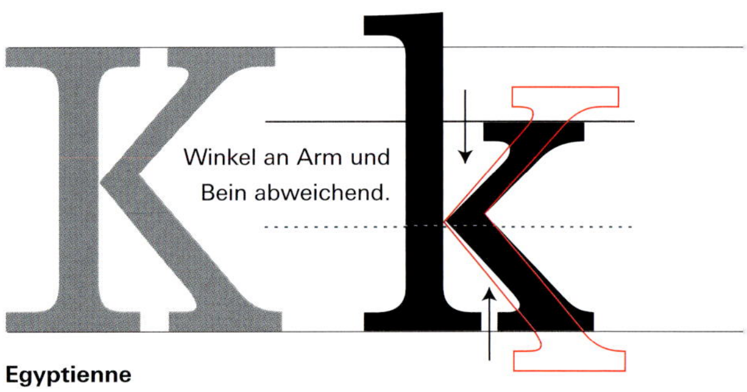

Egyptienne
(Serifenbetonte Antiqua)

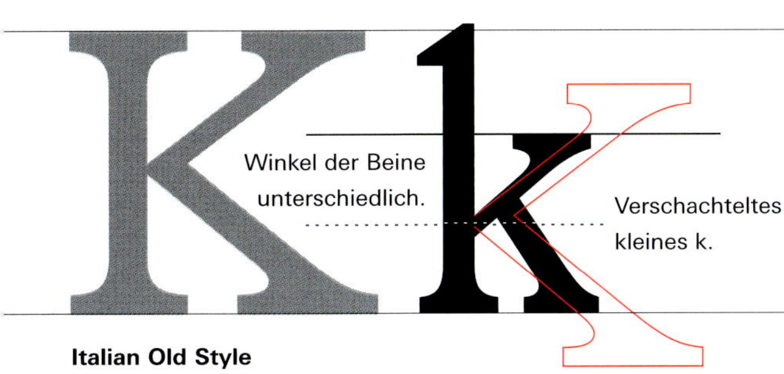

Italian Old Style
(Venezianische Renaissance-Antiqua)

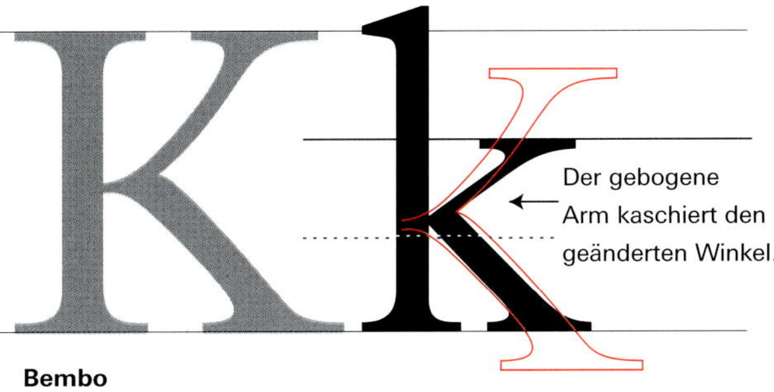

Bembo
(Ven./Frz. Renaissance-Antiqua)

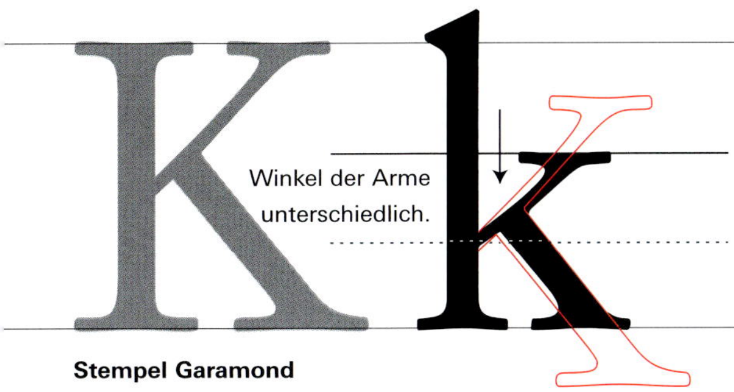

Stempel Garamond
(Französische Renaissance-Antiqua)

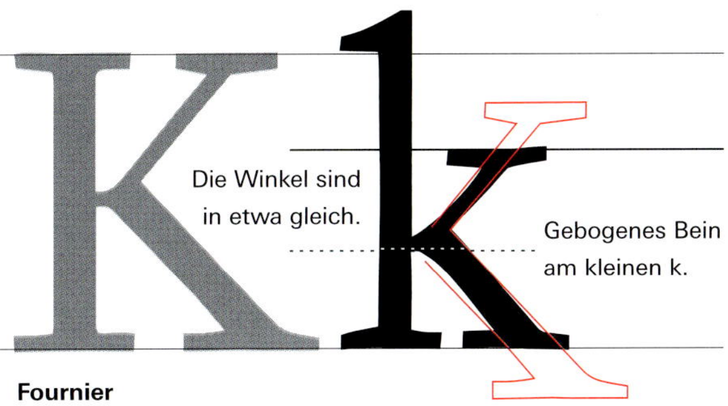

Fournier
(Übergangsantiqua)

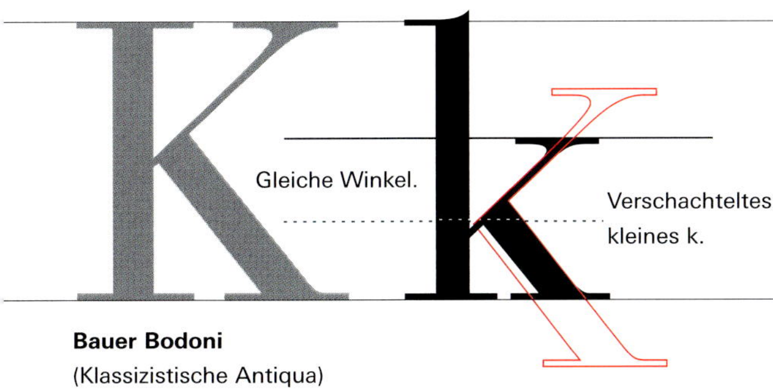

Bauer Bodoni
(Klassizistische Antiqua)

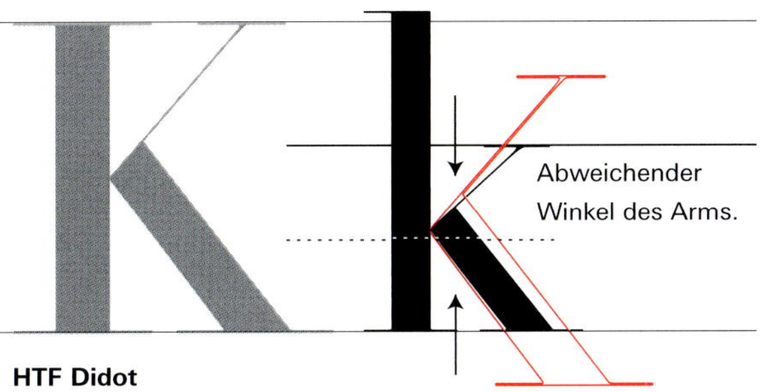

HTF Didot
(Klassizistische Antiqua)

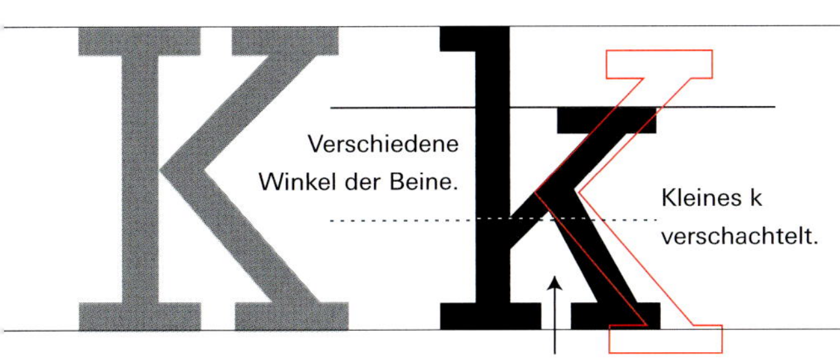

Glypha
(Serifenbetonte Antiqua)

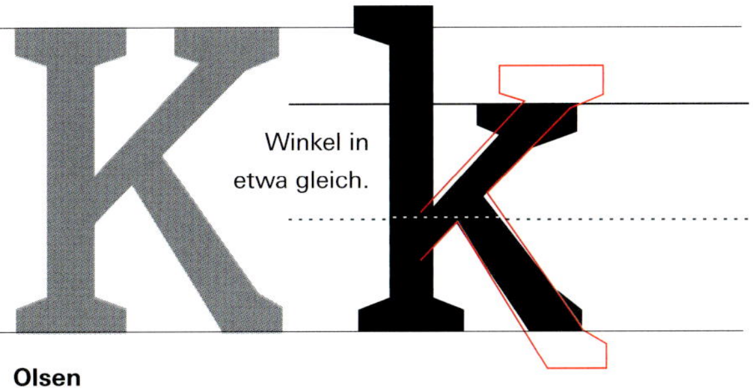

Olsen
(Serifenbetonte Antiqua)

Kleinbuchstaben mit Serifen – x und z

Die Gemeinen x und z unterscheiden sich kaum von ihren großen Verwandten. Hin und wieder treten bei venezianischen Renaissance-Antiqua wie der Adobe Jenson oder Apolline kalligrafische Versatzstücke bei x und z auf, beispielsweise gebogene Diagonalen beim x oder eine magere Diagonale im z. Seltener noch weisen x und z anstelle der geraden Serifenstriche runde oder tropfenförmige Abschlüsse auf. Diese kalligrafischen Varianten finden sich hauptsächlich in Schriften, die sich ohnehin größere gestalterische Freiheiten herausnehmen (wie die venezianische Guardi).

Die Winkel der Diagonalen des kleinen x und z stimmen nicht unbedingt mit den Großbuchstaben überein. In Abhängigkeit zur x-Höhe können die Proportionen schmaler oder breiter sein. In der Regel sind auch die Winkel bei k und x nicht identisch – selbst dann nicht, wenn das kleine k eine einfache Verbindung aufweist. Obwohl k, x und z als harmonische Gruppe diagonaler Zeichen auftreten, sind ihre Teile nicht austauschbar.

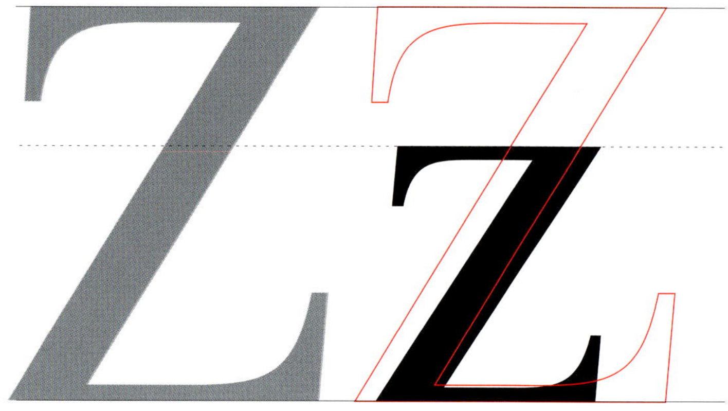

New Baskerville
(Übergangsantiqua)

In der **Guardi** weist das kleine z runde Serifen und das kleine x gebogene Diagonalen auf.

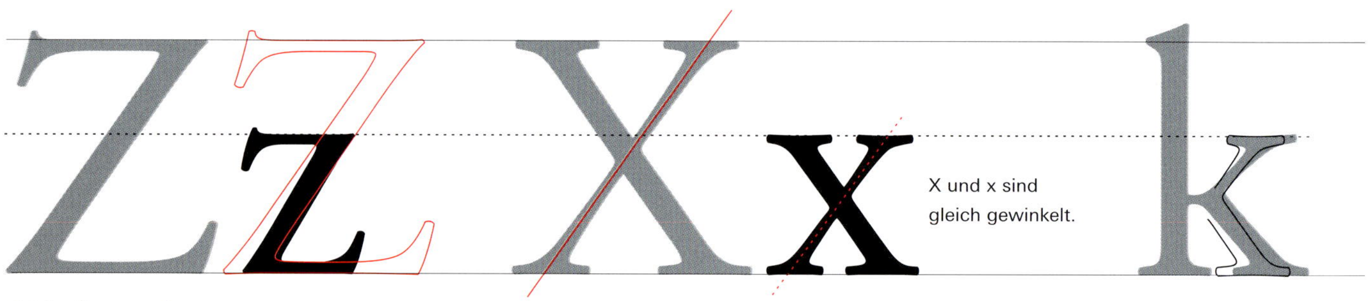

Adobe Garamond
(Französische Renaissance-Antiqua)

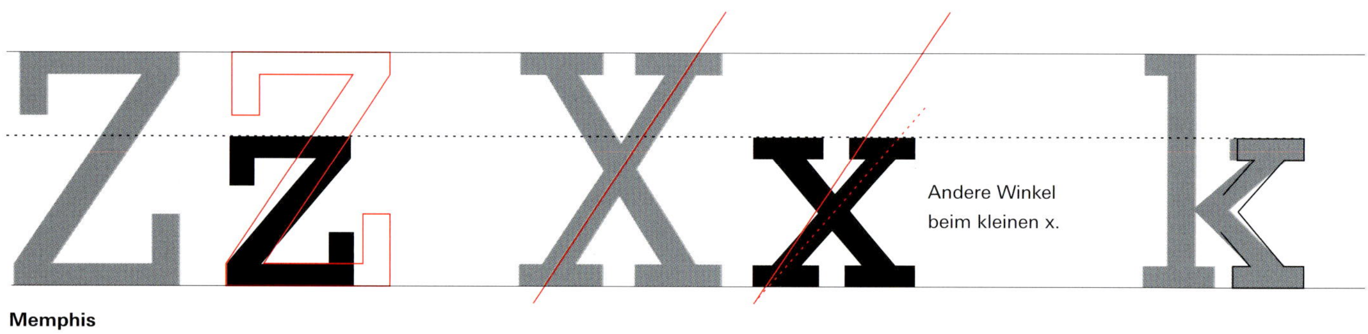

Memphis
(Serifenbetonte Antiqua)

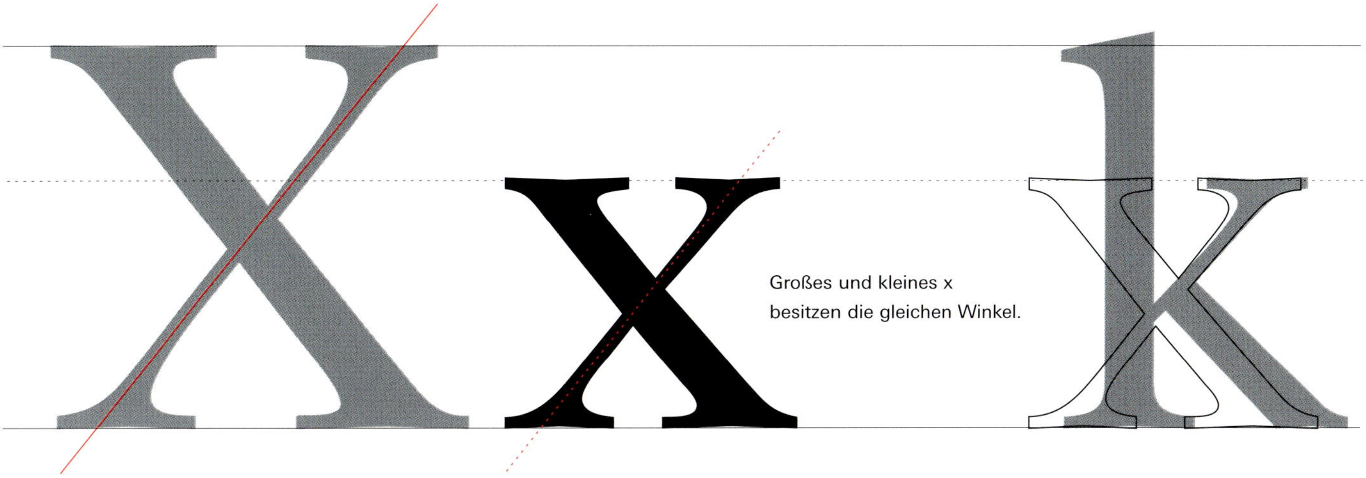

In **Apolline** (links) und **Adobe Jenson** (rechts) ist das kleine z stärker kalligrafisch beeinflusst als der Großbuchstabe. In beiden Schriften besitzt das kleine z eine magere Diagonale.

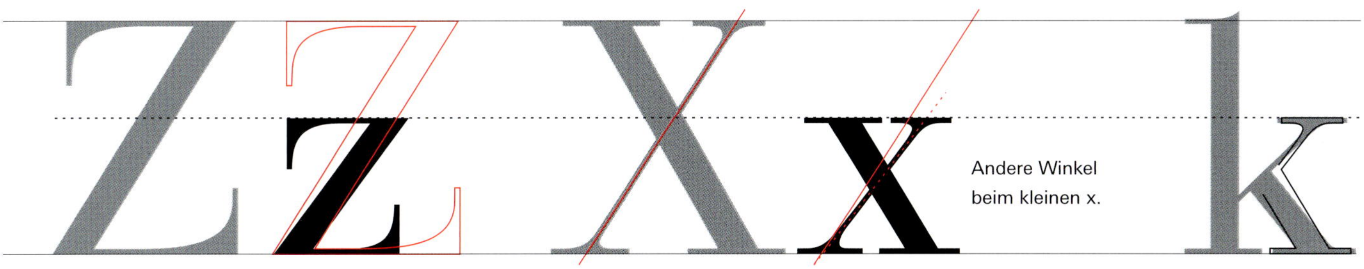

Bauer Bodoni
(Klassizistische Antiqua)

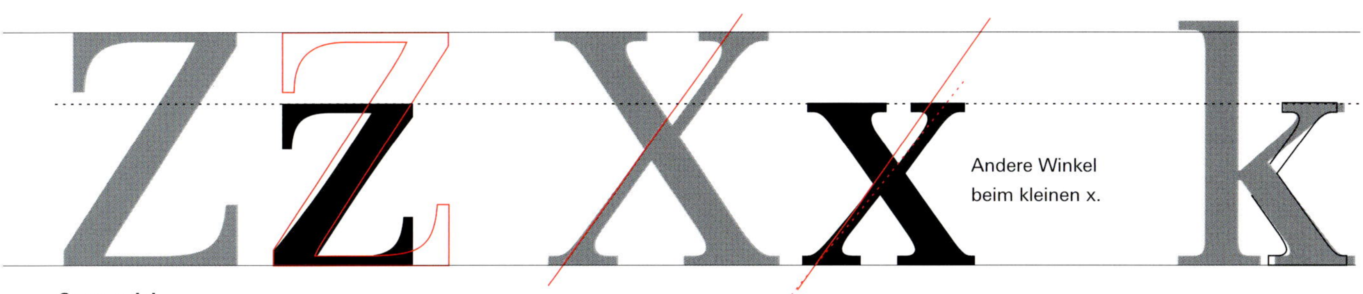

Centennial
(Serifenbetonte Antiqua)

Studentische Entwürfe von Sara Dearaujo:
Man beachte die asymmetrisch gekehlten Serifen bei den Groß- und Kleinbuchstaben.
Die rechte Variante des j könnte sich als problematisch in der Zurichtung herausstellen.

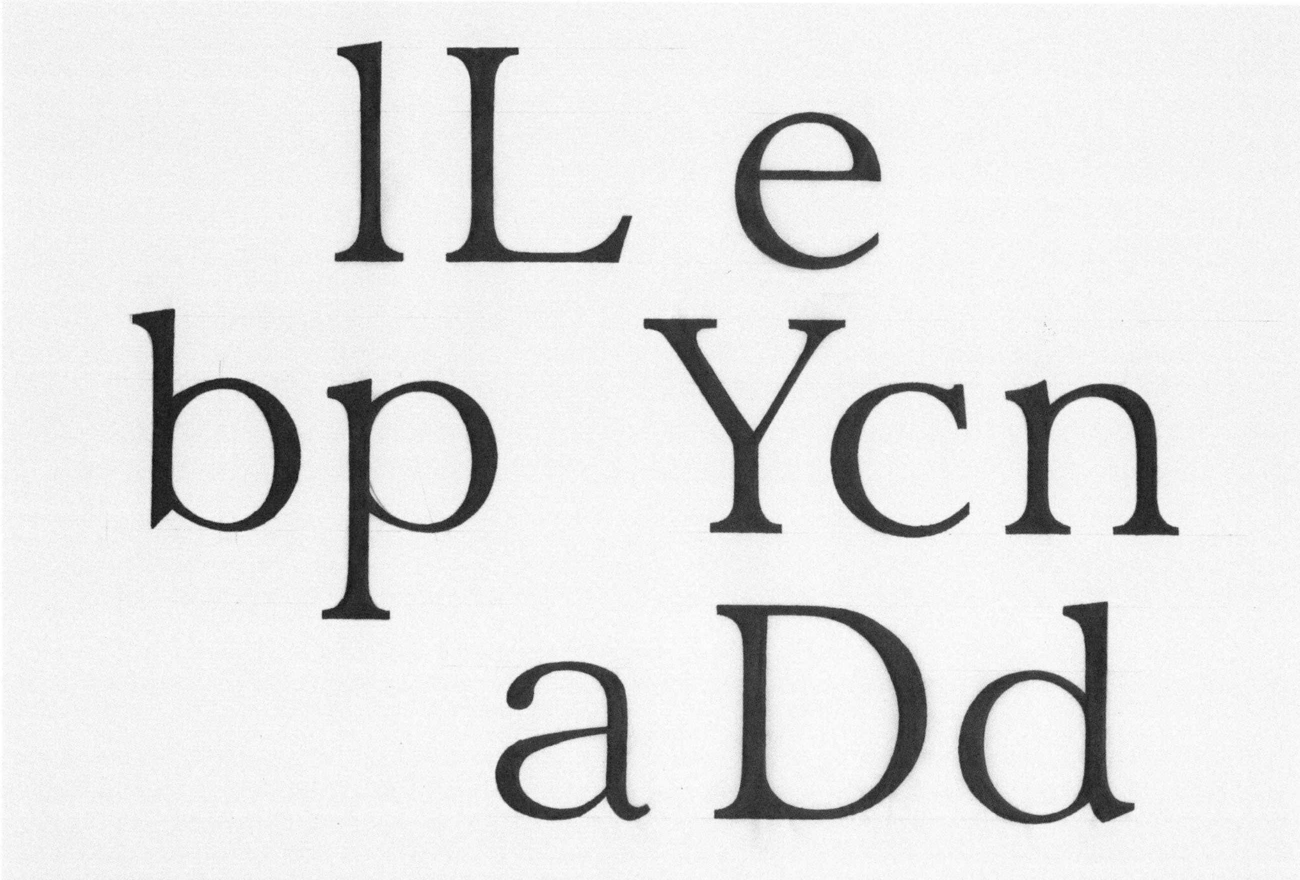

Studentische Entwürfe von Joshua Froscheiser:
Entwurfsskizzen zu einer Übergangsantiqua.
Auf der rechten Seite Variationen des kleinen g (Unterlänge, Schleife, Ohr).

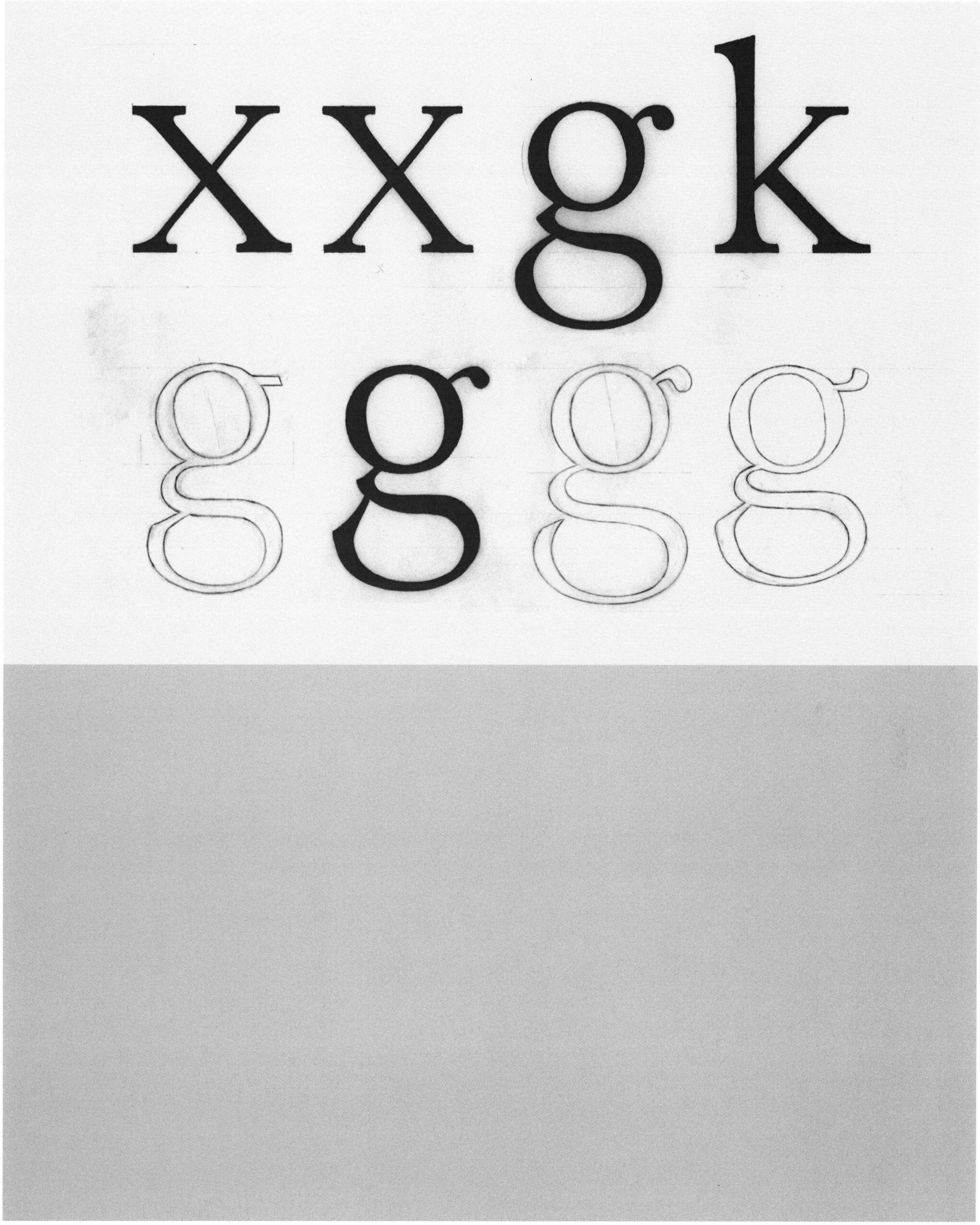

Bhulio pajbet

Studentische Entwürfe von Ai Loan Chi:
Die Einläufe dieser fetten serifenbetonten Antiqua müssen sich stark verjüngen.

Koxda
Ji Quz

Studentische Entwürfe von Kristin Bernhardt:
Besonders bei sehr leichten Serifenschriften ist ein gleichmäßiger Grauwert schwer zu erreichen.

Serifenlose Großbuchstaben

Serifenlose Großbuchstaben

Auf den ersten Blick scheint die Gestaltung serifenloser Lettern einfacher zu sein. Allerdings bemerken angehende Schriftentwerfer schnell, dass Serifen die Fehlertoleranz eines Entwurfs erhöhen. Wo das Auge nicht durch Zierrat abgelenkt wird, fallen schon kleinste Fehler in Proportion, Grauwertverteilung oder Balance auf. Schlichte Eleganz macht die meiste Arbeit. Wo nur wenige Elemente zu gestalten sind, muss jedes Element makellos gestaltet und perfekt in die Komposition integriert sein.

Neben dem Mangel an Serifen ist der augenfälligste Unterschied zwischen serifenlosen Schriften und solchen mit Serifen der geringere Kontrast. Selbst die humanistischen Serifenlosen weisen nur einen geringen Unterschied zwischen horizontalen und vertikalen Strichstärken auf. Die Waagerechten erreichen in der Regel lediglich zwischen ca. 75 und 90% der Grundstrichstärke.

Der geringe Kontrast der Serifenlosen schafft Probleme an allen Schnittpunkten zweier Linien. Besonders spitz zusammenlaufende Linien füllen sich beim Druck in kleinen Schriftgraden gern mit Druckfarbe. Wir werden im folgenden Kapitel die geeigneten Gegenmaßnahmen Zeichen für Zeichen beleuchten. Allgemein gesprochen geht es meist um Strichstärkenverjüngung und Winkeländerung.

Viele Serifenlose – insbesondere geometrische und Neue Grotesk – erwecken den Eindruck, keinen Unterschied zwischen senkrechter und waagerechter Strichstärke zu machen. Das täuscht. Selbst in der geometrischsten, abstraktesten Schrift findet sich ein Kontrast. Da sich das Auge lieber in der Waagerechten bewegt, wirken horizontale Striche fetter als vertikale Striche gleicher Stärke. Durch ihre waagerechten Anteile erscheinen auch diagonale Linien fetter als Senkrechte.

Serifenlose Großbuchstaben können ebenfalls – wie jene mit Serifen – humanistisch oder modern proportioniert werden. Humanistisch proportionierte Versalien finden sich relativ selten. Sie treten hauptsächlich in geometrischen (wie Futura) und humanistischen Serifenlosen (wie Gill oder Quadraat) auf. Grundsätzlich ist die humanistische Proportion etwas unpraktisch. Sie eignet sich nicht für schmale oder breite Schriftschnitte, und ihre Zeichen besitzen zudem einen ungleichmäßigeren Grauwert als modern proportionierte.

Dem ungeübten Betrachter scheinen serifenlose Schriften weniger Gestaltungsmöglichkeiten zu bieten als Serifenschriften. Das trifft nicht zu. Zwar weisen Serifenlose weder Serifen noch Kehlungen auf, ihre Strichenden können jedoch schier grenzenlos variiert werden. Mit diesen kleinen Details kann der Charakter einer Serifenlosen völlig verändert werden. Außerdem sind serifenlose Schriften weniger an historische Vorbilder gebunden. Daher laden Serifenlose viel stärker zu formalen Abstraktionen und kreativen Experimenten ein.

ABCDEFGHIJKLMNOPQRSTUVWXYZ

Franklin Gothic
(Grotesk)

ABCDEFGHIJKLMNOPQRSTUVWXYZ

Univers
(Neue Grotesk)

ABCDEFGHIJKLMNOPQRSTUVWXYZ

Futura
(Geometrische Serifenlose)

ABCDEFGHIJKLMNOPQRSTUVWXYZ

Syntax
(Humanistische Serifenlose)

BEFLPRS IJ UHT MW CDGOQ AVNYZK

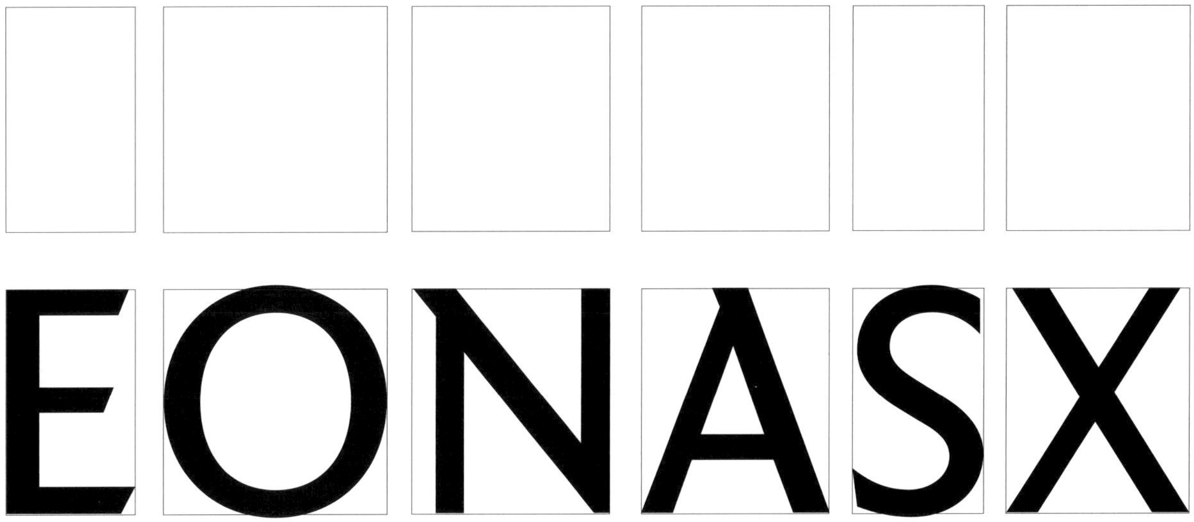

Quadraat Sans
(Humanistische Serifenlose mit humanistischen Proportionen)

BEFLPRSIJUHTMWCDGOQAVNYZK

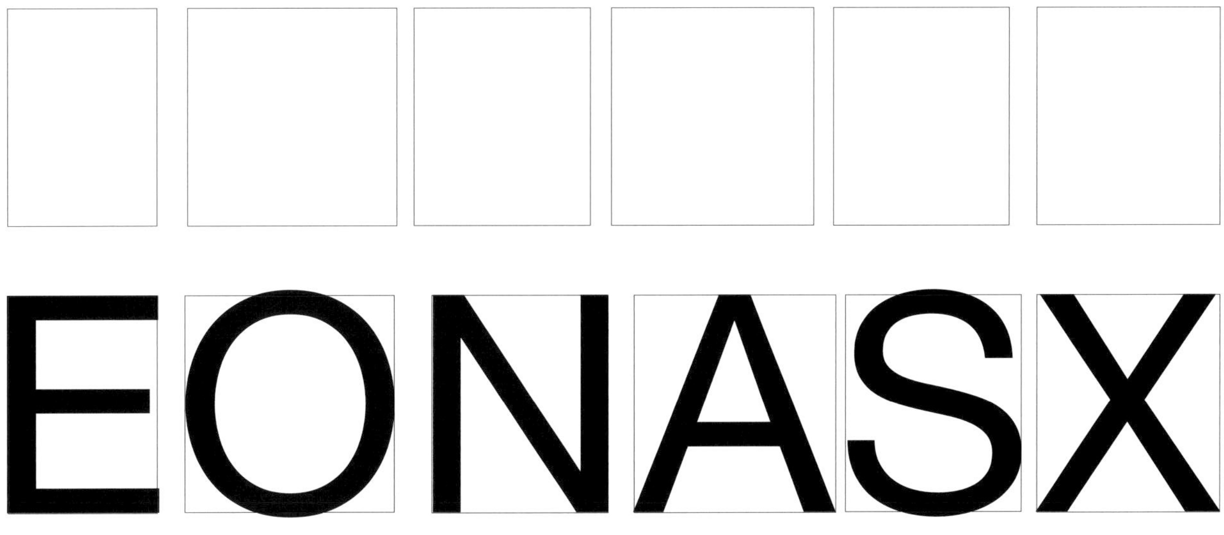

Neue Helvetica
(Neue Grotesk mit modernen Proportionen)

Serifenlose Großbuchstaben – O und E

Für das serifenlose O stehen uns mehr Gestaltungsmöglichkeiten zur Verfügung als in einer Serifenschrift. Neben der üblichen kreisförmigen und ovalen Kontur kann es auch eine gerundete »quadratische« oder »rechteckige« Form erhalten. Doch selbst in diesen Varianten bleiben uns die wesentlichen Gestaltungsmerkmale erhalten: optische Achse, Überhang an Grundlinie und Versalhöhe sowie eine manchmal leicht flachere oder fettere Gestaltung der unteren Hälfte.

Geometrische und humanistische Serifenlose lassen ihr O häufig wie einen geometrischen Kreis aussehen. Bei näherer Betrachtung stellt sich dieser Eindruck als optische Täuschung heraus. Quadrate und Kreise müssen etwas höher gezeichnet werden, um mathematisch korrekt zu wirken.

Auch so genannte strichstärkenidentische Schriften arbeiten mit einer optischen Täuschung. Tatsächlich besitzen auch diese Schriften einen sehr geringen Kontrast. Würden die Buchstaben mit genau gleichen Strichstärken gezeichnet, sähen sie unausgewogen oder gar horizontal fetter aus.

Der geringe Kontrast serifenloser Schriften bringt es mit sich, dass auch der Unterschied zwischen Rundungsstrichstärke und Grundstrich meist geringer ausfällt. Wenn überhaupt, ist die maximale Strichstärke des O nur geringfügig größer als die des Stammes beim E.

Beim serifenlosen E begegnen wir erstmals einem wesentlichen Element der Gestaltung serifenloser Schriften: Strichenden. Natürlich sind die Strichenden des E in den meisten Serifenlosen einfach rechtwinklig abgeschnitten. In humanistischen Serifenlosen können die Arme als Zitat kalligrafischer Technik jedoch auch schräg oder gar konkav enden. Headlineschriften können letztlich ihren Strichenden jede beliebige dekorative Form verleihen.

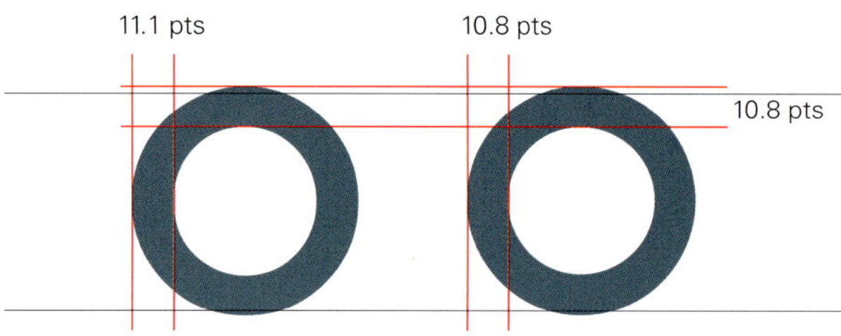

Die **Century Gothic** (links) besitzt einen sehr subtilen Kontrast. Zum Vergleich ein geometrisch konstruierter Kreis (rechts).

Eine Horizontale wirkt fetter als eine Vertikale gleicher Strichstärke. Durch die waagerechten Anteile einer Diagonalen wirkt auch diese fetter als die Senkrechte. Alle Linien sind 10 Punkt stark.

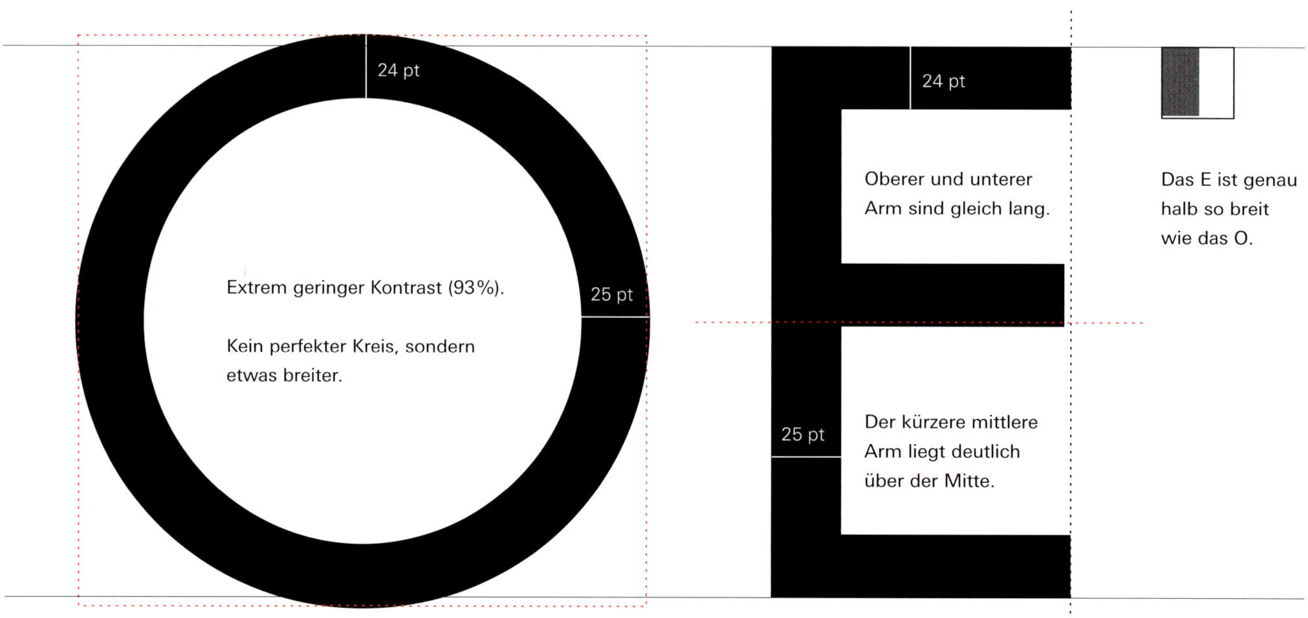

Futura
(Geometrische Serifenlose)

Gedrungene, »quadratische« Form.

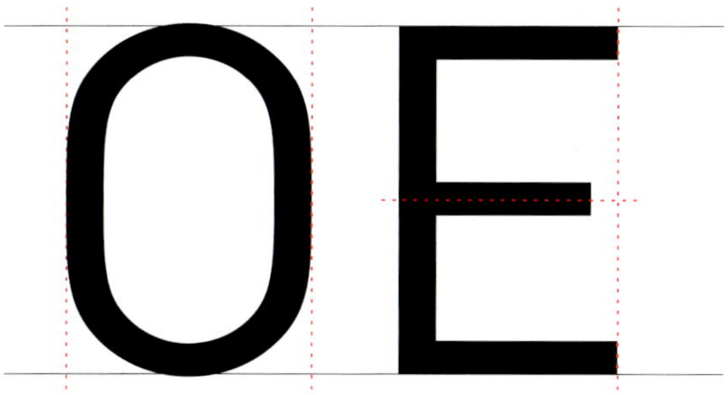

FF DIN
(Geometrische Serifenlose)

Der obere und untere
Arm sind gleich lang.

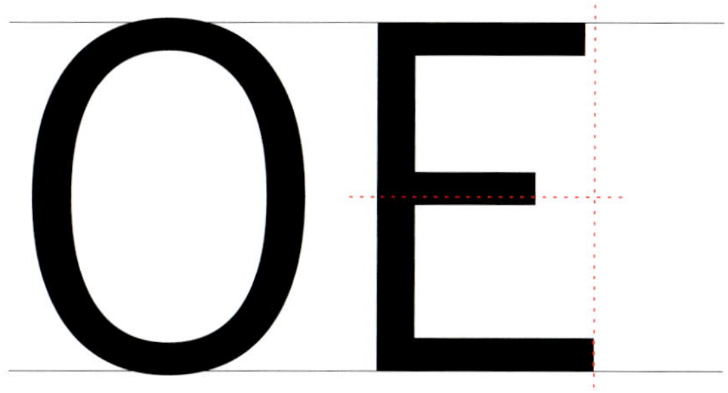

Trade Gothic
(Grotesk)

Der obere Arm
ist verkürzt.

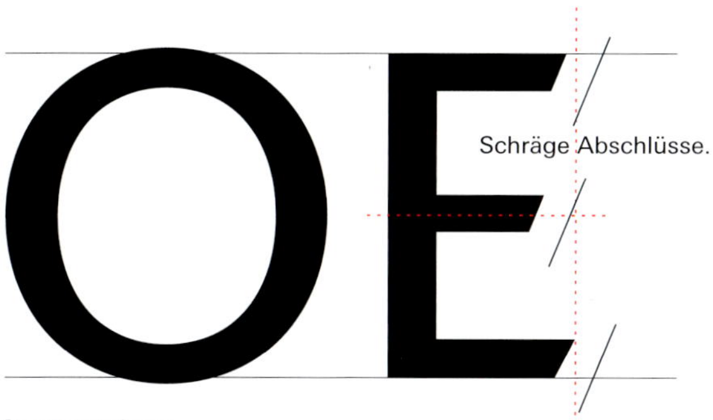

Quadraat Sans
(Humanistische Serifenlose)

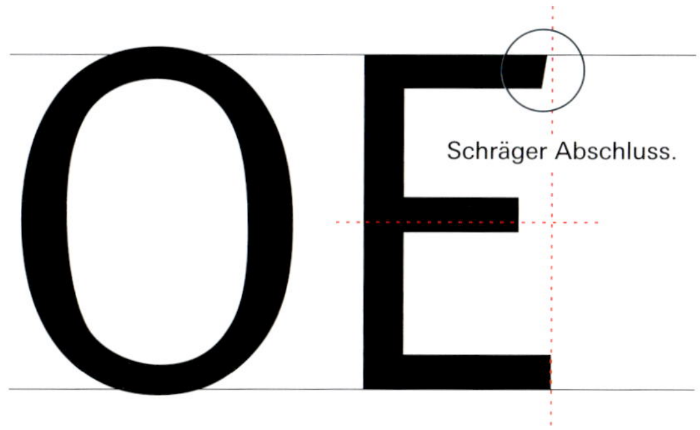

Meta
(Humanistische Serifenlose)

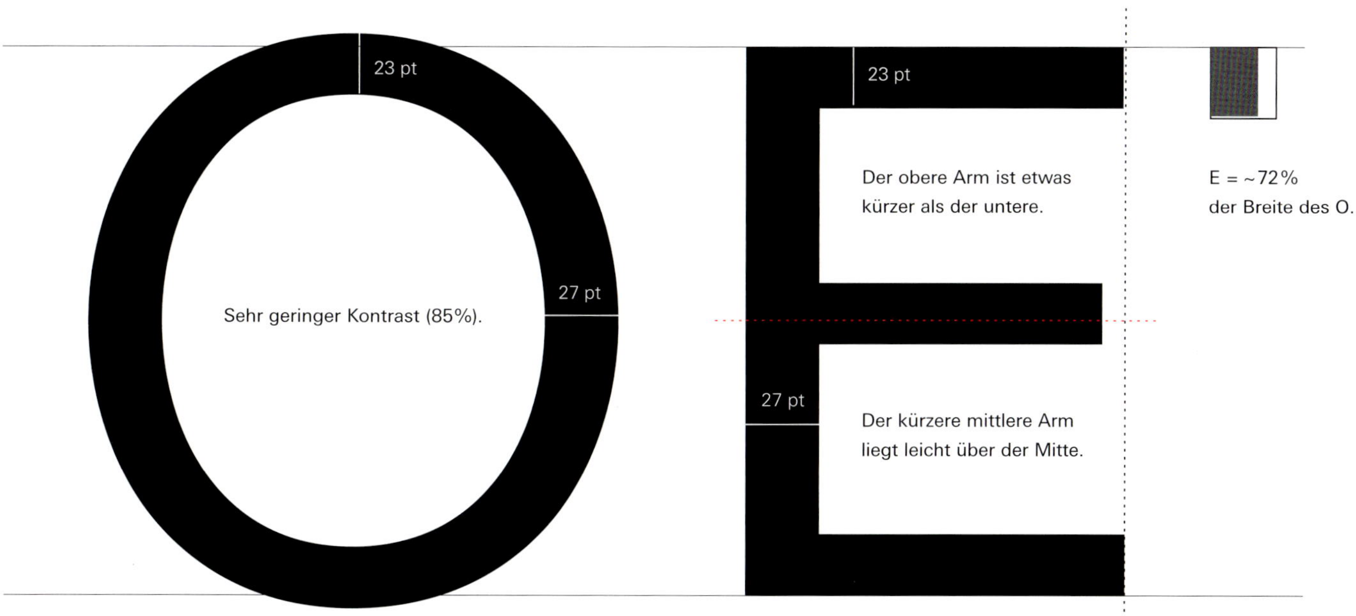

Neue Helvetica
(Neue Grotesk)

Serifenlose Großbuchstaben – I, H, T, L und F

Falls das E besondere Strichabschlüsse hat, sollten diese auch in den anderen rechtwinkligen Zeichen wiederholt werden, also in I, H, T, L und F. Falls das E rechtwinklig endende Arme besitzt, brauchen wir uns nur noch um die Proportionen zu kümmern – und dafür liefert uns das humanistische bzw. moderne Proportionssystem eine klare Richtschnur.

Als einziges Zeichen aus dieser Gruppe kennt das I eine strukturelle Variante. In den meisten Serifenlosen ist das I einfach ein exakter, gerader Strich. In bestimmten Schriften trägt das I oben und unten einen Querstrich, um die Lesbarkeit zu verbessern. Die Querstriche helfen, das große I vom kleinen l sowie von der Ziffer 1 zu unterscheiden. Die Querstriche sollten kurz gehalten werden. Sie sollten nicht länger als die Grundstrichstärke abstehen, sonst drohen Zurichtungsprobleme.

Officina Sans
(Humanistische Serifenlose)

Bell Gothic
(Grotesk)

Beide oben abgebildeten Schriften wurden für schwierige Druckbedingungen entwickelt: **Officina** für niedrig auflösende Ausgabemedien (wie 300-dpi-Drucker), **Bell Gothic** für Telefonbücher. Um die Lesbarkeit zu verbessern, wurden dem kleinen l kurze Querstriche angefügt.

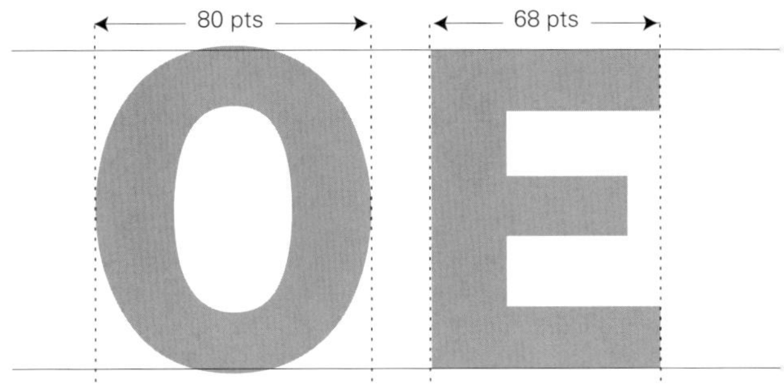

Franklin Gothic
(Grotesk)

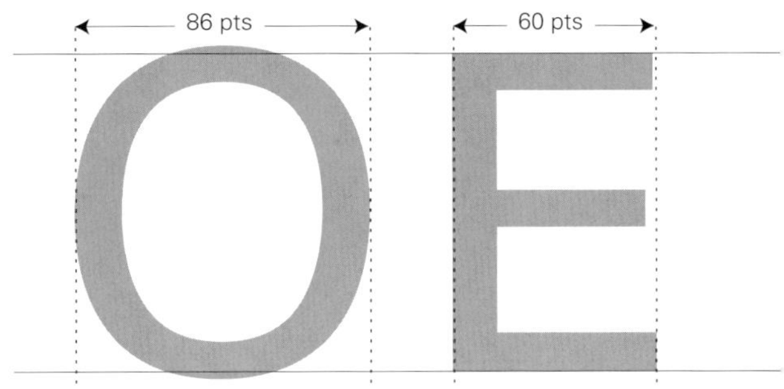

Univers
(Neue Grotesk)

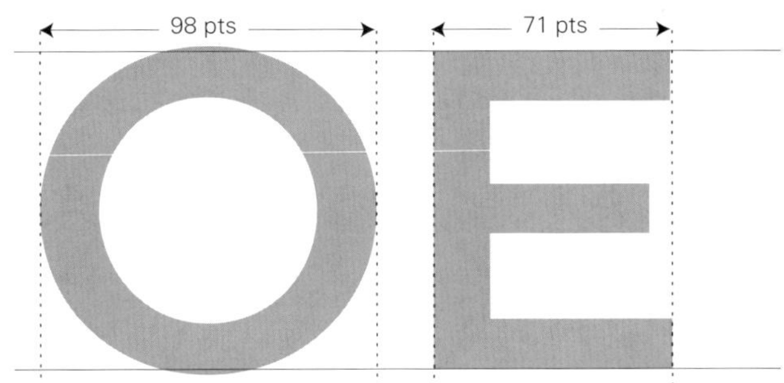

Gotham
(Geometrische Serifenlose)

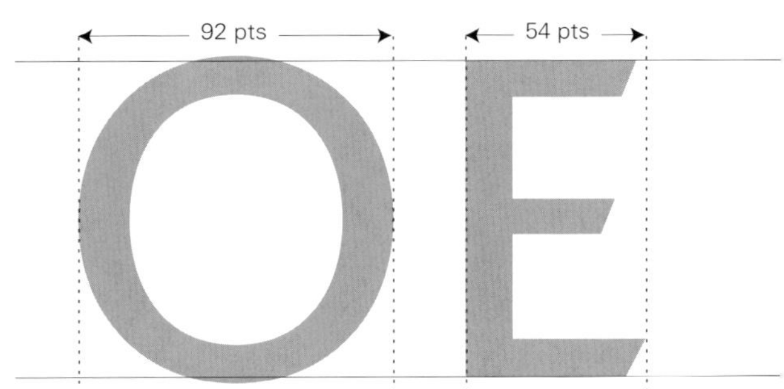

Quadraat Sans
(Humanistische Serifenlose)

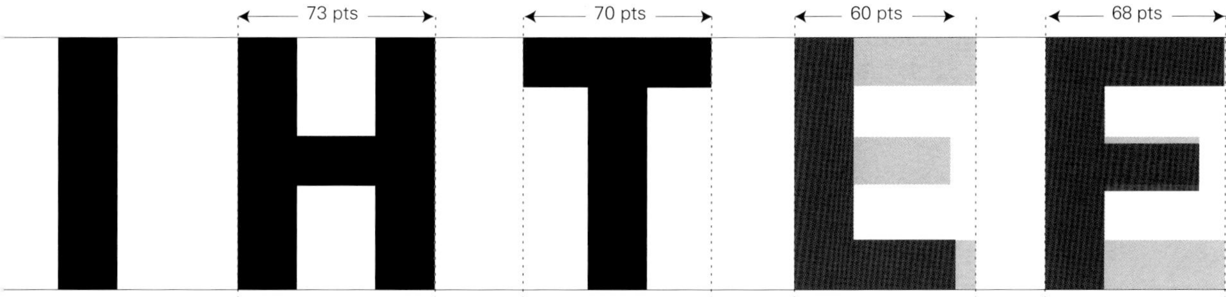

Der mittlere Arm des F sitzt tiefer, um den Weißraum darunter auszugleichen.

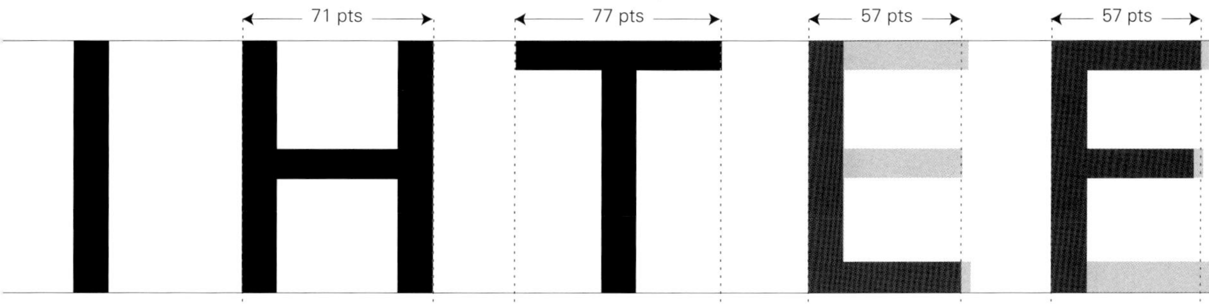

L und F sind schmaler als das E.

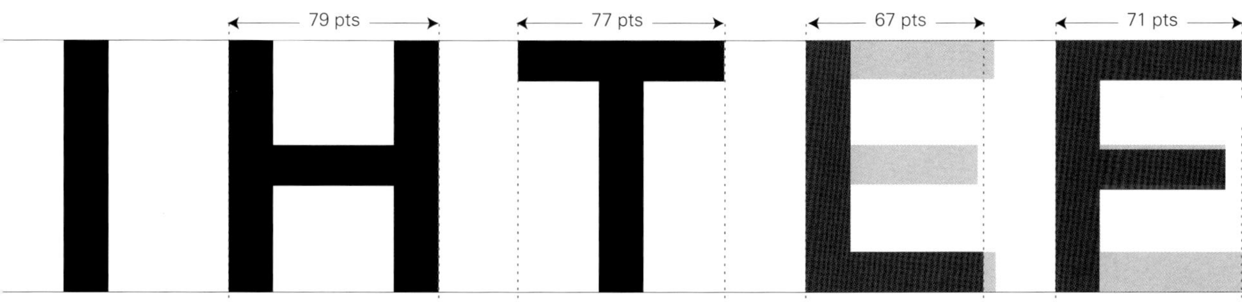

E und F sind gleich breit. Der mittlere Arm des F sitzt tiefer, um den Weißraum darunter auszugleichen.

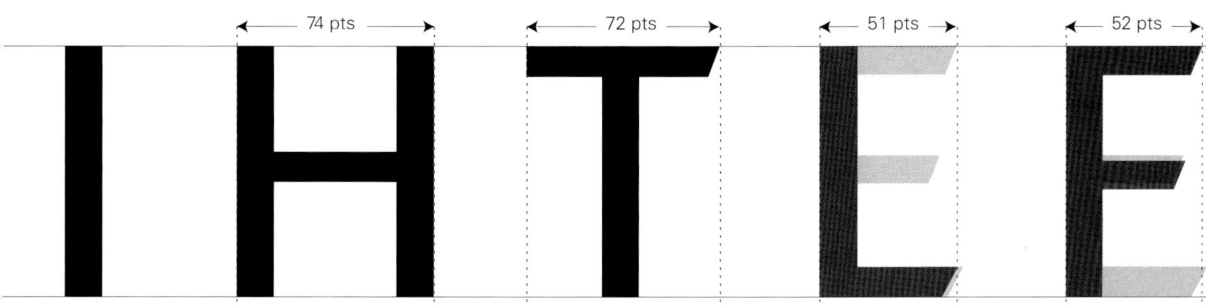

Der mittlere Arm des F sitzt tiefer, um den Weißraum darunter auszugleichen.

Serifenlose Großbuchstaben – S, C und G

Um eine konsistente Form und einen gleichmäßigen Grauwert zu gewährleisten, sollten S, C und G ähnliche Öffnungen aufweisen. Weite Öffnungen sind prinzipiell die bessere Wahl, da sie die strukturellen Unterschiede zwischen ähnlichen Zeichen deutlicher herausstellen (beispielsweise zwischen S, B und 8). Tatsächlich haben sich Schriften, die für schwierige Lesebedingungen entwickelt wurden (z. B. für Bildschirme oder Wegeleitsysteme), wegen ihrer weiten Öffnungen als besonders gut lesbar erwiesen. In den Worten Robert Bringhursts, Autor von *The Elements of Typographic Style*: »Öffnungen sind das Maß für die Eleganz einer Schrift.«

Neben den Öffnungen spielen erneut die Strichenden bei S, C und G eine wesentliche Rolle. Sie können in irgendeinem Winkel – waagerecht, senkrecht, schräg, spitz – gradlinig abgeschnitten oder anderweitig frei geformt sein. Natürlich sollten sich die Abschlüsse bei diesen drei Versalien ähneln, sie müssen sich jedoch nicht völlig gleichen. In der Scala Sans endet z. B. keiner der Striche von S, C und G im gleichen Winkel. Dennoch deuten alle in gleicher Weise einen humanistischen, kalligrafischen Ursprung an.

Anatomisch betrachtet, gibt es kaum Unterschiede zwischen den serifenlosen Großbuchstaben S, C und G und ihren serifengeschmückten Gegenstücken. Wie schon beschrieben, ist die maximale Rundungsstrichstärke bei diesen Zeichen etwas größer als beim O. Die Verbindung von Hals und Bogen beim G ist stets eine Problemzone. Diese Verbindung wirkt – besonders bei fetten und schmallaufenden Schriftschnitten – durch den geringen Kontrast der serifenlosen Schriften zu dunkel. Abhilfe schafft eine deutliche Verjüngung des Bogens auf weniger als Haarstrichstärke kurz vor dem Schnittpunkt.

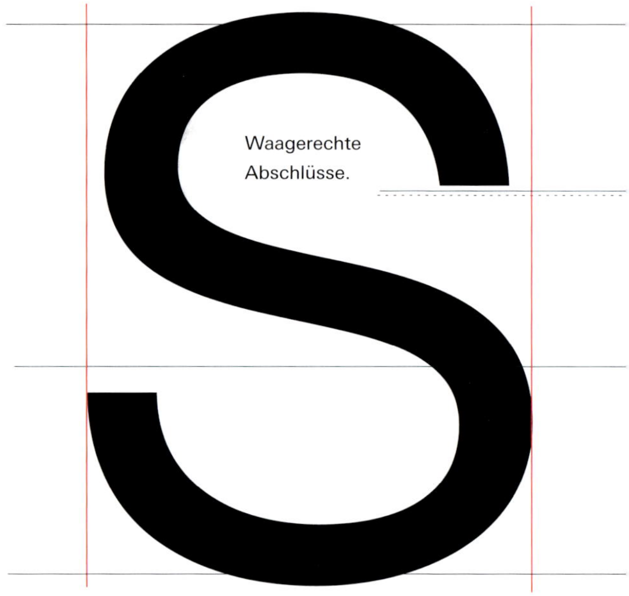

Neue Helvetica
(Neue Grotesk)

Die **Frutiger** wurde für die Flughafenbeschilderung entworfen.Die großen Öffnungen von G, S und C verbessern die Lesbarkeit.

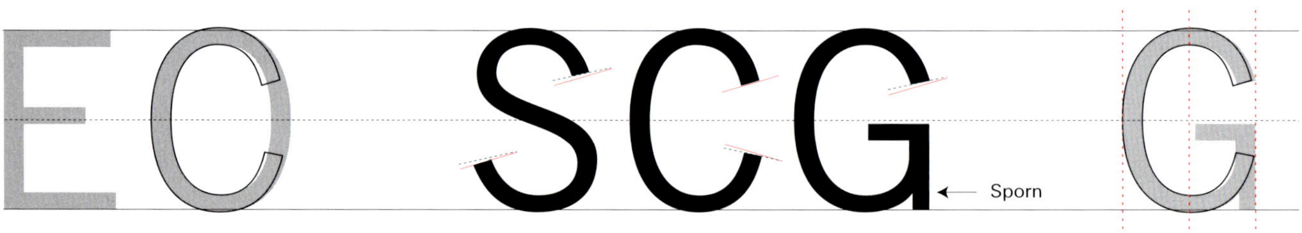

Trade Gothic
(Grotesk)

S, C und G sind in etwa gleich gewinkelt.

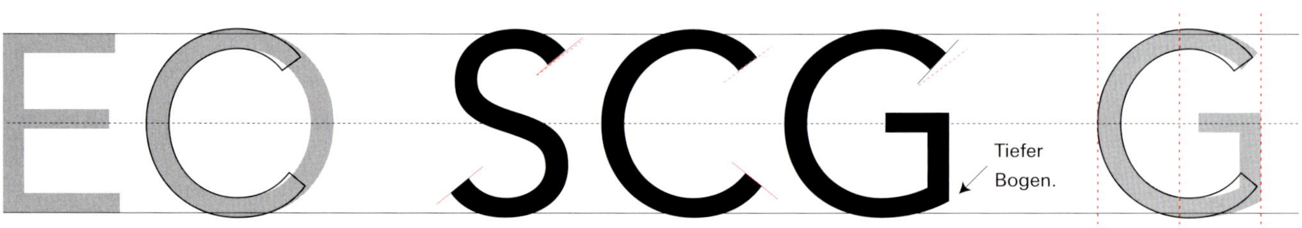

Avenir
(Geometrische Serifenlose)

S und C enden ähnlich, das G ist anders.

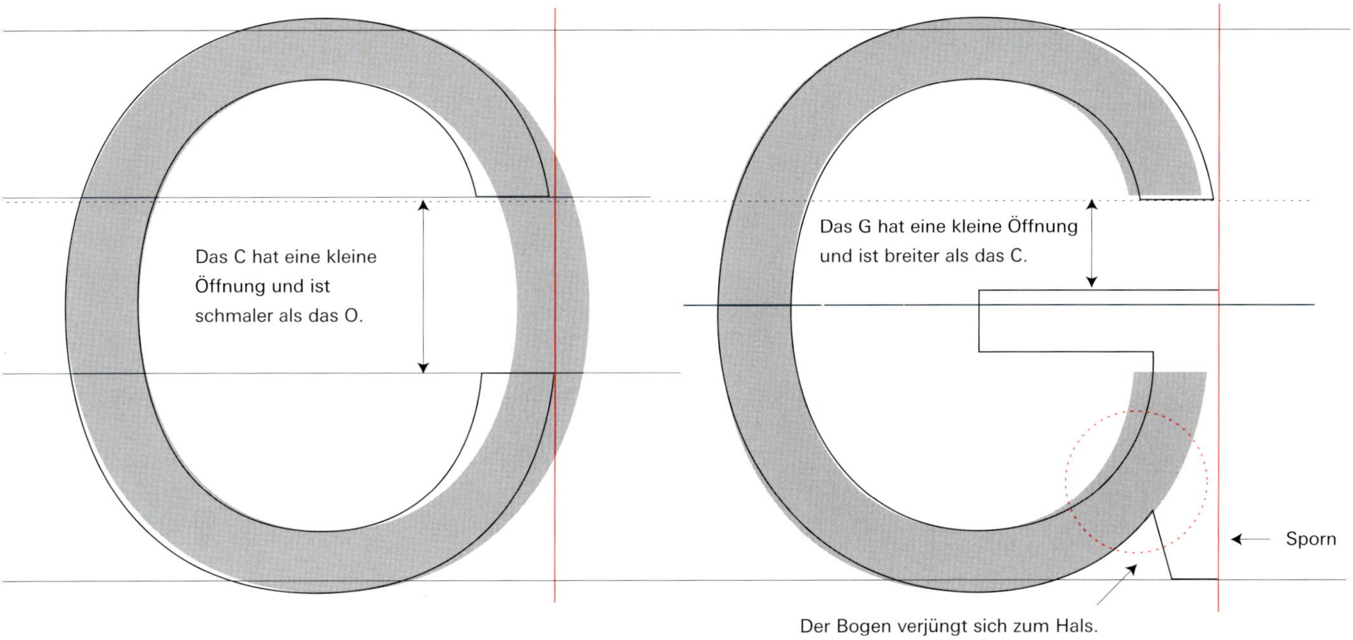

Die **FF DIN** ist eine geometrische Schrift mit geraden Seiten. G, S und C sind eng ans O angelehnt.

Die **Rotis** hat ein besonderes, handschriftliches C. S und C sind weit geöffnet, das G jedoch nicht.

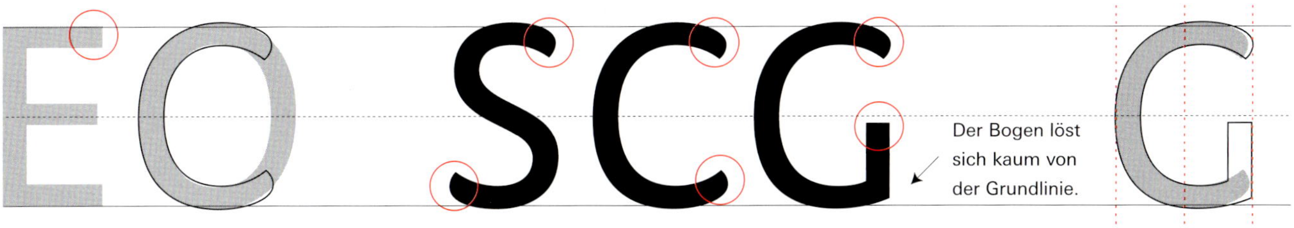

FF Strada
(Humanistische Serifenlose)

Kombination aus rechtwinkligen und freien Endungen.

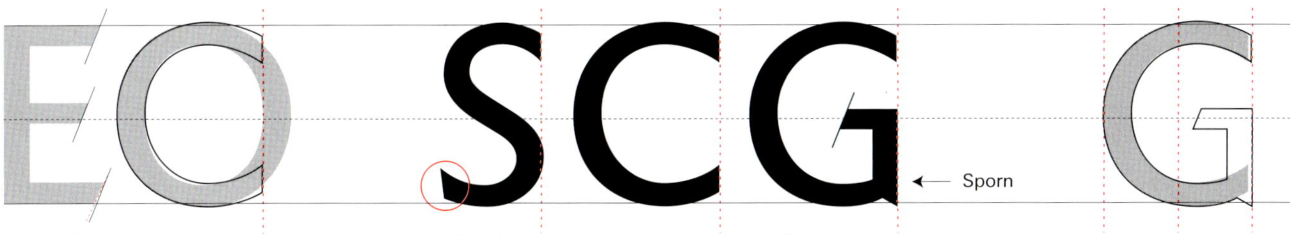

FF Eureka Sans
(Humanistische Serifenlose)

Kombination aus senkrechten und schrägen Abschlüssen.

Serifenlose Großbuchstaben – U und J

U und J sehen zwar ähnlich aus, werden jedoch von ganz verschiedenen Zeichen abgeleitet. Das U ist – wie wir schon erläutert haben – aus dem V entstanden und wird daher mit dessen Gewichtsverteilung und Breite gezeichnet. Das J entlehnt seine Öffnung und sein Strichende von C, G und S.

Zu beiden Zeichen existieren zwei gestalterische Alternativen. Das J kann entweder als konventionelles Zeichen mit einem mehr oder weniger stark herumgezogenen Bogen oder als Buchstabe mit einem offeneren, unter die Schriftlinie greifenden Haken gezeichnet werden. Das U weist entweder gleiche Strichstärken bei beiden Stämmen auf, oder es zitiert die unterschiedlichen Striche des V.

Neue Grotesk und geometrische Serifenlose legen Wert auf Einheitlichkeit und Konsistenz. Folgerichtig verwenden Schriften dieser Gruppen meist das kurze J und das symmetrische U. In Groteskschriften und humanistischen Serifenlosen wird häufiger das lange J und das asymmetrische U bevorzugt.

News Gothic
(Grotesk)

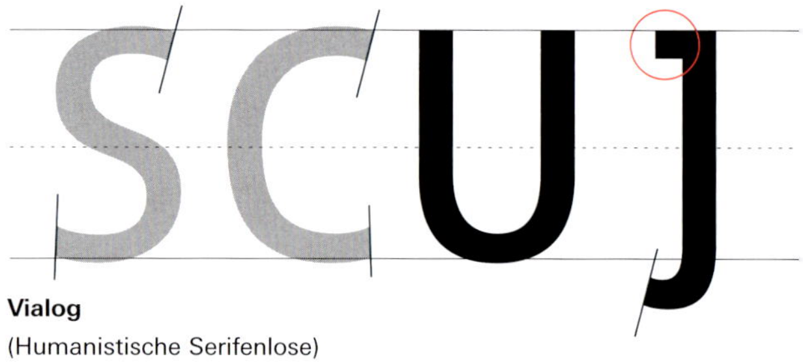

Vialog
(Humanistische Serifenlose)

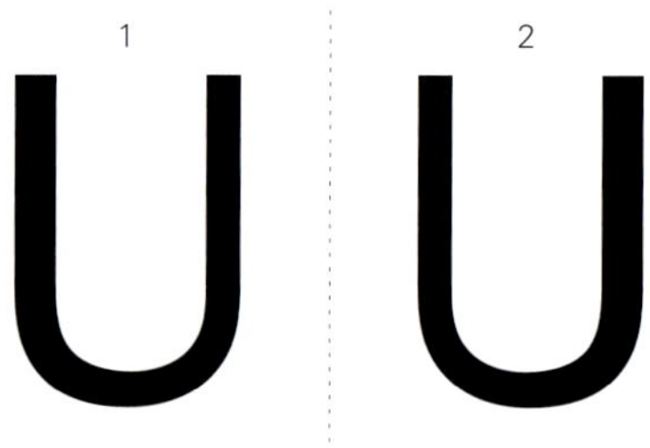

Franklin Gothic (links): Die Asymmetrie ist normalerweise kaum zu sehen (1). Spiegelt man das Zeichen jedoch, wird sie offensichtlich (2).

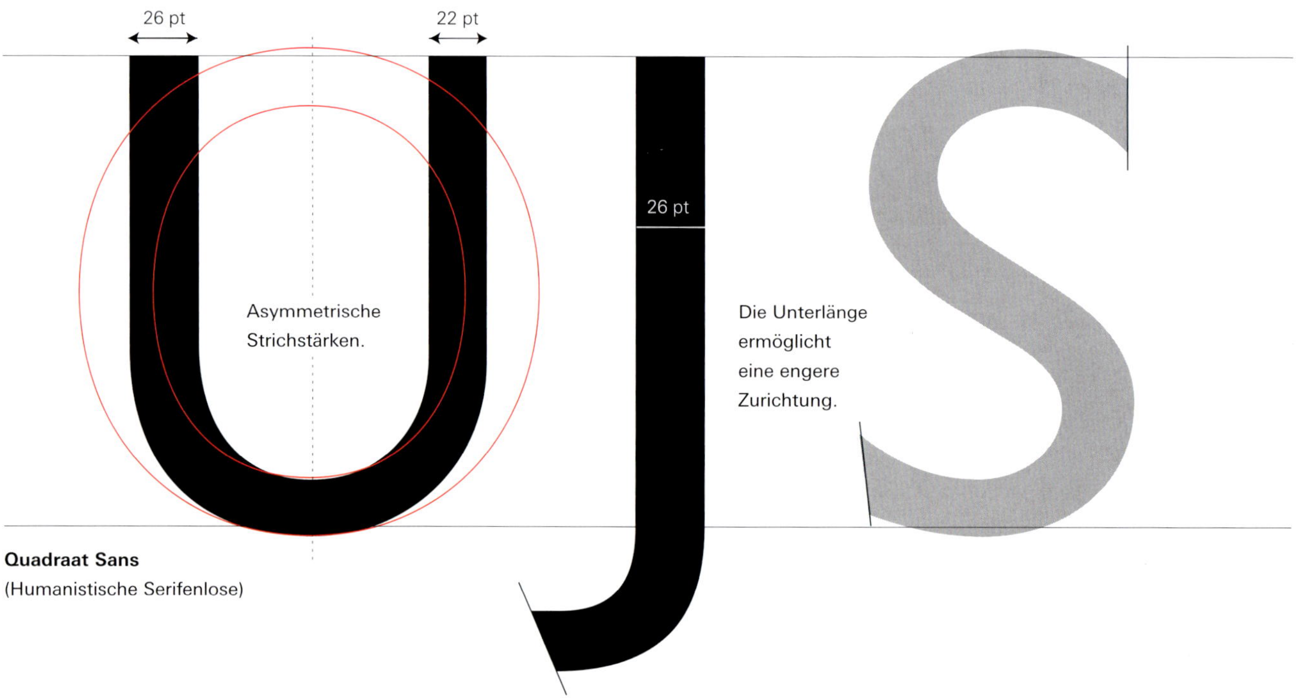

Quadraat Sans
(Humanistische Serifenlose)

FF Meta Plus
(Humanistische Serifenlose)

Le Monde Sans
(Humanistische Serifenlose)

Rotis Sans Serif
(Neue Grotesk)

Futura
(Geometrische Serifenlose)

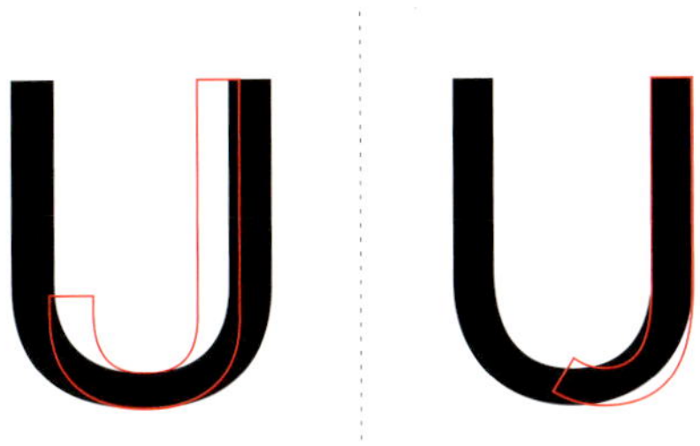

Helvetica (ganz links) und **Futura** (links):
Die Kurvenzüge von U und J unterscheiden sich.
Die Binnenfläche des U ist breiter und eckiger.

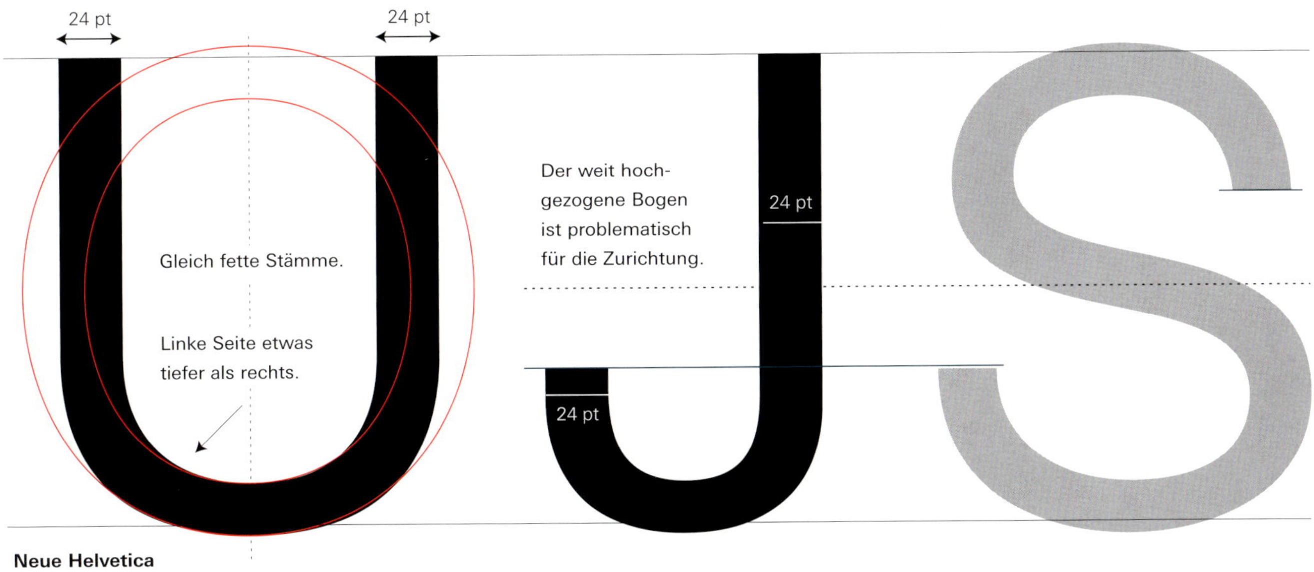

Neue Helvetica
(Neue Grotesk)

Serifenlose Großbuchstaben – D, B, R und P

Die serifenlosen Großbuchstaben D, B, R und P besitzen die gleichen Merkmale wie ihre serifengeschmückten Vorfahren. Der geringe Kontrast macht jedoch die Schnittpunkte zum Problem. Dies gilt insbesondere für die spitzen Winkel bei B und R, da sich diese Stellen durch den Druckpunktzuwachs besonders verfetten. Zum Ausgleich können sich die Bögen zum Schnittpunkt hin verjüngen oder Einschnitte eingefügt werden. Letztere stellen ursprünglich subtile dreieckige Aussparungen an der Bleiletter dar, die man nur entdecken konnte, wenn man den Buchstaben beträchtlich vergrößerte. Heutzutage werden diese Einschnitte von bestimmten Schriften als stilistisches Merkmal behandelt. In diesen Fällen wird der Einschnitt sichtbar und teilweise übertrieben groß entworfen, mit dekorativer statt funktioneller Absicht.

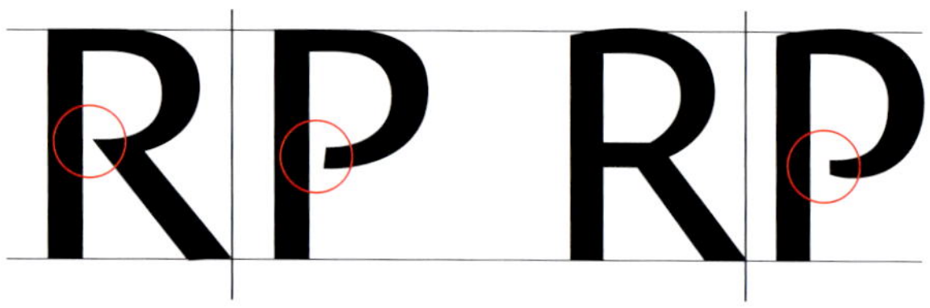

Überraschende Varianten von R und P in zwei humanistischen Serifenlosen: **Le Monde Sans** (links) und **Quadraat Sans** (rechts).

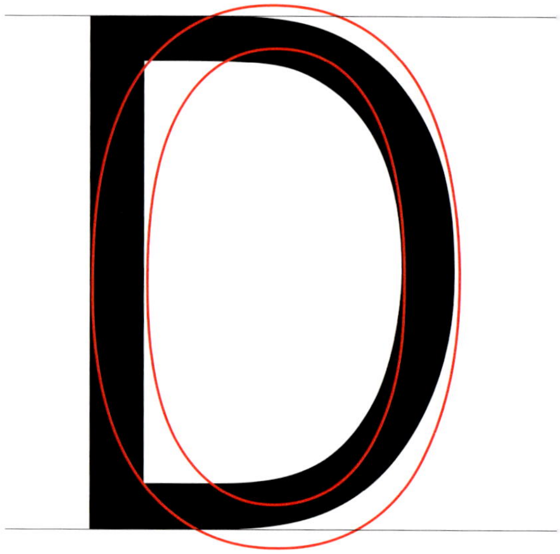

Bell Gothic
(Grotesk)

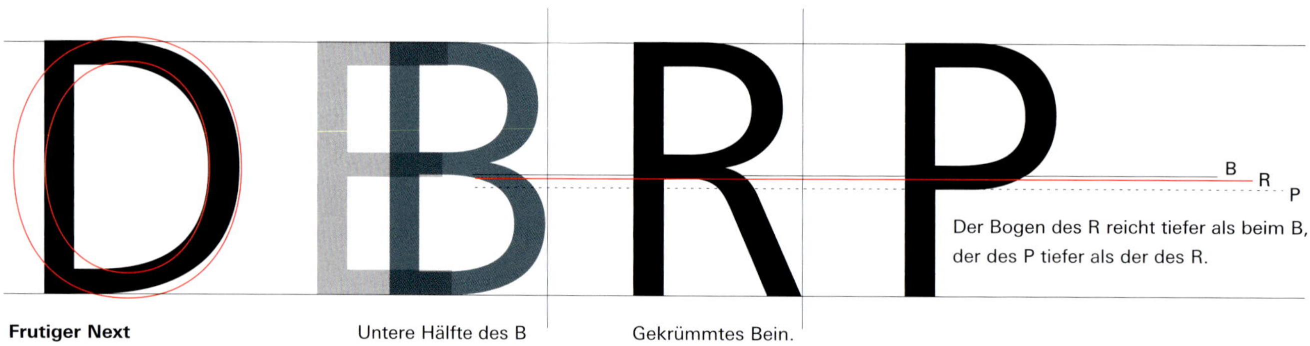

Frutiger Next
(Humanistische Serifenlose)

Untere Hälfte des B größer als beim E.

Gekrümmtes Bein.

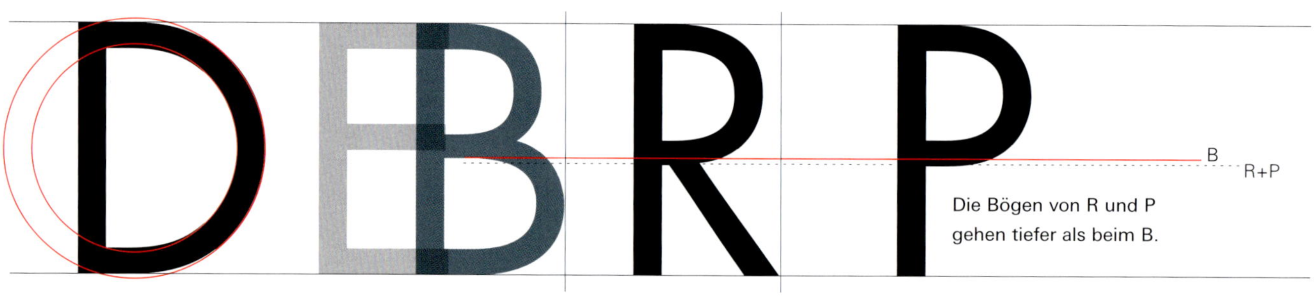

Futura
(Geometrische Serifenlose)

Obere Hälfte des B größer als beim E.

Enge, doppelte Verbindung.

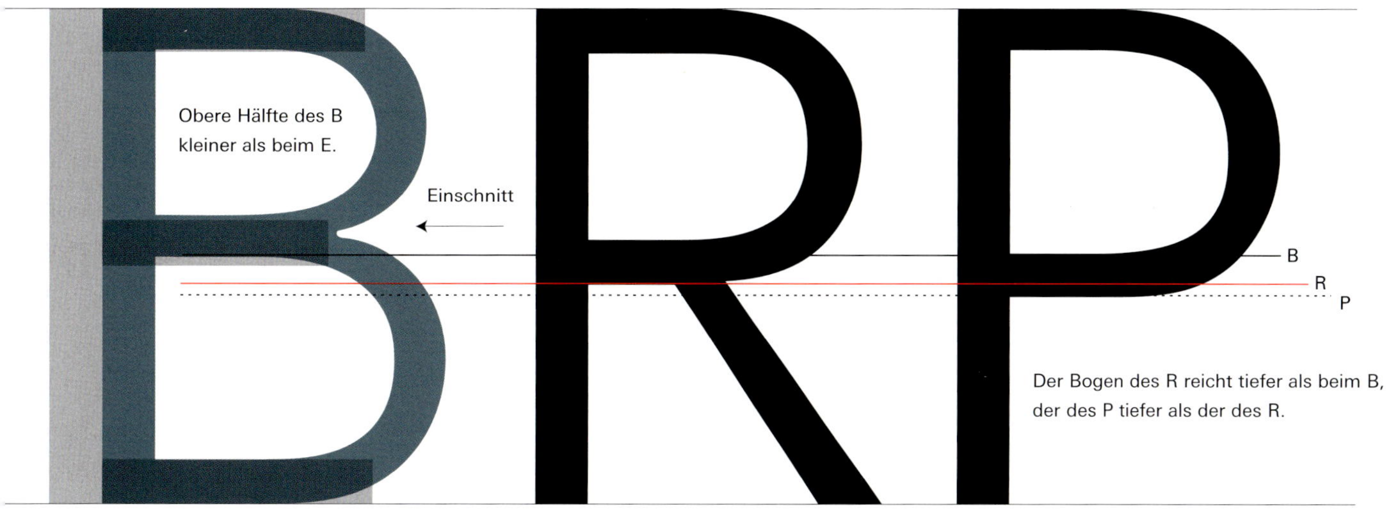

Akzidenz Grotesk und **Neue Helvetica** folgen modernen Proportionen: Jedes Zeichen nimmt in etwa den gleichen Raum ein. **Frutiger** und **Futura** sind humanistisch proportioniert: das D ist breit, B, R und P schmal.

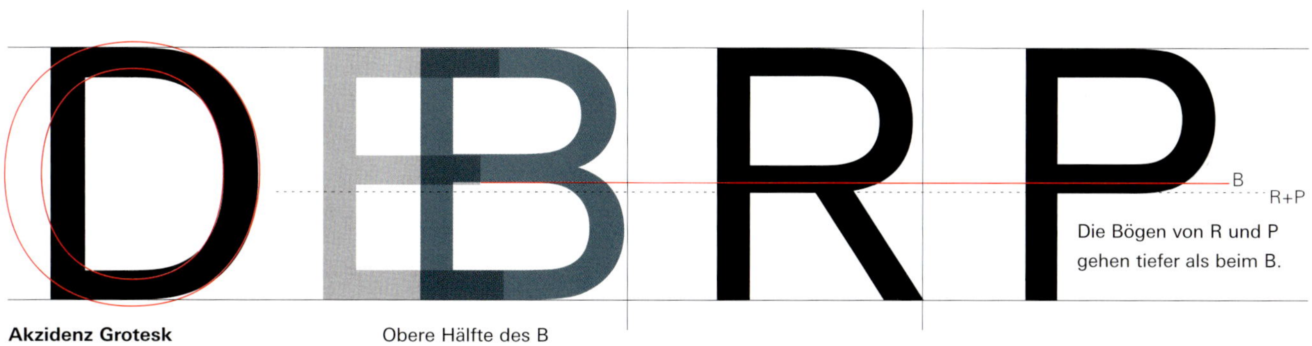

Akzidenz Grotesk
(Grotesk)

Obere Hälfte des B
kleiner als beim E.

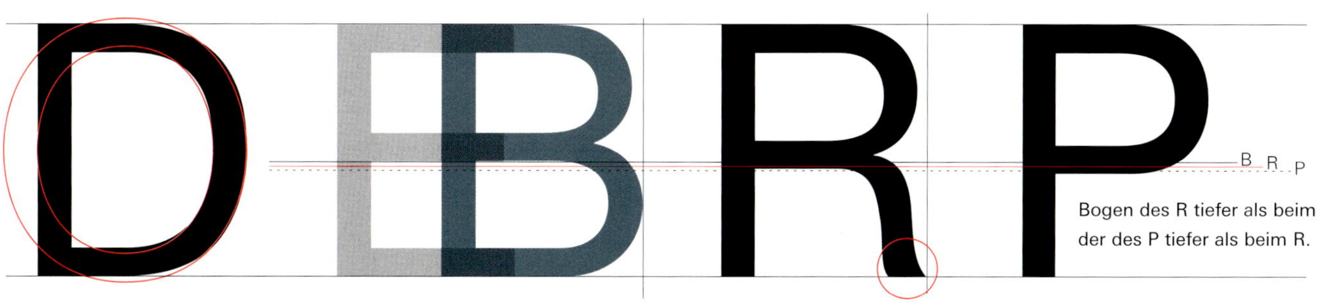

Neue Helvetica
(Neue Grotesk)

B und E sind gleich.

Kalligrafisches Element.

Serifenlose Großbuchstaben – das Q

Ob mit Serifen oder ohne: ein Q entsteht immer aus einem O mit einem Schweif. Das Ende des Schweifs kann frei geformt werden (wie an den Armen des E) oder in irgendeinem Winkel abgeschnitten.

Der geringe Kontrast der Serifenlosen führt zu einer merklich höheren Dichte an der Verbindung von Schweif und Bogen. Das Problem lässt sich ganz umgehen, indem der Schweif nicht mit dem O verbunden wird. Ansonsten wird, wie üblich, der Bogen und/oder der Schweif zum Schnittpunkt hin verjüngt.

Da serifenlose Schriften von größerer Uniformität geprägt sind, liegt die Idee nahe, den Schweif des Q mit dem Winkel des Beins von R oder K zu zeichnen. Das ist jedoch nicht üblich. Viele Schriftentwerfer halten Serifenlose wegen ihres geringeren Variantenreichtums für schlechter lesbar. Daher wird das Q häufig bewusst anders entworfen als das R oder K.

Quadraat Sans (Humanistische Serifenlose)
Ähnliche Winkel bei Q, R und K.

Frutiger (Humanistische Serifenlose)
Ähnliche Winkel bei Q und K.

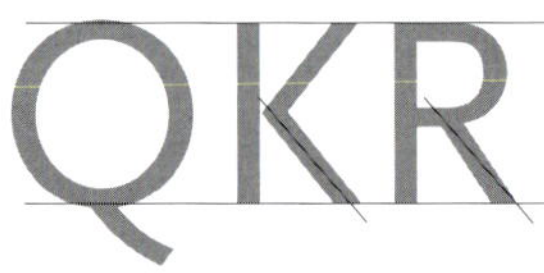

Vialog (Humanistische Serifenlose)
Q anders als K und R.

Legacy Sans (Humanistische Serifenlose)
Ähnliche Formen bei Q und R.

Franklin Gothic
(Grotesk)

Meta
(Humanistische Serifenlose)

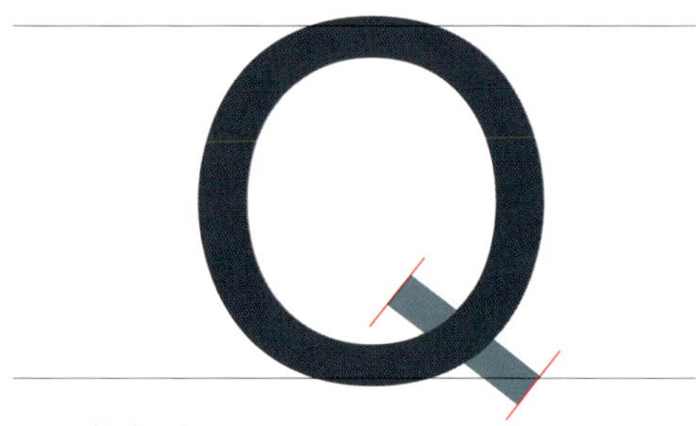

Neue Helvetica
(Neue Grotesk)

DIN
(Geometrische Serifenlose)

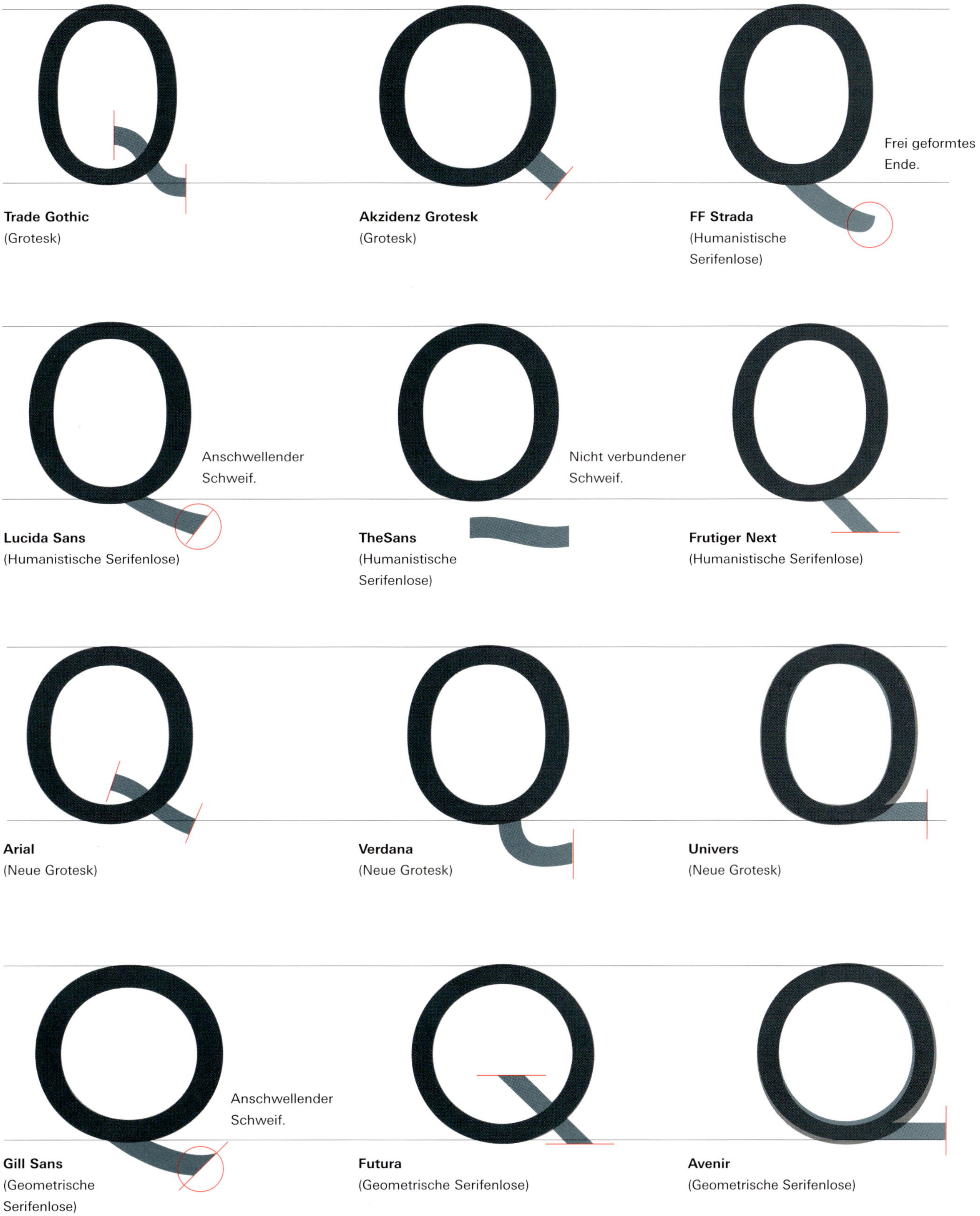
Trade Gothic
(Grotesk)
Akzidenz Grotesk
(Grotesk)
Frei geformtes Ende.
FF Strada
(Humanistische Serifenlose)
Anschwellender Schweif.
Lucida Sans
(Humanistische Serifenlose)
Nicht verbundener Schweif.
TheSans
(Humanistische Serifenlose)
Frutiger Next
(Humanistische Serifenlose)
Arial
(Neue Grotesk)
Verdana
(Neue Grotesk)
Univers
(Neue Grotesk)
Anschwellender Schweif.
Gill Sans
(Geometrische Serifenlose)
Futura
(Geometrische Serifenlose)
Avenir
(Geometrische Serifenlose)

Serifenlose Großbuchstaben – V, A und W

Das V ist überraschend knifflig zu gestalten. Zunächst sieht alles ganz einfach aus: Man verbinde eine fette und eine magere Diagonale in symmetrischem Winkel. Diese Vorgehensweise erzeugt jedoch ein V mit einem schweren Scheitelpunkt. Um diesen aufzuhellen, sollten die Diagonalen – vorzugsweise von innen – verjüngt werden. Ein kleiner Einschnitt bringt weitere Erleichterung.

Wie bei den Serifenschriften stellt das große V wieder die Vorlage für das A und das W. Beim A muss das gedrehte V verbreitert werden. Der Querstrich teilt die Binnenfläche in zwei gleich große Hälften.

Für das serifenlose W stehen uns dieselben drei Gestaltungsvarianten wie bei den Serifenschriften zur Verfügung. Die überlappende Form ist allerdings selbst in humanistischen Serifenlosen sehr selten. Die am weitesten verbreitete Form ist die aus verschmälerten V-Formen gebildete, verbundene Variante des W. Um das W weiter zu verschmälern, können die äußeren Diagonalen stärker aufgerichtet werden. Zu dunkel gefärbte Wendepunkte bekämpfen wir wieder mit verjüngten Diagonalen – und wieder sollten wir nur von innen hobeln. Das W wirkt am ausgewogensten, wenn die äußeren Kanten symmetrisch sind. Zusätzlich (oder alternativ) können Einschnitte gesetzt werden.

Die Scheitelpunkte von V, A und W können spitz, stumpf oder winklig gestaltet werden. Die Gestaltung sollte möglichst bei allen drei Zeichen gleich sein.

Spitz zulaufende Scheitelpunkte eignen sich am besten für leichte und normale geometrische Serifenlose. In fetten und schmallaufenden Schriftschnitten müssen die Wendepunkte stumpf und breit angelegt werden, um die Binnenfläche zu vergrößern. Winklig gestaltete Scheitel sieht man hauptsächlich in humanistischen Serifenlosen. Diese Variante gibt dem Schriftbild einen spielerischen Charakter. Über Grundlinie und Versalhöhe hinausragende Wendepunkte lassen die Schrift »tanzen«.

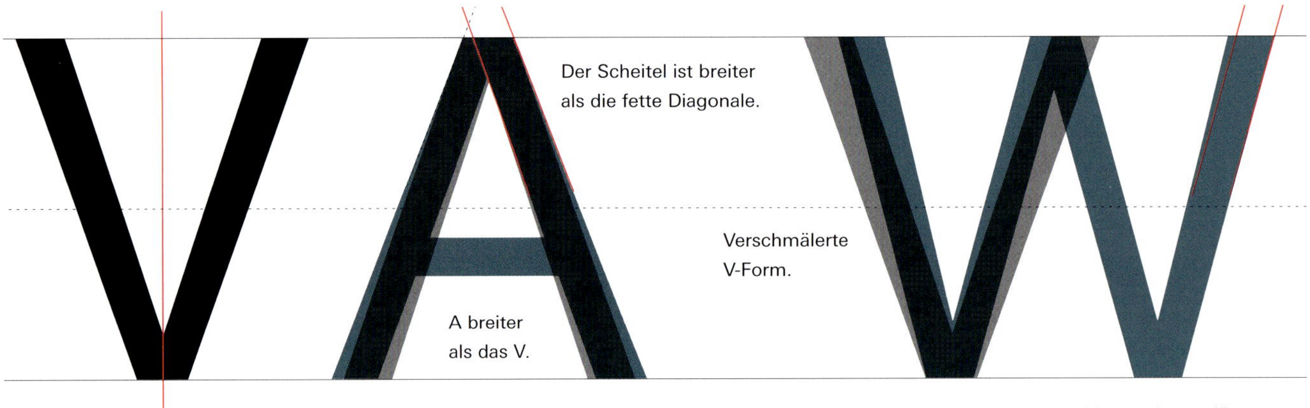

Neue Helvetica
(Neue Grotesk)

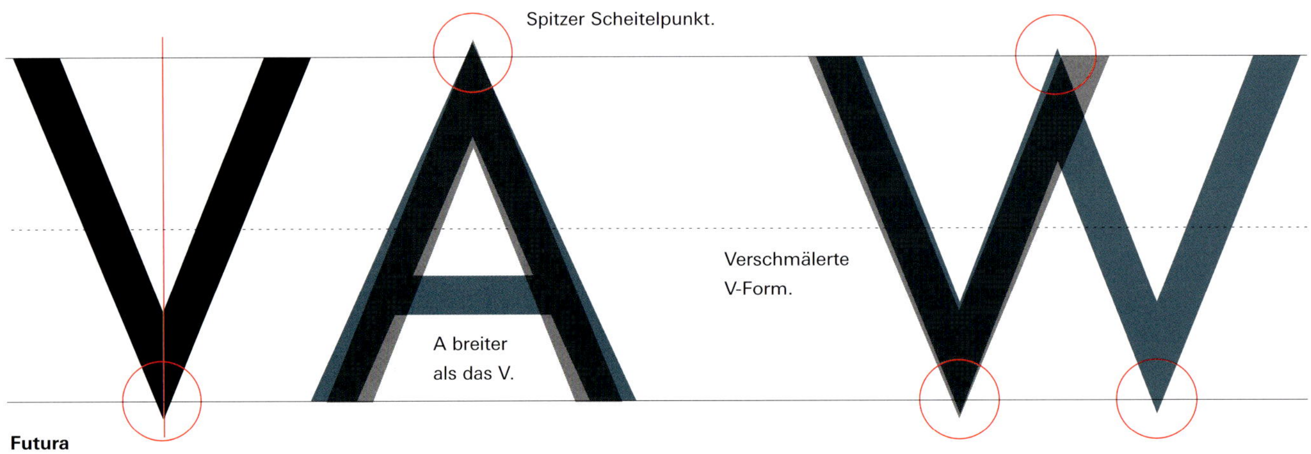

Futura
(Geometrische Serifenlose)

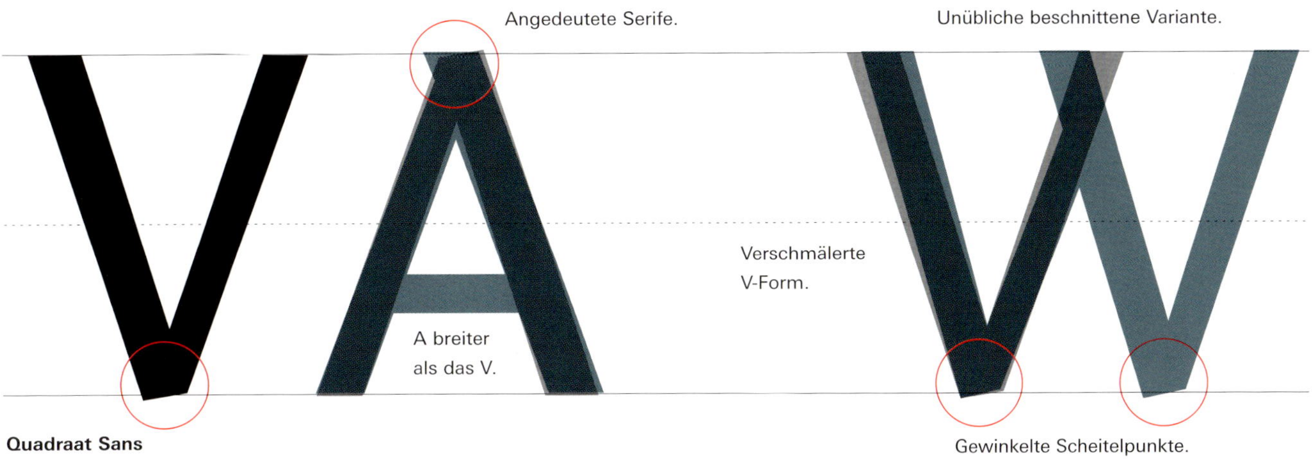

Quadraat Sans
(Humanistische Serifenlose)

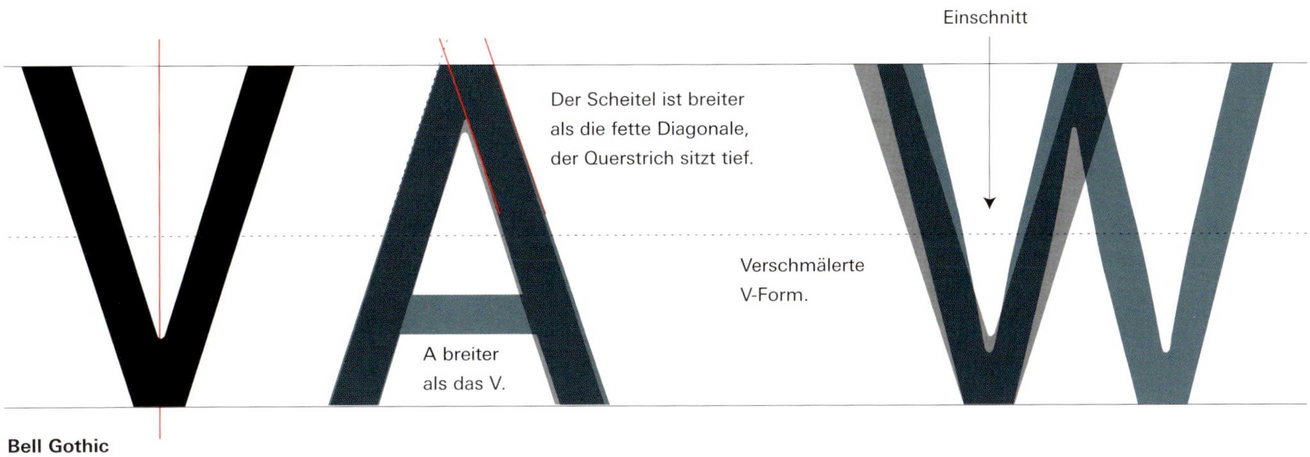

Bell Gothic
(Grotesk)

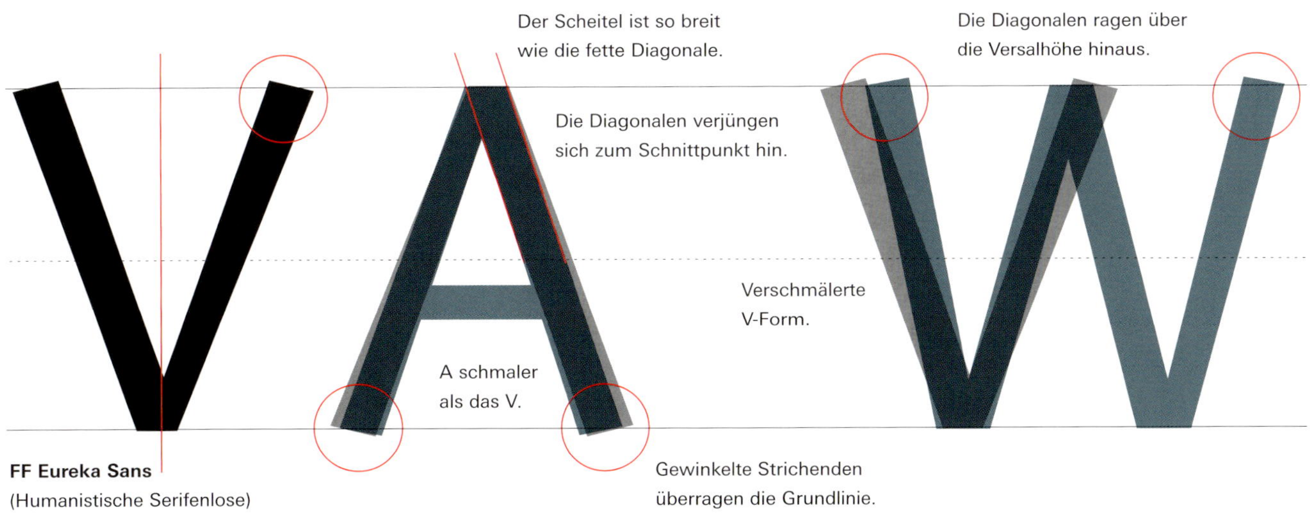

FF Eureka Sans
(Humanistische Serifenlose)

Serifenlose Großbuchstaben – K, X und Y

K, X und Y sind strukturell verwandt. Sie alle besitzen zwei oder mehr Diagonalen, die sich in einem zentralen Schnittpunkt treffen. Diese strukturelle Gemeinsamkeit führt zu einem gemeinsamen Problem: visuelles Gedränge im Zentrum. Erleichterung verschaffen zur Zeichenmitte hin verjüngte Diagonalen – diesmal dürfen wir an beiden Seiten feilen. In fetten und schmalen Schriftschnitten sind zusätzliche Einschnitte hilfreich.

Man kann K, X und Y zu einer einheitlichen Buchstabengruppe formen, indem man die Diagonalen ähnlich winkelt. Das geht natürlich nur, wenn man sich für ein einfaches K entscheidet. Alternativ können wir das K auch – wie erwähnt – ähnlich dem R oder Q gestalten.

Die Lettern X und Y sind im Allgemeinen ohne Serifen einfacher zu gestalten als mit. Durch den geringeren Strichstärkenkontrast macht uns der scheinbare Versatz beim X weniger zu schaffen, und ohne die Serifen können wir die Arme des Y ausladender zeichnen. Hinsichtlich der Zurichtung sind die fehlenden Serifen bei allen drei Zeichen von Vorteil, da wir so den Weißraum neben den Diagonalen verringern können.

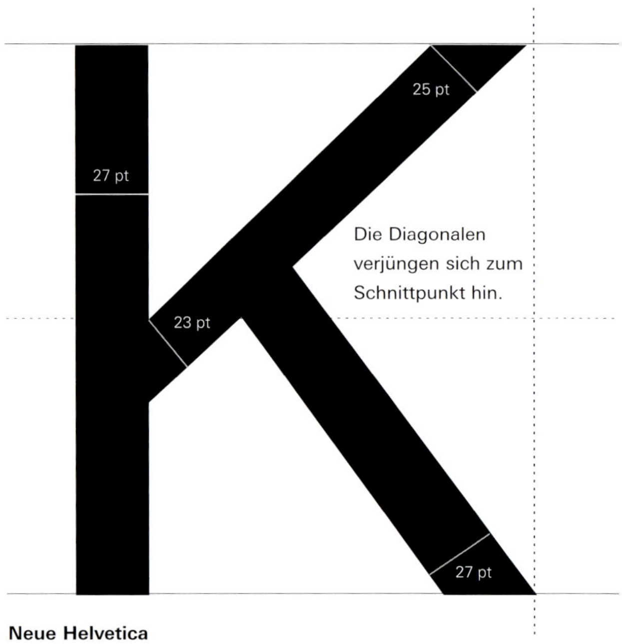

Neue Helvetica
(Neue Grotesk)

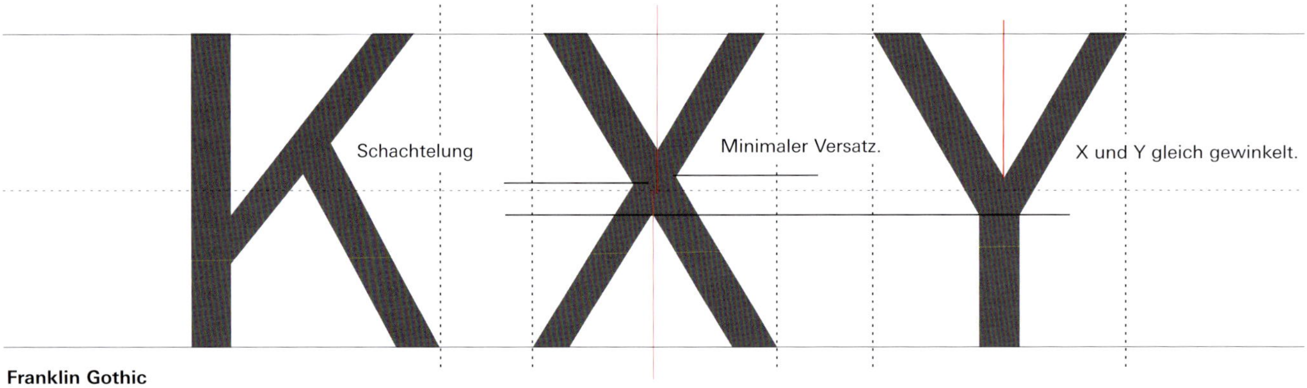

Franklin Gothic
(Grotesk)

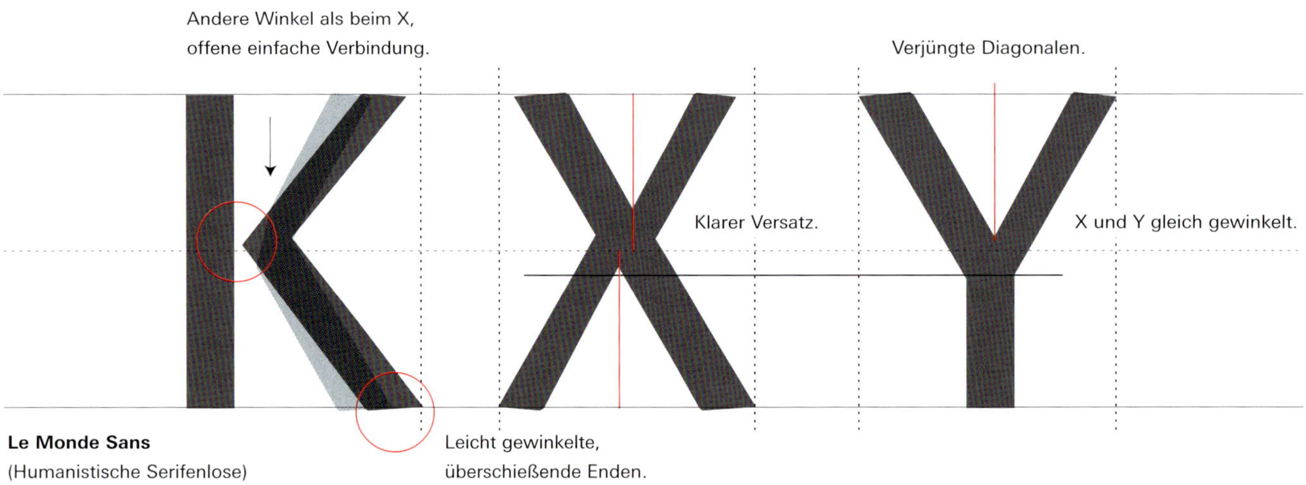

Le Monde Sans
(Humanistische Serifenlose)

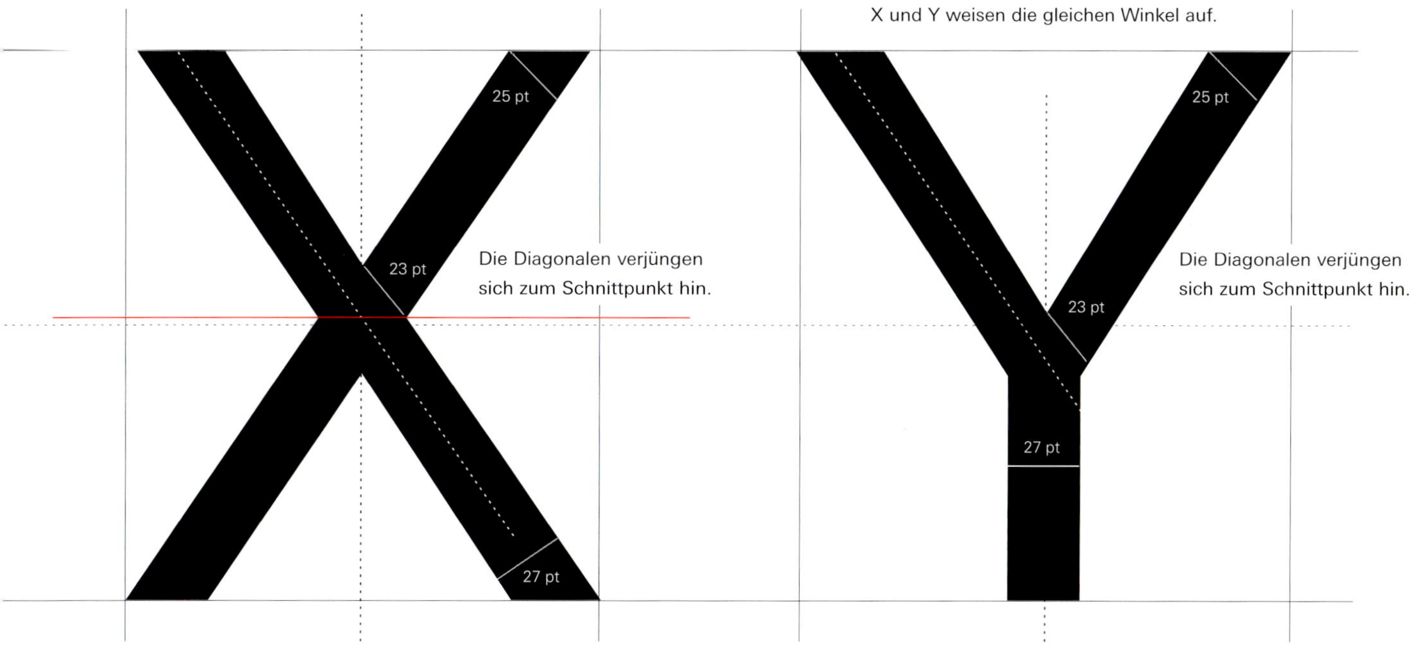

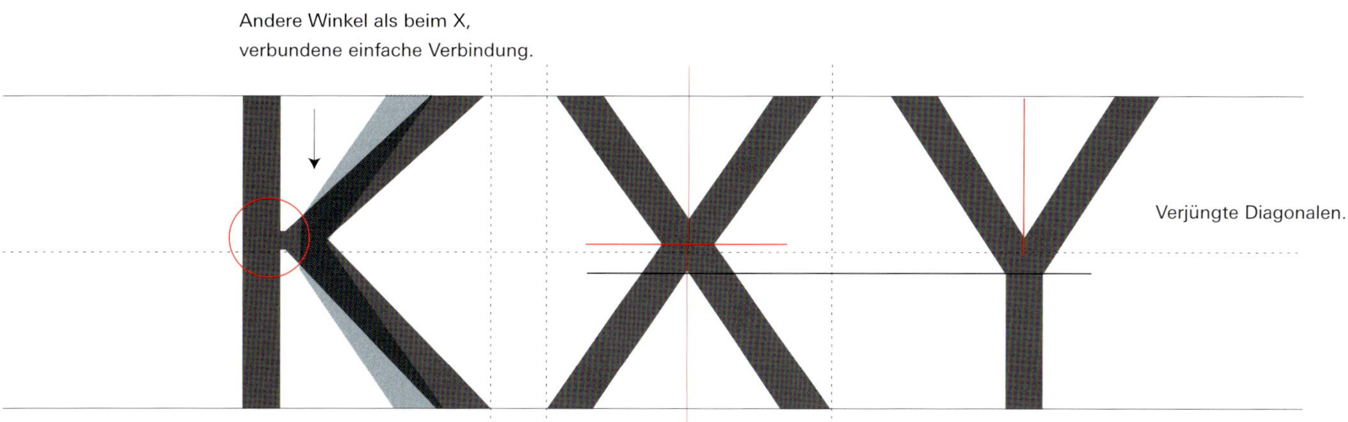

Avenir
(Geometrische Serifenlose)

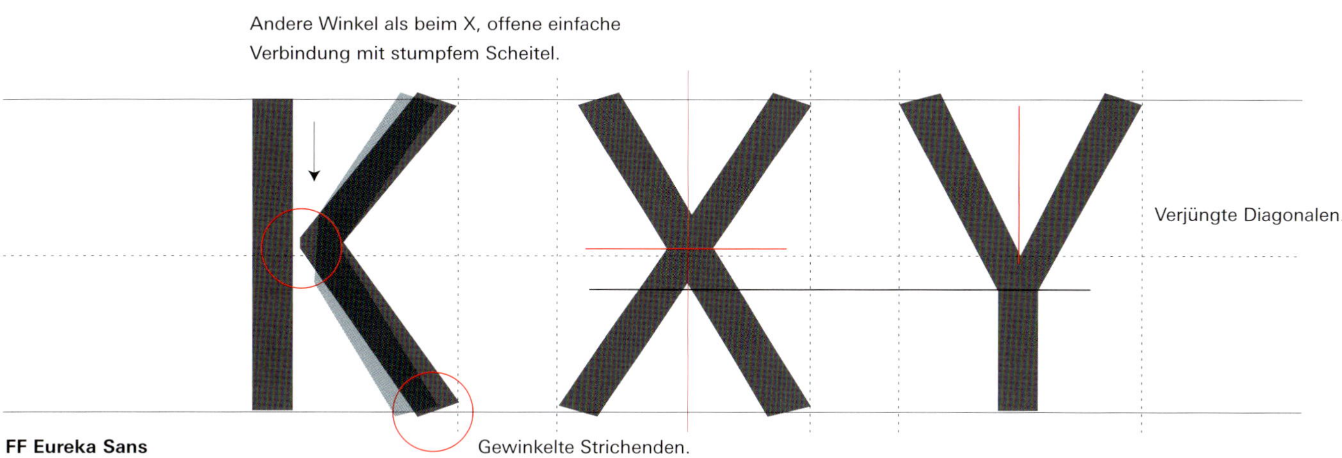

FF Eureka Sans
(Humanistische Serifenlose)

Serifenlose Großbuchstaben – M, N und Z

Wie wir bereits gezeigt haben, stellt das M ein V mit seitlich angefügten Beinen dar. Sind diese schräg angesetzt, können wir wie beim W verfahren: alle Diagonalen werden zu den Schnittpunkten hin verjüngt. Wenn das M jedoch senkrechte Beine aufweist, gehen wir etwas anders vor. Die Vertikalen dürfen nur von innen verjüngt werden, die Diagonalen sollten nicht verjüngt, sondern auf ihrer ganzen Länge magerer gezeichnet werden.

Da N und Z ihre Diagonale ebenfalls mit geraden Linien einfassen, verjüngen wir die Striche wie beim M mit senkrechten Beinen. Als offene Zeichen müssen beide etwas fettere Striche erhalten als das M. Die Strichstärken verhalten sich zueinander meist wie auf Seite 66 und 70 erläutert.

Wie auch bei A, V und W können die Scheitel von M, N und Z spitz oder stumpf gestaltet werden. Auch hier sind spitze Scheitelpunkte eher etwas für leichte oder normale geometrische Serifenlose. Flache Scheitel fallen bei M und N meist breiter aus als bei A, V und W. Die breiteren Scheitel resultieren aus der geringeren Überlappung der Striche, mit der die Binnenflächen vergrößert werden. Dieser Kniff sorgt für einen gleichmäßigen Grauwert.

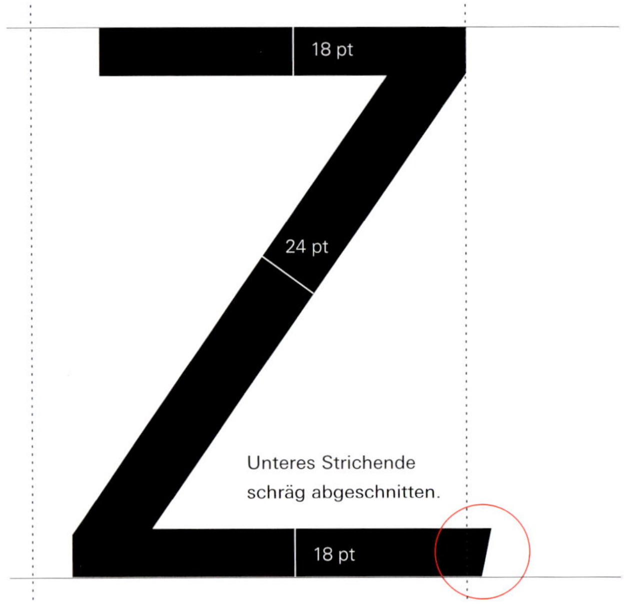

Le Monde Sans
(Humanistische Serifenlose)

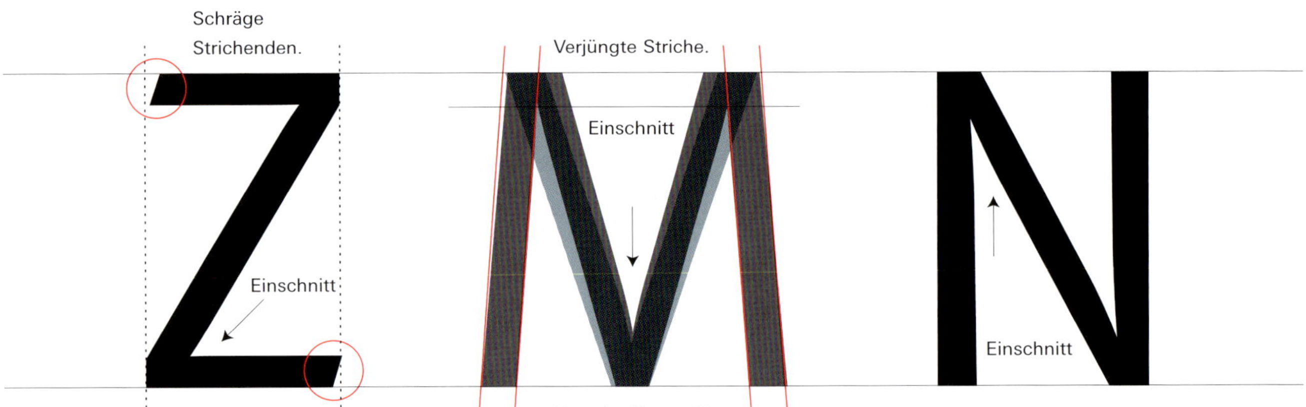

FF Meta Plus
(Humanistische Serifenlose)

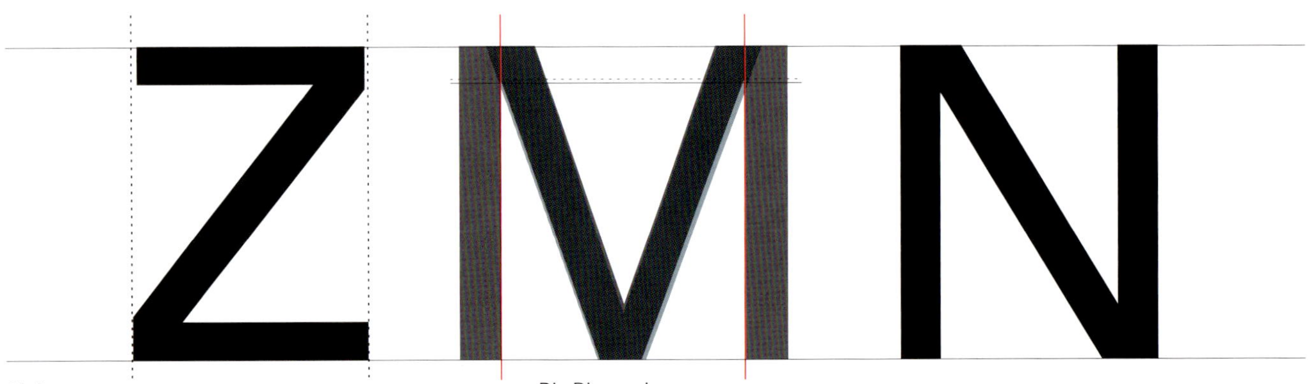

Univers
(Neue Grotesk)

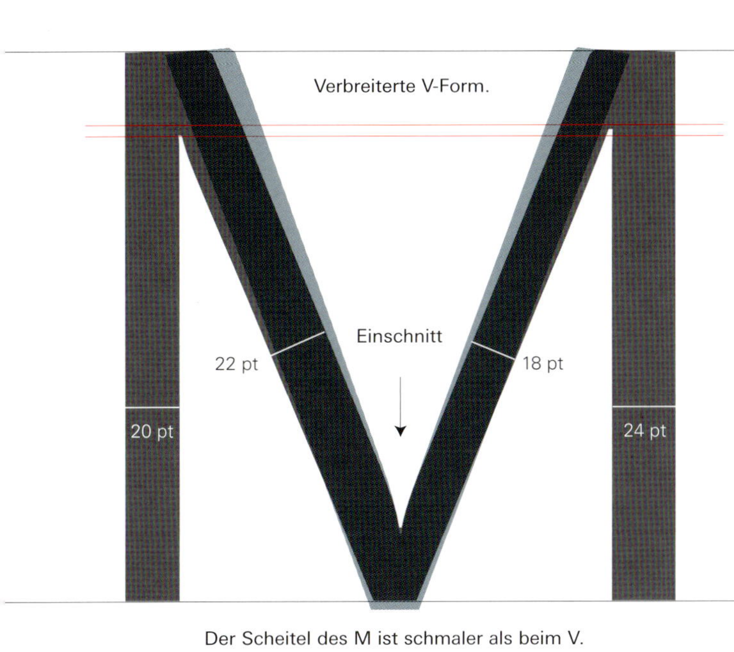

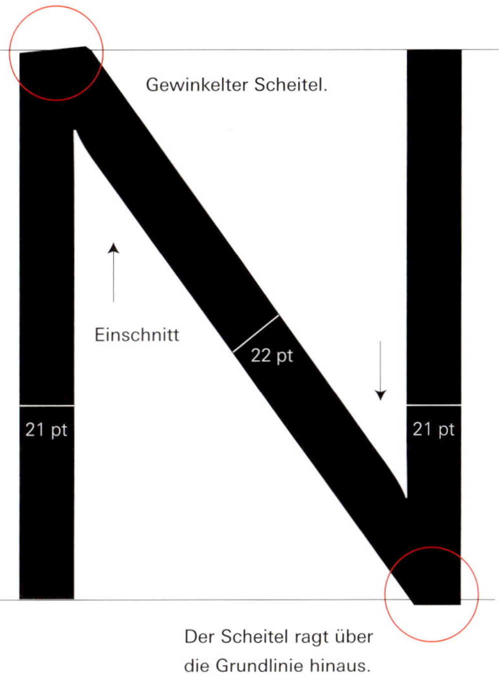

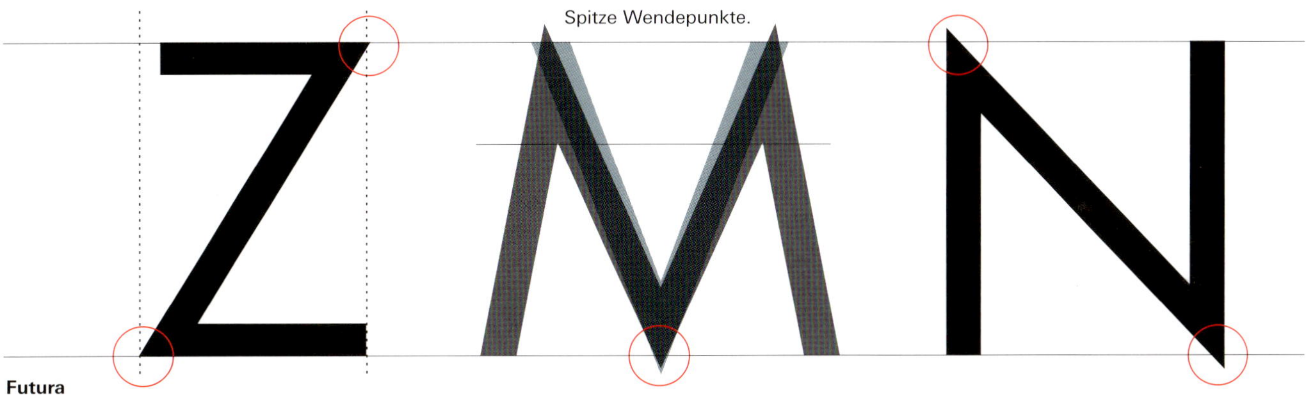

Futura
(Geometrische Serifenlose)

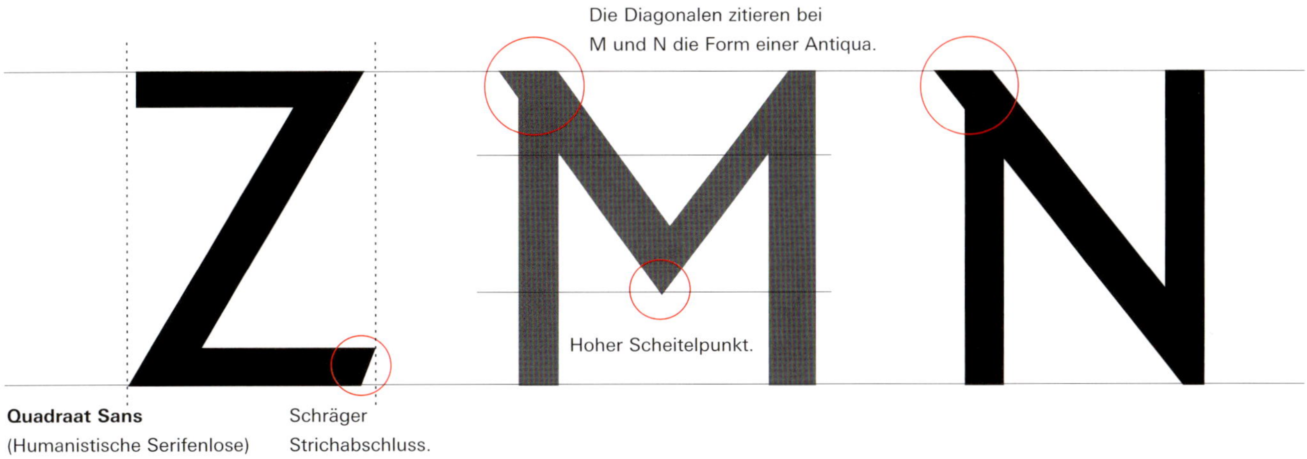

Quadraat Sans
(Humanistische Serifenlose)

Serifenlose Kleinbuchstaben

Serifenlose Kleinbuchstaben

Auch serifenlose Kleinbuchstaben werden etwas magerer gezeichnet als ihre Großbuchstaben. Allerdings fällt dieser Unterschied wesentlich geringer aus als bei den Serifenschriften – Serifenlose sind einheitlicher gestaltet.

Die x-Höhe der Serifenlosen ist meist größer als bei Serifenschriften, denn der geringere Kontrast verkleinert die Binnenräume. Die große x-Höhe wird in der Regel von hohen Oberlängen begleitet, damit z. B. o und d nicht verwechselt werden können. Entsprechend wirken auch größere Unterlängen. Ihr Längenwachstum wirkt allerdings unmittelbar auf den Zeilenabstand.

Die Frage der Lesbarkeit serifenloser Schriften ist unter Schriftentwerfern umstritten. Die einen glauben, dass Serifen die Lesbarkeit verbessern, weil sie sowohl die einzelnen Lettern unterscheidbarer machen als auch »Leitplanken« für die horizontale Lesebewegung des Auges bilden. Die anderen entgegnen, dass es in der Typografie vor allem um Gewohnheit gehe. Immerhin seien jahrhundertelang Bücher aus gebrochenen Schriften gesetzt worden, ohne dass sich jemand beschwert hätte. Gebrochene Schriften weisen ein noch einheitlicheres Zeichendesign und eine noch stärkere Betonung der Vertikalen auf als die Serifenlosen.

Zwischen diesen unversöhnlichen argumentativen Gräben wandelt die noch vergleichsweise junge humanistische Serifenlose als typografisches Friedensangebot. Sie versucht, die organische Formensprache der humanistischen Antiqua mit der Rationalität der Serifenlosen zu vereinen. Bisweilen führt diese Fusion zu unglücklichen, gar verstörenden Ergebnissen. Doch bei anderen Entwürfen verbinden sich diese so grundverschiedenen ästhetischen Modelle zu wirklich interessanten und schönen Schriften, die sich für viele Anwendungen eignen.

Pluralität ist das Kennzeichen der heutigen Zeit. Überall auf der Welt arbeiten Schriftentwerfer an neuen Formen für die verschiedensten Zwecke. Die Zukunft wird uns noch mehr hybride Entwürfe bringen. Doch bei aller Komplexität: Das Herz der Typografie schlägt einfach und konstant. Eine Schrift ist eine Ansammlung gleichzeitig ähnlicher und unterschiedlicher Zeichen.

abcdefghijklmnopqrstuvwxyz

Franklin Gothic
(Grotesk)

abcdefghijklmnopqrstuvwxyz

Univers
(Neue Grotesk)

abcdefghijklmnopqrstuvwxyz

Futura
(Geometrische Serifenlose)

abcdefghijklmnopqrstuvwxyz

Syntax
(Humanistische Serifenlose)

Kleinbuchstaben werden magerer gezeichnet als Großbuchstaben. Dadurch werden Satzanfänge sowie Worte, die mit einem Großbuchstaben beginnen, subtil betont. Die Stärke des Strichstärkenunterschieds variiert. Er ist jedoch in der Regel in serifenlosen Schriften geringer als in Antiquaschriften.

Octovo
Eight Five Zero
Publishing

TheSans
(Humanistische Serifenlose)

Octovo
Eight Five Zero
Publishing

Akzidenz Grotesk
(Grotesk)

Serifenlose Kleinbuchstaben – o und l

Der hellere Grauwert der Kleinbuchstaben wird bei Serifenlosen im Gegensatz zu den Serifenschriften durch Verringerung beider Strichstärken erreicht. Häufig ist die Haarstrichstärke sogar stärker verringert. Warum das so ist, wird uns klar, wenn wir uns den typischen Entwurfsprozess ansehen.

Zunächst wird das große O verkleinert. Wir erhalten ein kleines o mit gleichen Proportionen und hellerem Grauwert. Nun verfetten wir den Buchstaben, indem wir die senkrechte Strichstärke nach außen vergrößern. Die Punze fassen wir nicht an. Nun ist unser Zeichen proportional breiter (das ist in Ordnung) sowie in den senkrechten Strichstärken nahezu gleich fett wie die Großbuchstaben. Es bleiben merklich leichtere horizontale Strichstärken.

Natürlich sind nicht alle Schriften so angelegt. Serifenlose mit großen Öffnungen oder hohem Kontrast behalten ihre Haarstrichstärke häufig bei. Auch bei besonders mageren Schriftschnitten lassen die ohnehin feinen Strichstärken Kontrastveränderungen nicht zu.

Die meisten serifenlosen Schriften haben große x-Höhen. Eine Ausnahme bilden die Schriften aus der Gruppe der geometrischen Serifenlosen, z. B. Futura oder Avenir. Großen x-Höhen sagt man eine verbesserte Lesbarkeit nach, da sie die Formen der Minuskeln besser zur Geltung bringen. Eine zu große x-Höhe verringert die Lesbarkeit jedoch wieder, da die Ober- und Unterlängen nur in geringerem Maß mitwachsen und so ab einer bestimmten x-Höhe nicht mehr eindeutig sind.

Das kleine L ist das Problemkind vieler Serifenloser. Es sieht dem großen i zum Verwechseln ähnlich. Um die beiden Lettern besser unterscheiden zu können, lassen einige Entwerfer die Oberlänge schräg enden oder sie fügen unten einen Bogen an. Diese kalligrafisch inspirierten Varianten passen natürlich am besten zu den humanistischen Serifenlosen.

Univers: Die obere Hälfte der Buchstaben ist wichtiger für die Erkennbarkeit als die untere.

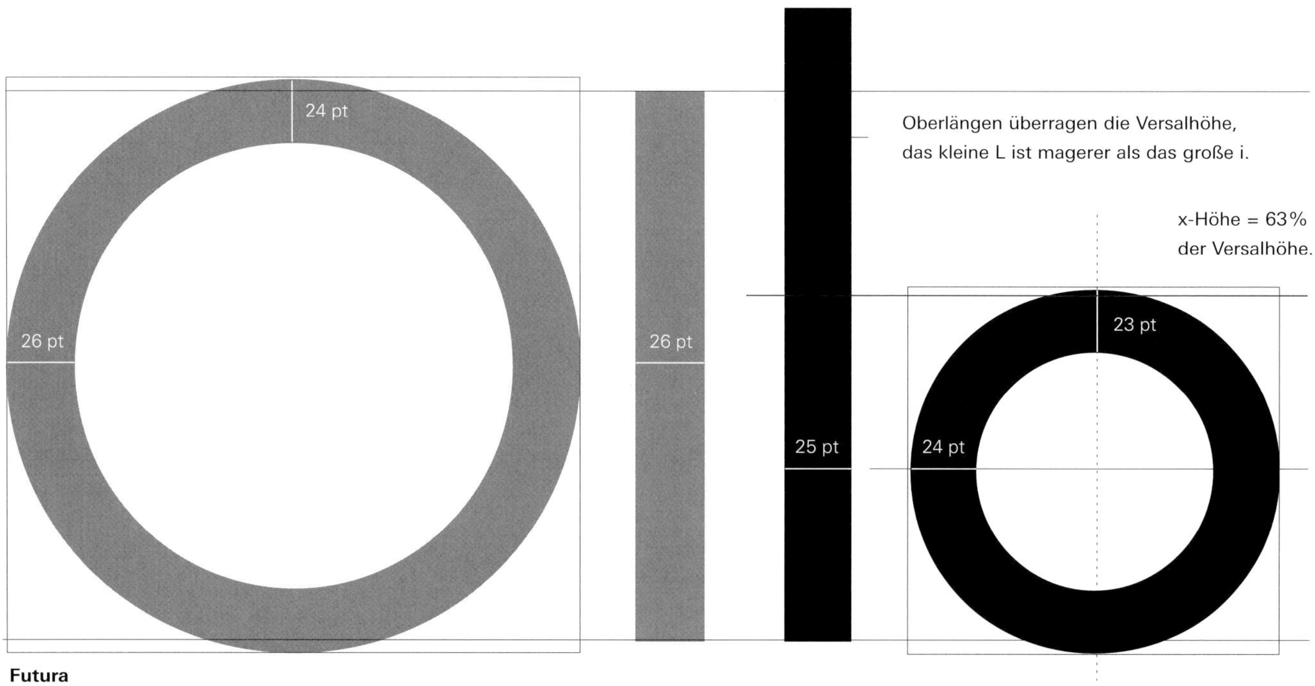

Futura
(Geometrische Serifenlose)

Großes und kleines o sind ungefähr kreisförmig.

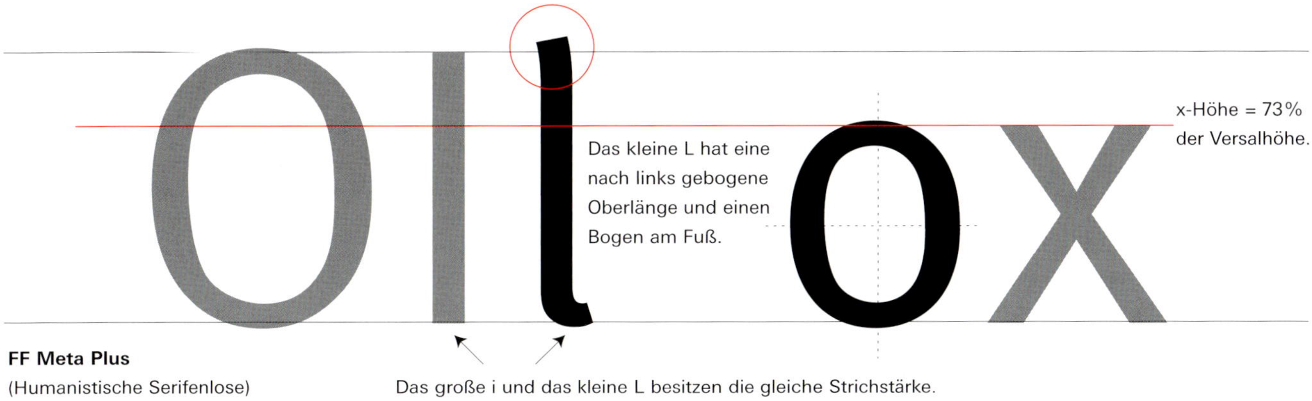

FF Meta Plus
(Humanistische Serifenlose)

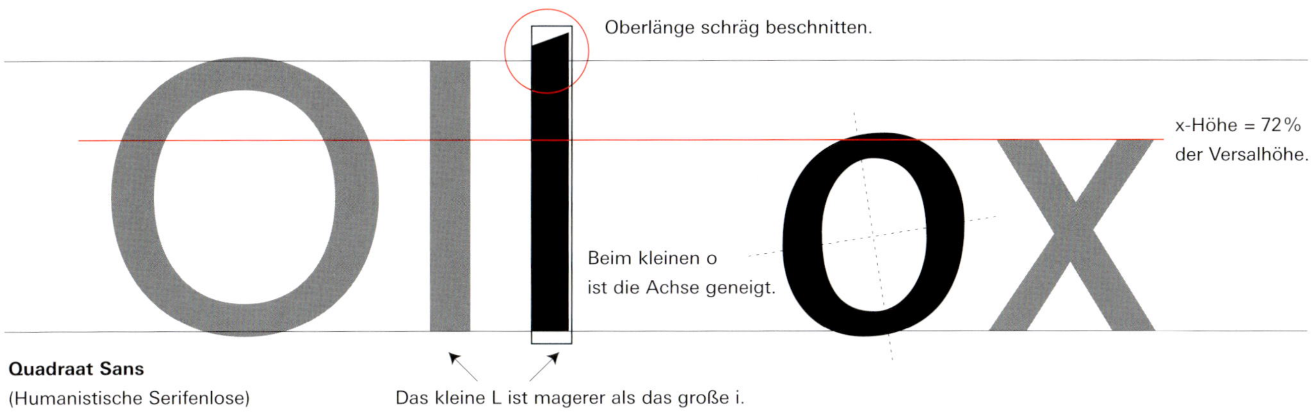

Quadraat Sans
(Humanistische Serifenlose)

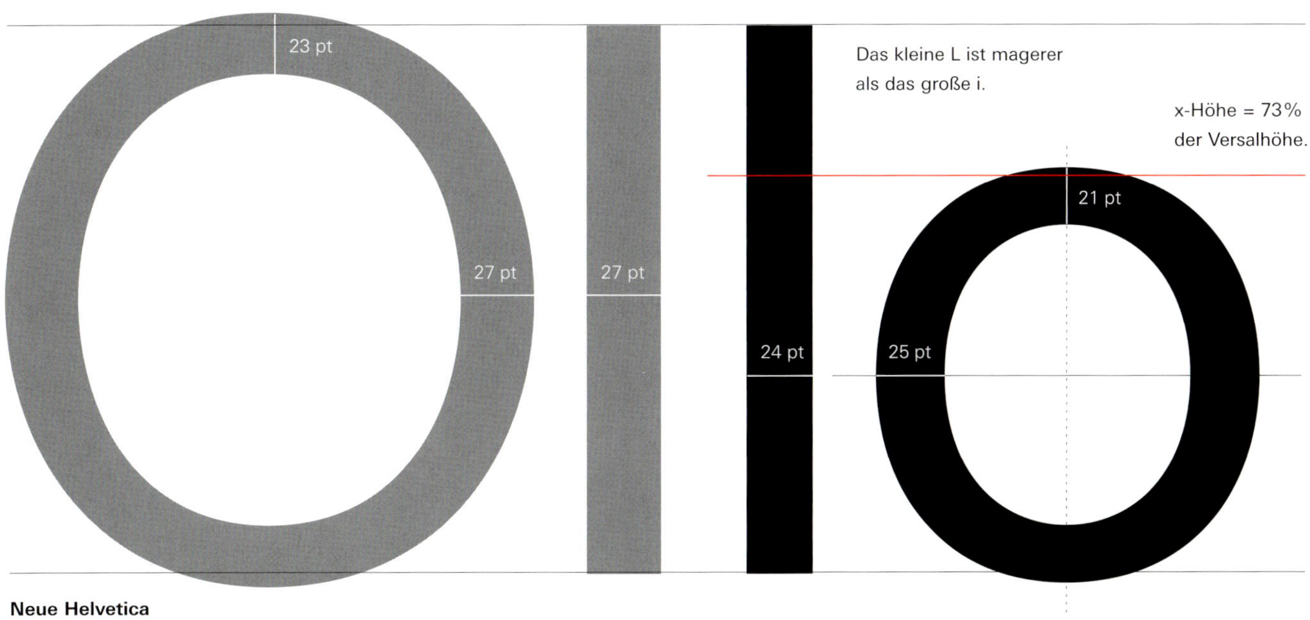

Neue Helvetica
(Neue Grotesk)

Serifenlose Kleinbuchstaben – d, b, p und q

Angehende Schriftentwerfer unterschätzen häufig den Beitrag der Punzenform zum Gesamteindruck eines Zeichens. Das Aussehen der serifenlosen Kleinbuchstaben d, b, p und q wird jedoch mindestens zur Hälfte von der Binnenfläche bestimmt. Diese vier Zeichen besitzen alle die gleiche Punzenform: oval bzw. rund oder eine Kombination aus Bogen und gerader Linie. Ovale und runde Punzen wiederholen die o-Form. Das vereinheitlicht das Schriftbild. Die kontrastierende Kombination betont die Unterschiedlichkeit.

Ovale Punzen gehören tendenziell zur neuen Grotesk, runde Binnenflächen treten in der Regel in geometrischen Serifenlosen auf. Beide sind nicht zwingend geometrisch konstruiert. Eine flachere oder schwerere Basis trägt auch bei Serifenlosen zur optischen Stabilität bei.

Die aus Bogen und Senkrechter kombinierte Punze wird meist in der Grotesk und in der humanistischen Serifenlosen verwendet. Dabei können die Bögen dieser Zeichen mit einer geneigten Achse versehen werden, selbst wenn die Zeichnungsachse der Schrift ansonsten aufrecht ist. In humanistischen Serifenlosen können zusätzliche Anleihen bei den Serifenschriften auftreten, wie z. B. glatte Einläufe bei b und q.

Unser besonderes Augenmerk bei der Gestaltung von b, d, p und q gilt wieder einmal den Strichenden. Besitzt das große E besonders geformte Strichenden, sollten diese an den Strichenden der Kleinbuchstaben wiederholt werden. Schräge Abschlüsse könnten ihre Winkel bei anderen Zeichen entlehnen.

Aufgrund des geringen Kontrasts sind die dreieckigen Einschnitte an den Einläufen serifenloser Schriften besonders wichtig. Zur Vergrößerung der Einschnitte stehen uns die bereits beschriebenen Möglichkeiten zur Verfügung: Erstens kann der Stamm verjüngt oder nach außen gebogen und/oder der Bogen verjüngt werden. Alternativ können die Zeichen mit glatten Einläufen versehen werden, wie bei b und q der FF Strada im Beispiel auf der rechten Seite.

Die **Futura** zählt zu den geometrischen Serifenlosen. Ihre runden Binnenflächen beschneiden die Stämme, die Bögen verjüngen sich deutlich zum Stamm hin.

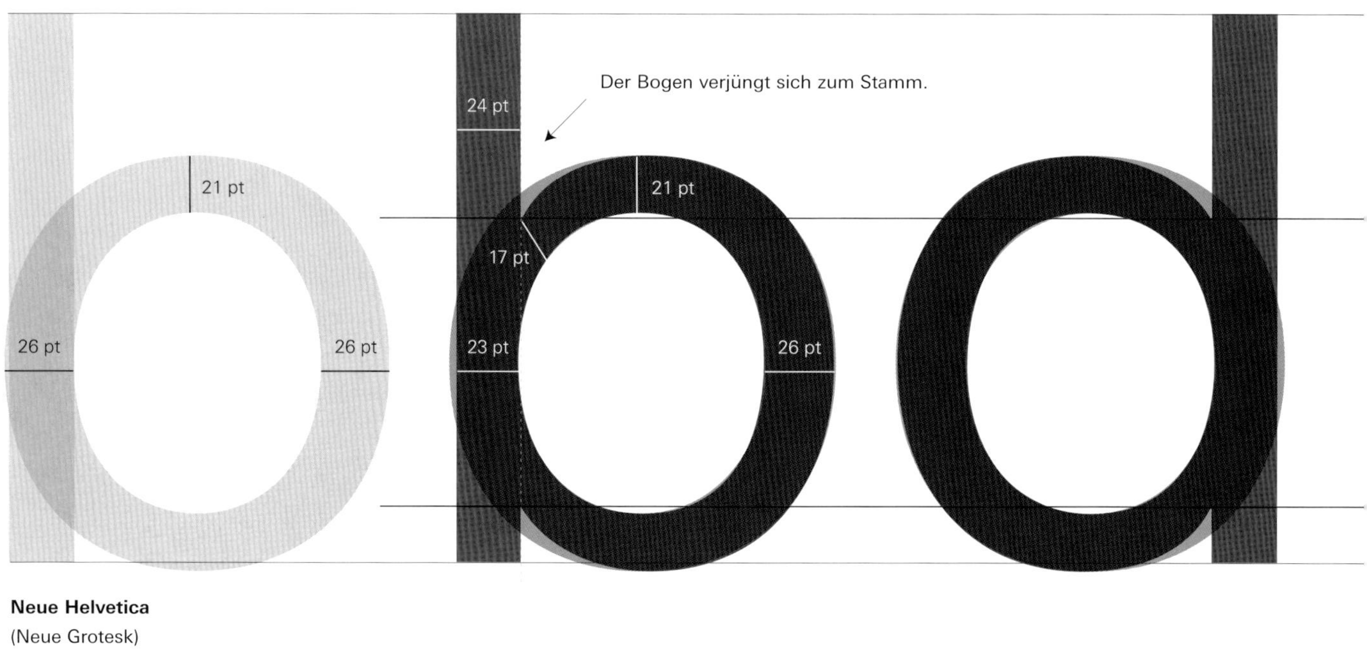

Neue Helvetica
(Neue Grotesk)

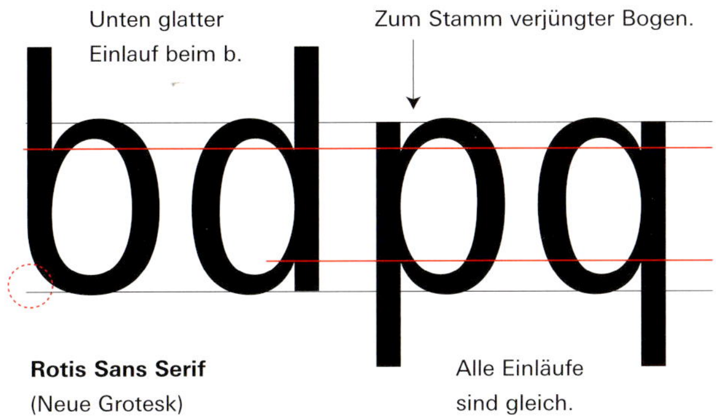

Rotis Sans Serif
(Neue Grotesk)

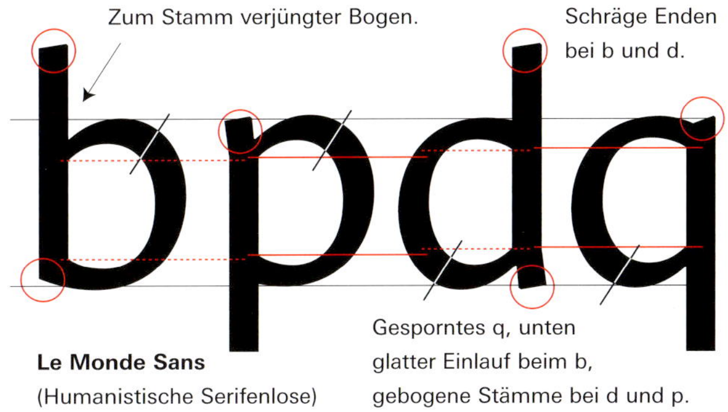

Le Monde Sans
(Humanistische Serifenlose)

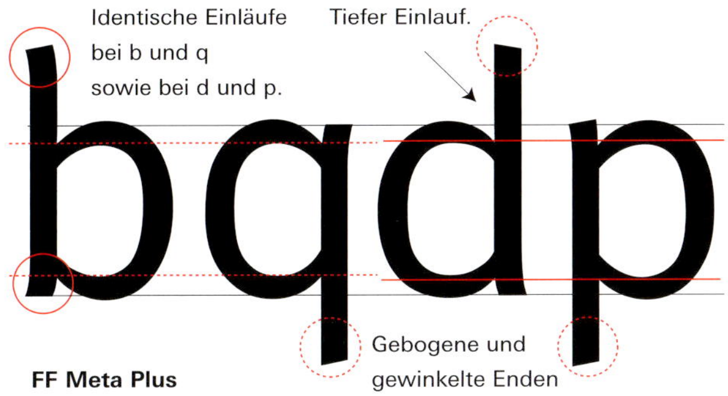

FF Meta Plus
(Humanistische Serifenlose)

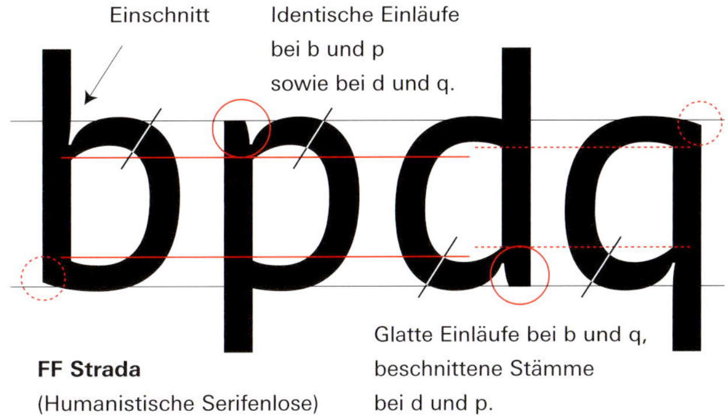

FF Strada
(Humanistische Serifenlose)

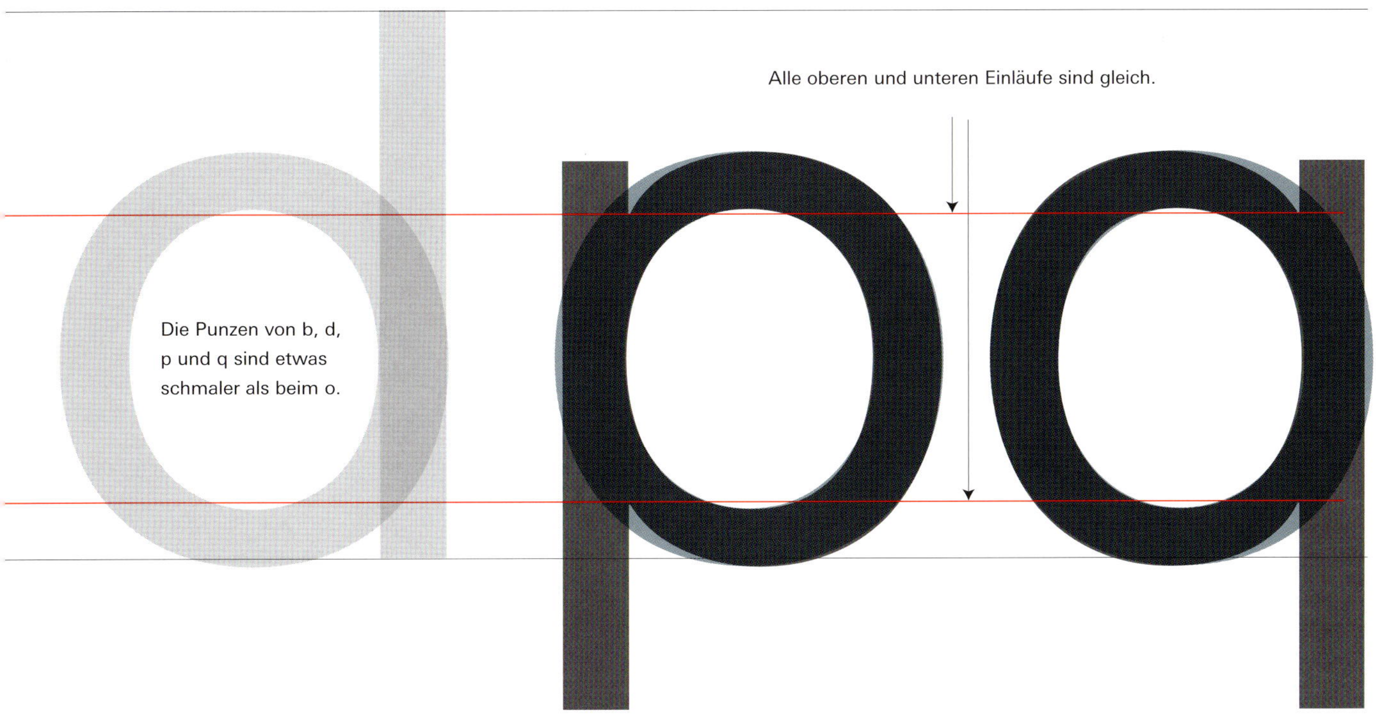

Serifenlose Kleinbuchstaben – s, c und e

Eine ausreichende Öffnung und ein ausgewogener Grauwert der Kleinbuchstaben s, c und e ist häufig, besonders bei fetten und schmalen Schriftschnitten, schwierig zu erzielen. Der geringe Kontrast bedrängt die Binnenräume. Um die Öffnungen zu vergrößern und den Grauwert aufzuhellen, werden oft die Strichenden der Kleinbuchstaben in einem offeneren Winkel geschnitten als die der Großbuchstaben. Zusätzlich können die Strichstärken der Bögen verringert und die Zeichen sanft verbreitert werden.

In bestimmten Schriften weist das kleine c eine sichtlich kalligrafischere Gestaltung als der Großbuchstabe auf. Eine Gewichtsverschiebung im Bogen sorgt für eine geneigte Achse, ein länger heruntergezogener oberer Bogen erinnert an die Ausgleichsserife einer mit Serifen geschmückten Antiqua.

Im Gegensatz zu s und c besitzt das e kein versales Vorbild, an dem der Entwerfer sich orientieren könnte. Doch das serifenlose e folgt im Grunde der Anatomie des e einer Serifenschrift und bietet dieselben gestalterischen Varianten (siehe Seite 82 ff.). Beide können entweder symmetrisch oder asymmetrisch gestaltet werden, und für beide steht ein waagerechter und schräger Querstrich zur Wahl. Der größte Unterschied betrifft das Auge des e. Der geringere Kontrast macht eine größere Punze erforderlich.

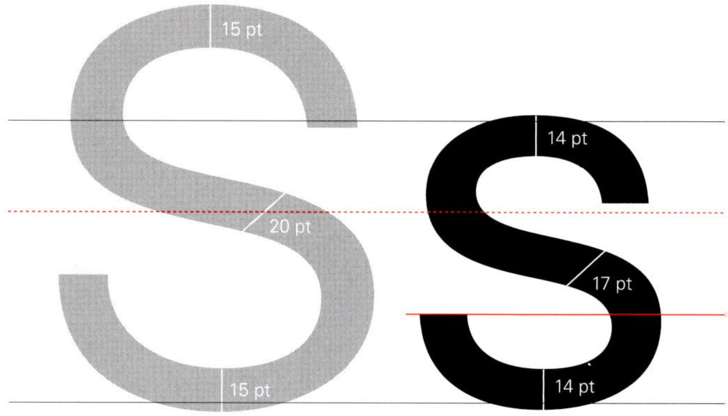

Neue Helvetica
(Neue Grotesk)

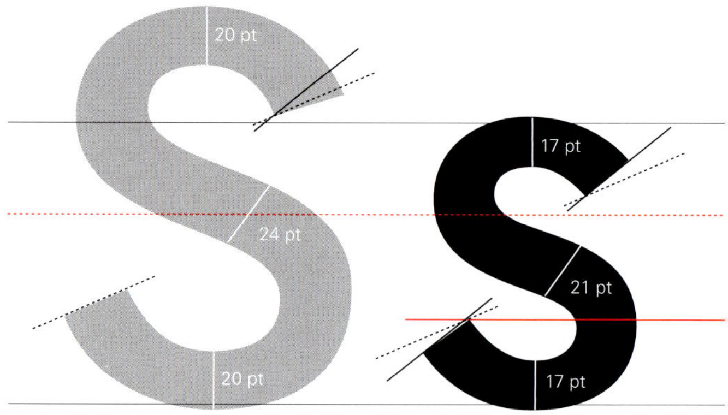

Trade Gothic
(Grotesk)

Verringerte Strichstärken.

S und s oben mit verschiedenen Winkeln.

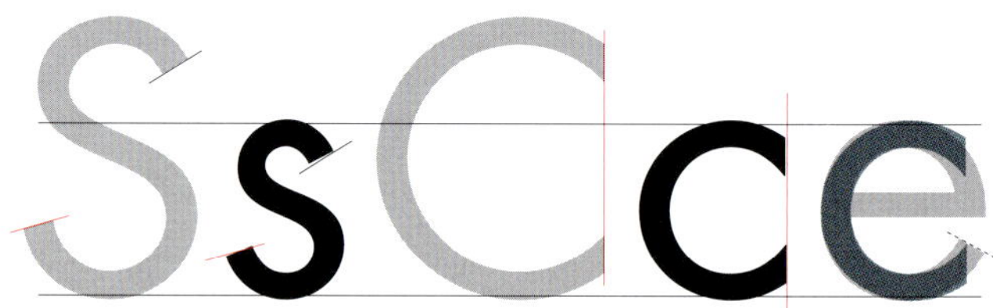

Futura
(Geometrische Serifenlose)

Senkrechte Enden bei C und c, gewinkelte Enden bei S, s und e.

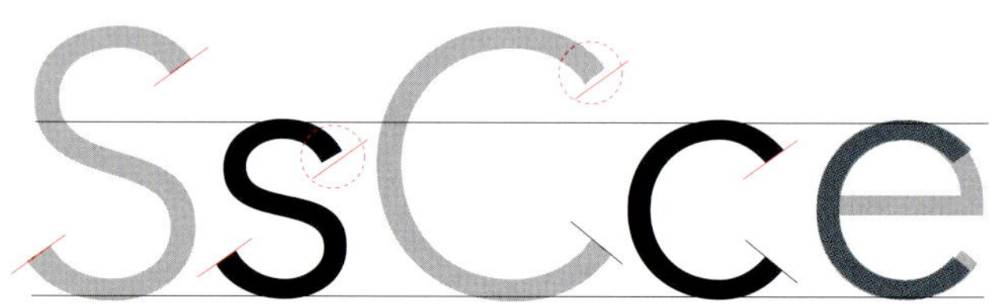

Avenir
(Geometrische Serifenlose)

Feine Unterschiede in der Winkelung.

Das c ist geschlossener als das e.

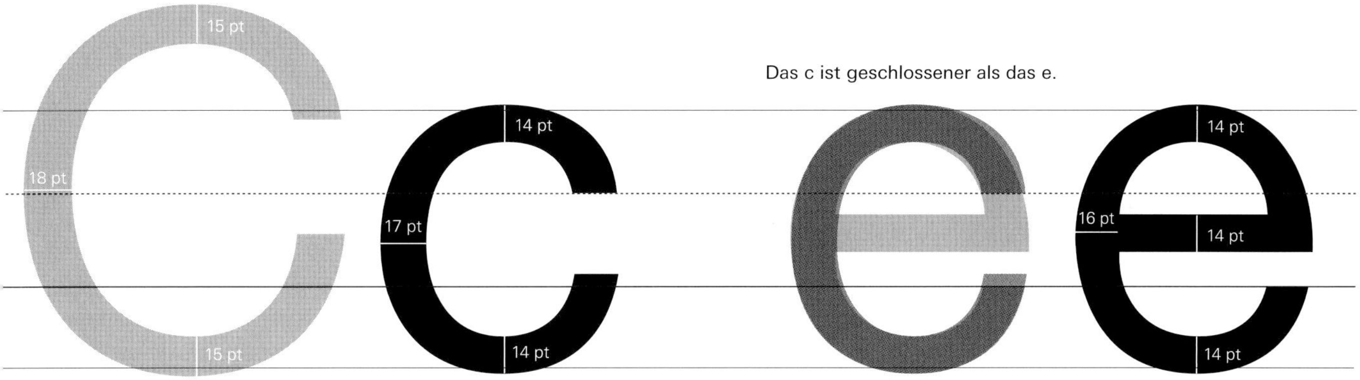

Alle Striche enden horizontal, bei s und e enden sie unten auf gleicher Höhe.

Die Enden von C und c sind formal ähnlich, jedoch nicht identisch.

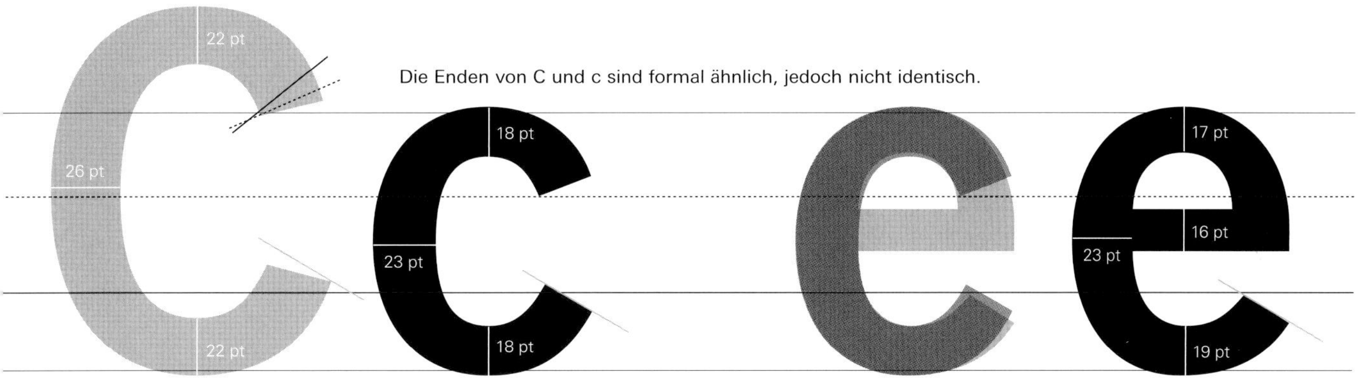

Die Strichstärken des Bogens des e sind verringert, um Grauwert und Öffnung zu verbessern.

Kalligrafisches kleines c.

Rotis Sans Serif (Neue Grotesk) — Identische Strichenden.

Gewinkelter Querstrich.

FF Eureka Sans (Humanistische Serifenlose) — Identische Enden bei S/s und c/e, Unterschiede zwischen C und c.

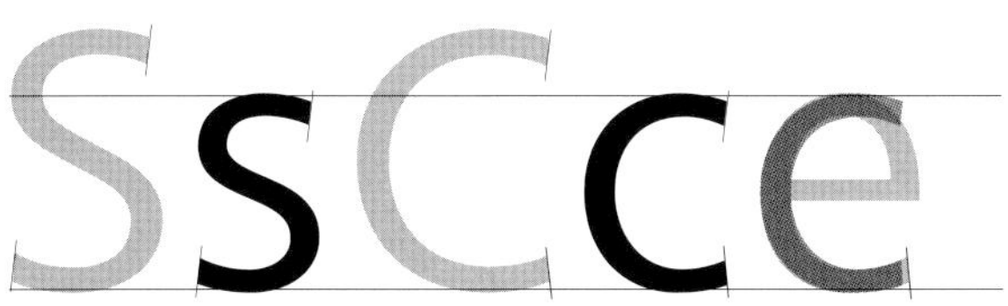

Frutiger Next (Humanistische Serifenlose) — Identisch gewinkelte Enden.

Durchgängig weite Öffnungen.

FF Strada (Humanistische Serifenlose) — Konsistent gerundete Enden.

Serifenlose Kleinbuchstaben – a und g

Für serifenlose a und g stehen zwei Gestaltungsalternativen zur Auswahl: die traditionelle, humanistische Form sowie die vereinfachte »eingeschossige« Variante. Wir haben gewissermaßen die Wahl zwischen Einheitlichkeit und Varianz. Die organischen humanistischen Varianten mehren die Formenvielfalt der Schrift, die einfachen Alternativen homogenisieren das Satzbild durch konsequente Wiederholung desselben visuellen Vokabulars.

Schrifthistorisch betrachtet war das vereinfachte a keine Erfolgsgeschichte. Es findet sich nur in wenigen geometrischen Serifenlosen. Das könnte mit einem handfesten Nachteil dieser Form zusammenhängen: Ein geschlossenes a wird leicht mit einem o verwechselt. Das ist schlecht für die Lesbarkeit.

Beim serifenlosen g sieht die Sache anders aus. Groteskschriften, wie beispielsweise die amerikanischen Gothic-Schriften, verwenden meist das zweischleifige g, da sie entwurfsmethodisch Serifenschriften ohne Serifen sind. Geometrische Serifenlose und Neue Grotesk wählen die vereinfachte Variante des g, die besser in deren Entwurfsprinzip der Regelmäßigkeit passt. Bei den humanistischen Serifenlosen herrscht gewissermaßen Wahlfreiheit. Tendenziell neigen frühe Humanistische wie Lucida oder Frutiger zum vereinfachten g. Spätere Schriften dieser Gruppe (wie Scala und Bliss) bevorzugen eher die zweigeschossige Variante.

Ganz gleich, welche Formvariante a und g auch einnehmen, sie müssen das typische Problem einer Serifenlosen lösen: die drohende Verfinsterung des Zeichens an Linieneinläufen. Im Namen des gleichmäßigen Grauwerts müssen Einläufe verjüngt werden. Wenn das nicht reicht, können die Lettern einer Reihe weiterer Schönheitsoperationen unterzogen werden. Stämme können schräg eingeschnitten oder gekrümmt werden (oder beides). Punzen können in den Stamm ragen. Bögen und Schleifen können sogar einfach offen bleiben, statt sich zu schließen.

Wie bei allen serifenlosen Zeichen spielt auch bei a und g der Strichabschluss eine bedeutende Rolle. Deren Winkel sollten mit denen von s, c und e harmonieren. Horizontale, vertikale und im 45-Grad-Winkel angelegte Strichabschlüsse drängen sich für die geometrischen Serifenlosen und Neuen Grotesk offensichtlich auf. Grotesk und humanistische Serifenlose variieren ihre Strichabschlüsse mehr oder weniger stark, um eine kalligrafische Entstehung zu simulieren.

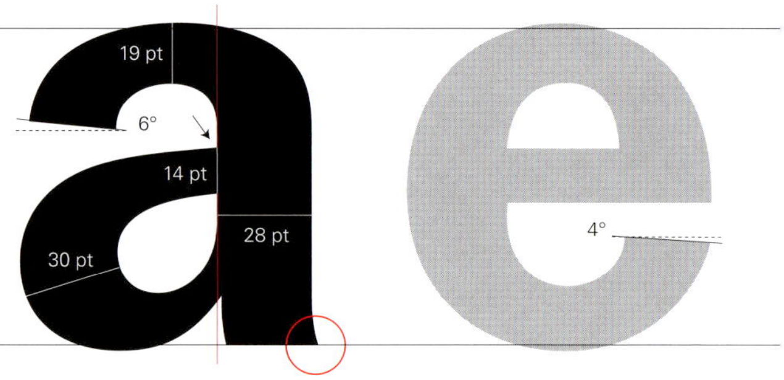

Franklin Gothic
(Grotesk)

Rest eines Endstrichs.

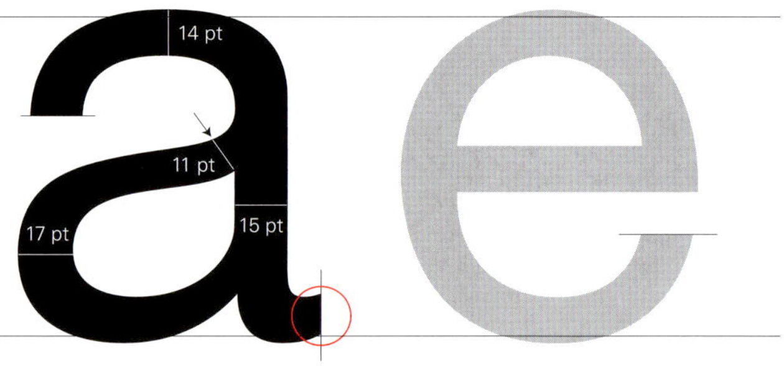

Neue Helvetica
(Neue Grotesk)

Verkürzter Endstrich.

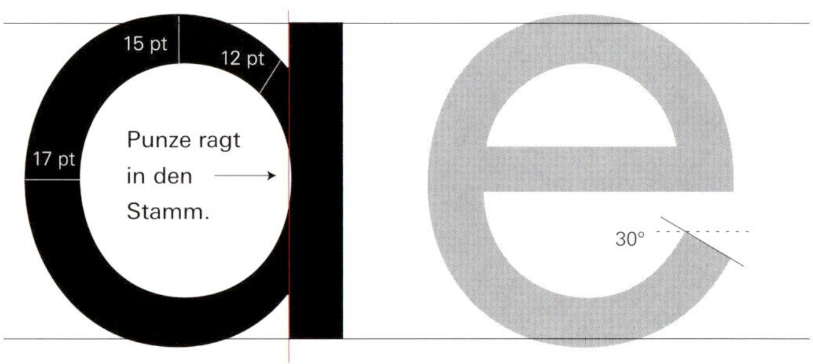

Futura
(Geometrische Serifenlose)

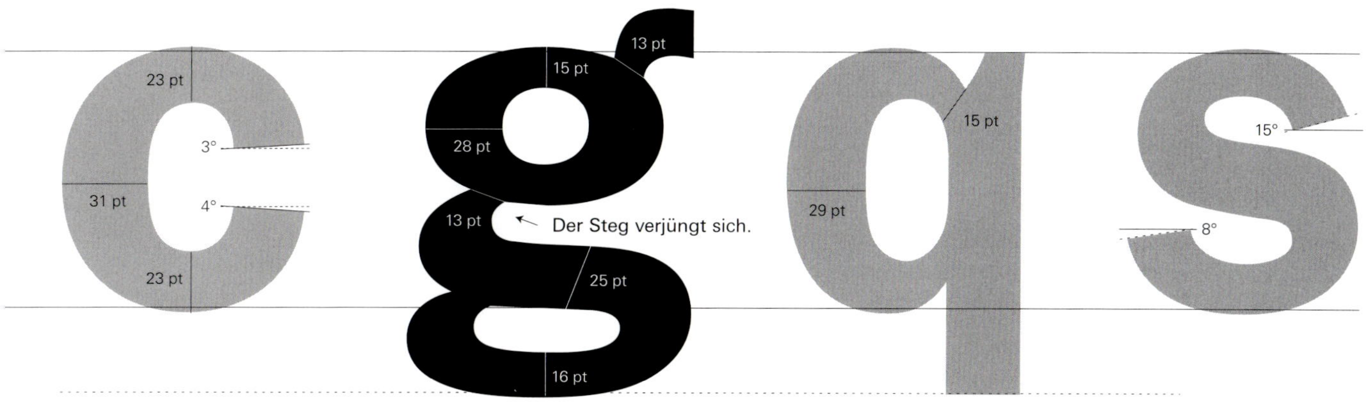
23 pt
13 pt
15 pt
3°
28 pt
31 pt
4°
15 pt
15°
29 pt
13 pt
Der Steg verjüngt sich.
8°
25 pt
23 pt
16 pt

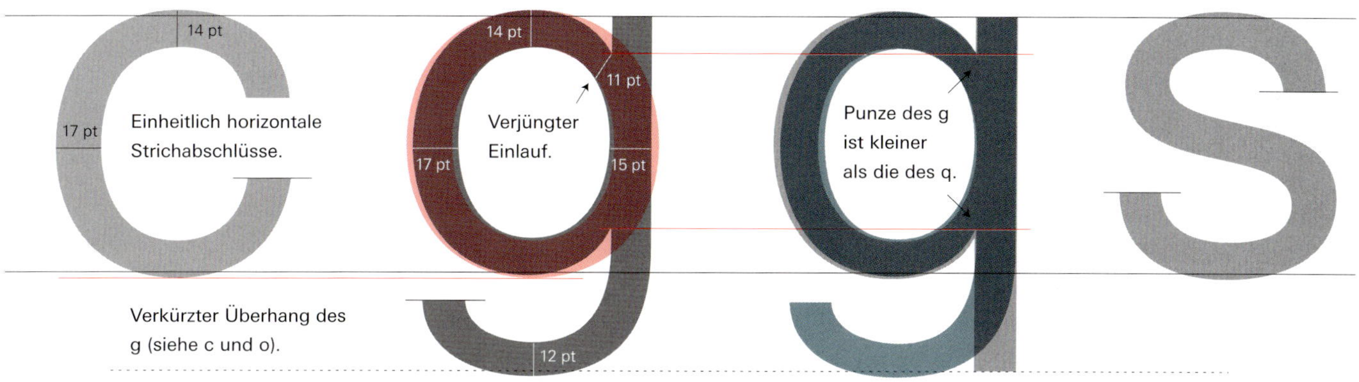
14 pt
14 pt
11 pt
17 pt
Einheitlich horizontale
Strichabschlüsse.
Verjüngter
Einlauf.
Punze des g
ist kleiner
als die des q.
17 pt
15 pt
Verkürzter Überhang des
g (siehe c und o).
12 pt

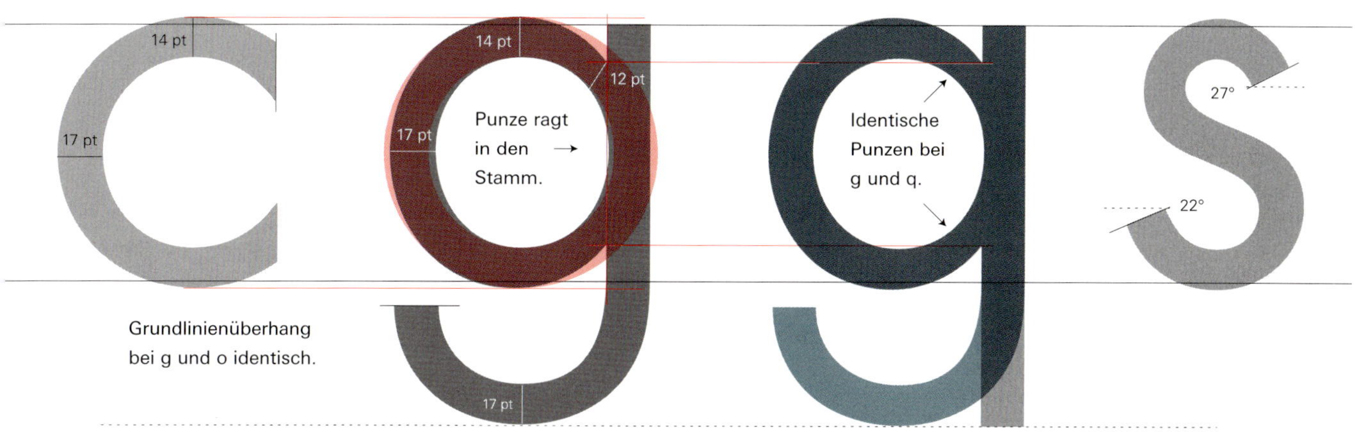
14 pt
14 pt
12 pt
27°
17 pt
17 pt
Punze ragt
in den
Stamm.
Identische
Punzen bei
g und q.
22°
Grundlinienüberhang
bei g und o identisch.
17 pt

Serifenlose Kleinbuchstaben – n, m, h, u und r

Die serifenlosen Kleinbuchstaben n, m, h, u und r können analog zu den Serifenschriften entweder symmetrisch oder asymmetrisch gestaltet werden. Die asymmetrische Gestaltung bietet einige Vorteile. Zum einen betont sie die Waagerechte und verbessert so die Lesbarkeit. Darüber hinaus erzeugt die asymmetrische Gestaltung ein gleichmäßigeres Schriftbild, weil sich durch sie die Schwerpunkte in die Ecken der Zeichen verschieben.

An den Einläufen der Bögen droht durch den Druckpunktzuwachs übermäßige Schwärzung. Die Abhilfe – das Vergrößern der Einschnitte – haben wir mehrfach erwähnt. Mögliche Wege dahin sind: ein tieferer Einschnitt, ein zum Stamm hin verjüngter Bogen sowie ein oben verjüngter oder nach außen gebogener Stamm. Auch ein glatter Einlauf in den Stamm beseitigt die Problemzone. Die dabei entstehende abstrakte Form ist zwar interessant, verschlechtert jedoch leider die Lesbarkeit, da sich beispielsweise u und o weniger deutlich unterscheiden.

In Groteskschriften und humanistischen Serifenlosen enden die Stämme von n, m, h, u und r manchmal mit einem quasi kalligrafischen Abschluss. Richtig angewendet, können solche Strichenden die Lesbarkeit fördern, da sie die Eigenständigkeit der Zeichen erhöhen. Dazu muss der Entwerfer den ästhetischen und funktionellen Einfluss der Strichabschlüsse auf das Schriftbild im Auge behalten. Besondere Formen müssen über die gesamte Schrift durchgehalten werden und sollten möglichst Gleichgewicht, Grauwert und Zurichtung der Zeichen nicht beeinträchtigen.

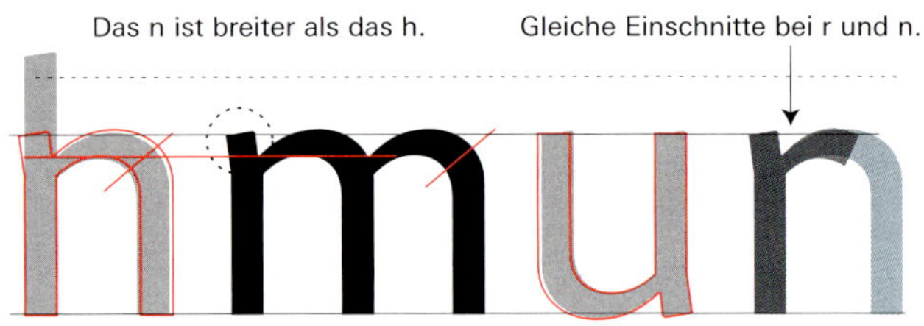

Le Monde Sans
(Humanistische Serifenlose)

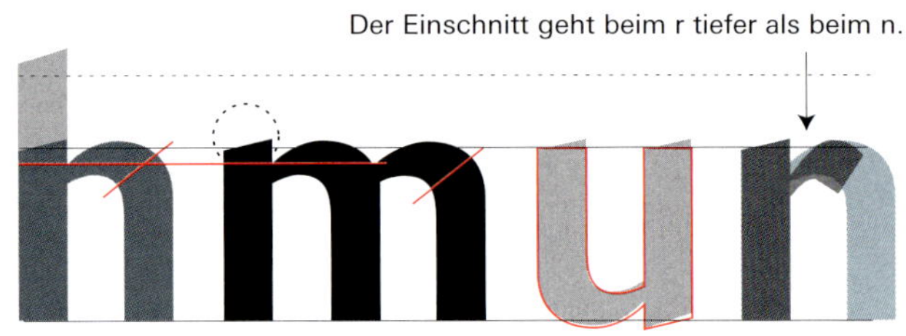

Quadraat Sans
(Humanistische Serifenlose)

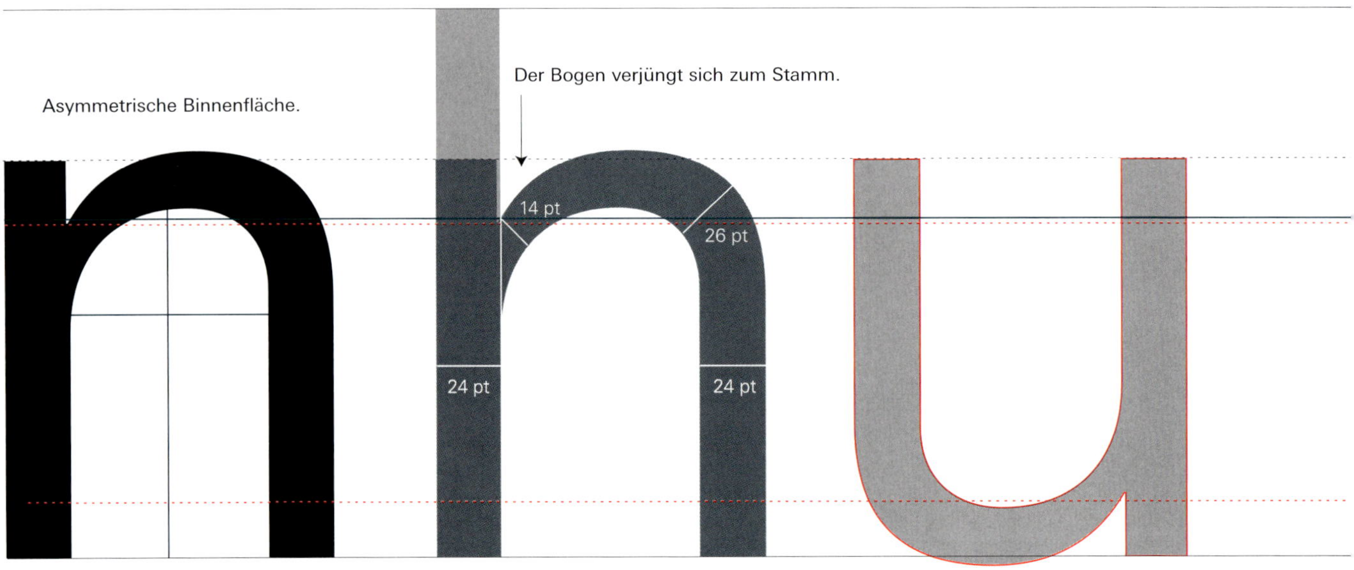

Neue Helvetica
(Neue Grotesk)

Der Bogen verjüngt
sich zum Stamm.

Unterschiedliche Bögen bei r und n.

Franklin Gothic
(Grotesk)

Das u ist breiter als das n.

Gleicher Einschnitt bei r und n.

Futura
(Geometrische Serifenlose)

Das u ist breiter als das n.

Unterschiedliche Bögen bei r und n.

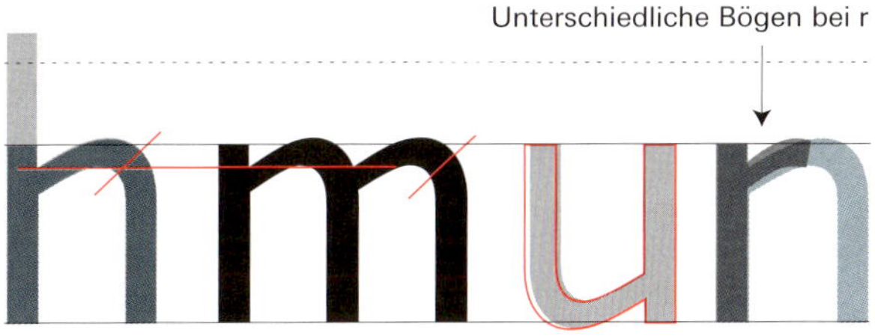

FF Eureka Sans
(Humanistische Serifenlose)

Das u ist breiter als das n.

Der Einschnitt geht beim r etwas tiefer als beim n.

Avenir
(Geometrische Serifenlose)

Identische Form bei h, n und m.

Gleich tiefe Einschnitte bei h, m und b.

Der Einschnitt
ist beim r tiefer
als beim n.

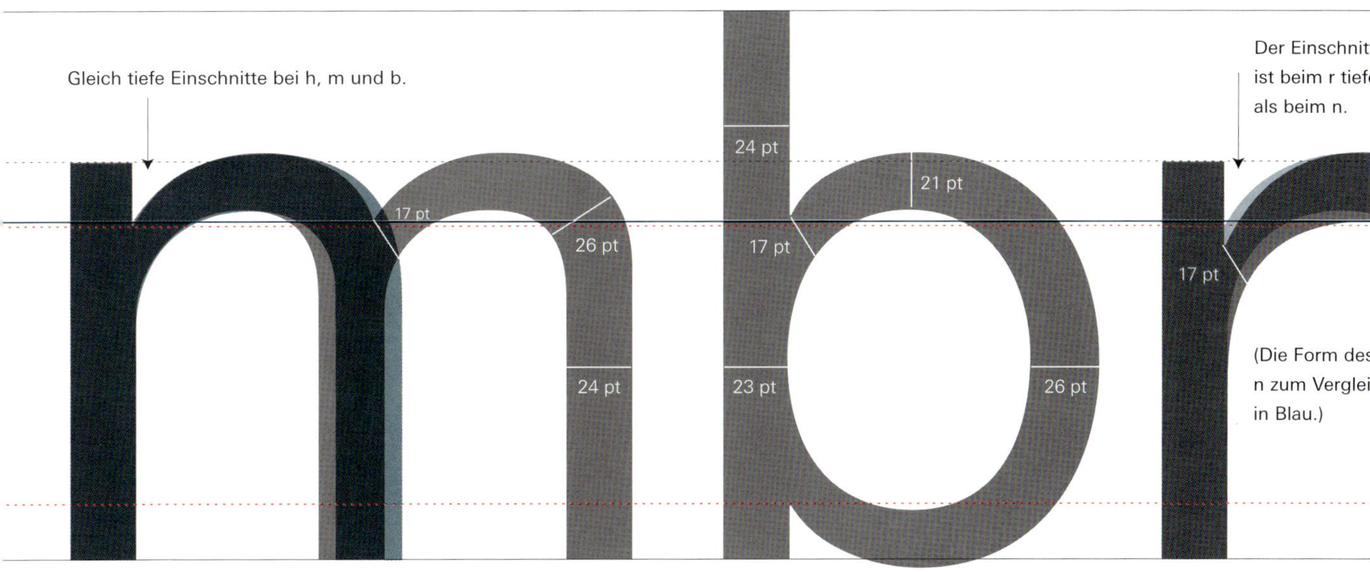

(Die Form des
n zum Vergleich
in Blau.)

Das n ist breiter als der erste Bogen des m.

Serifenlose Kleinbuchstaben – i, j, f und t

Das kleine i einer Serifenlosen ist leicht zu gestalten. Man muss sich nur für eine Punktform entscheiden – quadratisch, rechteckig, rund – und ihn über dem Stamm platzieren. Die serifenlosen Zeichen j und f hingegen sind schon etwas anspruchsvoller. Beiden fehlen die Endstriche einer Serifenschrift, die dem Gleichgewicht dieser Zeichen so dienlich sind.

Die Bögen von j und f werden senkrecht oder winklig gekappt und laufen verbreitert, stumpf oder spitz aus – je nachdem, welche Form am besten mit den anderen Strichenden harmoniert. Meist ist der Bogen des f nahezu bündig zum Querstrich. Das tut dem Gleichgewicht gut und vermeidet Zusammenstöße mit benachbarten Buchstaben. Entsprechend sollte auch das j mit geringer Breite gezeichnet werden.

Bei den Serifenlosen werden die Querstriche von f und t weniger asymmetrisch angelegt als in den Serifenschriften. Der Abschluss des Bogens am t sollte passend zu den Bögen von j und f gewinkelt werden. Wie auf Seite 98 beschrieben darf die Oberlänge des t schräg abgeschnitten enden. Sie wird jedoch in der Regel nicht mit dem Querstrich zu einem Dach verbunden. Eine Ausnahme bildet z. B. die unergründliche Gill.

In humanistischen Serifenlosen können i und j mit kurzen waagerechten Strichen am Kopf und/oder Fuß des Stammes versehen werden. Diese Querstriche machen die Zeichen unterscheidbarer und damit besser lesbar. Im Gegensatz dazu werden j und t in geometrischen Serifenlosen häufig auf ihren senkrechten Stamm reduziert. Das mag dem Geist der geometrischen Abstraktion entsprechen, der Lesbarkeit ist diese Verstümmelung eher abträglich.

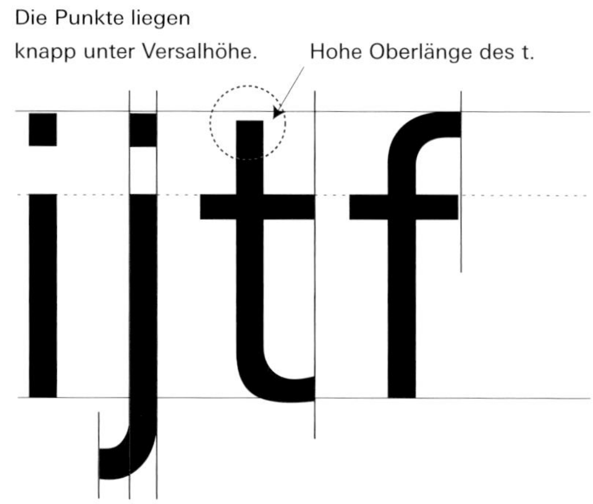

News Gothic
(Grotesk)

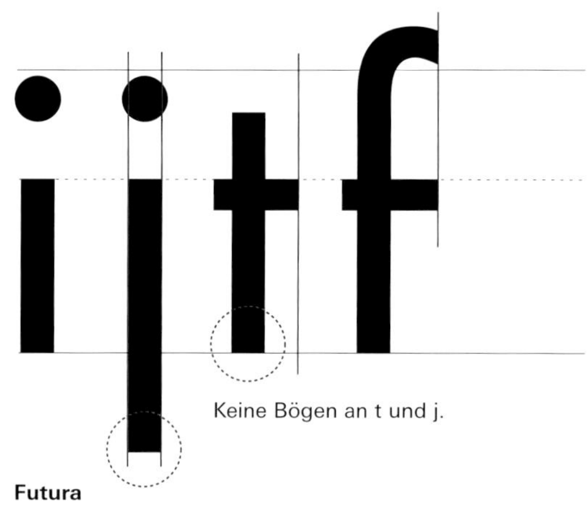

Futura
(Geometrische Serifenlose)

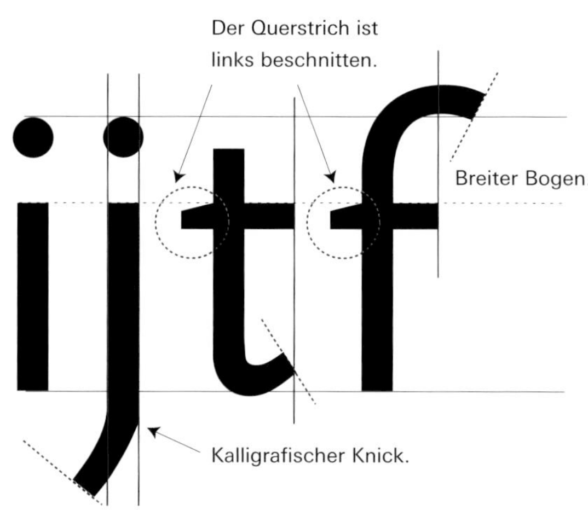

Scala Sans
(Humanistische Serifenlose)

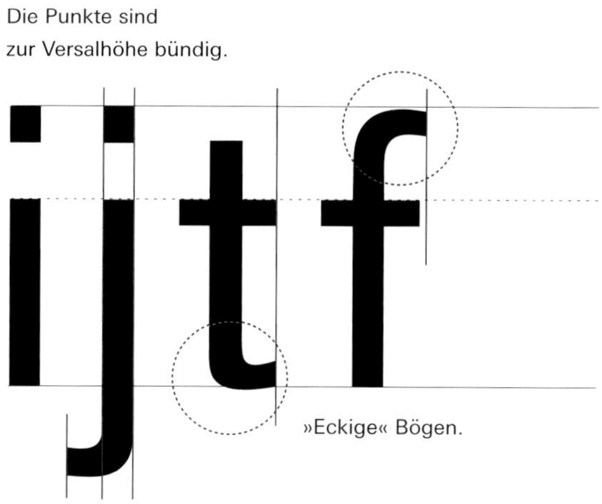

Akzidenz Grotesk
(Grotesk)

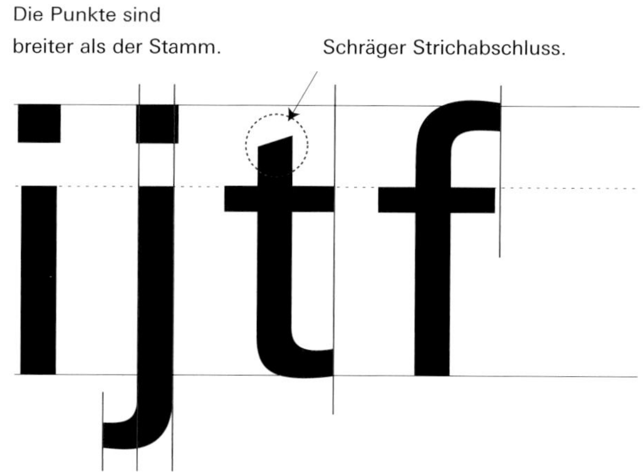

Univers
(Neue Grotesk)

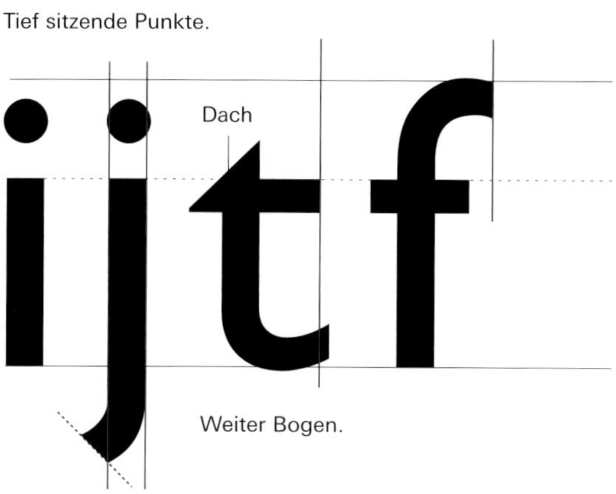

Gill Sans
(Geometrische/Humanistische Serifenlose)

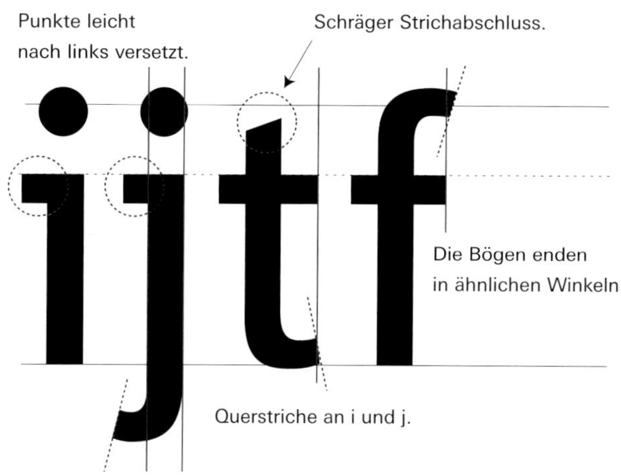

Vialog
(Humanistische Serifenlose)

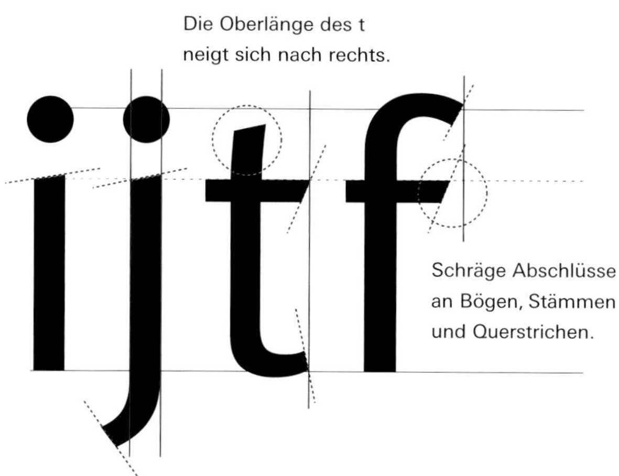

Meta Plus
(Humanistische Serifenlose)

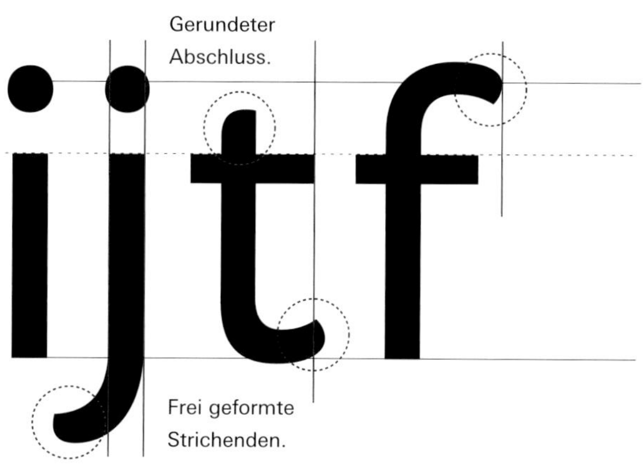

FF Strada
(Humanistische Serifenlose)

Serifenlose Kleinbuchstaben – v, w und y

Die Minuskeln v und w sind einfach kleine Versionen ihrer großen Geschwister, das y hingegen unterscheidet sich durch seine Unterlänge. Die obere Hälfte des y wird von einem verschmälerten v gebildet, die rechte Diagonale mündet in eine gerade oder gebogene Diagonale.

Die gebogene Unterlänge endet meist in einem senkrechten oder schrägen Abschluss. Er sollte mit anderen Strichenden verwandt sein.

Die Unterlänge des y sollte möglichst in etwa bündig mit der linken Diagonalen abschließen. Ein schmales y vermeidet Karambolagen mit Nachbarzeichen und ist leichter zuzurichten.

In Serifenlosen mit großer x-Höhe sind die Unterlängen oft zu kurz, um dem y eine gefällige Proportion zu geben. In diesen Fällen sollte der Schnittpunkt der Diagonalen nach oben verschoben werden, um die Unterlänge des y proportional zu vergrößern. Bestimmte humanistische Serifenlose (z. B. die Meta) weisen einen kleinen Versatz am Schnittpunkt der Diagonalen auf. Diese kleine Stufe dient funktionellen wie formalen Zwecken. Sie wirkt zum einen wie andere Einschnitte dem Druckpunktzuwachs entgegen und gibt dem Zeichen zum anderen auf subtile Weise einen kalligrafischen Unterton.

Geometrische Serifenlose zeichnen die Unterlänge des y in der Regel mit einem sehr kleinen Bogen oder völlig gerade. Diese sachliche Gestaltung unterstreicht sowohl die dreieckige Struktur des y als auch die geometrische Konzeption dieses Stils. Allerdings wirft diese Form häufig Probleme in der Zurichtung auf, da sich das y auf Grund der in geometrischen Serifenlosen großen Unterlänge weit nach links ausstreckt.

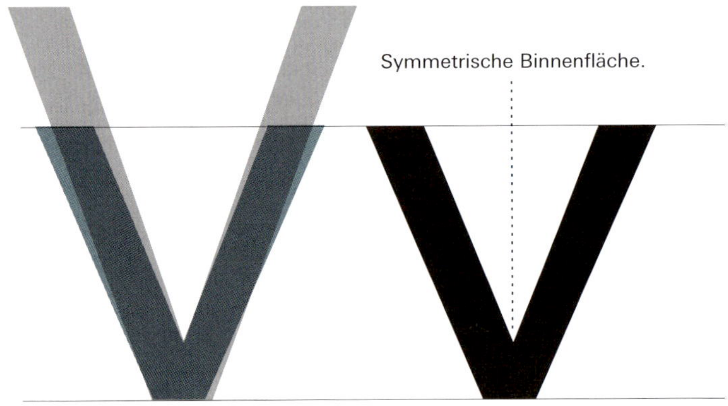

Univers
(Neue Grotesk)

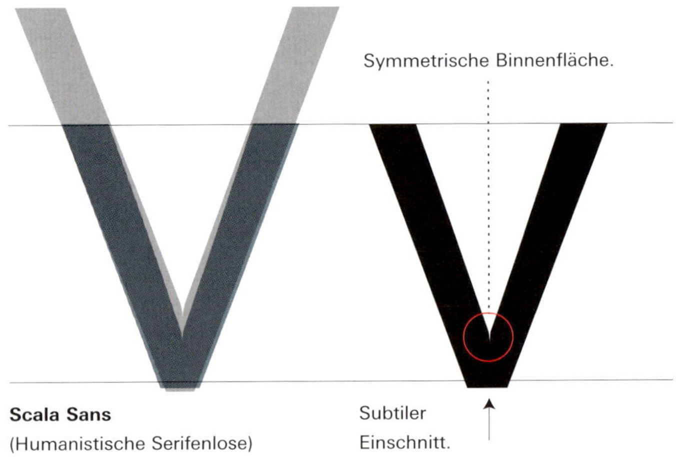

Scala Sans
(Humanistische Serifenlose)

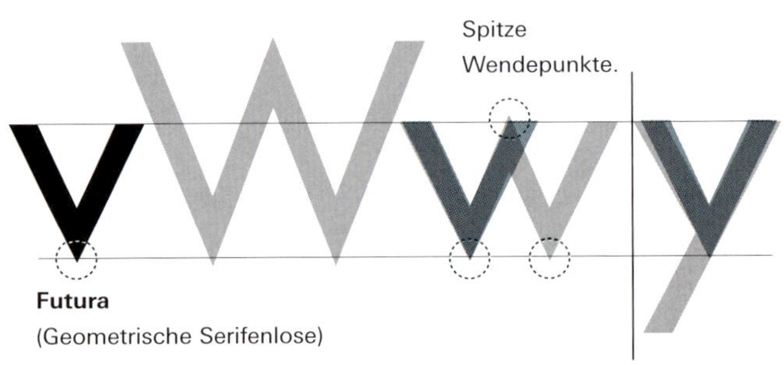

Futura
(Geometrische Serifenlose)

Franklin Gothic
(Grotesk)

Akzidenz Grotesk
(Grotesk)

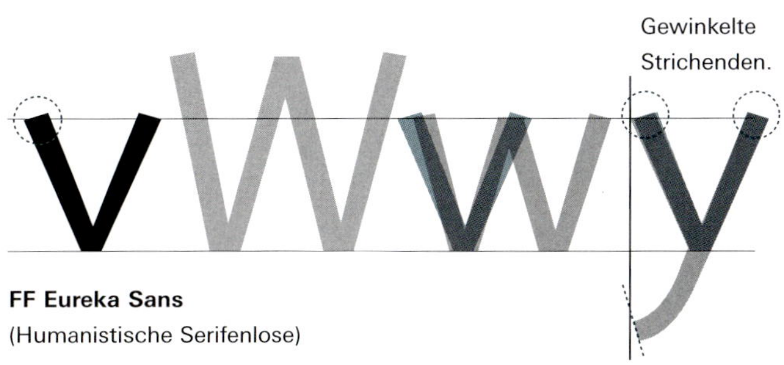

FF Eureka Sans
(Humanistische Serifenlose)

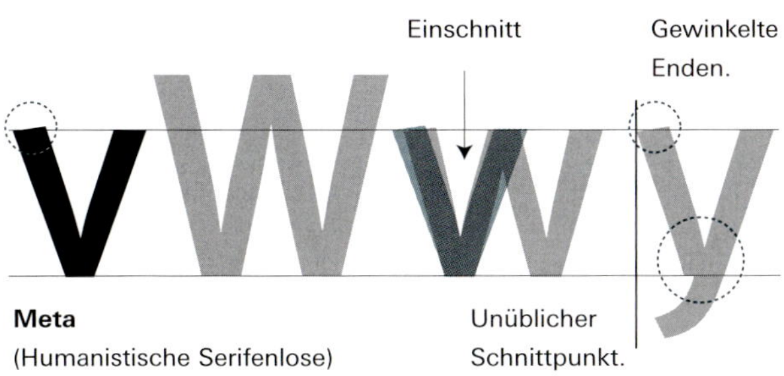

Meta
(Humanistische Serifenlose)

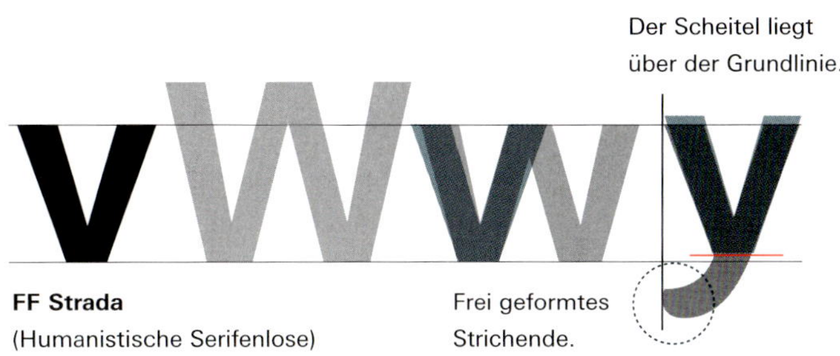

FF Strada
(Humanistische Serifenlose)

Serifenlose Kleinbuchstaben – k, x und z

Wie v und w stellen auch x und z verkleinerte Versionen der Großbuchstaben dar. In der einen oder anderen Schrift können jedoch kleinere Unterschiede zwischen dem großen und kleinen z auftreten, besonders wenn die Schrift ungewöhnliche Strichabschlüsse verwendet.

Die Diagonalen des k werden meist beim Kleinbuchstaben wie beim Großbuchstaben verbunden. Obwohl die einfache Verbindung ein unregelmäßigeres Schriftbild hervorruft, bevorzugen viele Entwerfer diese Variante ob ihrer grafischen Schlichtheit – besonders bei geometrischen Serifenlosen. Darüber hinaus ermöglicht die einfache Verbindung einen annähernd gleichen Winkel der Diagonalen bei k und x. Diese Ähnlichkeit verstärkt die Einheitlichkeit der diagonalen Zeichen und damit der gesamten Schrift.

Bau
(Grotesk)

Die **Meta Bold** besitzt verschiedene Strichabschlüsse beim großen und beim kleinen z.

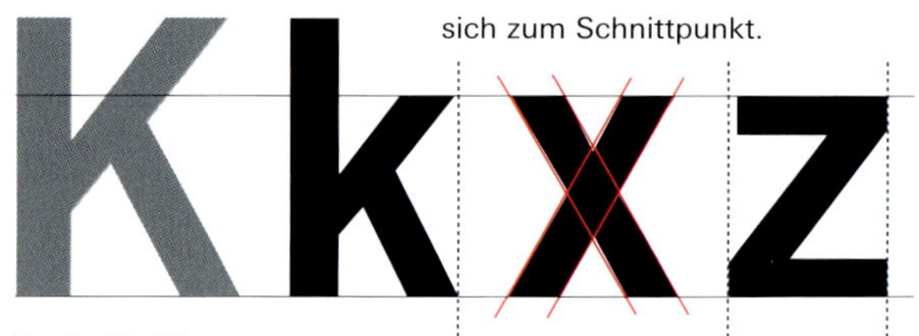

Trade Gothic
(Grotesk)

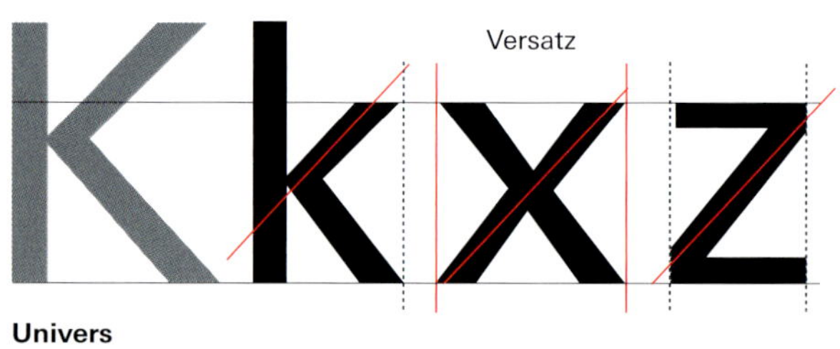

Univers
(Neue Grotesk)

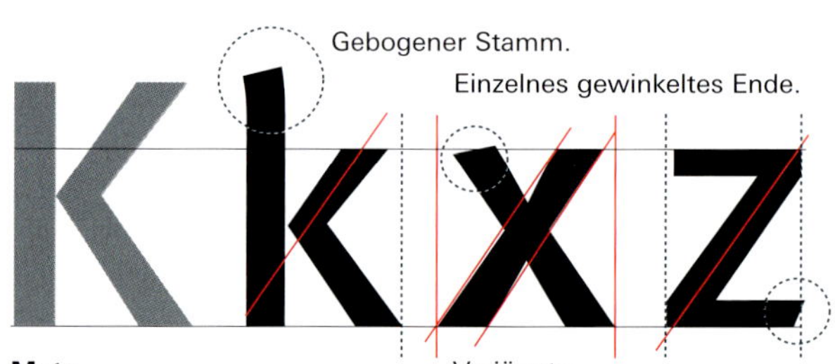

Meta
(Humanistische Serifenlose)

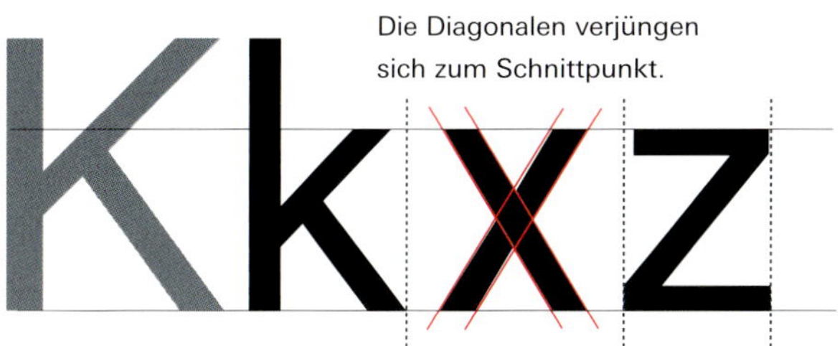

Akzidenz Grotesk
(Grotesk)

Neue Helvetica
(Neue Grotesk)

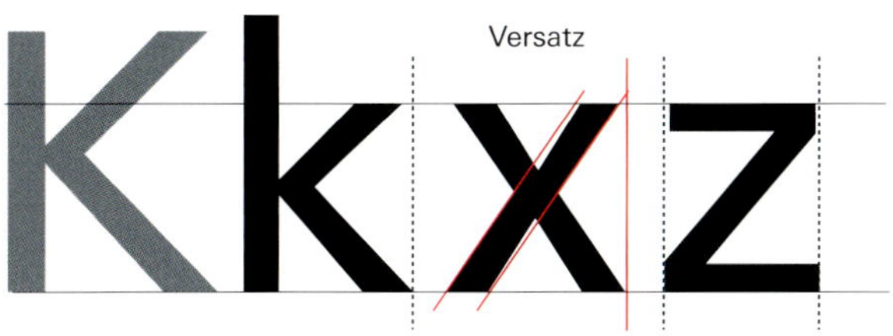

Frutiger
(Humanistische Serifenlose)

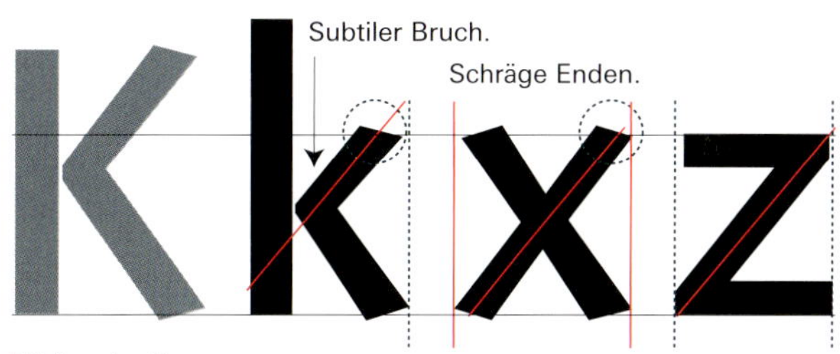

FF Eureka Sans
(Humanistische Serifenlose)

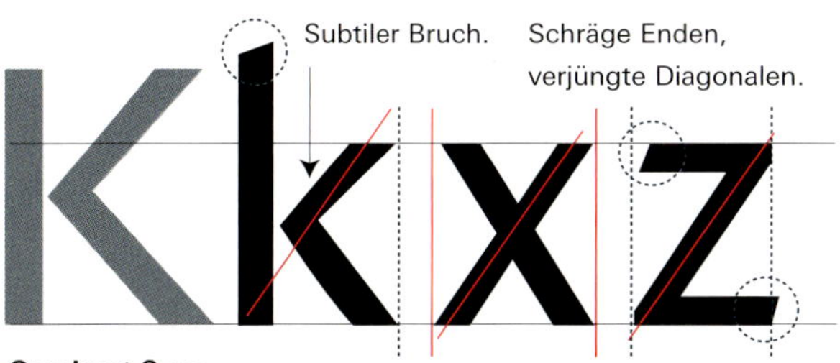

Quadraat Sans
(Humanistische Serifenlose)

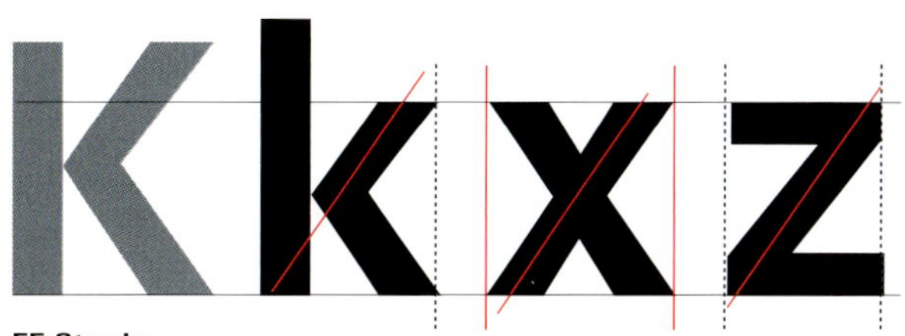

FF Strada
(Humanistische Serifenlose)

All typography is an arrangement
of elements in two dimensions.
The right placing of words and lines
is as important as the creation of
significant and effective contrasts,
and is an integral part of it. As type
today stands by itself, without
the addition of ornament, we have

Studentischer Entwurf von Rachel Blakley, Alice Piccola und Emily Voreis:
Eine serifenlose Schrift für die Gemeinde von Minneapolis, Minnesota.

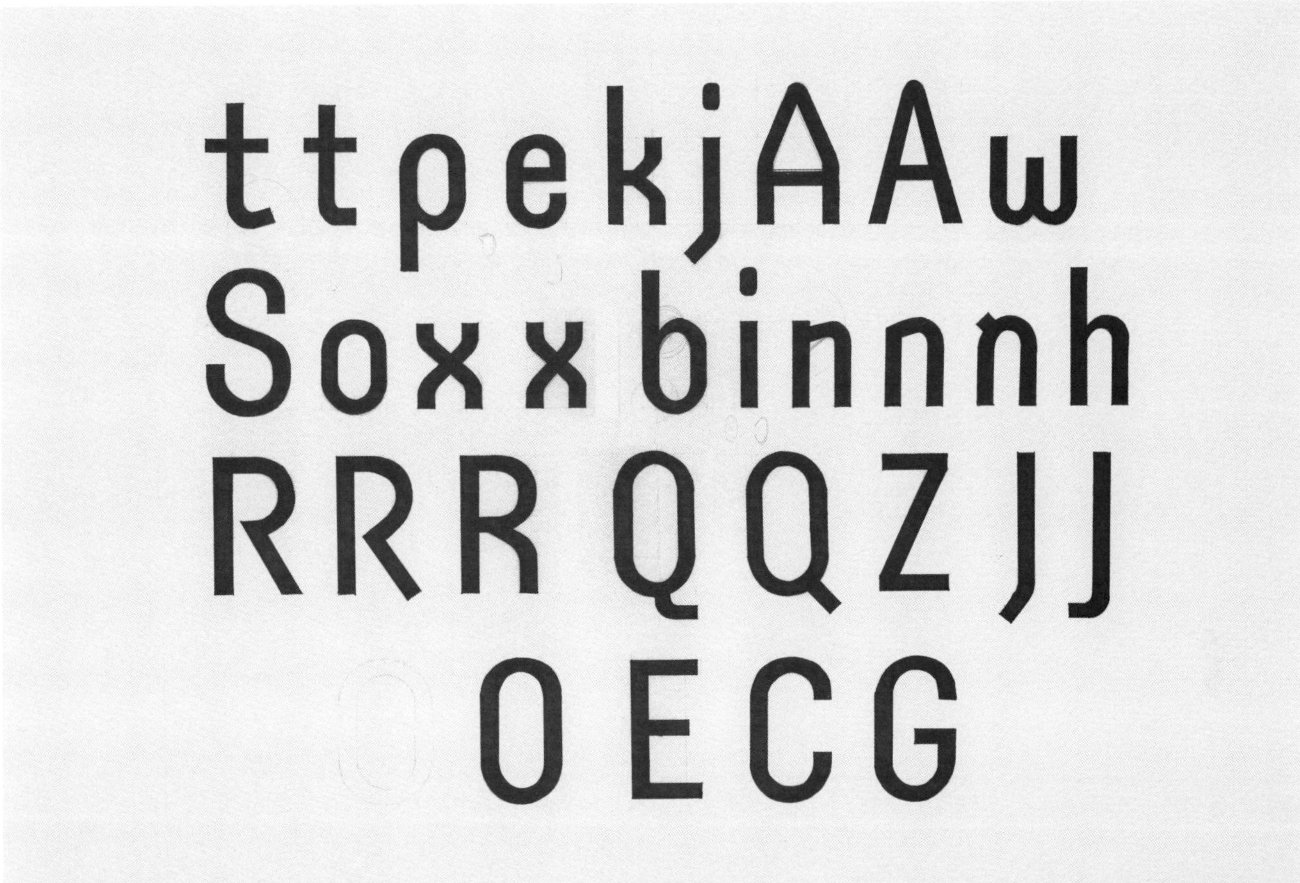

Studentischer Entwurf von Daniel Johnston:
Arbeitsskizze zu einer geometrischen Serifenlosen.

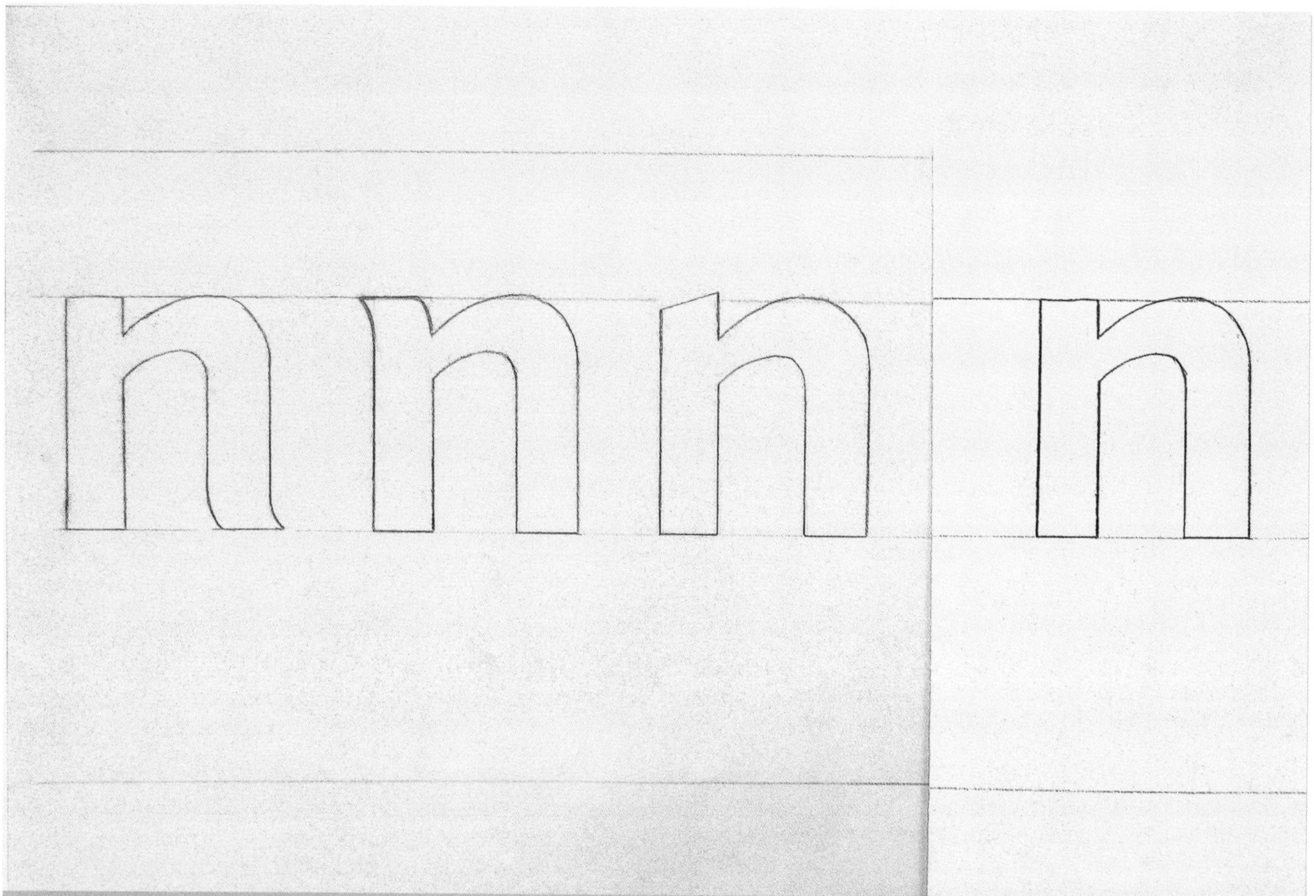

Studentischer Entwurf von Zachary Shallcross:
Der linke Stamm eines kleinen n kann oben gerade, schräg oder gebogen angelegt werden.
Das kleine g sollte mit den anderen Zeichen harmonieren.

Studentischer Entwurf von Lesley Liu:
Ein Versuch, Merkmale asiatischer Kalligrafie mit lateinischen Zeichen zu vereinen.
Die Schwünge sind fett, aber kurz gehalten, um die Zurichtung nicht zu behindern.

Studentischer Entwurf von Andrew Allen, Karisa Meyer und Stephanie Pride:
Eine humanistische Serifenlose für die Gemeinde von San Francisco, Kalifornien.

Ziffern

Ziffern

Während die Buchstaben unseres lateinischen Alphabets tatsächlich der antiken römischen Kultur entstammen, sind unsere so genannten arabischen Ziffern eigentlich indischer Herkunft*. Die Römer verwendeten zur Darstellung von Zahlenwerten ein kompliziertes Buchstabensystem, das in fast jeder Hinsicht als zumindest unhandlich bezeichnet werden kann. Durch die Übernahme der so genannten arabischen Ziffern vereinfachten sich Rechenvorgänge enorm. Buchhaltung und wissenschaftliche Kalkulation wurde lesbarer, effizienter und wirtschaftlicher.

Mitte des 16. Jahrhunderts hatten sich die arabischen Ziffern praktisch in ganz Europa durchgesetzt. Das ist zu einem guten Teil der normativen Kraft der Druckerpresse zu verdanken, die für die Verbreitung einheitlicher Drucksachen sorgte. Aus Sicht des Schriftentwurfs waren die Ziffern jedoch noch wenig entwickelt. Die meisten Drucker verwendeten nur einen generischen Ziffernsatz für alle Schriften. Den Entwurf des ersten zu einem Schriftschnitt passenden Ziffernsatzes schreibt man dem französischen Schriftentwerfer Claude Garamond zu. Garamonds Ziffern waren zum Gebrauch im fortlaufenden Text gedacht und hatten daher Ober- und Unterlängen sowie den Kleinbuchstaben ähnelnde Proportionen. Diese Ziffernvariante, Mediävalziffern genannt (auch als Minuskelziffern, gemeine Ziffern oder *oldstyle figures* bezeichnet), wird noch heute verwendet. Im Allgemeinen zeichnet man sie etwas größer als die Kleinbuchstaben, um Verwechslungen zwischen ähnlich geformten Buchstaben und den Ziffern zu vermeiden, z. B. der Null und dem kleinen o. In ähnlicher Absicht sind auch die Unterlängen der Mediävalziffern meist kürzer als bei den Minuskeln. In der Regel werden 0, 1 und 2 als kleine Zeichen, 3, 4, 5, 7 und 9 mit einer Unterlänge sowie 6 und 8 mit einer Oberlänge entworfen. Auch diese Regel hat Ausnahmen. Bei der gebräuchlichsten Ausnahme werden 3 und 5 mit Oberlänge gezeichnet.

Im 18. Jahrhundert veränderte die industrielle Revolution die typografische Landschaft. Als Antwort auf die Bedürfnisse der neuen Kundschaft und die Bedingungen neuer Medien entwickelten die Drucker größere Ziffern, die Versalziffern (auch Majuskelziffern oder *lining figures* genannt). Versalziffern werden geringfügig kleiner und leichter entworfen als Großbuchstaben, damit sie im Text nicht so sehr auffallen. Als die Versalziffern in Mode kamen, glaubte man, dass deren größere Gestalt die Lesbarkeit

Die Versalziffern sind etwas kleiner als die Versalhöhe.

I0123456789

Meta
(Humanistische Serifenlose)

Die Versalziffern sind in Versalhöhe angelegt.

I0123456789

Le Monde Livre
(Übergangsantiqua)

* Die Bezeichnung »arabische Ziffern« ist falsch. Diese Ziffern können bereits zwischen 264 und 230 vor Chr. in Indien nachgewiesen werden. Nach Europa gelangten sie durch Kaufleute, die mit arabischen Ländern Handel trieben.

** Siehe: *The Relative Legibility of Modern and Old Style Numerals,* Journal of Experimental Psychology, Vol. 13, S. 453–461, 1930.

fördern würde. In seiner Forschungsarbeit aus dem Jahr 1930** konnte Miles Tinker jedoch das Gegenteil beweisen. Mediävalziffern sind tatsächlich besser lesbar, sowohl einzeln als auch in Gruppen. Viele Gestalter bevorzugen sie jedoch schlicht wegen ihrer größeren formalen Lebendigkeit.

Dennoch haben Versalziffern ihren Platz in der modernen Typografie. Ihre Formen harmonieren mit den Großbuchstaben und ihr einheitliches Auftreten vermittelt das Gefühl von Ordnung. Die Kombination von Postleitzahlen, Haus- und Telefonnummern auf Geschäftskarten sieht häufig aufgeräumter und ansprechender aus, wenn man Versalziffern verwendet.

Daher spricht heutzutage alles dafür, mehrere Ziffernsätze zu einer Schrift zu entwerfen. Als Ende des 19. Jahrhunderts der mechanische Zeilensatz eingeführt wurde, übernahm man aus wirtschaftlichen Überlegungen nur die Versalziffern. Unglücklicherweise waren zu dieser Zeit Mediävalziffern gerade nicht in Mode.

Glücklicherweise ändern sich die Zeiten und Technologien. Die modernen digitalen Werkzeuge ermöglichen uns, mehrere Ziffernsätze in eine Schrift aufzunehmen. Heute enthalten digitale Zeichensätze häufig vier verschiedene Ziffernsätze: Versal- und Minuskelziffern, jeweils als Text- und Tabellenziffern zugerichtet. Tabellenziffern (auch: dicktengleiche Ziffern, *monospaced* oder *tabular figures*) sind, wie der Name schon sagt, für Tabellen gemacht. Dabei steht jede Ziffer zentriert in einem Halbgeviert, damit die Zahlen in Berechnungen mittig übereinander stehen. Bei der Verwendung im Text reißen Tabellenziffern jedoch unausweichlich große Lücken – hierfür sind die Textziffern vorgesehen.

Unlängst betrat eine neue Ziffernvariante die typografische Arena. Hybride Ziffern besitzen sehr kurze Ober- und Unterlängen. Ihre Größe rangiert irgendwo zwischen Klein- und Großbuchstaben. Daher weisen die hybriden Ziffern ein weniger lebendiges Schriftbild auf als Minuskelziffern. Sie sind jedoch nicht so streng wie Versalziffern. Ob diese Variante akzeptiert wird, muss sich noch erweisen. Manche kritisieren sie für ihre unentschlossene Erscheinung, andere begrüßen sie als simplen visuellen Kompromiss.

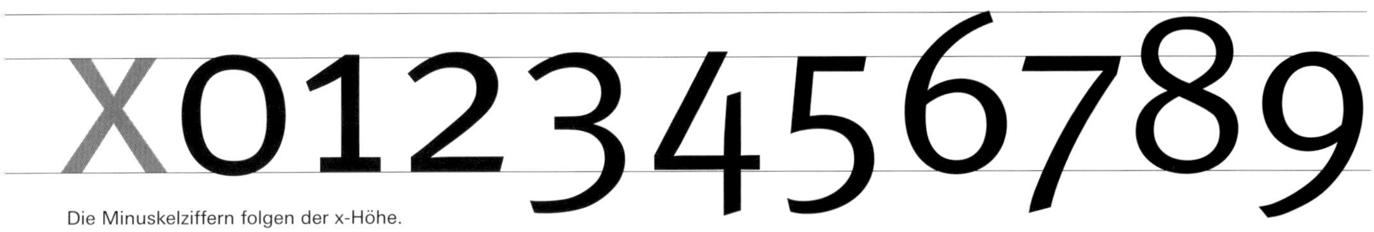

Die Minuskelziffern folgen der x-Höhe.

Die Minuskelziffern sind etwas größer als die x-Höhe.

Die Null und die Eins

Die Null kann leicht mit dem Groß- bzw. Kleinbuchstaben o verwechselt werden. Indem wir die Ziffern mit einer von den Buchstaben abweichenden Größe zeichnen, können wir dieser Gefahr aus dem Weg gehen. Wie wir schon auf den vorigen Seiten gesehen haben, gestalten viele Entwerfer die Versalziffern kleiner als die Versalien und die gemeinen Ziffern größer als die Kleinbuchstaben.

Die versale Null unterscheidet sich zusätzlich durch eine schmalere und leichtere Gestaltung vom großen O. Im Idealfall liegt die Dichte der Null zwischen den Groß- und Kleinbuchstaben. In Schriften mit geneigter Achse darf auch die kapitale Null mit einem kalligrafischen Dreh gezeichnet werden (wie z. B. in der Apollo oder der Méridien).

Wie die große Null erhält auch die gemeine Variante eine andere Breite, um der Verwechslung zu entgehen. Allerdings wird die Minuskelziffer eher verbreitert. In bestimmten Schriften, insbesondere den Renaissance-Antiqua, sieht sie sogar aus wie ein strichstärkengleicher Kreis. Natürlich handelt es sich dabei nicht um einen Kreis, und gleich sind die Strichstärken auch nicht. Wegen der schon erwähnten visuellen Bevorzugung der Waagerechten ist das Zeichen etwas höher als breit und es besitzt sehr wohl einen subtilen Kontrast. Erst durch diese Feinjustage entsteht der Eindruck einer echten geometrischen Form.

Die große Eins ist kein kleines L. Oben trägt sie eine lange, nach links weisende Nase. Diese kann waagerecht oder diagonal, gerade oder gebogen, spitz oder stumpf zulaufend gestaltet werden. In den Serifenschriften steht die Eins auf einer breiten Serife. Sogar in serifenlosen Schriften kann diese Serife als Querstrich zitiert werden.

Bei den Mediävalziffern existieren zwei Varianten der kleinen Eins. Besonders in Renaissance-Antiqua kann die Eins als kleine römische Ziffer mit oberer und unterer Serife entworfen werden. Alternativ kann die kleine Eins als verkleinerte Version der großen Eins gezeichnet werden. In diesem Fall kann es erforderlich sein, die Nase den unterschiedlichen Proportionen anzupassen.

Mrs. Eaves: Null, Eins und Zwei sind die einzigen kleinen Zeichen unter den Mediävalziffern.

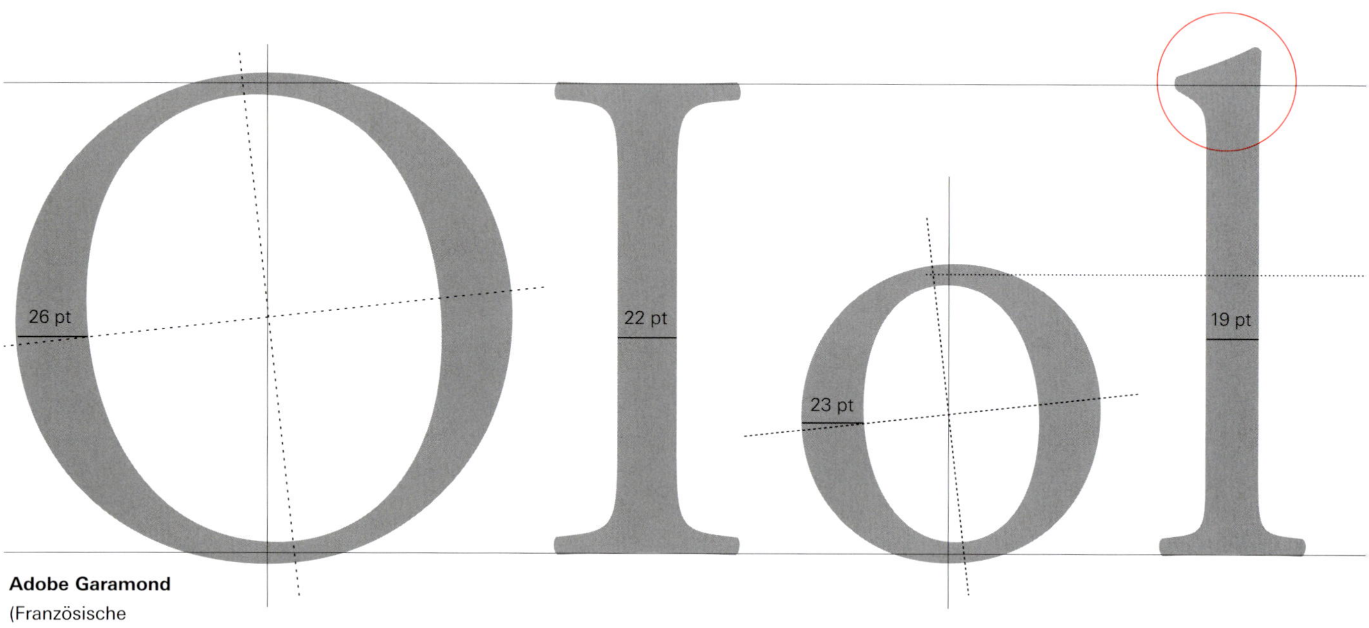

Adobe Garamond
(Französische Renaissance-Antiqua)

Die Versalziffern sind kleiner als die Versalhöhe.

Die Mediävalziffern sind größer als die x-Höhe.

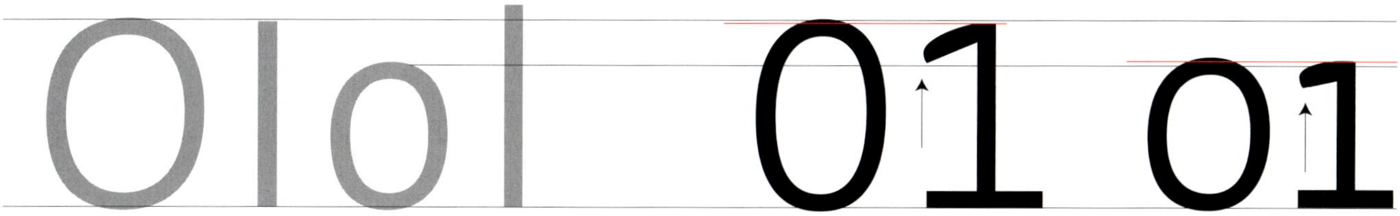

FF Strada
(Humanistische Serifenlose)

Ungewöhnliche, gerundete Nase an der versalen und gemeinen Eins.

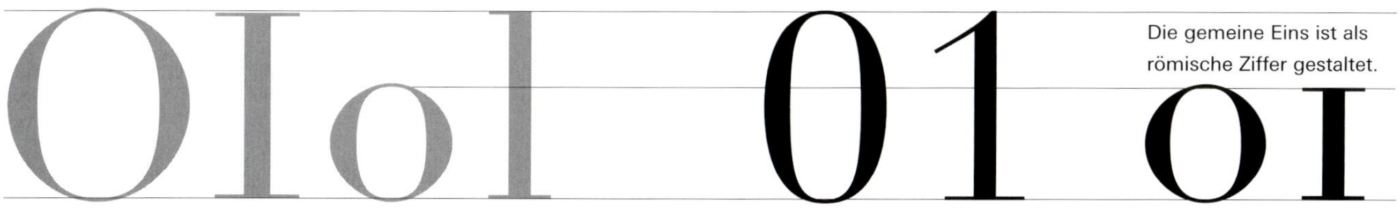

Die gemeine Eins ist als römische Ziffer gestaltet.

Didot
(Klassizistische Antiqua)

Versalziffern in Versalhöhe.

Die Mediävalziffern in x-Höhe.

Adobe Garamond (links) und **DTL Albertina** (rechts):
Die Nase der Eins (schwarz) ist länger und fetter als die Serife des kleinen L (blau).

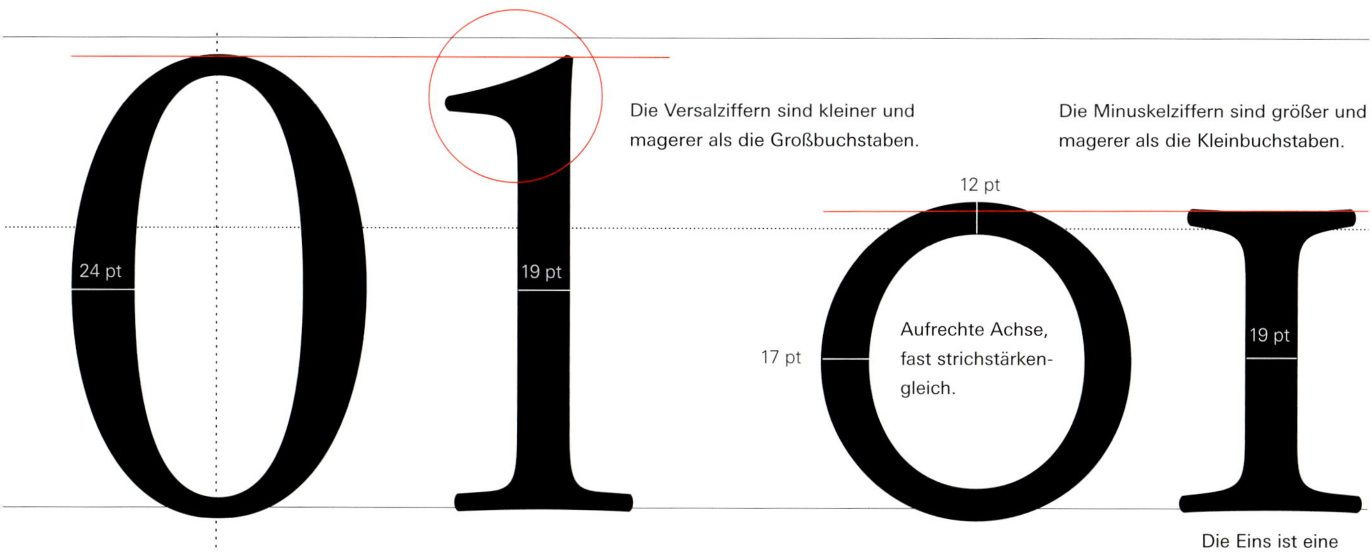

Die Versalziffern sind kleiner und magerer als die Großbuchstaben.

Die Minuskelziffern sind größer und magerer als die Kleinbuchstaben.

Die Eins ist eine römische Ziffer.

Die Gestaltung der Eins hat sich unter eher funktionellen denn ästhetischen Gesichtspunkten entwickelt. Die Nase und die Serifen machen die Ziffer unterscheidbarer und damit lesbarer. Darüber hinaus eignet sich die oben und unten verbreiterte Eins besser zur Tabellenziffer, da ihre schmale Gestalt sonst auf dem Halbgeviert doch etwas verloren wirken würde.

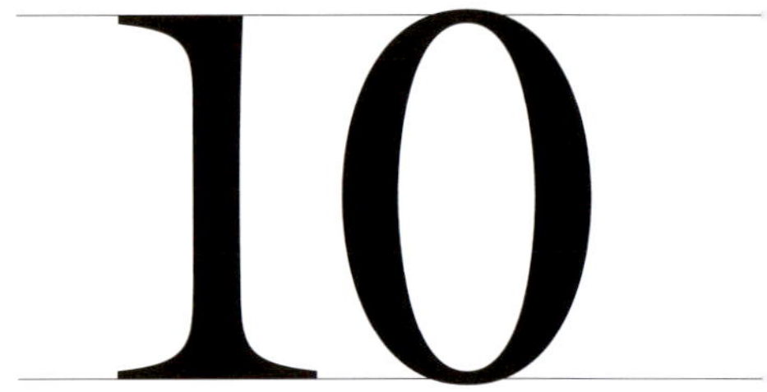

Galliard
(Französische Renaissance-Antiqua)

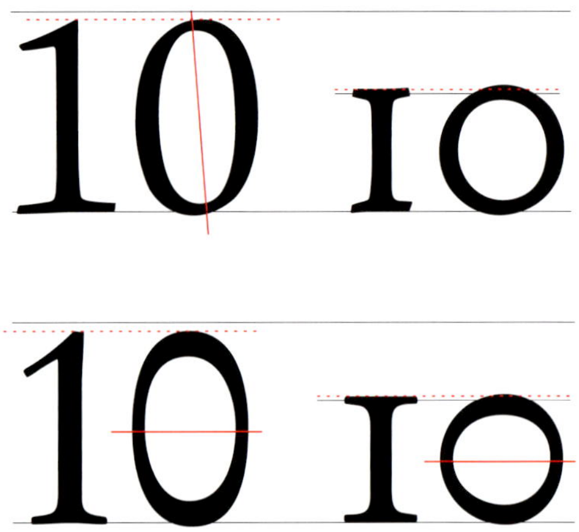

In der **Adobe Jenson** (oben) weist die große Null eine geneigte Achse auf. In der **Stempel Garamond** (unten) sind beide Nullen horizontal betont. In beiden Schriften sind die Versalziffern kleiner als die Großbuchstaben und die Minuskelziffern größer als die Kleinbuchstaben.

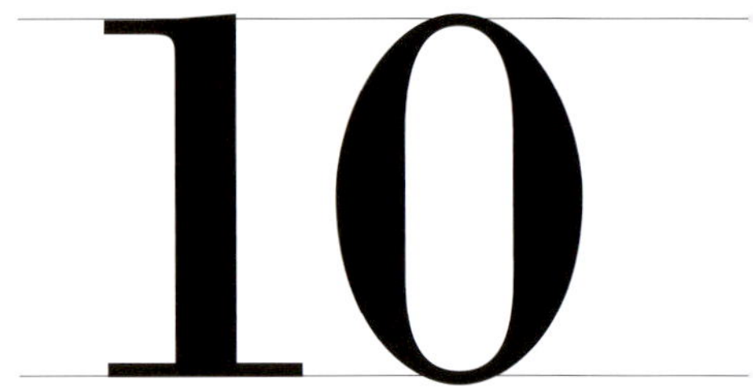

Bodoni
(Klassizistische Antiqua)

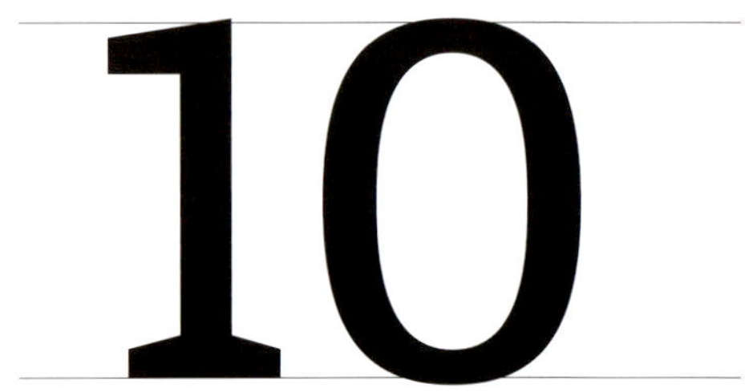

Olsen
(Serifenbetonte Antiqua)

Futura
(Geometrische Serifenlose)

Geneigte Achse.

10

Apollo
(Übergangsantiqua)

Geneigte Achse.

10

Méridien
(Übergangsantiqua)

10

New Baskerville
(Übergangsantiqua)

10

Centennial
(Serifenbetonte Antiqua)

10

New Century Schoolbook
(Serifenbetonte Antiqua)

Waagerechte Nase.

10

Rockwell
(Serifenbetonte Antiqua)

10

Trade Gothic
(Grotesk)

10

Univers
(Neue Grotesk)

10

Helvetica
(Neue Grotesk)

Geneigte Achse.

10

Le Monde Sans
(Humanistische Serifenlose)

Querstrich am Fuß.

10

Meta
(Humanistische Serifenlose)

Gar keine Nase.

10

Gill Sans
(Humanistische Serifenlose)

Die Zwei

Die große und die kleine Zwei besitzen die gleiche Struktur. Die kleine Zwei wird passend zur kleinen Null gezeichnet.

Die wesentlichen Teile der Zwei sind der große, obere Bogen sowie die auf der Grundlinie ruhende waagerechte oder geschweifte Basis. In einer Serifenschrift werden meist beide Strichenden mit einer Serife (Kugel, Tropfen usw.) verziert. In den Serifenlosen enden die Striche analog zu den Buchstaben.

Die Öffnung der Zwei sollte vergleichbar zu den Öffnungen von s, c und a gezeichnet werden. Für den Bogen stehen uns zwei Varianten zur Verfügung: zum einen die gerade Diagonale und zum anderen die kurvige Form. In beiden Varianten kann der Bogen mit geneigter oder aufrechter Achse gestaltet werden.

Die Zwei steht am stabilsten, wenn der auf der Grundlinie liegende, fette Balken (bzw. der Schweif) breiter ist als der Bogen. Obwohl es sich um einen fetten Strich handelt, sollte seine Strichstärke geringer sein als die Grundstrichstärke. Wir erinnern uns: Horizontale sehen bei gleicher Strichstärke fetter aus als Senkrechte. Die verminderte Strichstärke entschärft auch das Dichteproblem am Schnittpunkt von Bogen und Balken.

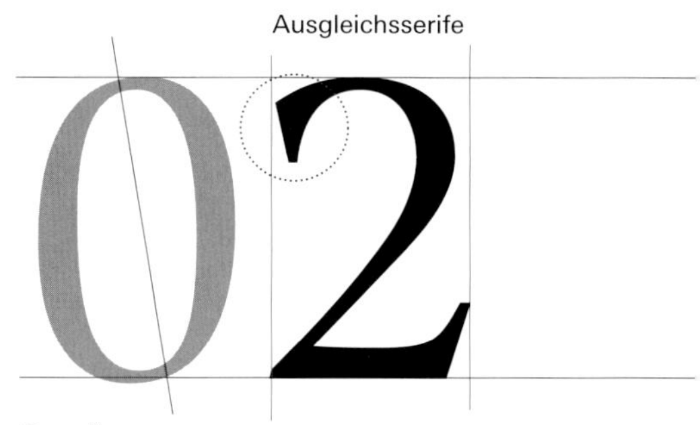

Guardi
(Venezianische Renaissance-Antiqua)

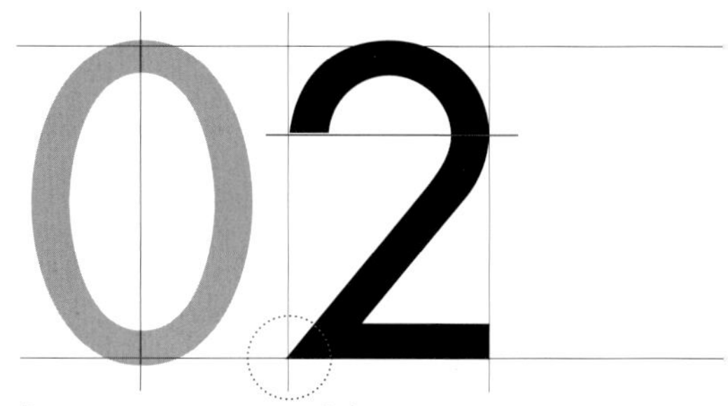

Futura
(Geometrische Serifenlose)

Sowohl in Serifenschriften als auch in Serifenlosen ist der Bogen der Zwei etwas fetter als in der Null.

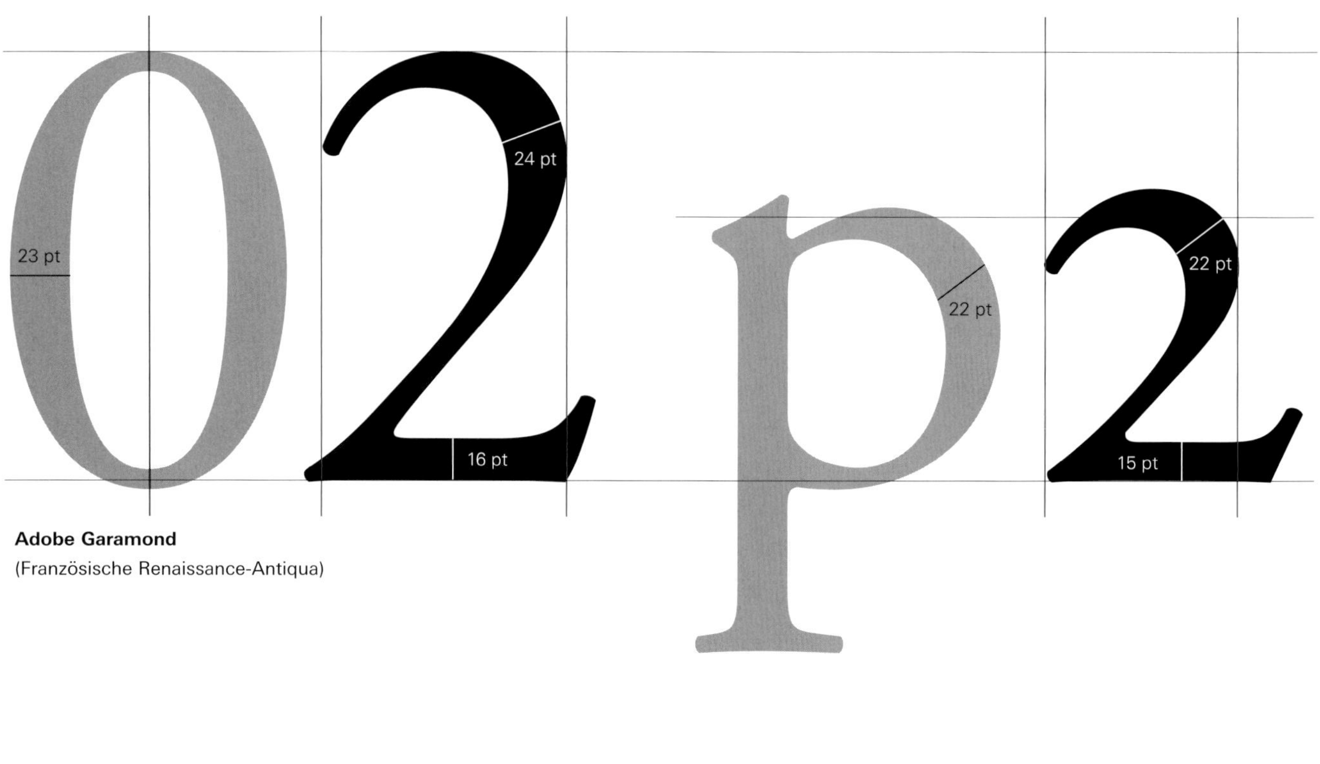

Adobe Garamond
(Französische Renaissance-Antiqua)

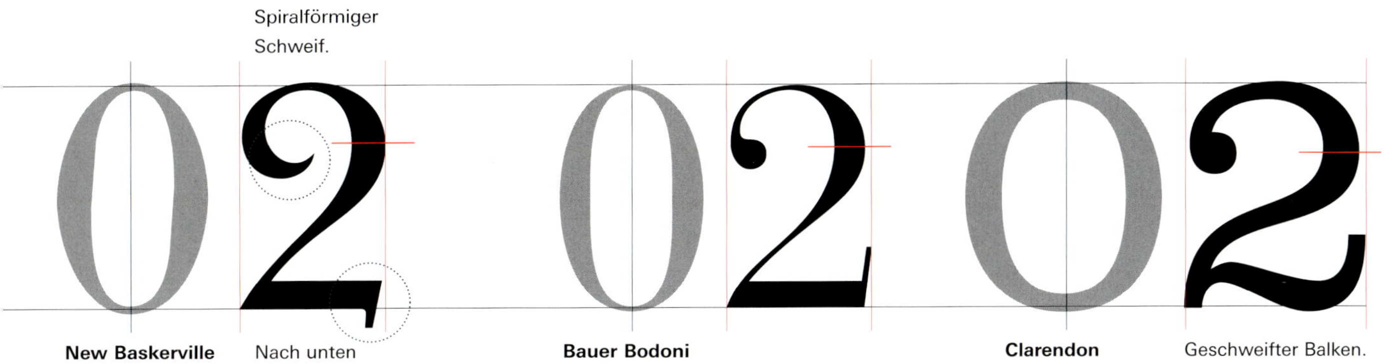

New Baskerville
(Übergangsantiqua)

Bauer Bodoni
(Klassizistische Antiqua)

Clarendon
(Serifenbetonte Antiqua)

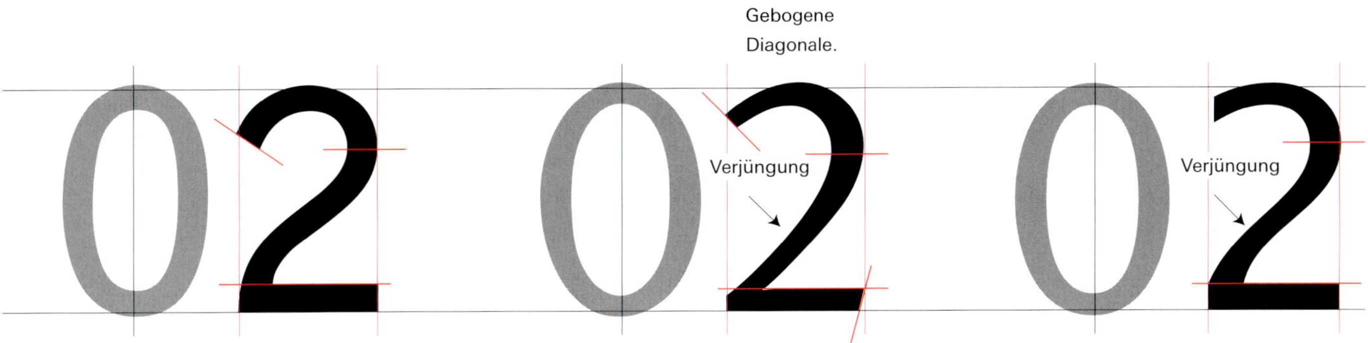

Bell Gothic
(Grotesk)

Meta
(Humanistische Serifenlose)

Lucida Sans
(Humanistische Serifenlose)

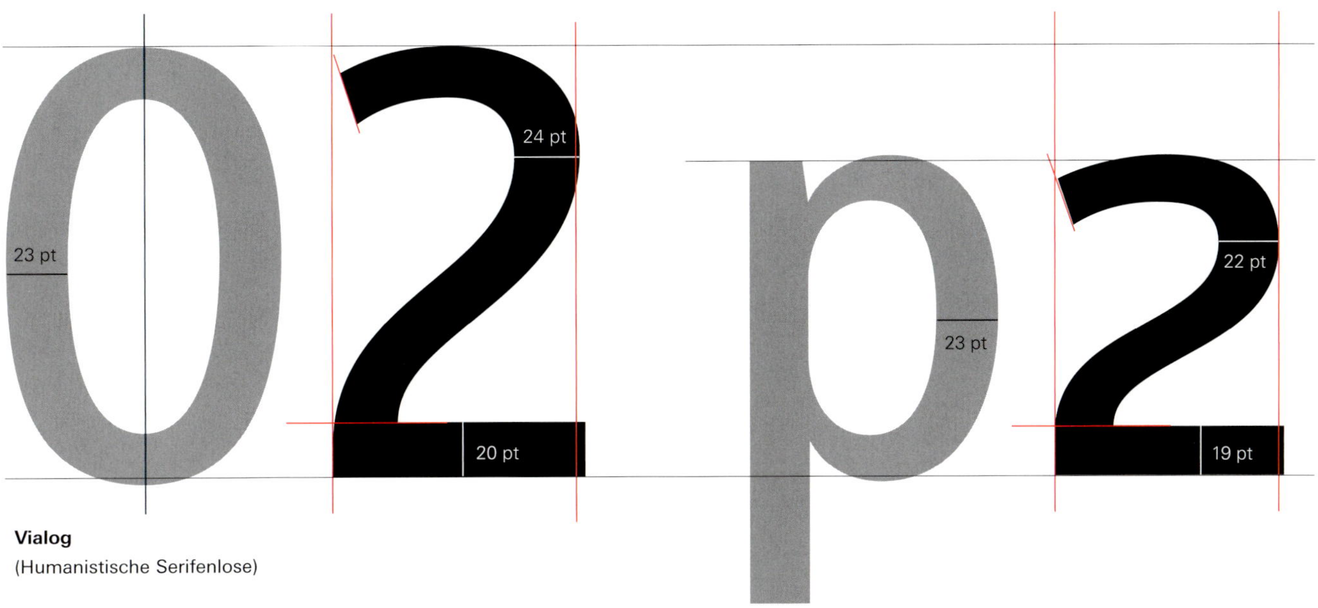

Vialog
(Humanistische Serifenlose)

Die Vier

Kaum ein anderes Zeichen kennt so viele Varianten wie die Vier. Gleich drei gestalterische Alternativen stehen uns eingangs zur Verfügung: Eine magere Diagonale mit einem mageren Querstrich, eine magere Diagonale mit einem fetten Querstrich sowie eine fette Diagonale mit einem mageren Querstrich.

Für die Diagonale stehen weitere Varianten zur Wahl. Sie kann gerade oder gebogen, gleich bleibend oder anschwellend sowie mit dem Stamm verbunden oder offen angelegt werden. Die Scheitelpunkte können spitz oder stumpf sein, und die Höhe des Stammes variiert in der offenen Variante erheblich.

Mehrere Möglichkeiten bieten sich auch bei den Strichabschlüssen. Die Serifenlosen schließen die Striche gerade oder gewinkelt ab. Bei den Serifenschriften können die Enden mit Serifen versehen werden. Dafür kommen drei Stellen in Frage: Am Ende des Querstrichs, am Fuß des Stammes sowie bei der geschlossenen Form oben am Scheitel.

Zu unserer großen Erleichterung bedienen sich die große und kleine Vier meist der gleichen Form. Die kleine Vier besitzt jedoch eine Unterlänge, die nicht unbedingt so lang wie bei den Buchstaben ausfallen muss. Bei manchen Schriften unterscheiden sich die versale und gemeine Vier geringfügig bei den Serifen, da die Minuskelziffer weniger Platz für Verzierungen bietet.

Diese Fülle an Variationsmöglichkeiten wird schlagartig übersichtlicher, wenn man sich das zu Grunde liegende Problem veranschaulicht. Die dreieckige Grundform der Vier lässt das Zeichen häufig im Vergleich zu den anderen Ziffern klein und unausgewogen aussehen. Zwei Wege führen zu einer robusteren Vier. Erstens können wir das Zeichen vergrößern und zweitens die Striche massiver gestalten.

Um das Zeichen zu vergrößern, muss die Punze breiter werden. Dazu müssen wir die Diagonale und den Querstrich anders positionieren und gestalten. Um die Vier zu verfetten, können wir ebenfalls nur die Strichstärken der Diagonalen und des Querstrichs verändern – der Grundstrich ist invariant. Die vielen hier beschriebenen Varianten verfolgen alle das gleiche Ziel: eine fettere, imposantere Vier zu schaffen.

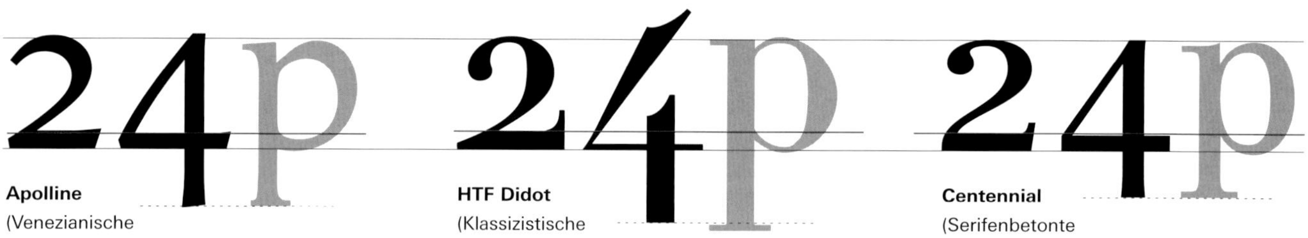

Apolline (Venezianische Renaissance-Antiqua)

HTF Didot (Klassizistische Antiqua)

Centennial (Serifenbetonte Antiqua)

Der Querstrich der gemeinen Vier liegt meist auf der Grundlinie. Er darf magerer sein als der Balken der Zwei. Die Unterlänge kann kürzer sein als die der Kleinbuchstaben.

Guardi (Venezianische Renaissance-Antiqua)

New Baskerville (Übergangsantiqua)

Didot (Klassizistische Antiqua)

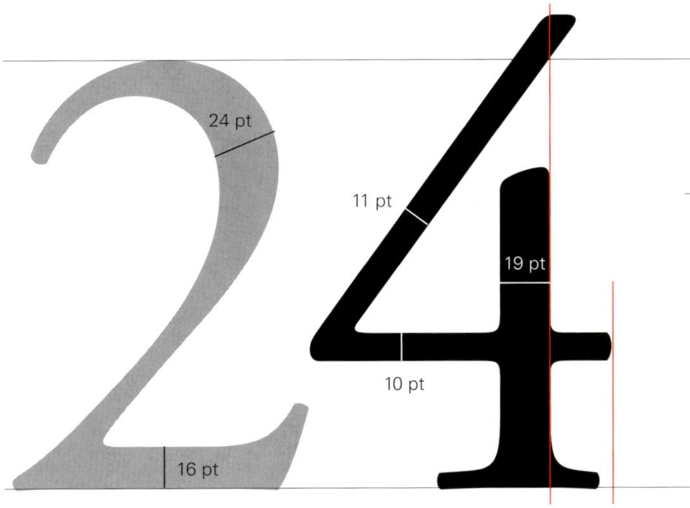

Adobe Garamond
(Französische Renaissance-Antiqua)

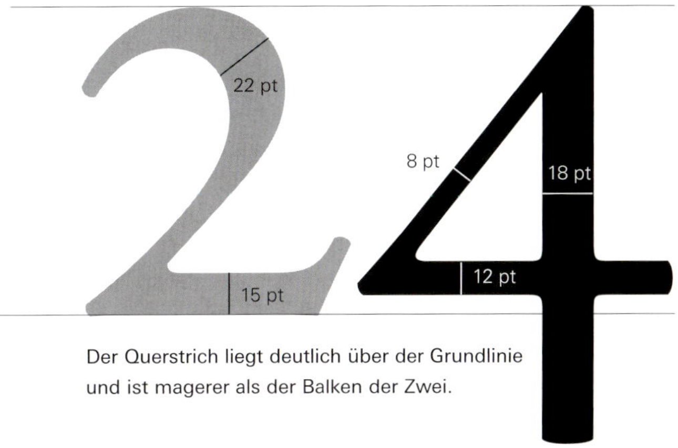

Der Querstrich liegt deutlich über der Grundlinie und ist magerer als der Balken der Zwei.

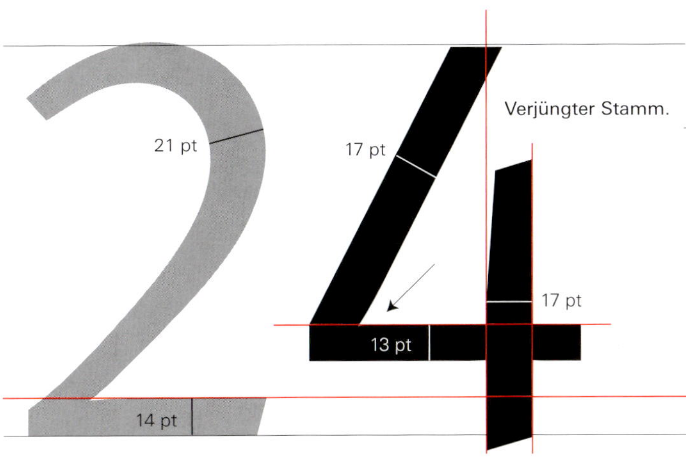

Meta
(Humanistische Serifenlose)

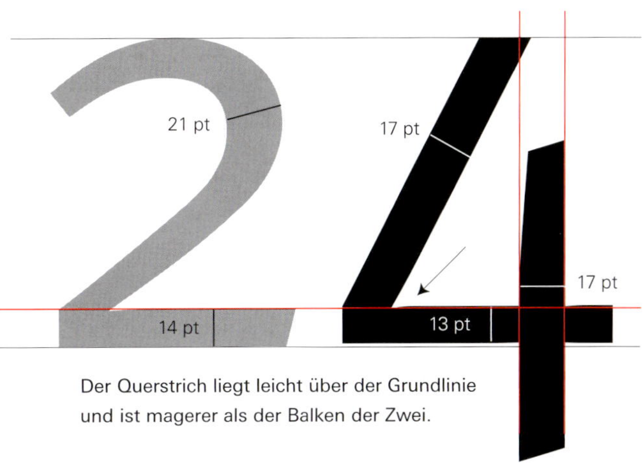

Der Querstrich liegt leicht über der Grundlinie und ist magerer als der Balken der Zwei.

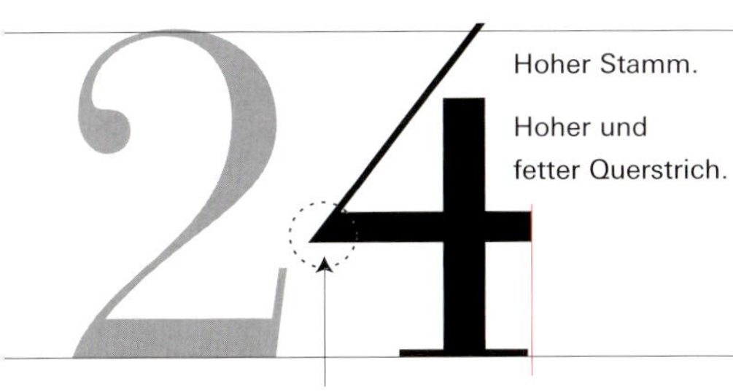

Bauer Bodoni (Klassizistische Antiqua)

Spitzer Scheitel.

Bell Gothic (Grotesk)

Breite Scheitel.

Futura (Geometrische Serifenlose)

Die Sieben

Die Grundform der Sieben ist bei den Versalziffern und den Minuskelziffern gleich. Die gemeine Sieben besitzt eine Unterlänge. Das zentrale Thema bei der Gestaltung einer Sieben ist das Gleichgewicht. Immerhin muss ihre Diagonale einen schweren Balken stützen. Die Diagonale der Sieben erinnert in der Regel entweder an die Zwei oder an die Vier. Eine gebogene Diagonale nimmt die Bewegung des unteren Bogens der Zwei auf, eine gerade Diagonale ist ähnlich gewinkelt wie bei der Vier.

Da die Sieben ein sehr offenes Zeichen ist, besitzt es einen hellen Grauwert. Wir können die visuelle Dichte steigern, indem wir den Balken sanft verfetten und/oder die Diagonale zur Grundlinie hin anschwellen lassen. In Serifenschriften helfen großzügige Serifen bei der Harmonisierung des Grauwertes.

Guardi (Venezianische Renaissance-Antiqua)

Ähnliche Serifen bei Vier und Sieben, die Sieben schwillt zur Grundlinie an.

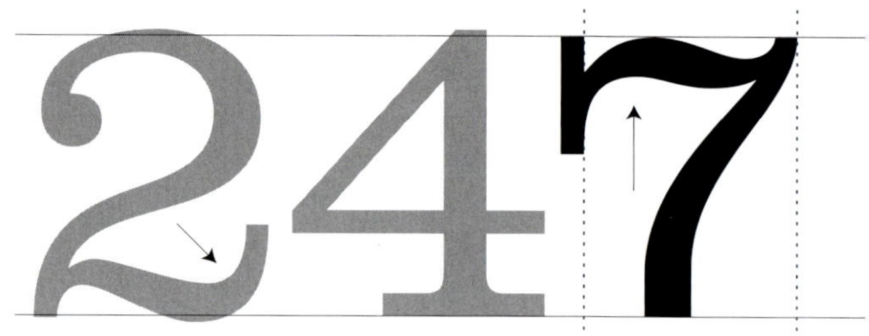

Clarendon (Serifenbetonte Antiqua)

Geschweifter Balken bei Zwei und Sieben.

Scala Sans (oben) und **Didot** (unten): Die Unterlängen der Mediävalziffern dürfen kürzer sein als die der Kleinbuchstaben.

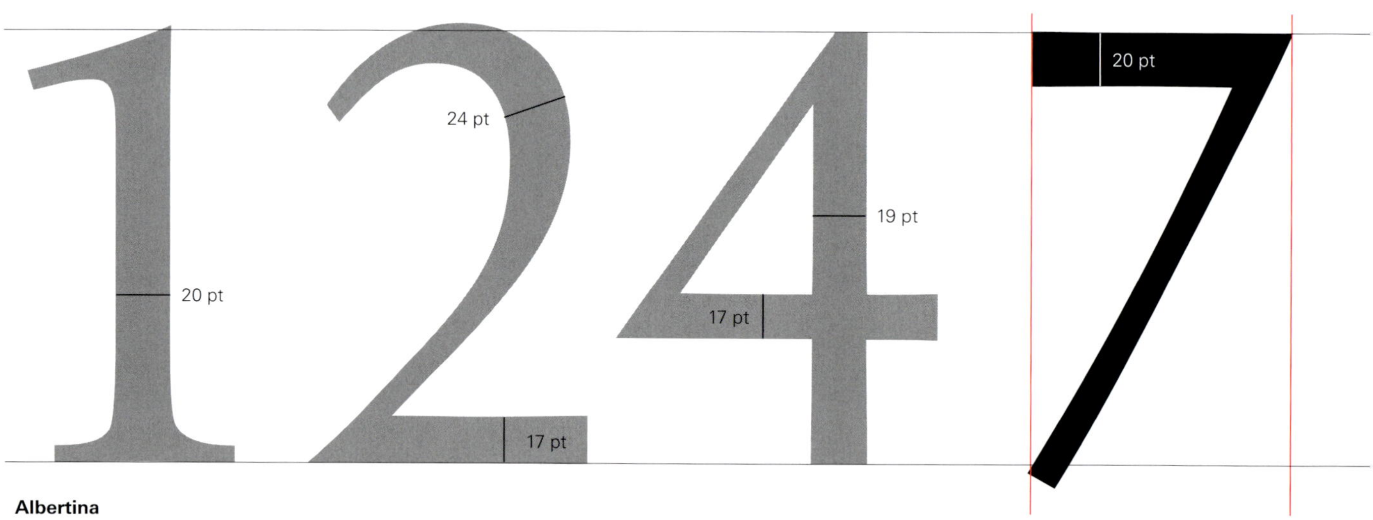

Albertina (Übergangsantiqua)

New Baskerville
(Übergangsantiqua)

Anschwellende Diagonale
mit rundem Ende.

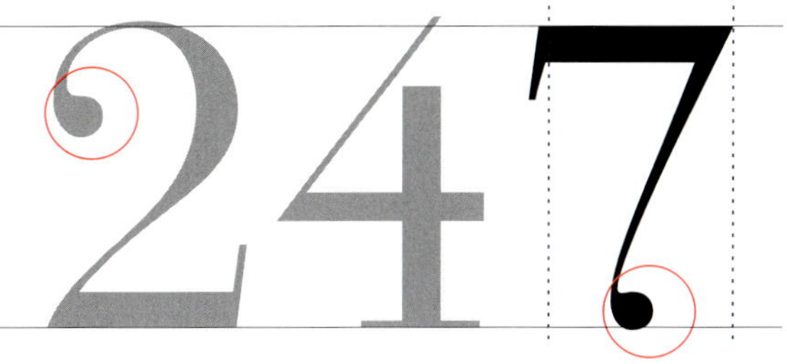

Bauer Bodoni
(Klassizistische Antiqua)

Ähnliche Strichabschlüsse
bei Zwei und Sieben.

Futura
(Geometrische Serifenlose)

Durchgehend spitze
Wendepunkte.

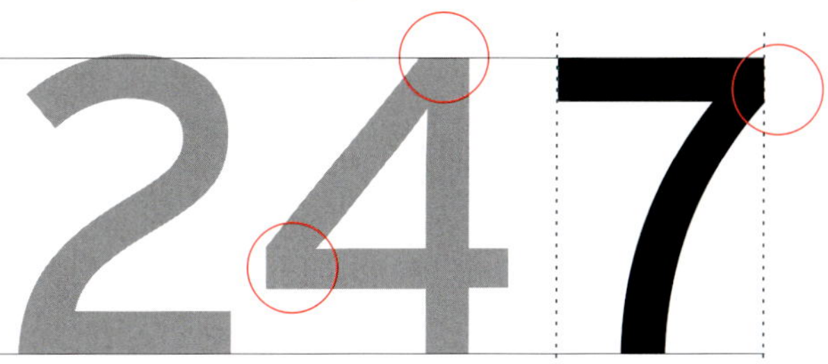

Interstate
(Neue Grotesk)

Durchgehend breite Scheitel.

Bei der **Mrs. Eaves** besitzt die
gemeine Sieben eine Unterlänge.

Der Balken der Sieben ist meist fetter als bei der Zwei und
der Vier, da die Sieben ein sehr offenes Zeichen ist.

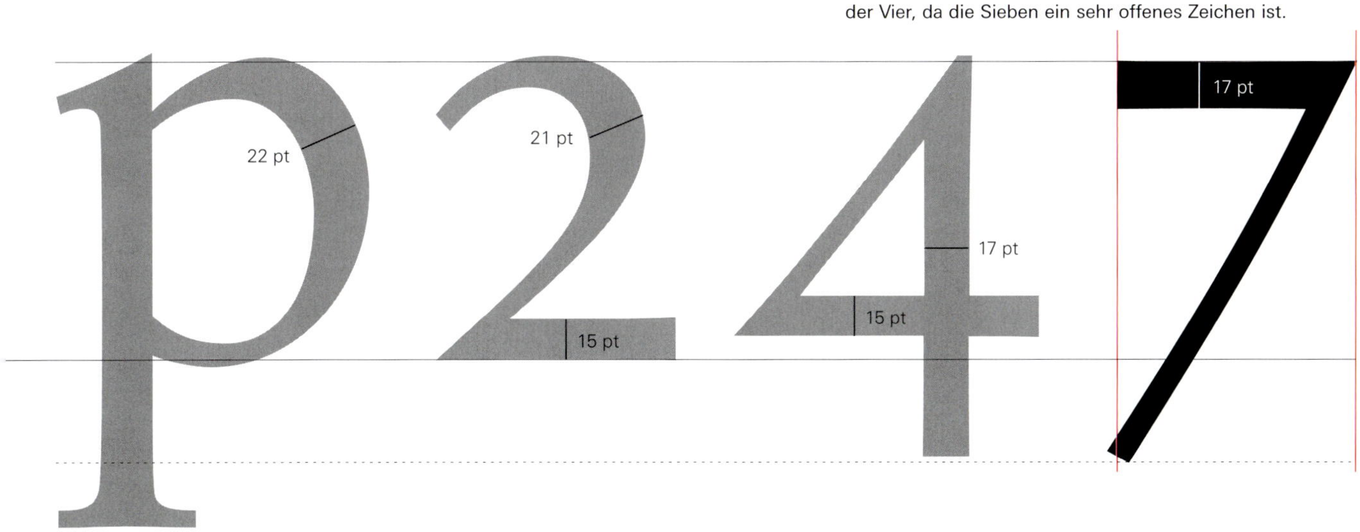

Die Drei und die Fünf

Die Drei und die Fünf besitzen große, offene Bögen. Obwohl ihre Proportionen verschieden sind, sollte ihre Öffnung und Zeichnungsachse ähnlich sein. Der Bogen der Fünf ist höher und breiter als der untere Bogen der Drei. Von kleineren Änderungen abgesehen sind beide Ziffern als Versal- und Minuskelziffern (mit Unterlänge) identisch.

In den meisten Schriften ist die Drei mit zwei Bögen angelegt. Sie kann jedoch auch mit einem kleinen z anstelle des oberen Bogens gezeichnet werden. Manche Entwerfer halten diese Form für kalligrafisch richtiger, andere empfinden sie als eigenwillig und veraltet. Der Drei mit Balken droht allerdings die Verwechslung mit einer Fünf, da diese stets eine Kombination aus Bogen und Balken aufweist.

Auch die Fünf bietet Variationsmöglichkeiten. Der Balken kann gerade oder kurvig gezeichnet werden, die magere Verbindungslinie darf aufrecht oder gewinkelt sein und deren Verbindung zum Stamm kann spitz oder stumpf zulaufen. Der Balken der Fünf ist nicht zwingend ebenso fett wie der Balken der Zwei. Er kann bei der Fünf je nach den Erfordernissen der Grauwertbalance etwas fetter oder magerer ausfallen.

In den Serifenschriften kann der Balken der Fünf an seinem Ende eine ein- oder beidseitige Serife tragen. Eine – meist gewinkelte – nach außen weisende Serife vermeidet Gedränge am Bogen. Auch die Bögen von Drei und Fünf können mit Serifen (Kugeln, Tropfen usw.) abschließen. Der mittlere Schnittpunkt beider Bögen in der Drei wird nicht verziert, darf sich aber zu einer kleinen Verdickung formen, die eine Schleifenbildung andeutet.

Bei den Serifenlosen sollten die Strichenden mit anderen Ziffern und Buchstaben harmonieren. Aufgrund des geringeren Kontrasts der Serifenlosen empfiehlt es sich, die Bögen zum Schnittpunkt hin zu verjüngen.

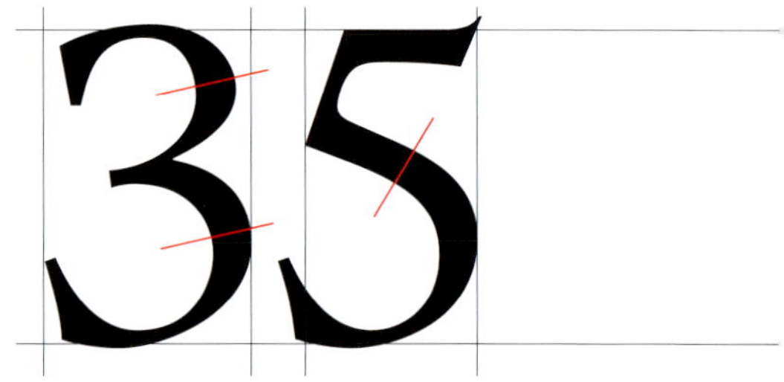

Guardi
(Venezianische Renaissance-Antiqua)

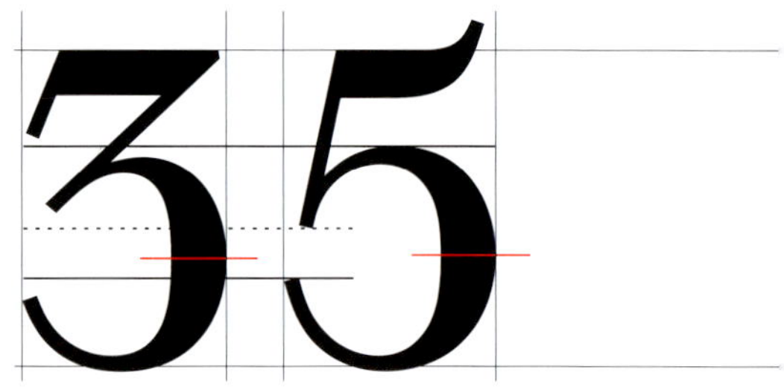

Walbaum
(Klassizistische Antiqua)

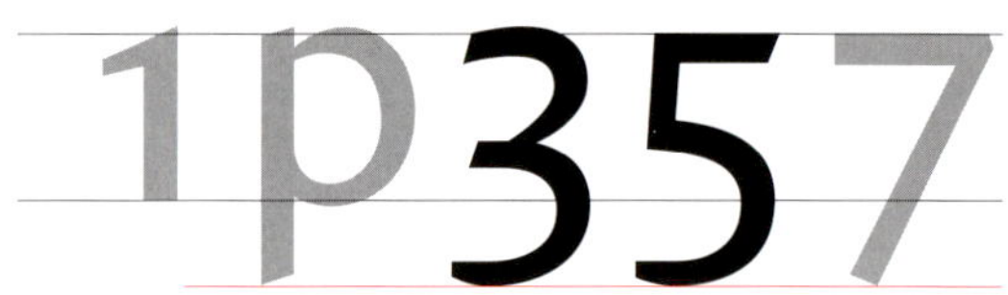

Quadraat Sans
(Humanistische Serifenlose)

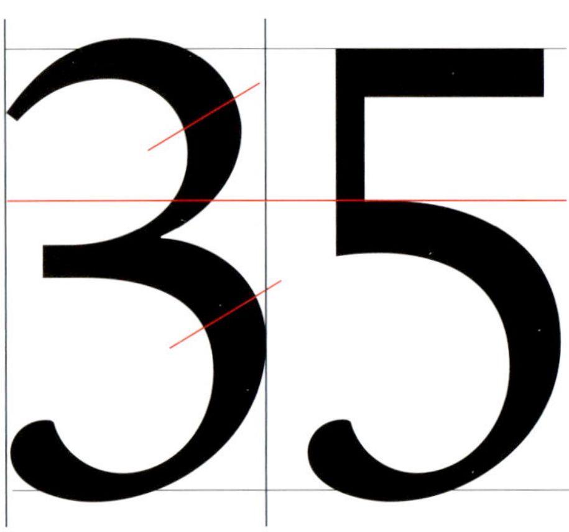

Le Monde Livre
(Französische Renaissance-Antiqua)

Der Bogen der Fünf ist meist größer als der untere Bogen der Drei.

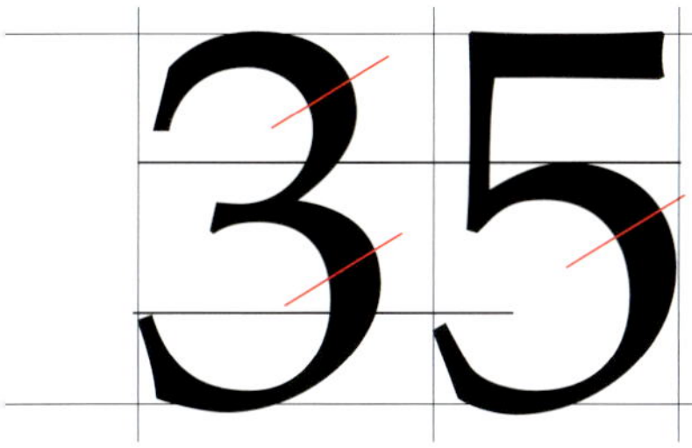

Palatino
(Ven./Frz. Renaissance-Antiqua)

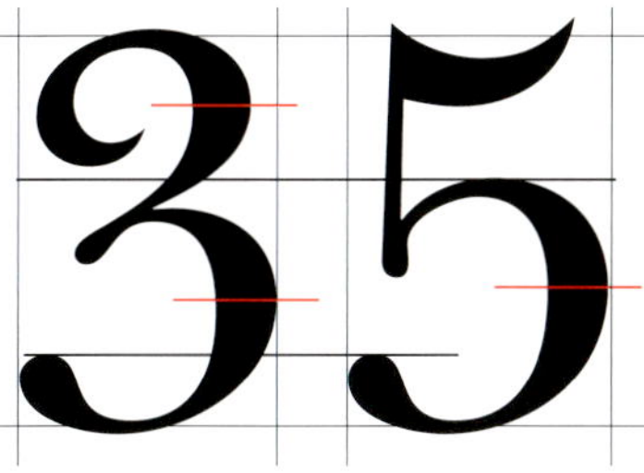

New Baskerville
(Übergangsantiqua)

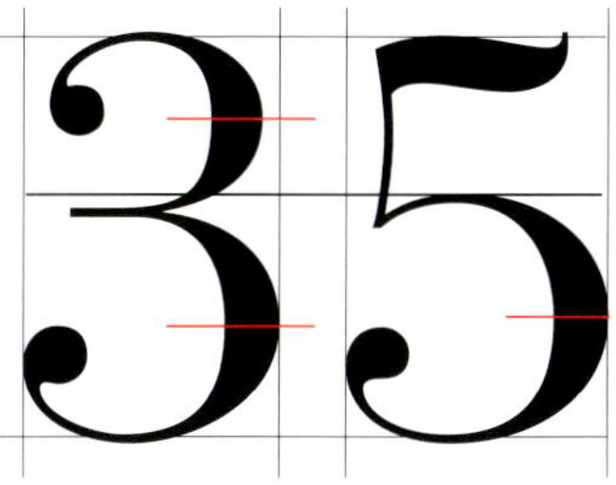

Didot
(Klassizistische Antiqua)

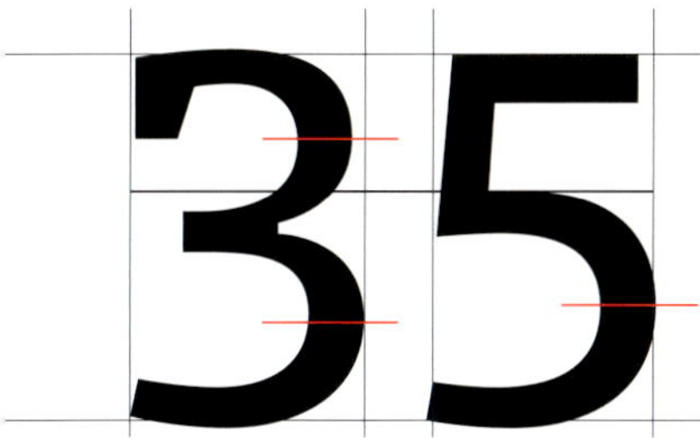

Olsen
(Serifenbetonte Antiqua)

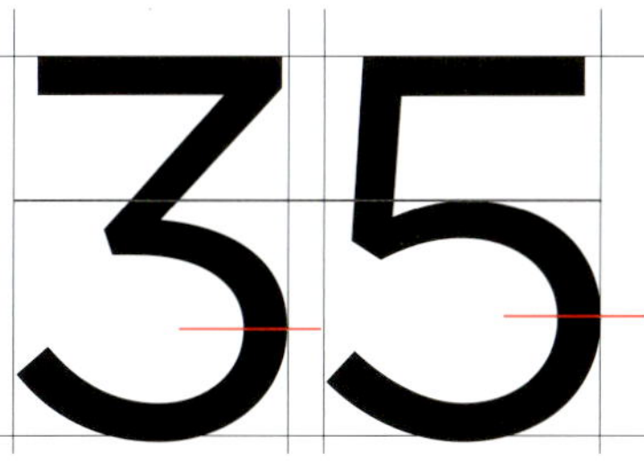

Gotham
(Geometrische Serifenlose)

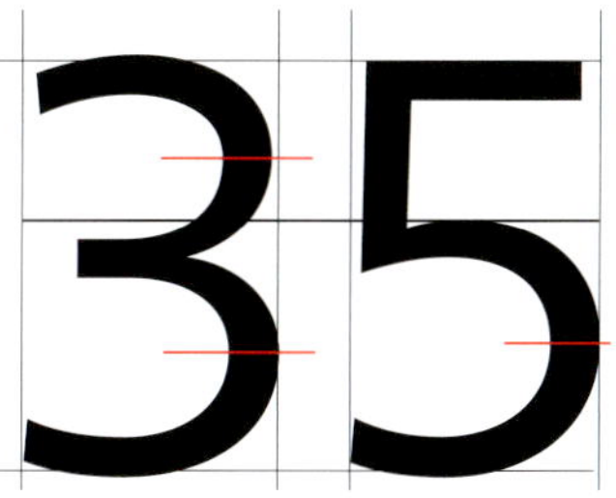

Frutiger
(Humanistische Serifenlose)

TheSans
(Humanistische Serifenlose)

Meta
(Humanistische Serifenlose)

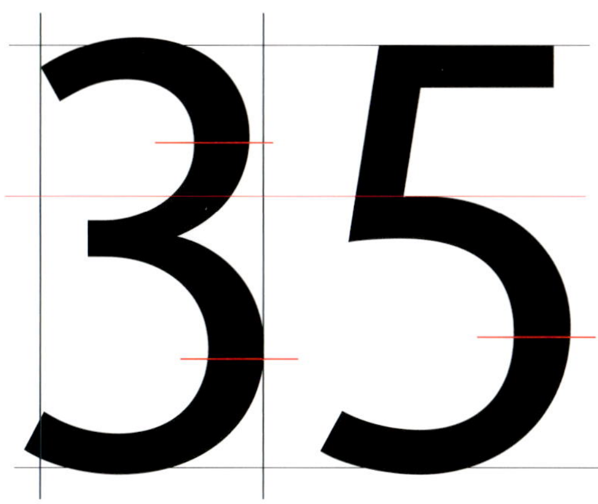

FF Eureka Sans
(Humanistische Serifenlose)

Die Minuskelziffern können kleinere Unterlängen aufweisen als die Buchstaben.

Die Sechs und die Neun

Manchmal, besonders bei Versalziffern, werden die Sechs und die Neun als identisches, rotationssymmetrisches Zeichen entworfen. Da jedoch die untere Hälfte größer als die obere sein sollte, verleihen die meisten Schriftentwerfer der Sechs eine größere Punze als der Neun. Auch der Kurvenverlauf kann sich unterscheiden. Der Bogen der Sechs kann an der Grundlinie flacher und/oder fetter sein als die Oberseite des Bogens bei der Neun.

Bei den Minuskelziffern dürfen die geschlossenen Bögen der Sechs und der Neun keinesfalls mit der kleinen Null oder dem kleinen o übereinstimmen. Sie müssen deutlich kleiner als die x-Höhe gezeichnet werden, um Platz für die ausladenden Schwünge zu schaffen. Zusätzlich können die Bögen dieser Zeichen mit einer stärkeren Achsneigung gestaltet werden als die Buchstaben.

Den offenen Schwüngen der Sechs und der Neun kommt besondere Bedeutung zu. Sie bilden das Gegengewicht zur geschlossenen Form. In der Regel weisen humanistische Schriften lange, diagonale Bögen auf, die ein dynamisches Gleichgewicht herstellen. Im Gegensatz dazu verwenden Schriften mit aufrechter Achse häufig statische, weitgehend geschlossene Bogenformen. Sie sind meist symmetrisch gezeichnet.

Bei den Serifenschriften kann der Bogen entweder verjüngt auf Haarstrichstärke auslaufen oder mit einer Tropfenserife ausbalanciert werden. Die Strichenden serifenloser Ziffern werden in einem zu anderen Zeichen der Schrift passenden Winkel und Design abgeschlossen.

Die Form der Sechs (Outline) ist höher und breiter als die Form der Neun.

Adobe Garamond
(Französische Renaissance-Antiqua)

Die Versalziffer (Outline) ist höher und breiter als die Minuskelziffer.

Die Bögen verjüngen sich zum Einlauf hin.

Anschwellende Striche.

Ovale Punzen.

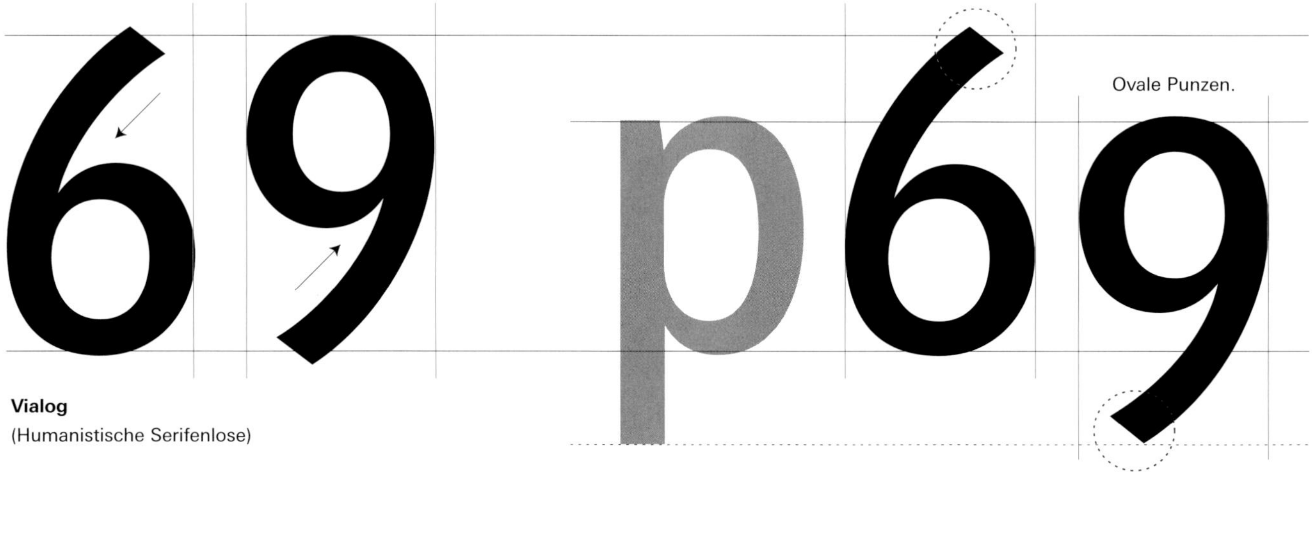

Vialog
(Humanistische Serifenlose)

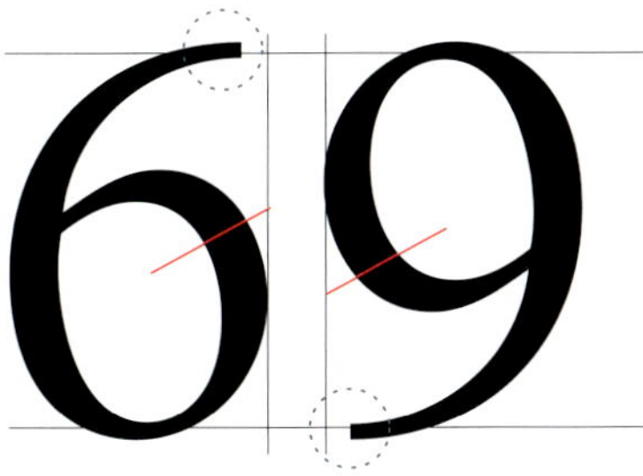

Berkeley
(Venezianische Renaissance-Antiqua)

Auslaufende Bögen.

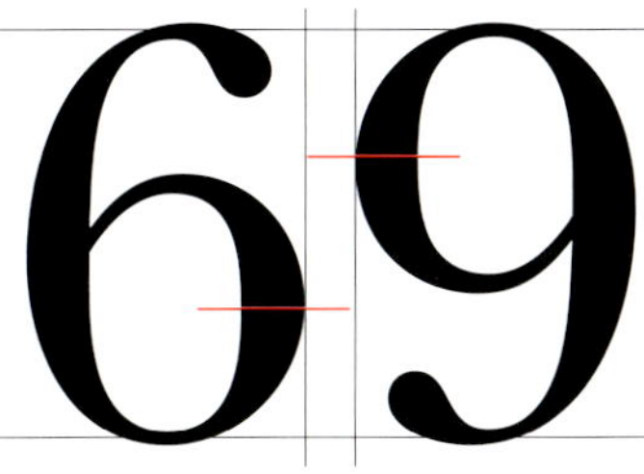

New Baskerville
(Übergangsantiqua)

Punzen mit Ecke.

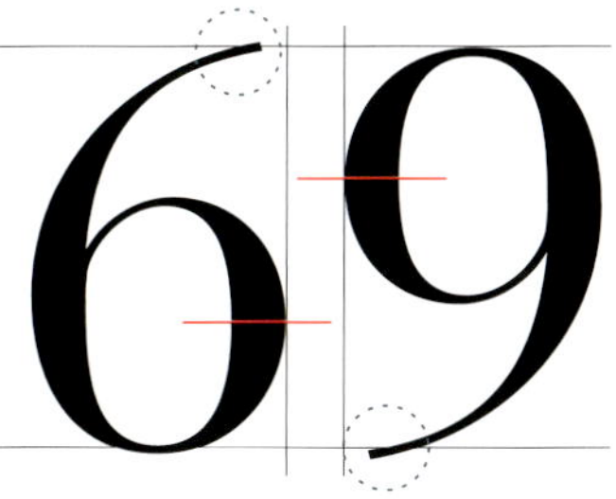

Bauer Bodoni
(Klassizistische Antiqua)

Bögen enden in Haarstrichstärke.

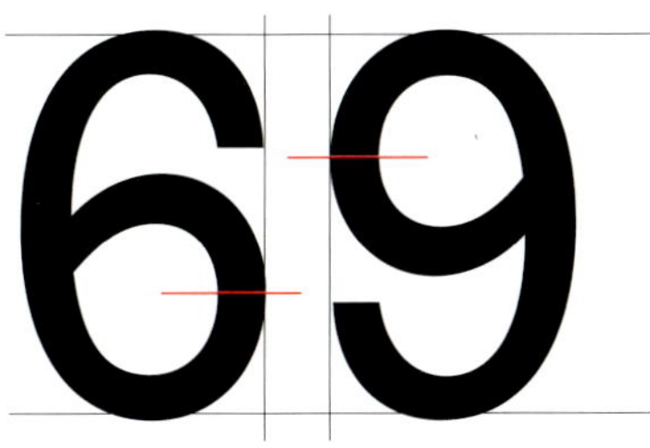

Rockwell
(Serifenbetonte Antiqua)

Punzen mit Ecke.

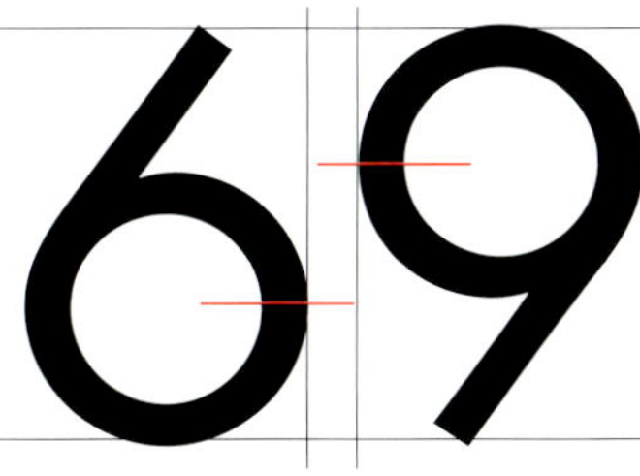

Futura
(Geometrische Serifenlose)

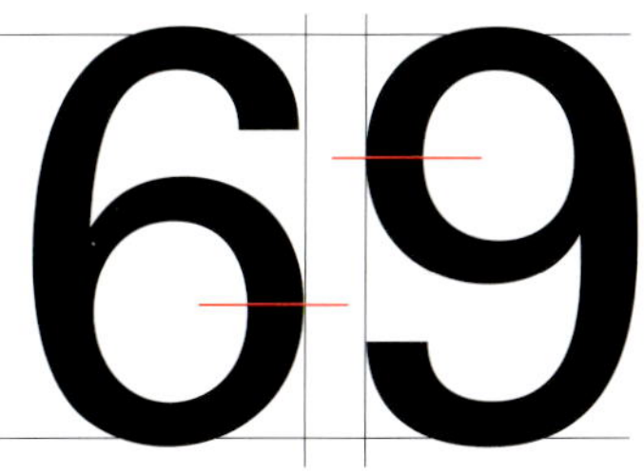

Univers
(Neue Grotesk)

Offene Bögen.

Apolline
(Venezianische Renaissance-Antiqua)

Centennial
(Serifenbetonte Antiqua)

Tropfenförmige Strichabschlüsse.

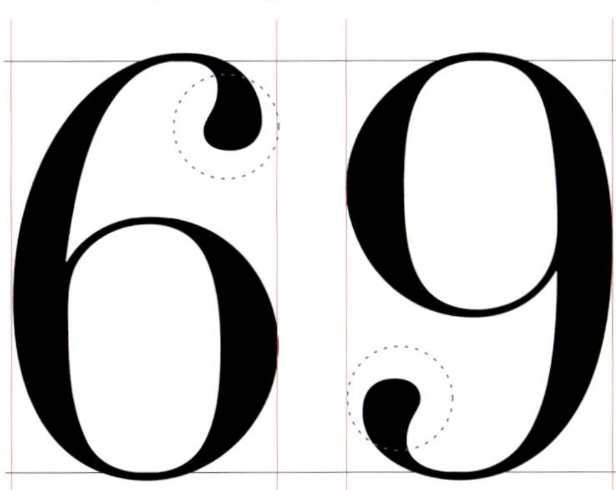

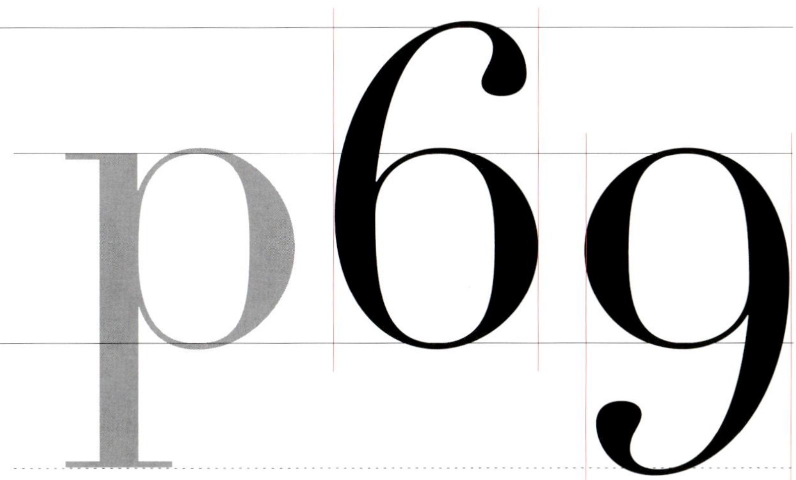

Didot
(Klassizistische Antiqua)

Die Acht

Zwei gestalterische Möglichkeiten stehen bei der Acht zur Wahl. Zum einen die symmetrische Form aus zwei Ovalen, zum anderen die asymmetrische Variante mit einer kräftigen, S-förmigen Kurve, die von mageren Gegenbögen gestützt wird. Die Symmetrie der ersten Variante passt gut zu modernen Schriften mit aufrechter Achse. Die zweite, asymmetrische Alternative ist kalligrafischer Herkunft und eignet sich daher gut für Schriften mit humanistischem Einfluss.

In der kalligrafischen Spielart konzentriert sich das größte Gewicht in der Mitte des Zeichens. Dadurch entsteht eine asymmetrische Form, die nach Auffassung vieler Gestalter besonders reizvoll wirkt. Ihre Eleganz erhält die asymmetrische Acht durch die anmutigen, tropfenförmigen Punzen. Sie vereinen Einheitlichkeit und Abwechslung in einer perfekten Figur lebhafter Ruhe.

Die Gegenkurven der asymmetrischen Acht können vom Hauptbogen gelöst oder in der beim X besprochenen Weise versetzt werden. Ein Versatz verbreitert die Acht und betont die tropfenförmigen Binnenflächen. Die Stärke des Versatzes ist unterschiedlich. Er kann gerade so groß gestaltet werden, dass der Eindruck einer durchgehenden Linie entsteht, oder zum dramatischen gestalterischen Merkmal überhöht werden.

In manchen Serifenschriften findet sich eine symmetrische Acht mit einer ungewöhnlichen »Wespentaille«. In dieser Variante ist das Gewicht in die vertikalen Abschnitte der Bögen gerutscht. Diese Form der Acht eignet sich besonders gut für fette und schmalaufende Schriftschnitte, da ihr Zentrum erheblich leichter und offener ist.

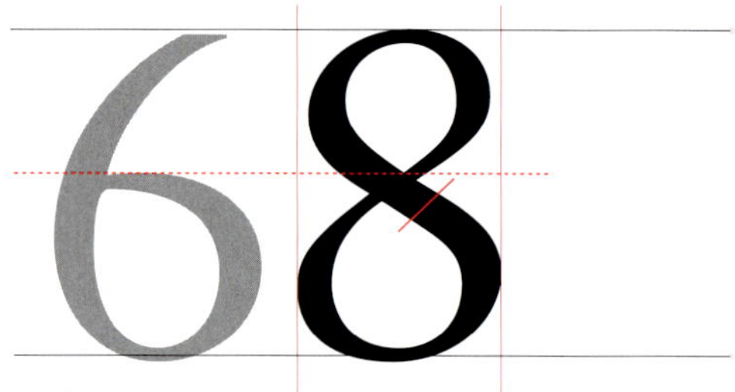

Guardi
(Venezianische Renaissance-Antiqua)

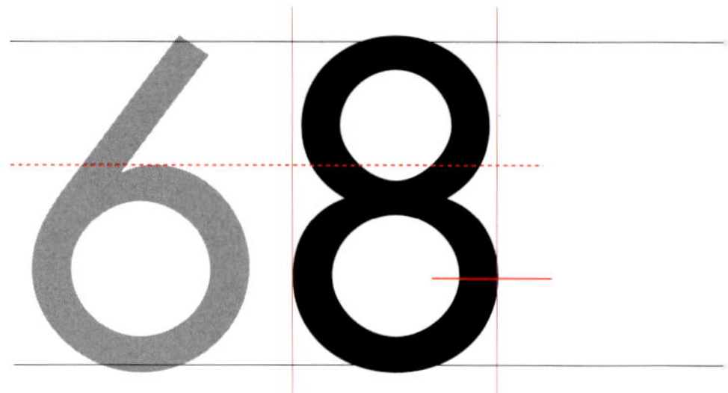

Futura
(Geometrische Serifenlose)

Mrs. Eaves:
Sechs und Acht besitzen als Mediävalziffern Oberlängen.

Die kleine Acht (links) ist etwas kleiner und magerer als die Versalziffer.

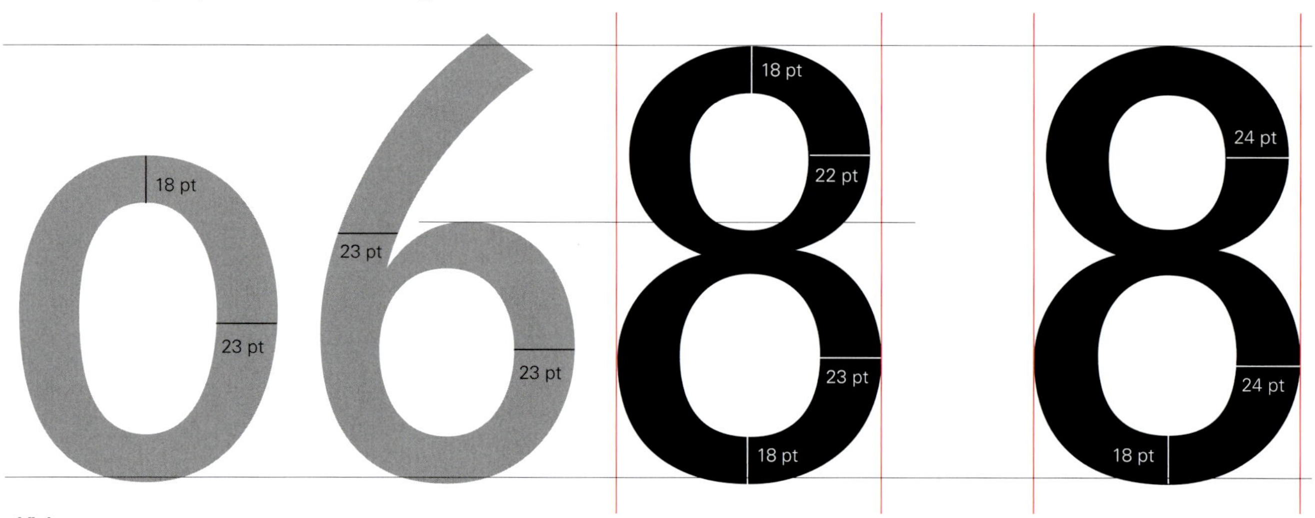

Vialog
(Humanistische Serifenlose)

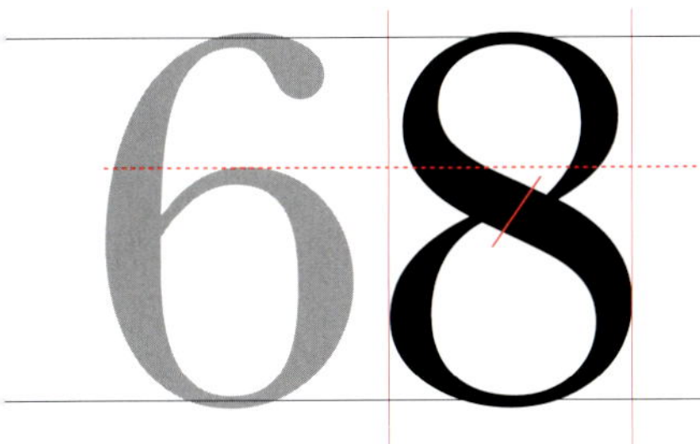

New Baskerville
(Übergangsantiqua)

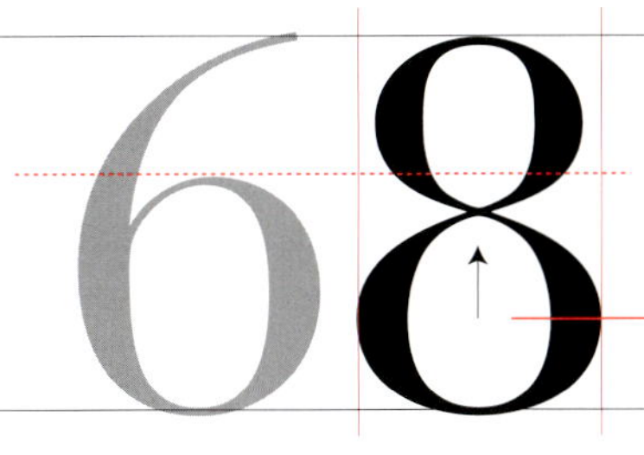

Bauer Bodoni
(Klassizistische Antiqua)

Ungewöhnliche »Wespentaille«.

Cheltenham
(Serifenbetonte Antiqua)

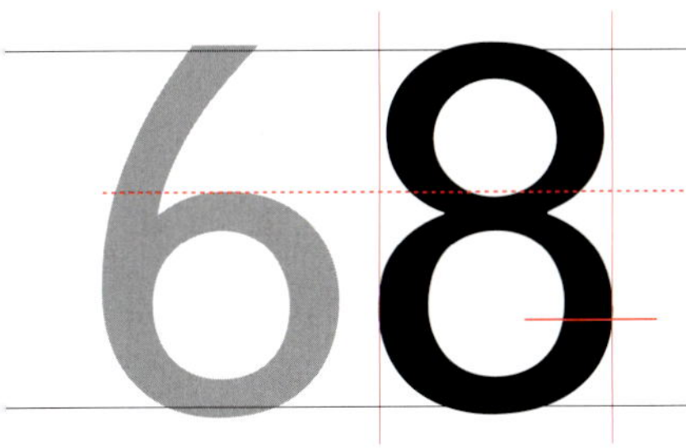

Bell Gothic
(Grotesk)

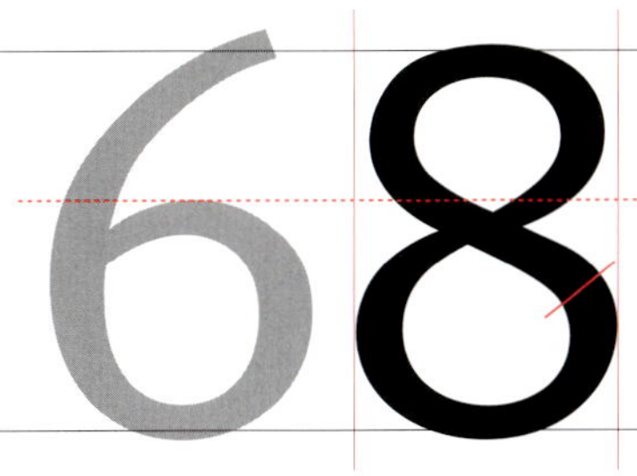

Meta
(Humanistische Serifenlose)

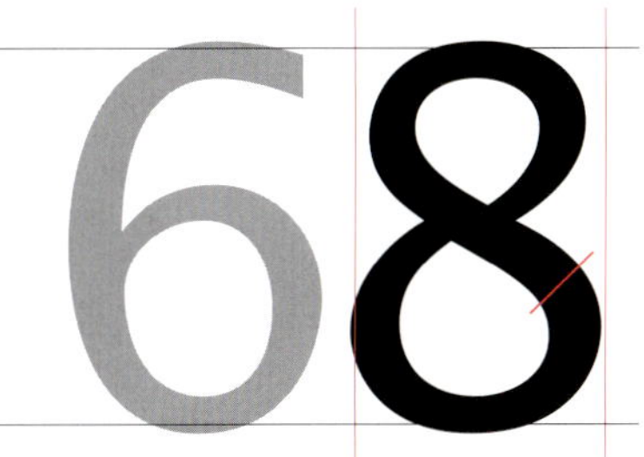

Lucida Sans
(Humanistische Serifenlose)

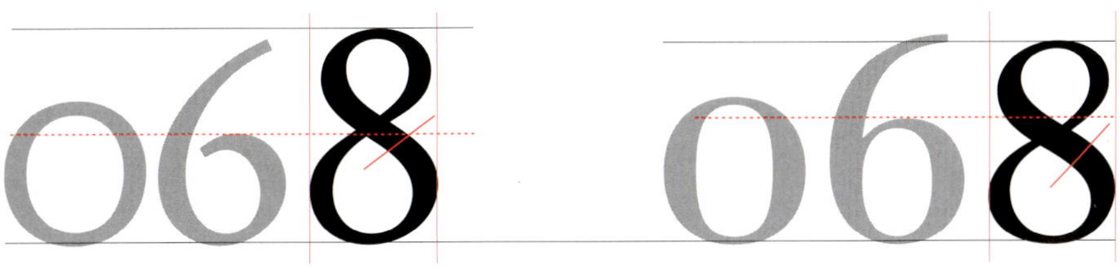

Apolline (links) und **Centennial** (rechts):
Bei den Minuskelziffern kann die Acht größer oder kleiner sein als die Sechs.

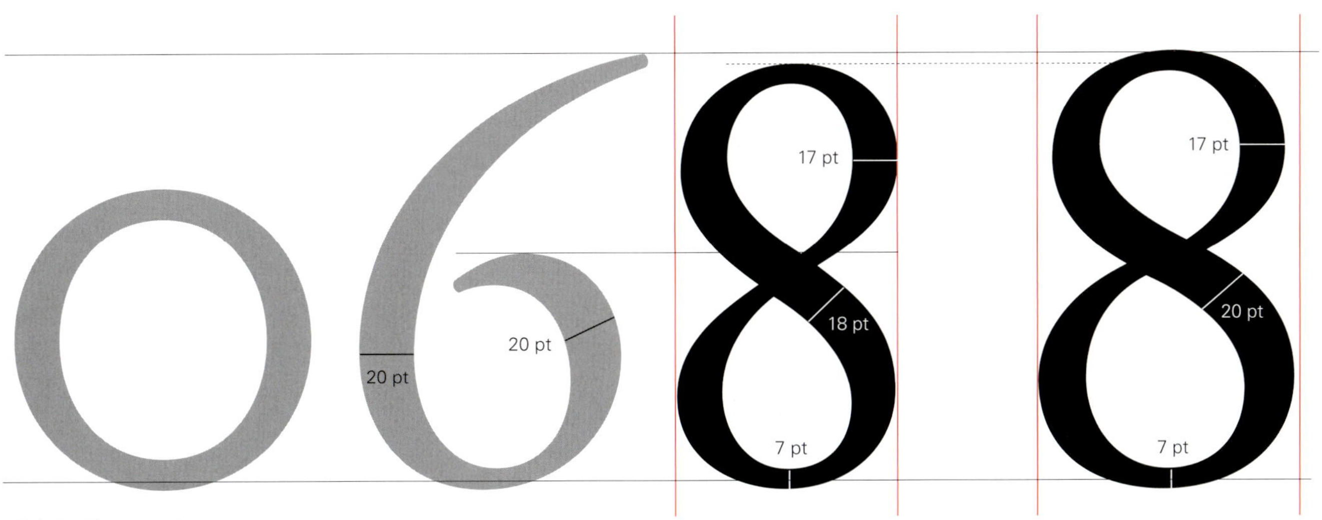

Adobe Garamond
(Französische Renaissance-Antiqua)

Die gemeine Acht (links) ist kopflastig, die große Acht ist da stabiler.

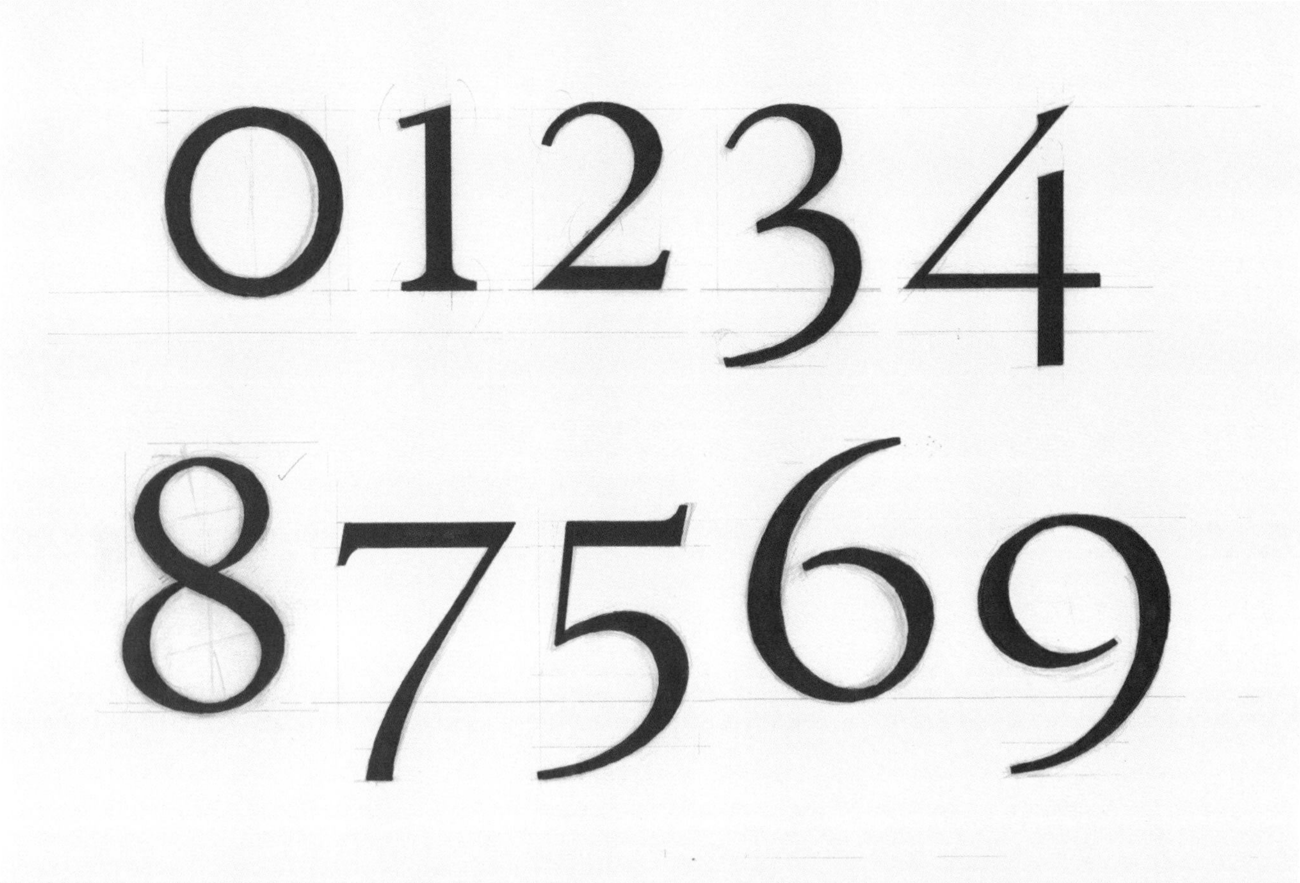

Studentischer Entwurf von Andrew Allen:
Die Minuskelziffern sind etwas fetter als die Kleinbuchstaben.

uarfw
qgyss

Studentischer Entwurf von Joshua Froscheiser:
Variationen der gemeinen Eins.
Mit schräger Nase unterscheidet sich die Eins besser vom kleinen L.

WGZ 43761

kjfm

Studentischer Entwurf von Sara Sheenan:
In einem besonders mageren Schriftschnitt kann sich der Grauwert der Ziffern nur minimal von den Buchstaben unterscheiden.

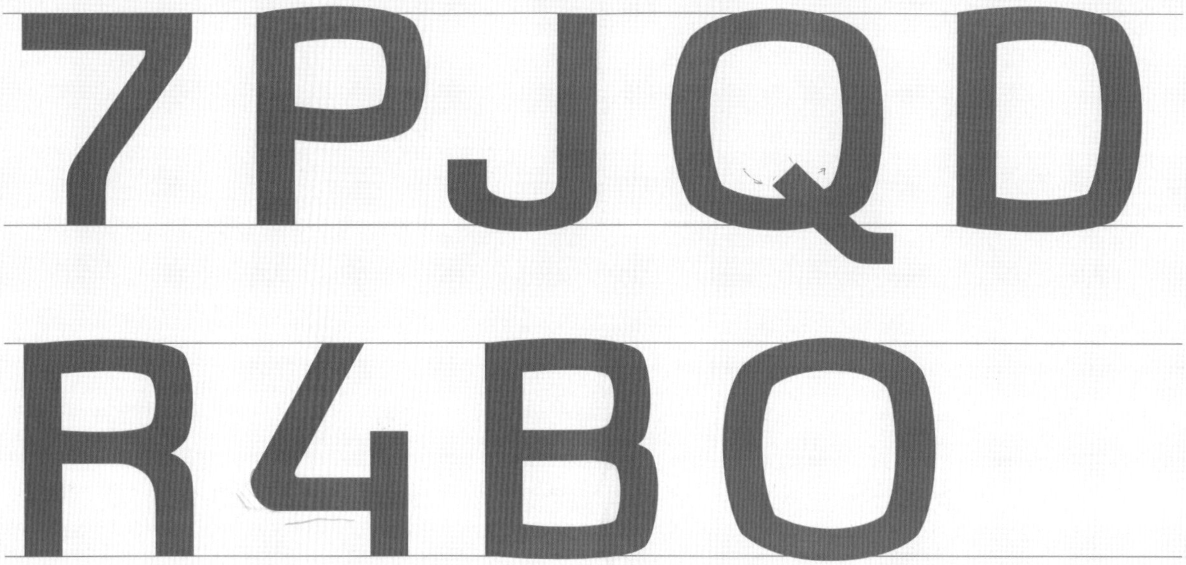

Studentischer Entwurf von Sara Dearaujo, Joshua Froscheiser, Scott Johnson und Eileen Lee:
Man beachte die ungewöhnliche, rund-eckige Form bei Acht, Neun und Null.

890

Interpunktion

Interpunktion

Die Menschheit ist lange ohne unser heutiges, komplexes Interpunktionssystem zurechtgekommen. Die älteste dokumentierte Interpunktionsregel datiert ins vierte vorchristliche Jahrhundert und stammt vom griechischen Gelehrten und Dramatiker Aristophanes (448–385 v. Chr.). Er verwendete einen Punkt, um unterschiedlich lange Sprechpausen zu kennzeichnen. Das *distinctio* (ein Punkt auf Versalhöhe) markierte eine lange Pause, das *media distinctio* (ein mittestehender Punkt) eine kurze. Das *sub-distinctio* (ein Punkt auf der Grundlinie) stand für eine mittlere Unterbrechung.

Die Punkte des Aristophanes fanden schon zu seinen Lebzeiten nur wenig Verbreitung. Auch in den folgenden 1100 Jahren – bis zum 7. Jahrhundert n. Chr. – schrieben die Menschen ohne Punkt und Komma. Im Mittelalter hatte man Besseres zu tun (Völkerwanderungen organisieren, allgemeines Hauen und Stechen). Durch die Bildungsreform Karls des Großen (768–814), als karolingische Renaissance bekannt, ging es punktuell voran. Der Leiter seiner Hofschule, der englische Gelehrte Alkuin, forderte strengere Schreib- und Interpunktionsregeln. Frei nach Aristophanes verwendete Alkuin den Punkt auf der Grundlinie (*comma* genannt) für kurze, den mittestehenden Punkt (*colon*) für mittlere sowie den versalhohen Punkt (*periodos*) für lange Pausen.

Nach weiteren 700 Jahren Stillstand in der Interpunktionsgeschichte setzte der venezianische Renaissancedrucker Aldus Manutius (ca. 1449–1515) neue Zeichen. Er ersetzte das *comma* durch einen *virgule* genannten Schrägstrich und erfand sowohl den Doppelpunkt (*colon*) als auch das Semikolon. Darüber hinaus verfasste und verlegte er das wegweisende Interpunktionshandbuch *Interpungendi ratio*. Die wesentliche Innovation dieses Werkes besteht darin, den Interpunktionsgebrauch syntaktisch, also aus der Grammatik abzuleiten und nicht mehr als Sprechanweisung zu verstehen. In der zeitgenössischen Typografie beendete der Doppelpunkt Sätze und der Punkt Absätze. Das Semikolon war das Schweizer Taschenmesser der Interpunktion. Man konnte damit unabhängige, doch zusammengehörende Sätze trennen (wie noch heute), Sätze beenden (wie mit dem heutigen Punkt) und es als Komma verwenden.

In der Folgezeit trugen die Drucker die Verantwortung für Gebrauch und Gestaltung der Interpunktion. Bis zum 18. Jahrhundert gesellten sich Fragezeichen, Ausrufezeichen, Anführungszeichen, Apostrophe, Trenn-, Binde- und Gedankenstriche zum Typozoo. Das *virgule* wurde entsorgt, weil es dem kleinen L zu sehr ähnelte, und das moderne Komma eingeführt. Erneut zeigt sich die normative Kraft des Schwarzen auf dem Weißen. Der Buchdruck verbreitete und standardisierte den Gebrauch der Interpunktion.

Auch heute entwickelt sich die Interpunktion mit der Sprache weiter. Im gegenwärtigen typografischen Standardrepertoire tummeln sich über zwei Dutzend Interpunktionszeichen, und es kommen laufend neue Vorschläge hinzu (z. B. das *interrobang*, eine Ligatur aus Frage- und Ausrufezeichen). Welche neuen Wege die Interpunktion auch gehen wird, sie steht in erster Linie den Botschaften und Bedeutungen dienstbar und klärend zur Seite. In diesem Sinne erfüllt eine zurückhaltende Gestaltung die Aufgabe am besten.

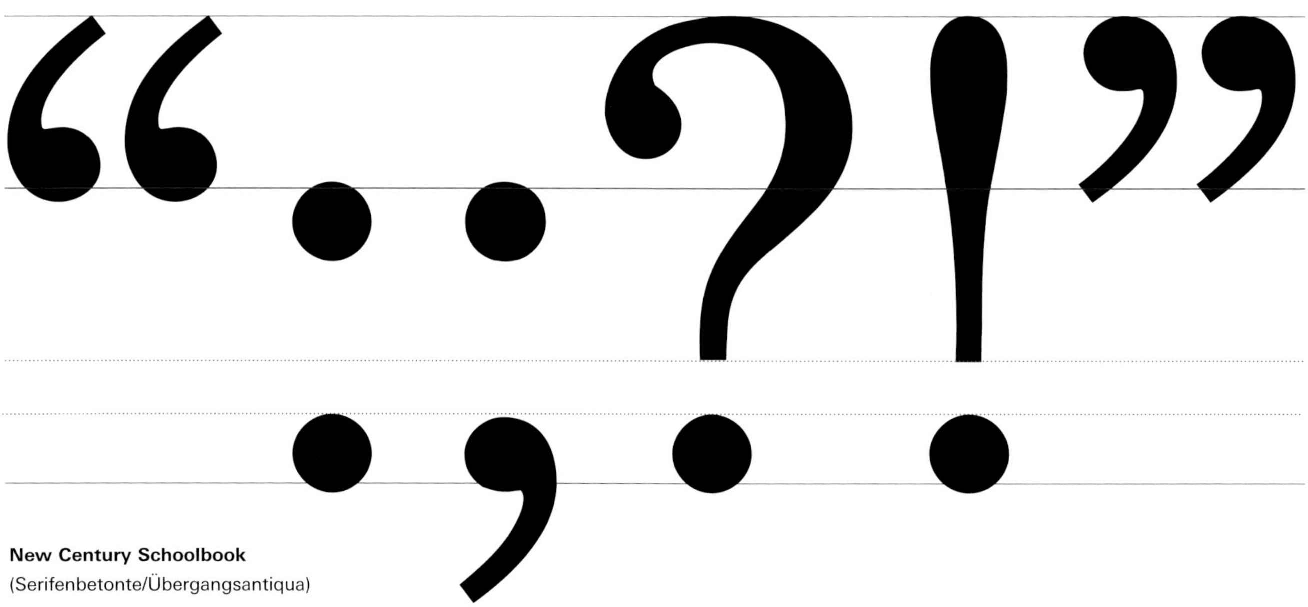

New Century Schoolbook
(Serifenbetonte/Übergangsantiqua)

!¡ ?¿ ., … {:;} _- – — · • [‘’] “”/„ ¢ $ £ ¥

#@ >< (%+‰) &*§¶ 〔 〕†‡^|¦ ± ÷ = °« »

Apolline
(Venezianische Renaissance-Antiqua)

!¡ ?¿ ., … {:;} _- – — · • [‘’] “ ”/„ ¢ $ £ ¥

#@ > < (%+‰) &*§¶ 〔 〕†‡^|¦ ± ÷ = °«»

Akzidenz Grotesk
(Grotesk)

!¡ ?¿ ., … {:;} _- – — · • [‘’] “”/„ ¢$ £ ¥

#@ >< (%+‰) &*§¶ 〔 〕†‡^|¦ ± ÷ = °« »

Bauer Bodoni
(Klassizistische Antiqua)

!¡ ?¿ ., … {:;} _- – — · • [‘’] “”/„ ¢ $ £ ¥

#@ >< (%+‰) &*§¶ 〔 〕†‡^|¦ ± ÷ = °« »

PMN Caecilia
(Serifenbetonte Antiqua)

Punkt, Komma, Doppelpunkt, Semikolon

So lang und gewunden die Geschichte dieser Zeichen auch sein mag – ihre Gestaltung ist ganz einfach. Der Punkt wird durch eine runde, ovale, quadratische oder rechteckige Form dargestellt, die meist die Breite der versalen Rundungsstrichstärke annimmt. Runde Punkte überragen die Grundlinie ebenso wie runde Buchstaben, quadratische und rechteckige Punkte liegen exakt auf der Grundlinie.

Das Komma stellt uns schon vor größere Herausforderungen. Der Kopf wird meist aus dem Punkt entwickelt, kann jedoch auch eine ganz andere Form erhalten (wie z. B. in Scala oder Bliss). Der Kopf kann fließend oder abrupt in den Schweif übergehen, der Schweif kann gerundet oder diagonal verlaufen und spitz oder stumpf enden. Die Proportion des Kommas bleibt jedoch in allen Varianten gleich. Es ist etwas mehr als doppelt so hoch wie der Punkt.

Wenn wir Punkt und Komma gestaltet haben, sind Doppelpunkt und Semikolon fast ein Kinderspiel. Der obere Punkt wird in etwa auf x-Höhe platziert und der untere Punkt bzw. das Komma darunter zentriert. Wenn das Zeichen als Ganzes nun zu dunkel wirkt, können wir die einzelnen Komponenten leicht verkleinern.

Trotz ihrer formalen Schlichtheit üben Punkt, Komma, Doppelpunkt und Semikolon einen wesentlichen Einfluss auf das Schriftbild aus. Auch in der Interpunktion spiegeln sich Merkmale der Buchstaben. Der Punkt kann beispielsweise Form und Proportion des i-Punktes aufgreifen, das Komma könnte Winkel und Rundung vom Bogen des j oder der Schleife des g beziehen. Diese subtilen Verwandtschaften fallen dem oberflächlichen Betrachter nicht ins Auge, sie verstärken über das Unterbewusstsein den Eindruck einheitlicher Schriftgestaltung.

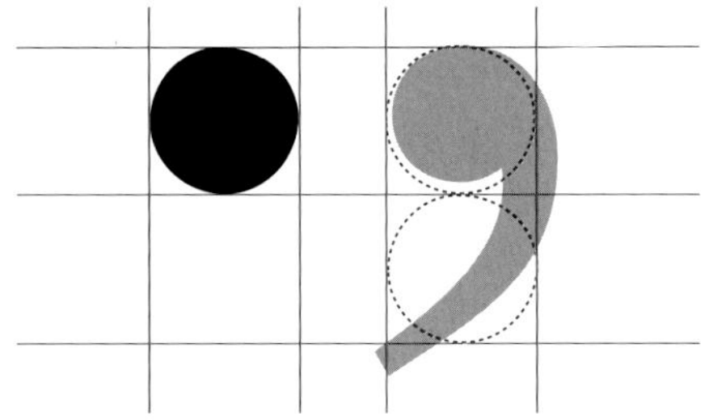

New Baskerville: Der Kopf des Kommas basiert auf dem Punkt. Es ist etwas höher als zwei Punkte.

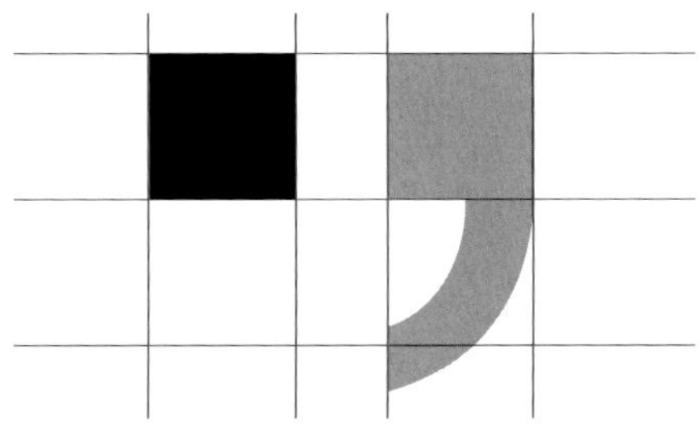

Auch bei der **Helvetica** wird das Komma aus dem Punkt entwickelt. Es ist etwas höher als zwei Punkte.

Der Punkt ist größer als der i-Punkt.

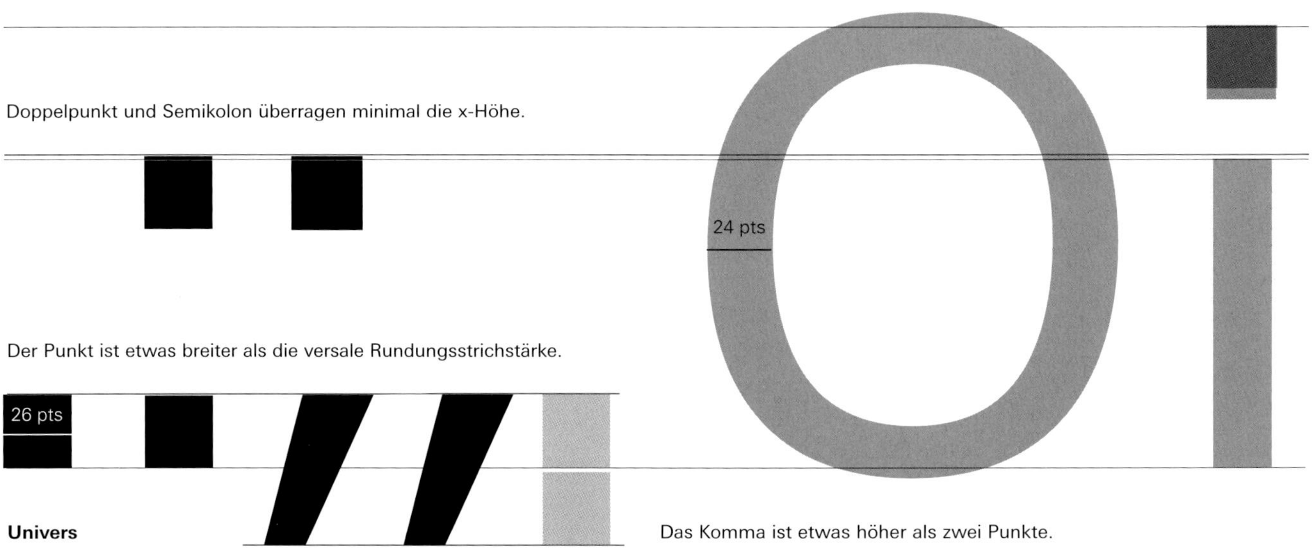

Doppelpunkt und Semikolon überragen minimal die x-Höhe.

Der Punkt ist etwas breiter als die versale Rundungsstrichstärke.

Univers
(Neue Grotesk)

Das Komma ist etwas höher als zwei Punkte.

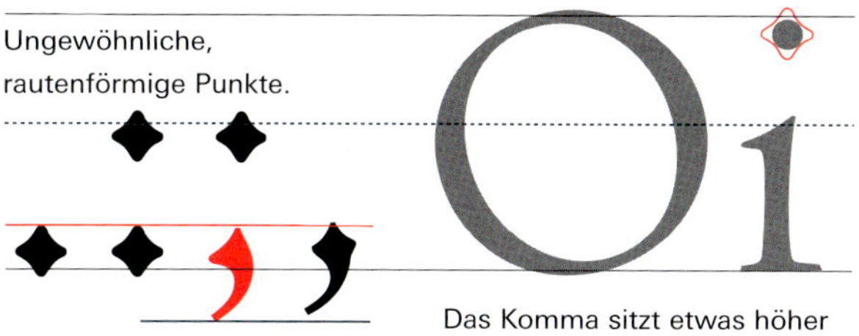

Centaur
(Venezianische
Renaissance-Antiqua)

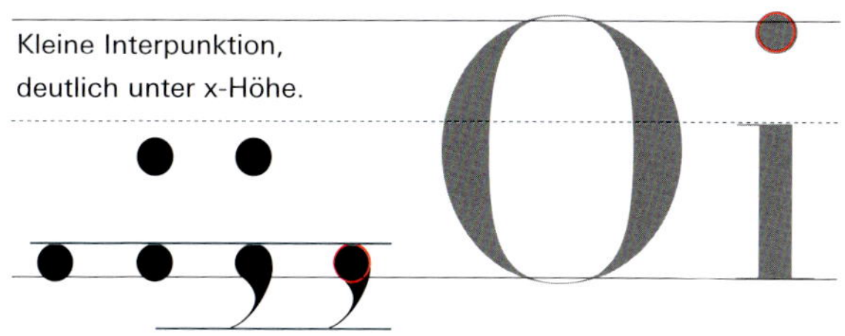

HTF Didot
(Klassizistische Antiqua)

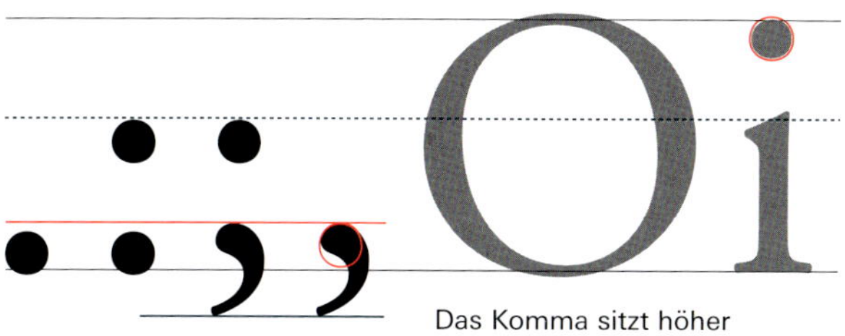

Adobe Garamond
(Französische
Renaissance-Antiqua)

Scala
(Übergangsantiqua)

New Century Schoolbook
(Serifenbetonte Antiqua)

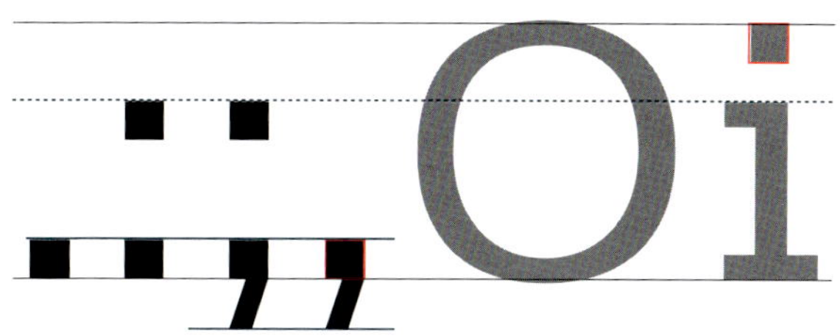

Serifa
(Serifenbetonte Antiqua)

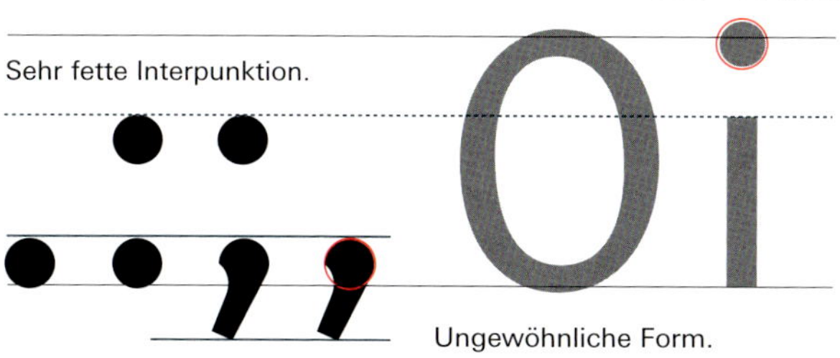

FF Eureka Sans
(Humanistische Serifenlose)

Bliss
(Humanistische Serifenlose)

Anführungszeichen

Vor dem 17. Jahrhundert gab es keine Zeichen zur Markierung direkter Rede. Gelegentlich wurden Zitate kursiv gesetzt, meist jedoch vertraute man auf den Kontext oder auf Formulierungen wie »er sagte«, um Dialoge zu kennzeichnen.

Unsere heutigen öffnenden und schließenden Anführungszeichen sind direkte Nachfahren des Doppelkommas, einer archaischen Markierung besonders wichtiger Sätze. In der Anfangszeit des Buchdrucks wurde das Doppelkomma durch Drehen und Versetzen von Kommapaaren erzeugt. Echte Anführungszeichen auf einem eigenen Kegel dürfte es vor dem späten 18. Jahrhundert kaum gegeben haben. Für viele Schriftgießereien und Stempelschneider dürfte das vor allem eine Frage der Wirtschaftlichkeit gewesen sein. Es war einfach billiger, sich mit doppelten Kommas zu behelfen. Schließlich war auch in den Setzkästen kein Fach für zusätzliche Zeichen vorgesehen.

Auch in Zeiten digitaler Textverarbeitung bleiben unsere deutschen Anführungszeichen der historischen Form treu. Die wörtliche Rede wird am Beginn mit einer »99« auf der Grundlinie und am Ende mit einer »66« auf Versalhöhe eingefasst. Auf keinen Fall sollte man die Anführungszeichen mit den Zollzeichen (auch: Sekundenzeichen) oder dem Doppelakut (dem ungarischen Umlaut, einem diakritischen Zeichen) verwechseln. Auch so genannte »hängende« Anführungszeichen sind nicht korrekt. Echte Anführungszeichen, auch Gänsefüßchen genannt, sehen ungefähr wie ein Komma aus, sind jedoch manchmal etwas kleiner und stärker gerundet.

Schriftentwerfer sollten wissen, dass die Satzregeln für Zitate und wörtliche Rede in verschiedenen Ländern sehr unterschiedlich sind. Im amerikanischen Englisch wird es so gemacht wie in den Abbildungen auf der rechten Seite, die Briten verwenden hingegen nur die einfache Anführung. Franzosen und Italiener (und wegen des schöneren Grauwertes auch wir in diesem Buch) setzen Guillemets ein, benannt nach dem französischen Erfinder und Stempelschneider Guillaume Le Bé. Im spanischen Satz werden umgedrehte Frage- und Ausrufezeichen verwendet.

Von links nach rechts: »Hängende« (falsche) Anführungszeichen, echte Anführungszeichen (US-Methode), ein Zollzeichen (oder auch Sekundenzeichen), französische Anführungszeichen (Guillemets), ein Doppelakut (ein diakritisches Zeichen).

Anführungszeichen bündig zu Oberlängen.

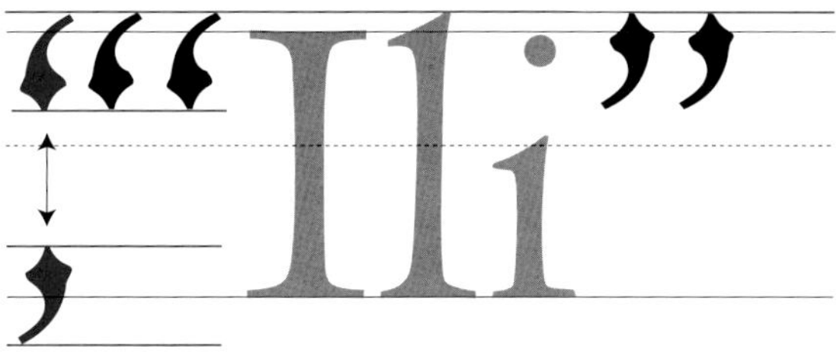

Centaur
(Venezianische Renaissance-Antiqua)

Anführungszeichen < Komma, sie überragen die Versalhöhe.

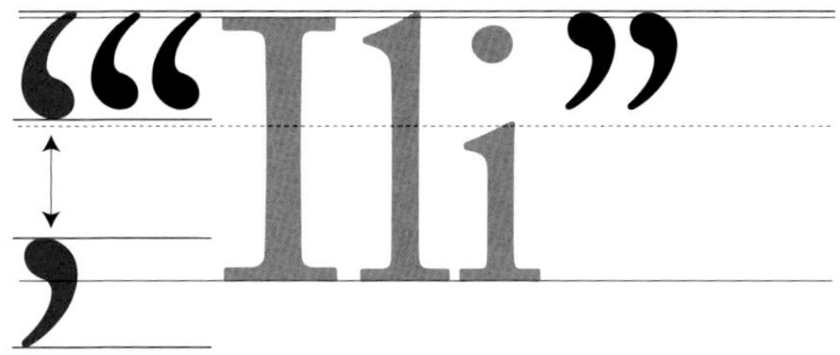

Adobe Caslon
(Französische Renaissance-Antiqua)

Anführungszeichen < Komma, sie überragen die Versalhöhe.

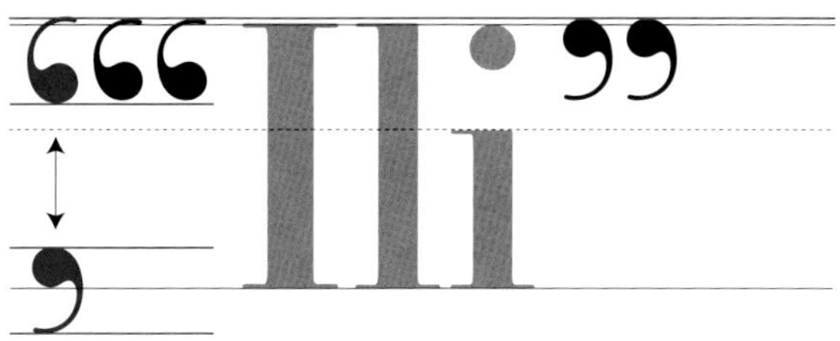

Ambroise
(Klassizistische Antiqua)

Anführungszeichen etwas länger als Komma, sie überragen die Versalhöhe.

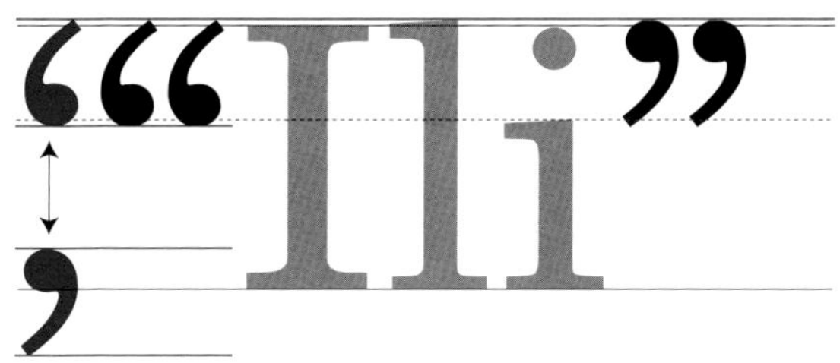

New Century Schoolbook
(Serifenbetonte Antiqua)

Anführungszeichen > Komma, bündig zur Versalhöhe.

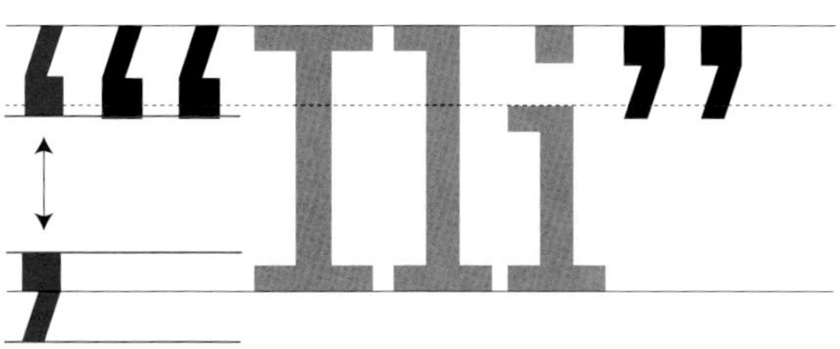

Serifa
(Serifenbetonte Antiqua)

Anführungszeichen bündig zur Versalhöhe.

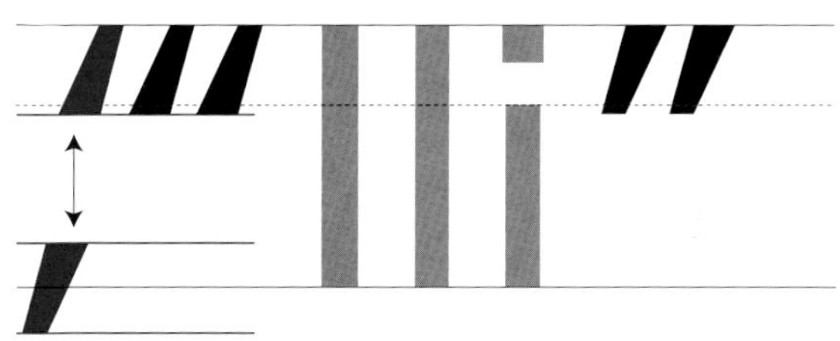

Univers
(Neue Grotesk)

Anführungszeichen bündig zur Versalhöhe, der Kopf überragt die Versalhöhe etwas mehr.

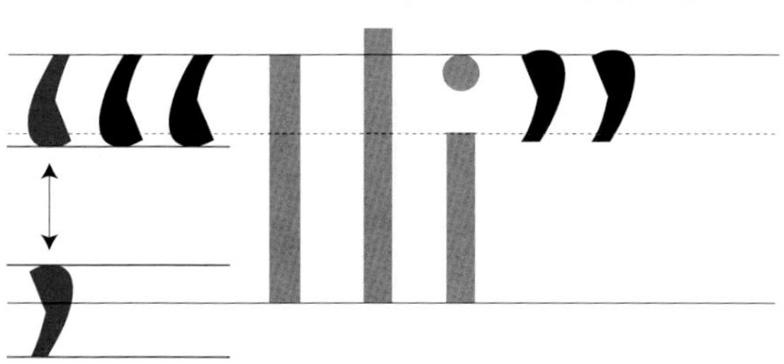

Scala Sans
(Humanistische Serifenlose)

Anführungszeichen < Komma, bündig zu Oberlängen, anderer Winkel als das Komma.

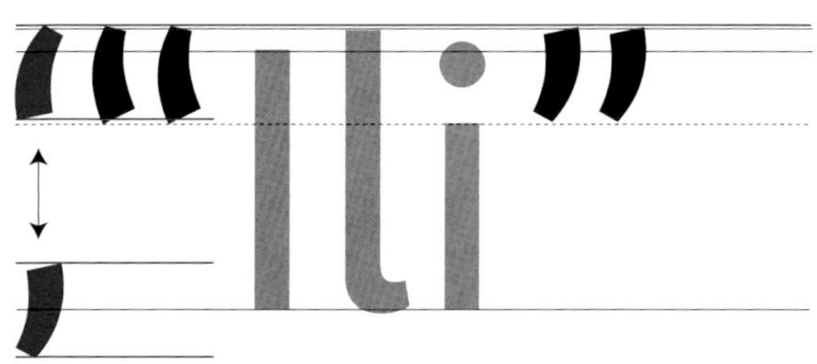

Bliss
(Humanistische Serifenlose)

Frage- und Ausrufezeichen

Frage- und Ausrufezeichen sind junge Interpunktionszeichen. Das Fragezeichen stammt aus dem 16. Jahrhundert, das Ausrufezeichen entwickelte sich während des 17. und 18. Jahrhunderts. Die Zeichen gehen aus den lateinischen Wörtern *quaestio* (fragen) und *io* (Freude) hervor. Tatsächlich wurde das Fragezeichen ursprünglich als Q über einem o geschrieben und das Ausrufezeichen als großes I über einem o. Über die Jahrhunderte formten sich daraus die heutigen Zeichen.

Beim Ausrufezeichen liegen die Dinge einfach. Über dem Punkt steht ein senkrechter Strich, der oben mit versaler Rundungsstrichstärke beginnt und sich nach unten mehr oder weniger verjüngt. Oben kann es – zu anderen Strichabschlüssen in der Schrift passend – gerade, gerundet oder winklig enden.

Das Fragezeichen ist gestalterisch etwas anspruchsvoller. Bei Schriften mit aufrechter Achse befindet sich die fetteste Stelle des Bogens im vertikalen Abschnitt. Bei Schriften mit geneigter Achse kann das Hauptgewicht in der Kurve (wie beim s), in der Schulter oder in den horizontalen Abschnitten des Bogens liegen (wie beim kalligrafischen z). In Serifenschriften wird der Bogen oben mit einem Tropfen, einem kalligrafischen Federansatz oder auslaufend abgeschlossen. In allen Varianten ist das Fragezeichen etwa halb so breit wie das große O.

Auch für den unteren Strichabschluss des Bogens stehen mehrere Varianten zur Wahl. Meist befindet sich dort ein kurzer Stamm, der sich in kontrastreichen Schriften verjüngen kann. Dieser kurze Stamm kann sowohl senkrecht als auch gebogen sein – bis zu einem Fragezeichen in Form eines gespiegelten und gedrehten s. Das Stämmchen ist mittig über dem Punkt platziert, der Bogen steht links oben über.

Selbst die Punkte von Frage- und Ausrufezeichen verlangen etwas Feingefühl. Meist sind sie ebenso groß wie der einzelne Punkt. Sie können jedoch etwas verkleinert werden, um die Dichte des Zeichens zu verringern. Der Abstand über dem Punkt ist zwischen einem halben und einem vollen Punktdurchmesser groß. Bei einigen Schriften ist die Lücke beim Ausrufezeichen größer, da sich dessen senkrechte Form mit dem Punkt zusammenzieht.

Hinsichtlich der Größe des Frage- und Ausrufezeichens existiert keine feste Regel. Sie sollten zwar zueinander passen, können jedoch größer oder kleiner als die Versalhöhe sein. Wie immer müssen die runden Formen die geraden überragen.

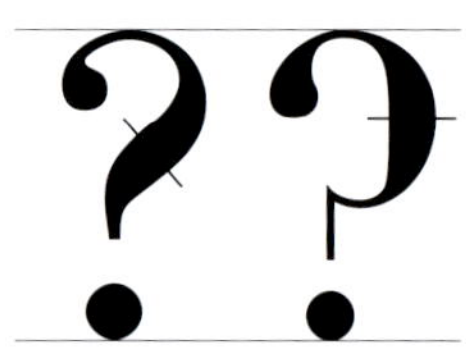

Die **Bodoni** (links) legt das größte Gewicht in die Diagonale. In der **Didot** (rechts) tritt die größte Strichstärke im senkrechten Abschnitt des Bogens auf.

Vier Varianten des Ausrufezeichens: Oberes Ende und die Seiten des Stammes können gerundet, verjüngt oder gerade sein.

Der Bogen des Fragezeichens ist oben zum O bündig.

Stamm und Punkt sind zentriert.

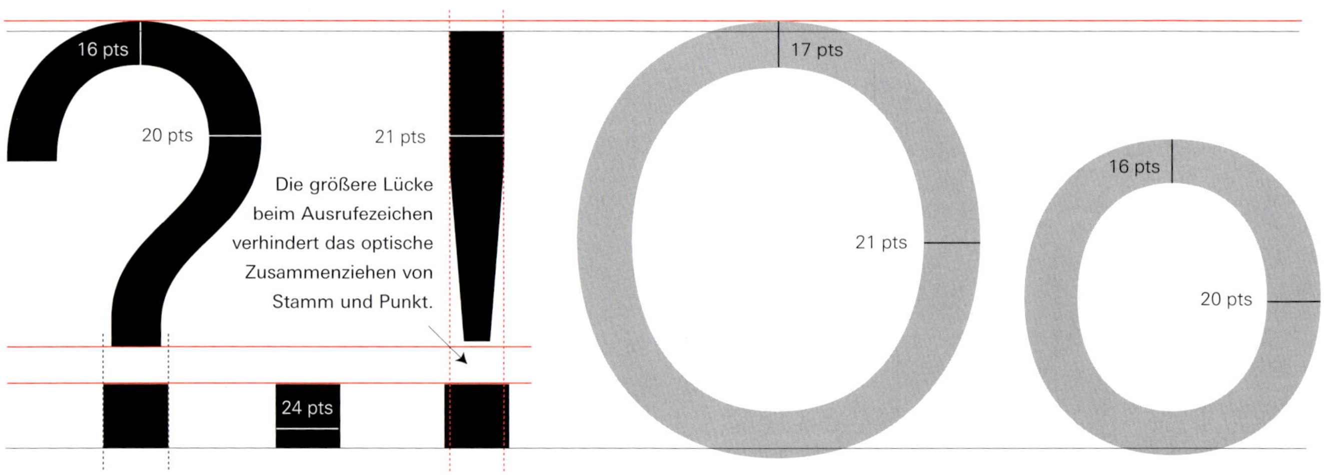

Neue Helvetica (Neue Grotesk)

Punkte des Fragezeichens und Ausrufezeichens sind genauso groß wie der Punkt.

Kalligrafisches Ausrufezeichen.

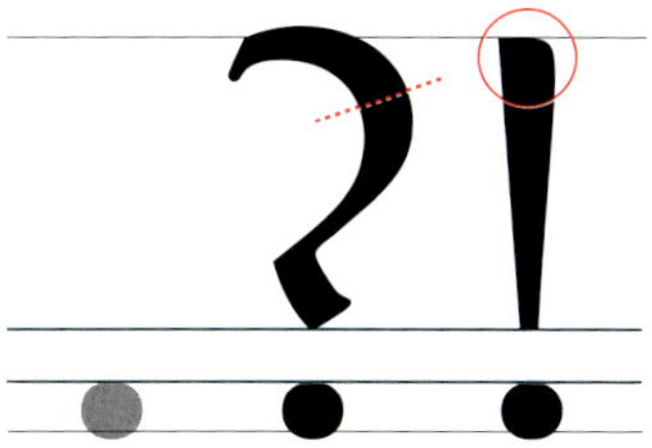

Guardi
(Venezianische Renaissance-Antiqua)

? und ! kleiner als Versalhöhe.

Adobe Garamond
(Französische Renaissance-Antiqua)

New Baskerville
(Übergangsantiqua)

Apollo
(Französische
Renaissance-Antiqua)

Punkte von ?
und ! kleiner
als der Punkt.

Ambroise
(Klassizistische
Antiqua)

Punkte von ?
und ! kleiner
als der Punkt.

New Century Schoolbook
(Serifenbetonte Antiqua)

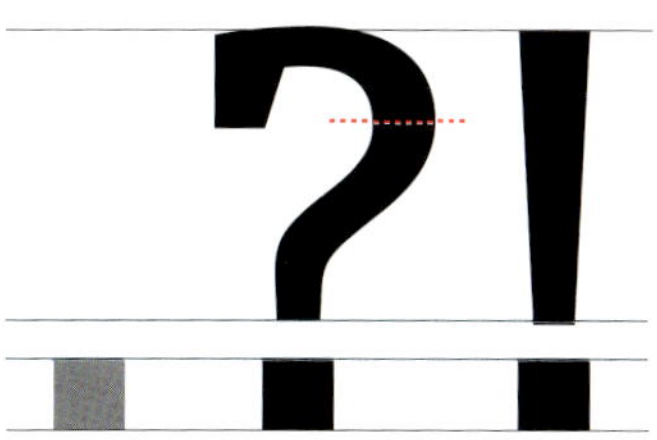

FF Olsen
(Serifenbetonte Antiqua)

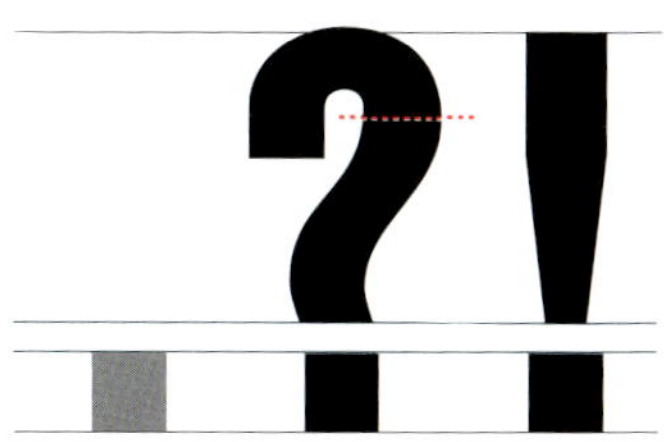

HTF Champion Gothic
(Grotesk)

Futura
(Geometrische Serifenlose)

? und ! bündig zu Oberlängen.

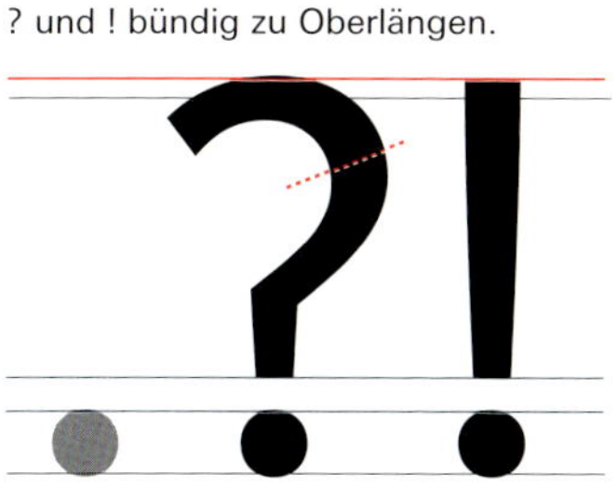

Parisine
(Humanistische Serifenlose)

Geformte Enden.

FF Strada
(Humanistische Serifenlose)

Bliss
(Humanistische Serifenlose)

Studentischer Entwurf von KJ Chun:
Anführungszeichen werden meist als kleinere und gedrehte Kommas gestaltet.
Das Fragezeichen eröffnet Spielräume für Originalität.

Diakritische Zeichen

Diakritische Zeichen

Schriftentwerfer sind geborene Experten für die Zeichen ihrer Muttersprache. Dafür ist man dann im Rest der Welt ein Laie. Menschen aus angelsächsischen Ländern ist die große Herde der in anderen Ländern unverzichtbaren diakritischen Zeichen weitgehend unbekannt. In den USA haben nur wenige Lehnwörter ihre Akzente behalten, und selbst diese fallen mehr und mehr in Ungnade. Akzente werden dort zunehmend als überflüssig und antiquiert angesehen.

Unglücklicherweise gibt es kaum öffentlich zugängliche Informationen darüber, wie eine gute Gestaltung von Akzenten aussieht. Die umfassendste Abhandlung findet sich in Victor Gaultneys Dissertation aus dem Jahr 2002 (*Problems Of Diacritic Design for Latin Script Text Faces*, University of Reading). Bei aller Kompetenz stellt diese Abhandlung allerdings keinen Leitfaden für die Gestaltung diakritischer Zeichen dar, sondern sie beleuchtet lediglich die zentralen Fragestellungen dieses Themas.

Mangels brauchbarer Informationen üben sich Entwerfer im Studium der vorhandenen Schriften, eine hilfreiche Betätigung von begrenztem Nutzen. Die Akzente vieler Schriften sind häufig ohne Wissen des Entwerfers später von Dritten eingefügt worden. Auch wenn der Entwerfer selbst oder Fachleute der Akzentgestaltung beteiligt waren, hat die jeweilige Schrifttechnologie an der Gestaltung mitgewirkt. Ohne fundiertes historisches Wissen ist es schwierig einzuschätzen, welche Aspekte der Akzentgestaltung für das Verständnis wesentlich sind und welche schlicht persönliche Vorlieben oder technische Bedingungen abbilden.

Auch kulturelle Vorlieben spielen eine Rolle. Die Form und Größe eines Diakritikums können selbst von benachbarten Kulturen unterschiedlich interpretiert werden. Zum Beispiel sieht das tschechische Čárka oberflächlich betrachtet wie ein Akut aus, darf jedoch auf keinen Fall einen runden Abschluss haben. In einigen Sprachen existieren keine verbindlichen formalen Regeln hinsichtlich der Akzente. In diesen Fällen sollten die diakritischen Zeichen in verschiedenen Varianten entworfen werden.

Vor diesem Hintergrund kann dieses Kapitel nur einen Überblick über die gebräuchlichsten Diakritika geben: Akut, Gravis, Zirkumflex, Trema (Umlaut, Diärese), Tilde und Cedille. Das ß behandeln wir ebenfalls in diesem Kapitel, obwohl es eigentlich eine Ligatur und kein diakritisches Zeichen ist. Die hier abgebildeten Diakritika sind den Buchstaben nur wenig angepasst. Entweder wird das gleiche diakritische Zeichen sowohl für Groß- als auch für Kleinbuchstaben verwendet, oder ein zu diesem Zweck entworfener Versalakzent wird mit allen Großbuchstaben kombiniert. Obwohl sich mit der heutigen Schrifttechnologie sogar auf das einzelne Zeichen zugeschnittene Diakritika realisieren ließen, ist das generische Diakritikum nach wie vor Standard.

Apolline
(Venezianische Renaissance-Antiqua)

Galliard
(Französische Renaissance-Antiqua)

éàîüñçß

Gotham
(Geometrische Serifenlose)

éàîüñçß

Univers
(Neue Grotesk)

éàîüñçß

HTF Didot
(Klassizistische Antiqua)

éàîüñçß

Clarendon
(Serifenbetonte Antiqua)

Akut und Gravis

Akut und Gravis treten in vielen Sprachen auf. Diese Akzente bezeichnen entweder eine Änderung der Tonhöhe (steigend oder fallend), eine Betonung (eines ansonsten unbetonten Zeichens) oder einen unsichtbaren Konsonanten. Zum Beispiel zeigt das Akut im französischen Wort *étudiant* die Aussprache eines s nach einem e an, wie in der alten Schreibweise *estudiant*.

Die Akzente sind offensichtlich verwandt. Sie besitzen die gleiche Form und sind lediglich gespiegelt. Ihre Grundform ist eine unten magere Diagonale, die nach oben auf 50–90 % der Grundstrichstärke anschwillt. Das obere Ende kann entsprechend anderer Strichabschlüsse in der Schrift gerundet werden. Das untere Ende läuft spitz, stumpf oder gerundet aus.

Der Winkel von Akut und Gravis variiert erheblich. In frühen Buchdruckschriften wurden beide Akzente noch recht steil gesetzt, das polnische Akut *(Kreska)* soll auch heute noch aufrechter stehen. Die mit der Zeit zunehmend größere x-Höhe sowie der enger werdende Satz ließen jedoch den Platz für die Akzente schrumpfen, worauf diese sich immer flacher auf die Zeichen duckten. Im Ergebnis ist heute eine große Bandbreite von Winkelungen zu beobachten.

Beide Akzente sind asymmetrisch: Das Akut neigt sich nach rechts, das Gravis neigt sich nach links. Der Neigungswinkel beeinflusst die Platzierung über dem Zeichen. Steil gewinkelte Akzente sollten betont asymmetrisch mit dem unteren Ende auf der optischen Mitte positioniert werden. Bei flacheren Winkeln läuft die optische Mittelachse in etwa durch das leichtere Drittel des Akzents.

Keine klare Regel ist hinsichtlich der vertikalen Positionierung erkennbar. Die Oberkante der Akzente orientiert sich bei den Kleinbuchstaben ungefähr an der Versalhöhe oder an den Oberlängen. Bei den Großbuchstaben rückt der Akzent näher an das Zeichen, um Kollisionen mit Unterlängen vorzubeugen. Wenn das nicht reicht, hilft ein kürzer und/oder flacher entworfener Versalakzent.

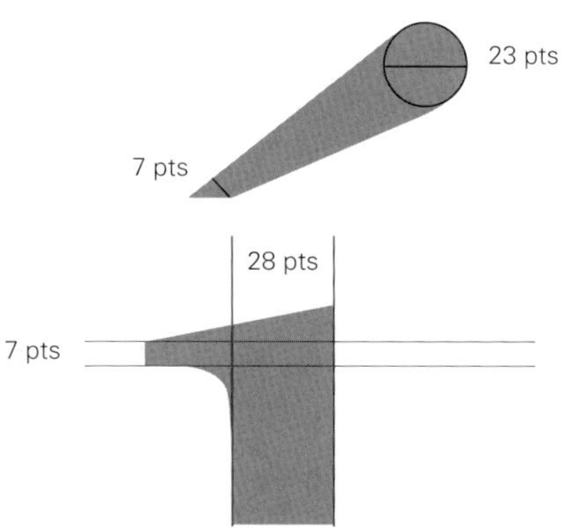

Bei der **New Baskerville** erreicht der Kopf des Akut 82 % der Grundstrichstärke.

Das Akut neigt sich nach rechts und das Gravis nach links. Die Strichenden sind rechtwinklig.

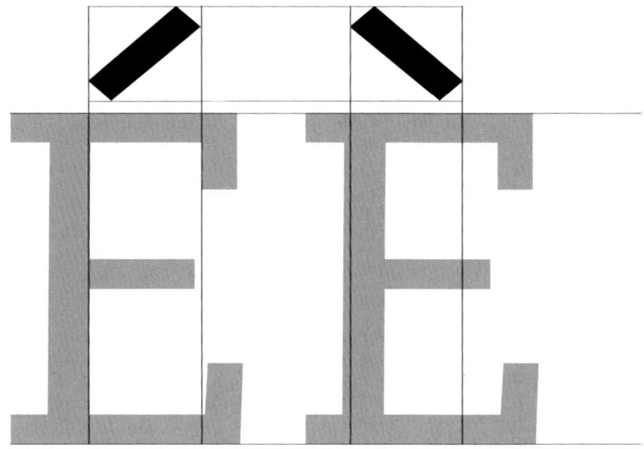

PMN Caecilia
(Serifenbetonte Antiqua)

Lange, steile Akzente unter Versalhöhe.

Centaur
(Venezianische Renaissance-Antiqua)

Oberkante über Versalhöhe.

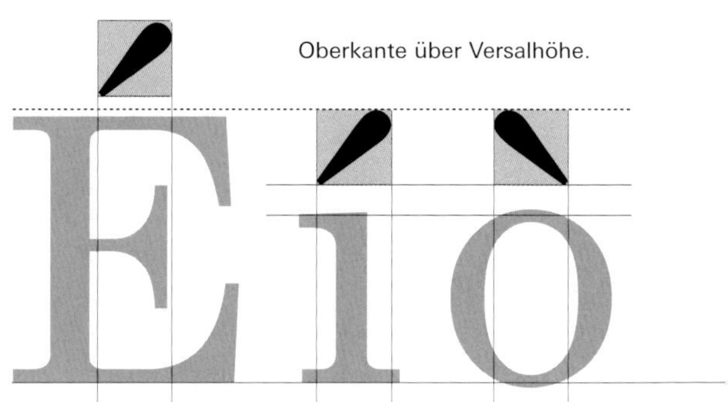

New Century Schoolbook
(Serifenbetonte Antiqua)

Versalakzente sind häufig kürzer als Minuskelakzente, um Platz zu sparen (wie bei der **Scala**). Alternativ kann der Abstand zum Zeichen verringert werden (wie bei der **Univers**).

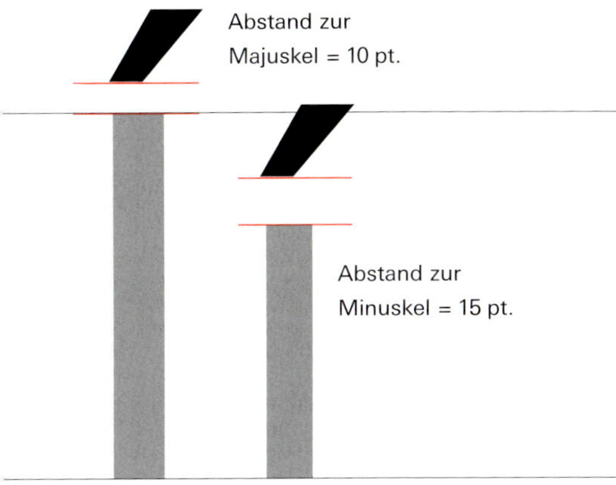

Univers
(Neue Grotesk)

Scala Sans
(Humanistische Serifenlose)

Akzente sind unten waagerecht abgeschnitten und ragen über die Oberlängen hinaus.

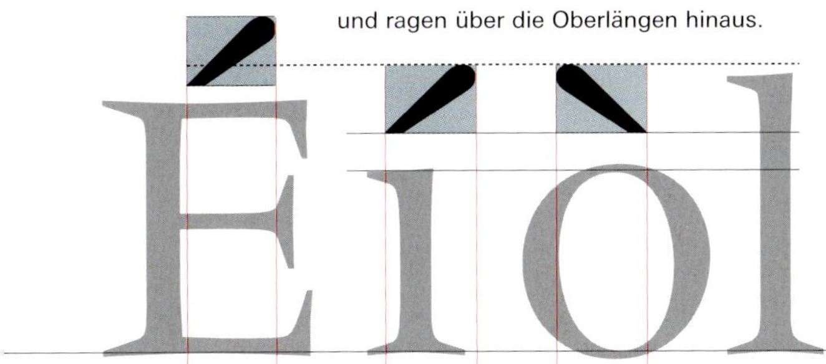

Méridien
(Übergangsantiqua)

Oberkante unter Versalhöhe, Versalakzent flacher gezeichnet.

Adobe Garamond
(Französische Renaissance-Antiqua)

Minimal unter Versalhöhe platzierte Akzente.

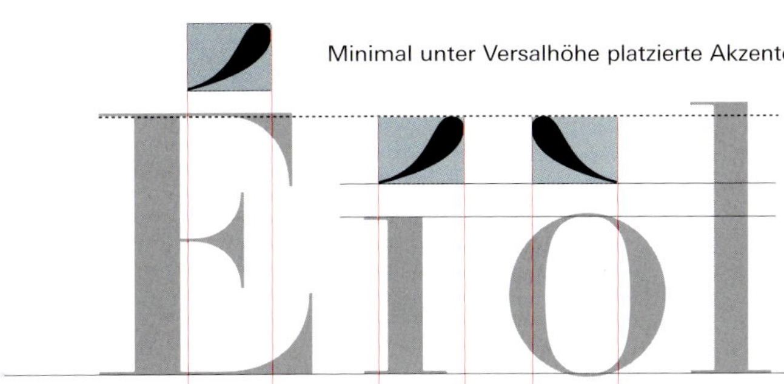

HTF Didot
(Klassizistische Antiqua)

Ungewöhnliche, gebogene Form.

Oberkante über Versalhöhe.

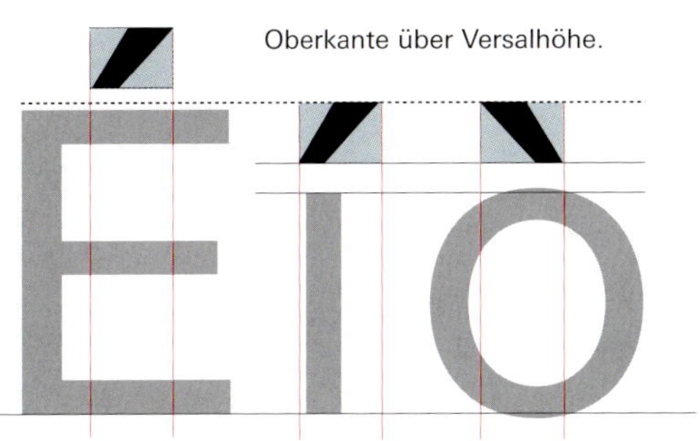

Neue Helvetica
(Neue Grotesk)

Zirkumflex

Das Zirkumflex ist ein nach unten offener Winkel (Dach), der meist über Vokalen auftritt. Es kennzeichnet Änderungen der Tonhöhe oder -länge, Verkürzungen oder Auslassungen.

Im Französischen steht es z. B. für ein heute entfallenes altfranzösisches s (wie in *hôpital* = hospital oder *forêt* = forest). Im Altgriechischen bezog es sich auf Vokallänge und Betonung. Die seit den 1970er Jahren amtliche neugriechische Sprache verwendet es nicht mehr. Im britischen Englisch des 18. Jahrhunderts wurde es als postalische Abkürzung für die Buchstabenfolge »ugh« verwendet (also *thô* statt *though* bzw. *brôt* statt *brought*). In gewisser Weise nahm diese Praxis die heutigen Abkürzungen in der digitalen Kommunikation vorweg.

Das Zirkumflex kann aus dem Akut und dem Gravis zusammengesetzt werden. Allerdings müssen die Strichstärken und Winkel noch überarbeitet werden, um Breite und Grauwert des Diakritikums zu optimieren. Wie schon bei Akut und Gravis beschrieben, sollte für die Großbuchstaben eine flachere Version des Zirkumflex gezeichnet werden.

Häufig wird das Zirkumflex gedreht als Hatschek (aus dem Tschechischen *Háček* = Häkchen) verwendet. Das Hatschek kommt in lateinisch geschriebenen westslawischen und baltischen Sprachen sowie der Transliteration arabischer und asiatischer Sprachen vor. Manche Schriftentwerfer bemängeln allerdings, dass einem gedrehten Zirkumflex im Gegensatz zu einem kalligrafischen Hatschek Asymmetrie und Kontrast fehle. Andere hingegen bevorzugen das rotierte Zirkumflex, da sich der geringe Kontrast und die symmetrische Form besonders in kleinen Schriftgraden günstig auf die Lesbarkeit auswirkt.

Das Zirkumflex ist länger und steiler als Akut und Gravis.

Galliard
(Französische Renaissance-Antiqua)

Rotis Serif: Das Hatschek wird häufig als gedrehtes Zirkumflex gezeichnet.

Breiter Scheitel, Winkel etwas flacher als bei Akut und Gravis.

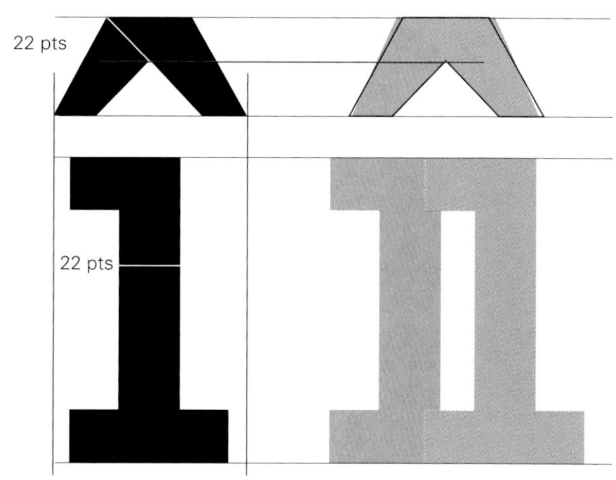

PMN Caecilia
(Serifenbetonte Antiqua)

Spitze = 21 pt.

Das Zirkumflex ist im Innenwinkel tiefer eingeschnitten, als es sich aus der Überlappung von Akut und Gravis ergäbe.

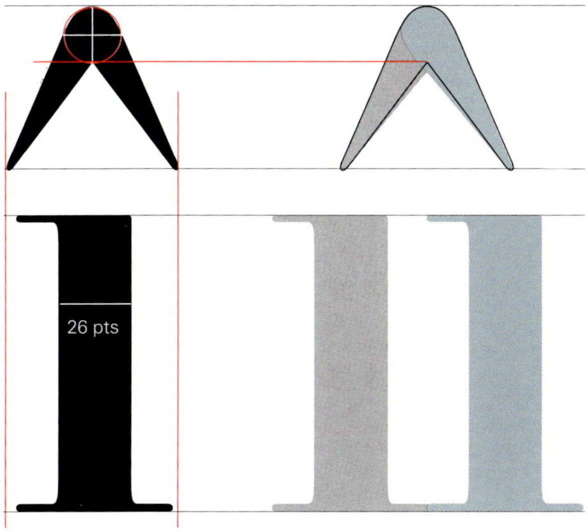

Ambroise
(Klassizistische Antiqua)

Das Zirkumflex ist steiler als Akut und Gravis.

New Baskerville
(Übergangsantiqua)

Bei der **Adobe Garamond** (links) spart das flachere versale Zirkumflex Platz.
Bei der **Sabon Next** (rechts) sind, wie so oft, das gemeine und das versale Zirkumflex identisch.

Spitzes, zu den Strichenden anschwellendes Zirkumflex.

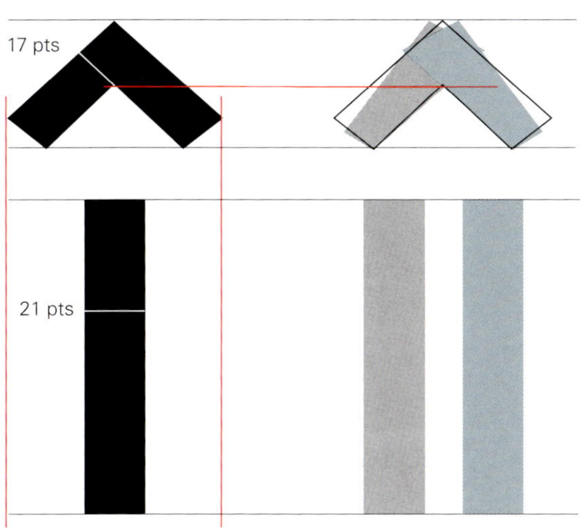

Futura
(Geometrische Serifenlose)

Zum Scheitel deutlich verjüngt,
zu den Strichenden leicht anschwellend.

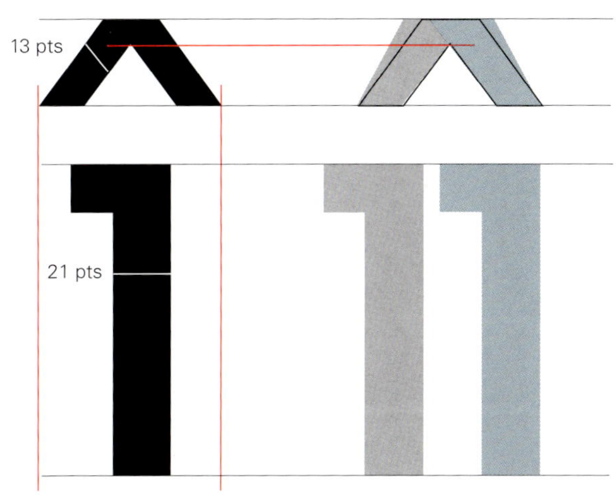

Vialog
(Humanistische Serifenlose)

Trema

Das Trema besteht aus zwei waagerecht nebeneinander angeordneten Punkten. Es wird für Diäresen und Umlaute verwendet. Ihre Herkunft unterscheidet sich.

Umlaute sind anders gesprochene Vokale (im Deutschen heller), die durch nachfolgende Zeichen umgelautet werden (im Mittelhochdeutschen das e). In der deutschen Kurrentschrift bestand ein e aus zwei verbundenen vertikalen Strichen. Es wurde bei den Umlauten über den flektierten Vokal gesetzt. Über die Jahrhunderte entwickelten sich daraus die heutigen Pünktchen.

Mit dem Wort Diärese bezeichnen Linguisten die getrennte Aussprache von einander folgenden Vokalen (z. B. in Alëuten). Sowohl der Begriff (*diaeresis* = Trennung) als auch die Form stammen aus der griechischen Antike. In altgriechischen Versen wurden Strichpaare als metrische Zeichen verwendet. Diese schrumpften mit der Zeit zum Punktepaar.

Das Trema erscheint grundsätzlich nur über Vokalen (also a, e, i, o, u, y). Seine Punkte können rund oder eckig sein. Meist sind sie etwas kleiner als der i-Punkt, um Platz zu sparen und den Grauwert zu erhalten. Die Punkte des Tremas halten in der Regel etwa eine kleinbuchstabige Grundstrichstärke Abstand voneinander. In schmallaufenden Schriften oder zur Anpassung an schmale Zeichen kann der Abstand jedoch auch geringer sein.

Horizontal wird das Trema über dem Buchstaben zentriert. Vertikal ist eine mittige oder bündige Anordnung zu Akut und Gravis üblich. Viele Designer richten das Trema auch nach den i-Punkten aus. Grundsätzlich unterstützt eine harmonische Anordnung der Diakritika die Lesebewegung des Auges.

Centaur
(Venezianische Renaissance-Antiqua)

Das Trema kennzeichnet über a, o und u Umlaute und über e, i und y fast immer Diäresen.

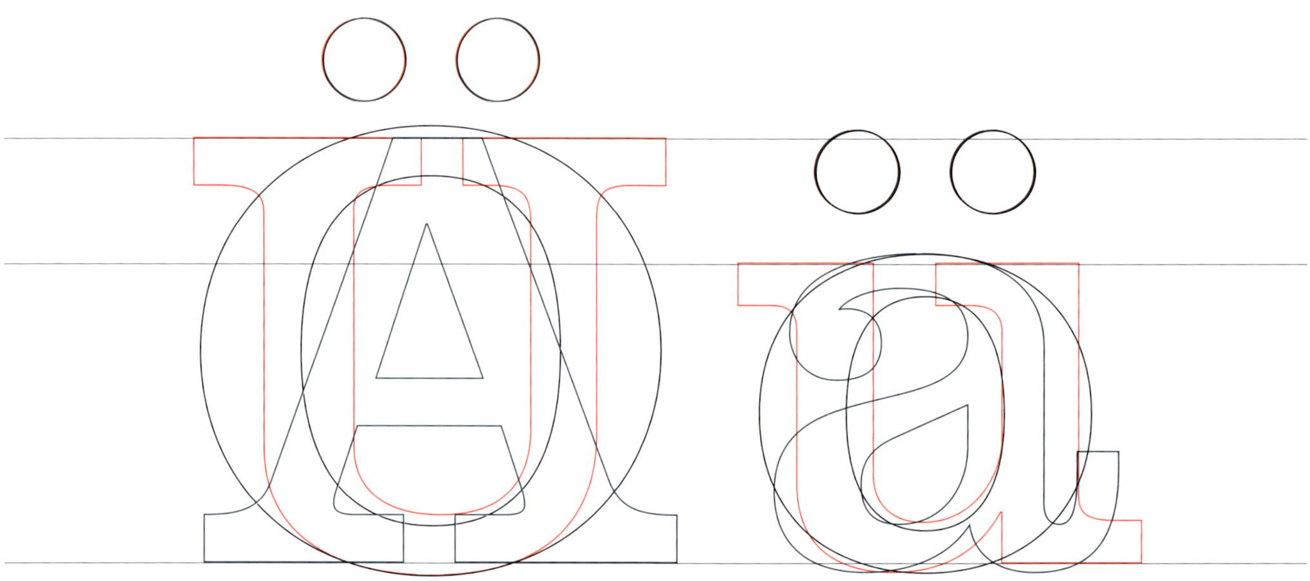

Clarendon
(Serifenbetonte Antiqua)

Wie in den meisten Schriften sind Größe und Abstand der Pünktchen bei allen Zeichen gleich.

Versales Trema enger am Buchstaben.

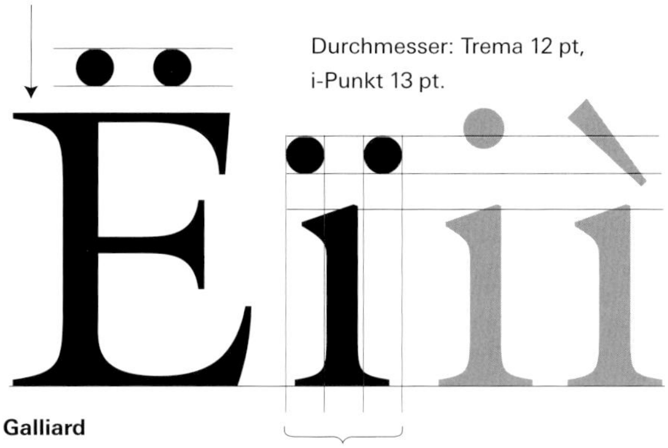

Durchmesser: Trema 12 pt,
i-Punkt 13 pt.

Galliard
(Französische
Renaissance-Antiqua)

Gleichmäßiger Punkteabstand,
nur eine Punkthöhe Abstand zur x-Höhe.

Identischer Abstand bei Groß- und Kleinbuchstaben.

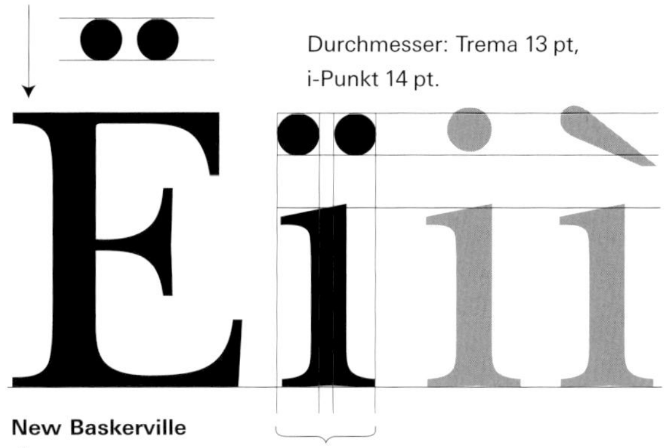

Durchmesser: Trema 13 pt,
i-Punkt 14 pt.

New Baskerville
(Übergangsantiqua)

Enger Punkteabstand,
bündig zur Versalhöhe.

Versales Trema enger am Buchstaben.

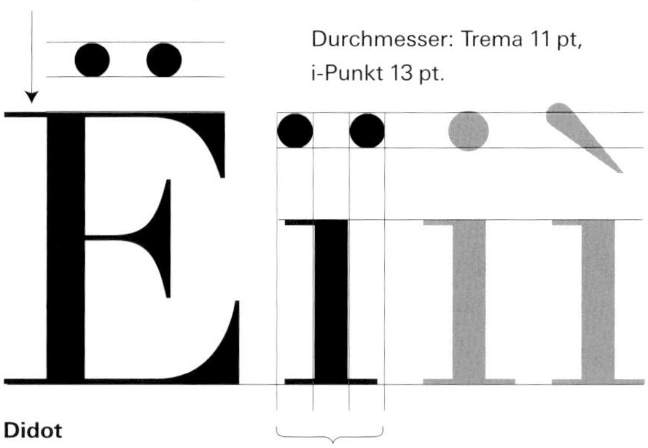

Durchmesser: Trema 11 pt,
i-Punkt 13 pt.

Didot
(Klassizistische Antiqua)

Gleichmäßiger Punkteabstand,
bündig zur Versalhöhe,
mittig zum Gravis.

Versales Trema enger am Buchstaben.

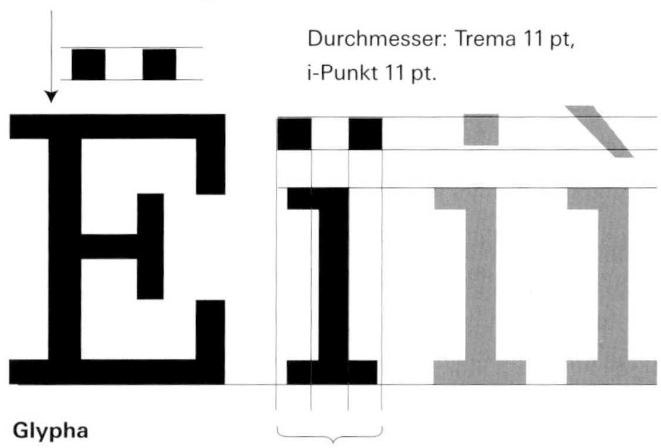

Durchmesser: Trema 11 pt,
i-Punkt 11 pt.

Glypha
(Serifenbetonte Antiqua)

Gleichmäßiger Punkteabstand,
bündig zur Versalhöhe,
mittig zum Gravis.

Versales Trema enger am Buchstaben.

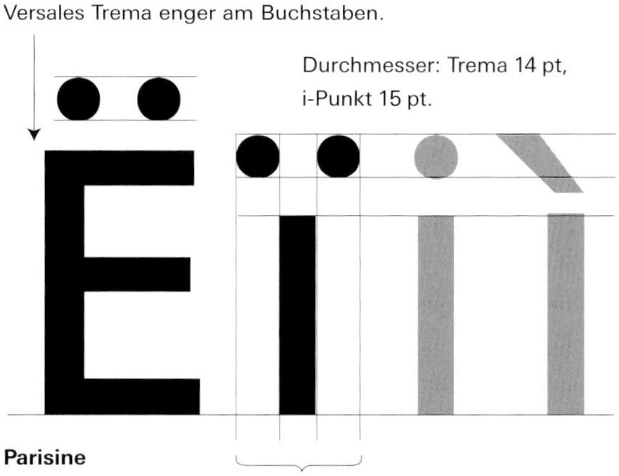

Durchmesser: Trema 14 pt,
i-Punkt 15 pt.

Parisine
(Humanistische
Serifenlose)

Enger Punkteabstand, bündig
zur Oberkante des Gravis.

Versales Trema enger am Buchstaben.

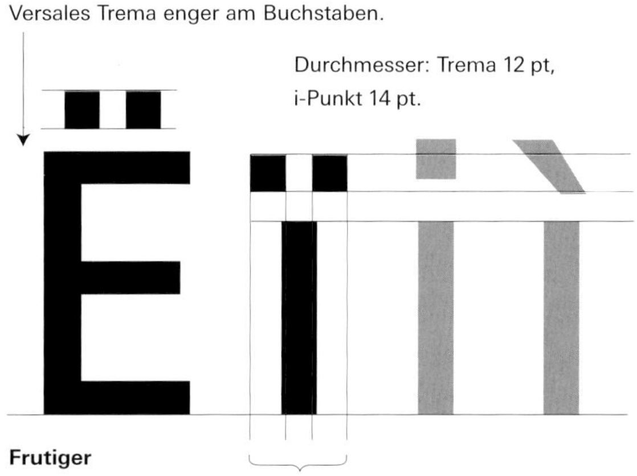

Durchmesser: Trema 12 pt,
i-Punkt 14 pt.

Frutiger
(Humanistische
Serifenlose)

Enger Punkteabstand, bündig
zur Unterkante des Gravis.

Tilde

Die Tilde ist ein weiteres Überbleibsel eines früheren kalligrafischen Brauchs. In alten lateinischen Texten konnten n und m über statt nach einem Buchstaben geschrieben werden. Die Zeit schliff die hochgestellten Zeichen allmählich zur heutigen Tilde.

Heute wird die Tilde u. a. im Spanischen und Portugiesischen verwendet. Im Spanischen steht es z. B. für die nasale Aussprache. Viele unserer Latinismen, die ein »gn« enthalten, werden im Spanischen »ñ« geschrieben (Signal = *señal*, Kampagne = *campaña*). Die diakritische Tilde wird auch in der Transliteration asiatischer Sprachen (für steigende und fallende Töne), in der Mathematik für genäherte, transformierte oder proportionale Werte sowie in der Computerwelt als einzelnes Zeichen für z. B. Pfadangaben benutzt (hier oft als Schlange bezeichnet).

Allerdings darf die diakritische Tilde nicht mit der freistehenden Tilde verwechselt werden, die breiter und fetter ist. Diese steht vor gerundeten Werten. Zwei dieser breiteren Tilden übereinander ergeben das mathematische Zeichen »ungefähr gleich«.

Wie bei allen diakritischen Zeichen bestehen deutliche Unterschiede in der Gestaltung der Tilde in verschiedenen Schriften. Das Zentrum der Kurve kann diagonal oder horizontal verlaufen, die Strichenden können sich mehr oder weniger biegen sowie spitz oder stumpf enden. Die Tilde kann ihre Abstammung vom N jedoch nicht verleugnen: Sie ist fast immer symmetrisch und die Mitte der Kurve ist stets fetter als die Enden.

Die Tilde ist mindestens so breit wie die Binnenfläche des n und höchstens so breit wie das gesamte n (ohne Serifen). In der Senkrechten wird die Tilde entweder oben, unten oder mittig am Akut bzw. Gravis ausgerichtet. In der Waagerechten wird sie über dem Buchstaben optisch zentriert. Beim kleinen n kann die Tilde auch leicht links oder rechts der Binnenfläche liegen. Wichtig ist eine ausgewogene Positionierung in Bezug auf den Stamm und die Schulter des n. Beim großen N sollte die Tilde zur oberen dreieckigen Binnenfläche zentriert werden. Dabei spielt die Breite der oberen Serifen eine wesentliche Rolle.

Die breite und flache Tilde ist unten bündig zum Gravis.

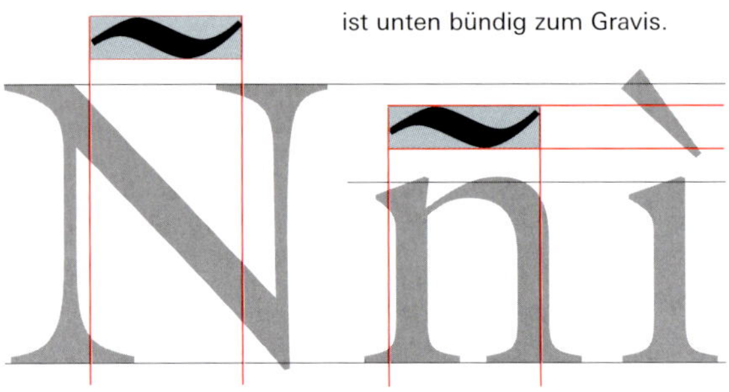

Galliard
(Französische Renaissance-Antiqua)

Die breite, aufwärts strebende Tilde ist bei den Majuskeln eng platziert.

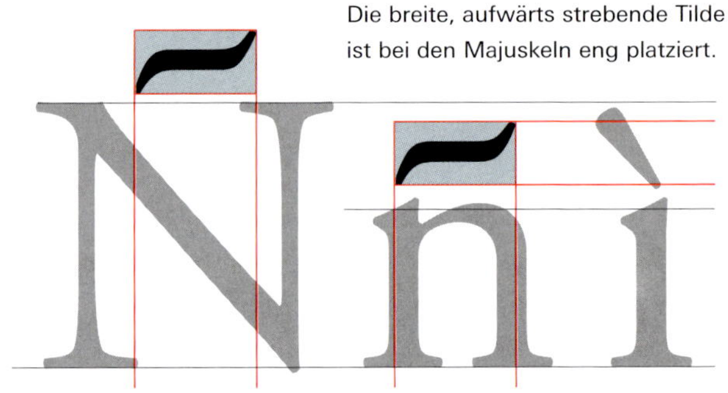

Adobe Garamond
(Französische Renaissance-Antiqua)

Die Tilde überragt die Versalhöhe leicht und ist oben zum Gravis bündig.

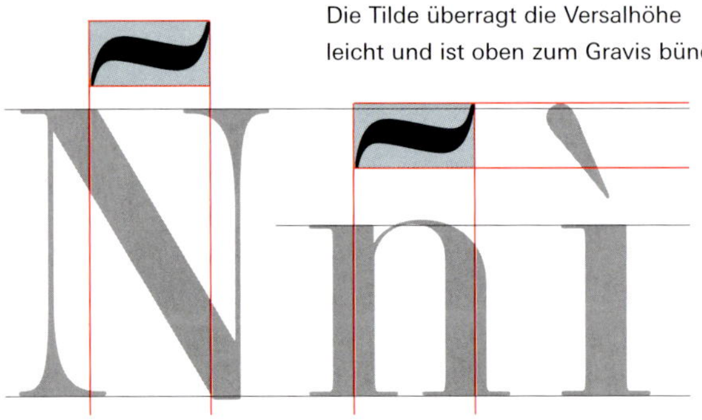

Ambroise
(Klassizistische Antiqua)

Schmale und flache Tilde, bündig zur Versalhöhe und mittig zum Gravis.

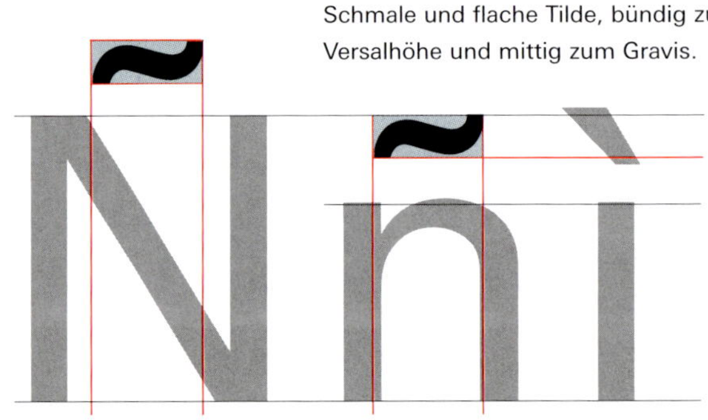

Univers
(Neue Grotesk)

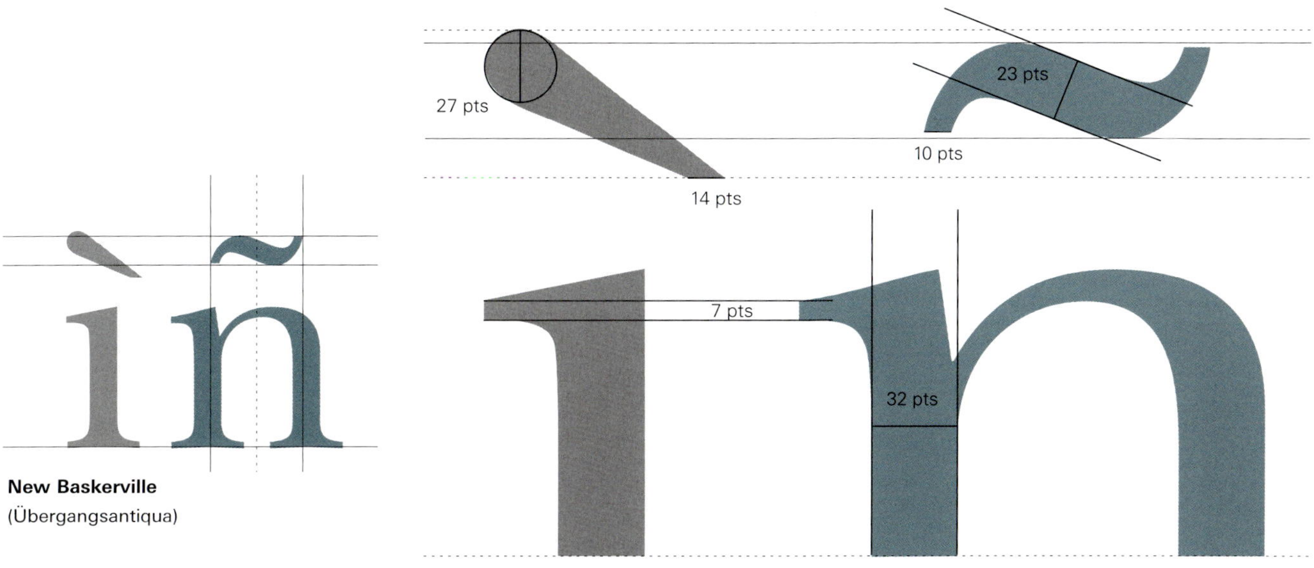

New Baskerville
(Übergangsantiqua)

Die Tilde ist leichter und kontrastärmer als die Kleinbuchstaben.
Sie wird in der Senkrechten oben, unten oder mittig am Gravis ausgerichtet.
Die Tilde wird über dem Buchstaben optisch zentriert.

Die Tilde steht mittig zum Gravis.

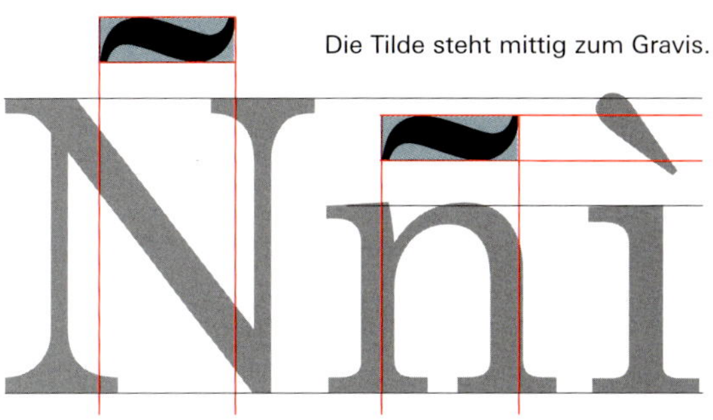

New Century Schoolbook
(Serifenbetonte Antiqua)

Die Tilde überragt die Versalhöhe leicht und ist oben zum Gravis bündig.

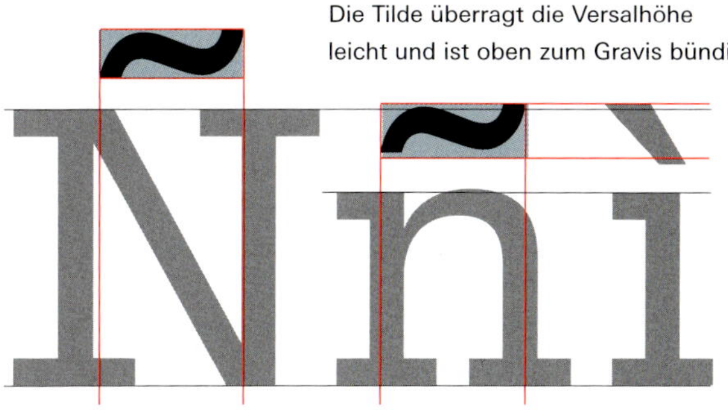

Serifa
(Serifenbetonte Antiqua)

Die breite und flache Tilde steht mittig zum Gravis.

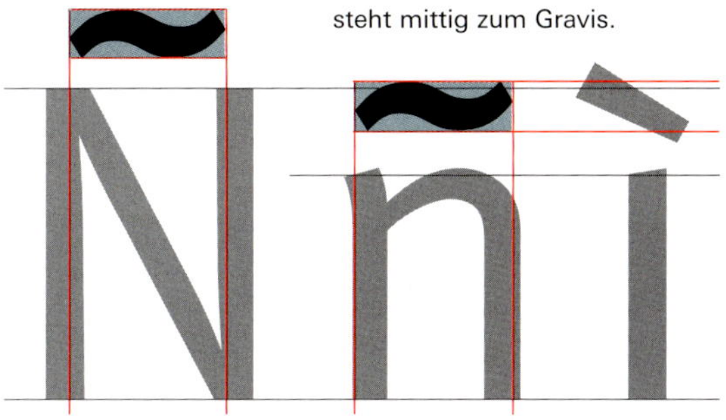

Meta
(Humanistische Serifenlose)

Die breite und flache Tilde ist bei den Majuskeln eng platziert.

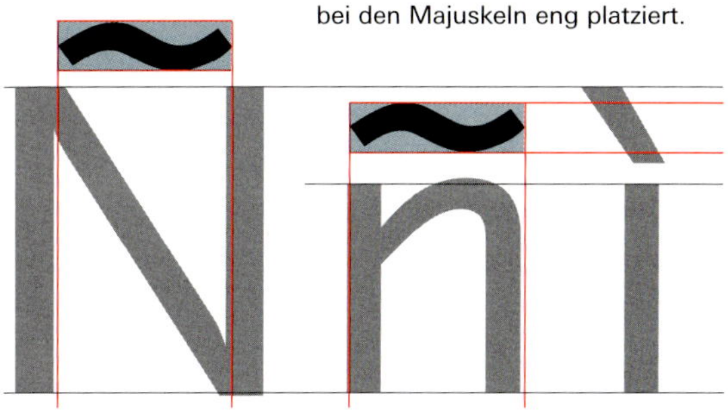

Scala Sans
(Humanistische Serifenlose)

Cedille

Die Cedille ist ein kleines Häkchen, das unter Konsonanten platziert deren Aussprache ändert. Meist besitzt es die Form eines kursiven deutschen z ohne oberen Balken. Tatsächlich stammt der Name von der altspanischen Verniedlichung von *ceda*, der spanischen Bezeichnung des z.

Der bekannteste mit einer Cedille kombinierte Buchstabe ist das c. Diese Kombination tritt u. a. im Französischen und Portugiesischen auf, jedoch nicht mehr im Spanischen. Im Türkischen und Rumänischen verwendet man die Cedille mit dem s und dem t, obwohl zumindest im Rumänischen ein kleines diakritisches Komma unter dem Zeichen richtiger wäre. In beiden Sprachen werden, besonders in Headline-Schriften, auch gerne Punkte unter die Zeichen gestellt.

Zwei Elemente bestimmen das Aussehen der Cedille: ein kurzer, verbindender Steg und ein größerer, nach links offener Bogen. Der Steg verläuft, von wenigen Ausnahmen abgesehen, meist schräg. Der Bogen kann eine aufrechte, kreisförmige Form annehmen oder eine kursive, s-förmige Gestaltung mit einer fetten, zentralen Diagonalen erhalten. Die s-förmige Variante eignet sich besonders gut für Schriften mit geneigter Achse.

Der Steg der Cedille entspringt der optischen Mitte des Buchstabens. Die Gesamtbreite einer Cedille liegt zwischen 33 und 65 % der Breite eines kleinen c, die Höhe zwischen 30 und 60 % der x-Höhe. Wegen der Unfallgefahr bei engem Zeilenabstand sollte die Cedille möglichst nicht tiefer ausgreifen als die Unterlängen. Häufig ist sie enger platziert als ein gedrehtes kleinbuchstabiges Akut.

Wegen der komplexen Form einer Cedille erreicht ihre maximale Strichstärke nicht die des Akut oder Gravis. Eine offene und spitz oder stumpf auslaufende Form schafft ebenfalls klare Verhältnisse unter beengten Bedingungen. Verdickungen, Kugeln oder Tropfen verstopfen die kleine Binnenfläche zusätzlich.

Manchmal findet man in einer Schriftart eine unverbundene, dem Komma ähnliche Form. Diese Variante ist zwar aus Sicht des Entwurfs und der Reproduzierbarkeit vorteilhaft, jedoch nicht in allen Ländern kulturell konsensfähig. Vielleicht werden in ferner Zukunft die Cedille und das diakritische Komma zu einem einzigen Diakritikum verschmelzen.

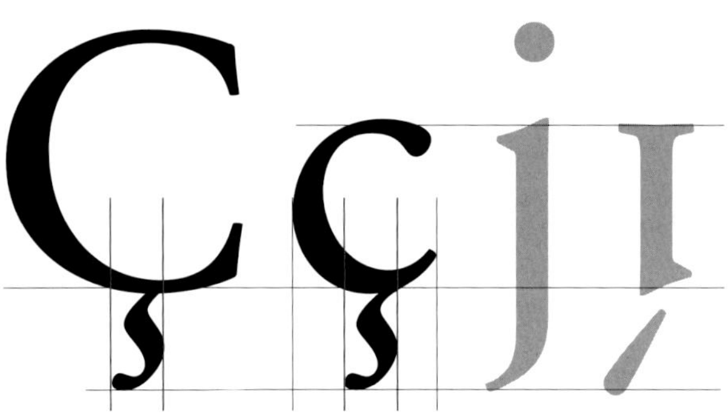

Sabon Next (Französische Renaissance-Antiqua)

Cedille = 63 % der x-Höhe, 37 % der c-Breite. Vereinfachte s-Form, bündig zur Unterlänge.

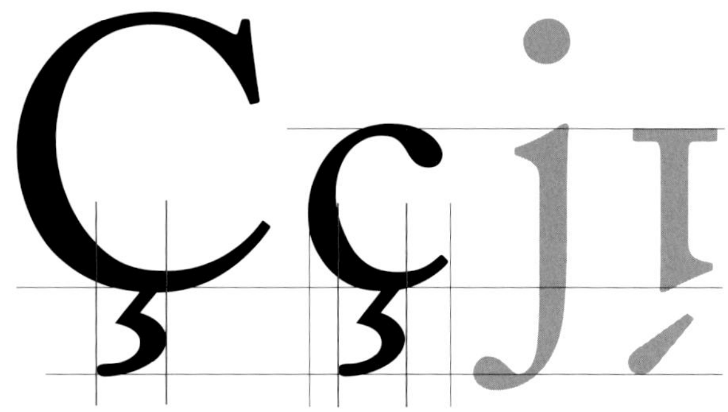

Adobe Caslon (Französische Renaissance-Antiqua)

Cedille = 56 % der x-Höhe, 49 % der c-Breite. Bündig zum gedrehten Akut.

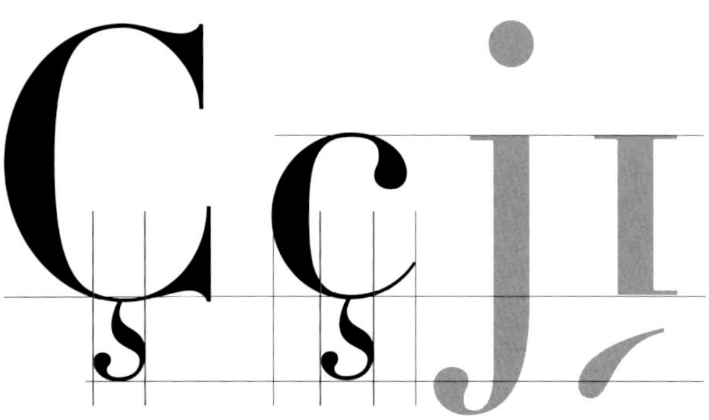

HTF Didot (Klassizistische Antiqua)

Cedille = 52 % der x-Höhe, 36 % der c-Breite. Aufrechter Steg, Tropfenserife.

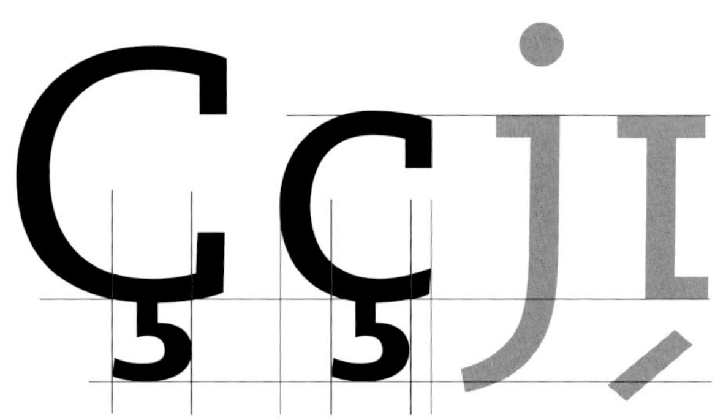

PMN Caecilia (Serifenbetonte Antiqua)

Cedille = 46 % der x-Höhe, 63 % der c-Breite. Aufrechter Steg, fast bündig zur Unterlänge.

Die Cedille ist magerer und kontrastärmer als ein Buchstabe.
Die versale Cedille darf minimal größer und fetter sein als die kleine Cedille.

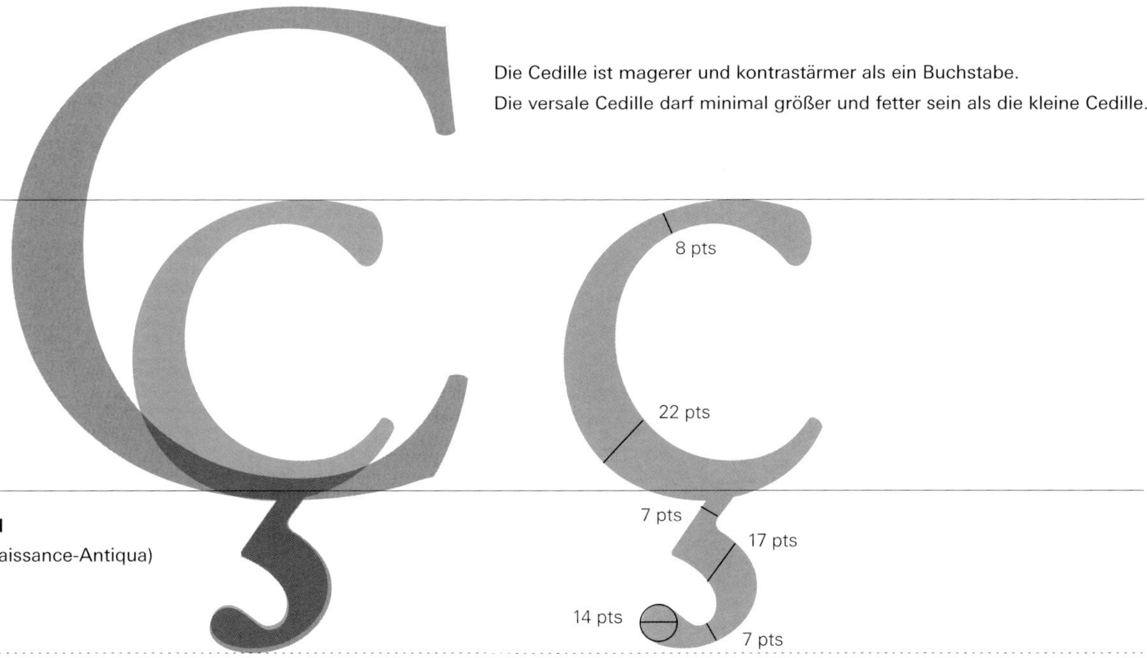

Adobe Garamond
(Französische Renaissance-Antiqua)

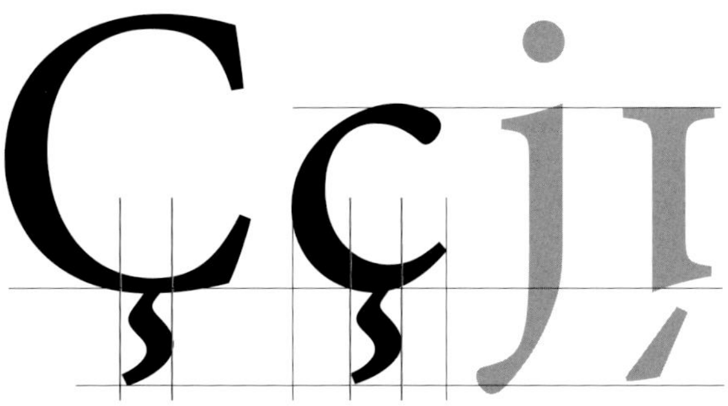

Minion Pro (Übergangsantiqua)

Cedille = 54 % der x-Höhe, 34 % der c-Breite. Vereinfachte s-Form.

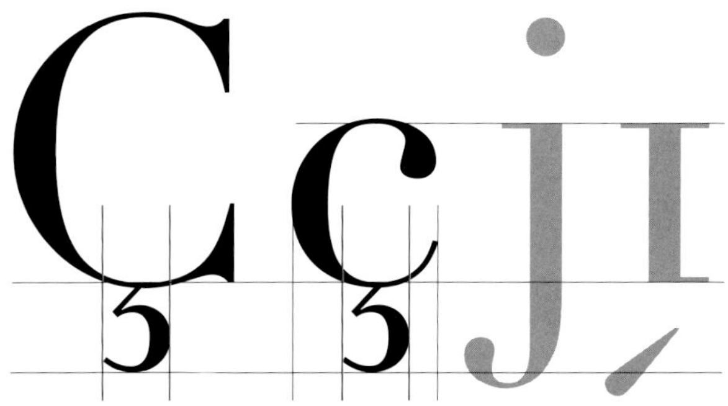

Didot (Klassizistische Antiqua)

Cedille = 58 % der x-Höhe, 45 % der c-Breite. Große Öffnung.

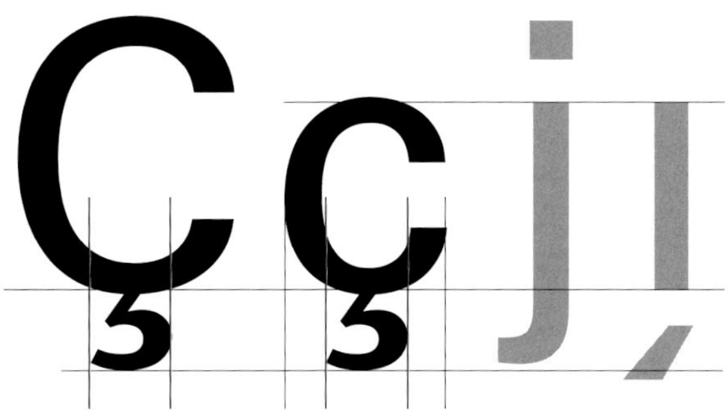

Univers (Neue Grotesk)

Cedille = 43 % der x-Höhe, 51% der c-Breite. Etwas tiefer als die Unterlänge.

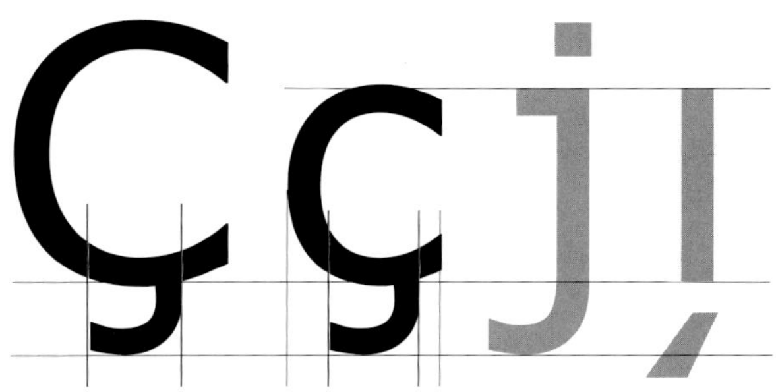

Verdana (Humanistische Serifenlose)

Cedille = 38 % der x-Höhe, 59 % der c-Breite. Ungewöhnliche Form, bündig zur Unterlänge.

Eszett

Das Eszett oder scharfe s ist eine Ligatur, die heute nur noch in der deutschen Sprache auftritt. Es steht für ein doppeltes s.

Die Verwendung des Eszett nimmt langsam ab. In den 1930er Jahren wurde es bereits in der Schweiz und Liechtenstein außer Dienst gestellt, nach der deutschen Rechtschreibreform von 1996 kommt es nur noch nach langen Vokalen und Diphthongen vor. Allerdings kann das Eszett bedeutungsentscheidend sein. Zum Beispiel verändern die Wörter Maße und Buße ohne ß ihren Sinn.

In der Eszett-Ligatur hat sich das ansonsten abgeschaffte lange s gehalten. In Frakturschriften ist es obligatorisch. Das lange Festhalten an gebrochenen Schriften hat uns Deutschen die orthografische Spezialität des Eszett eingebracht. Der kurze Querstrich am Eszett ist ein Überbleibsel des Strichansatzes gebrochener Schriften.

Die ältere Variante des Eszett wurde aus dem langen s und einem z in den gebrochenen Schriften gebildet. Die ursprüngliche Unterlänge des Zeichens schrumpfte, der Querstrich des z verschwand zugunsten einer B-Form. Diese Variante ist einem kleinen griechischen beta ähnlich, besitzt jedoch im Gegensatz zum beta keine Unterlänge und einen unten offenen Bogen.

Die jüngere Variante vereint das lange s mit einem kurzen s. Das kurze s wird etwas verschmälert und gestreckt, seine obere Hälfte wird mit dem Bogen des langen s in etwa auf x-Höhe vereinigt.

Gelegentlich sieht man Varianten des Eszett mit einem Kurrent-z mit Unterlänge. Diese Variante passt nur zu historischen Schriften, da sie das Rad der deutschen Rechtschreibgeschichte gleich mehrere Reformen weit zurückdreht.

Alle Gestaltungsvarianten sind Kleinbuchstaben, da es im Deutschen kein Doppel-s an Wortanfängen gibt. Folgerichtig wird das Eszett mit kleinbuchstabiger Strichstärke gezeichnet.

Es hat wiederholt Versuche gegeben, ein großbuchstabiges Eszett einzuführen, um Eigennamen in Großbuchstaben korrekt schreiben zu können (z. B. Herr Weiß). Der jüngste Versuch durch Andreas Stötzner vom Internationalen Arbeitskreis Signographie wurde vom Unicode Konsortium im Jahr 2004 zurückgewiesen. Es bleibt dabei: In Versalien und Kapitälchen wird das Eszett durch ein SS ersetzt. Eine etwas engere Zurichtung dieser beiden Zeichen verbessert dabei häufig das Schriftbild.

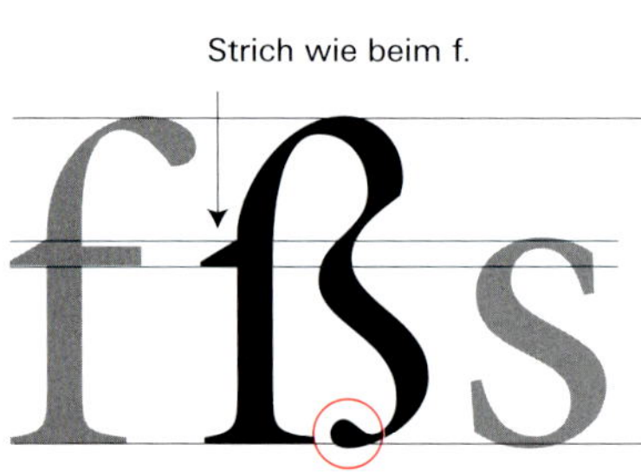

Galliard
(Französische Renaissance-Antiqua)

Guardi
(Venezianische Renaissance-Antiqua)

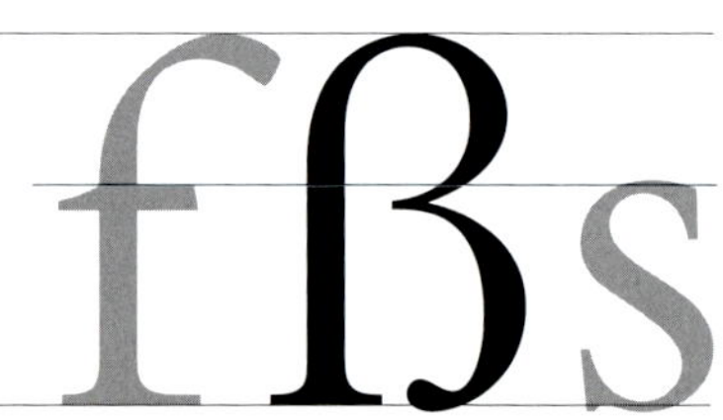

Bembo
(Ven./Frz. Renaissance-Antiqua)

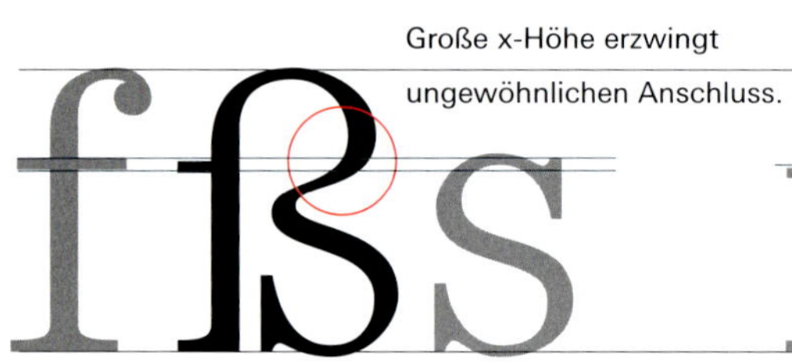

Century
(Übergangs-/Serifenbetonte Antiqua)

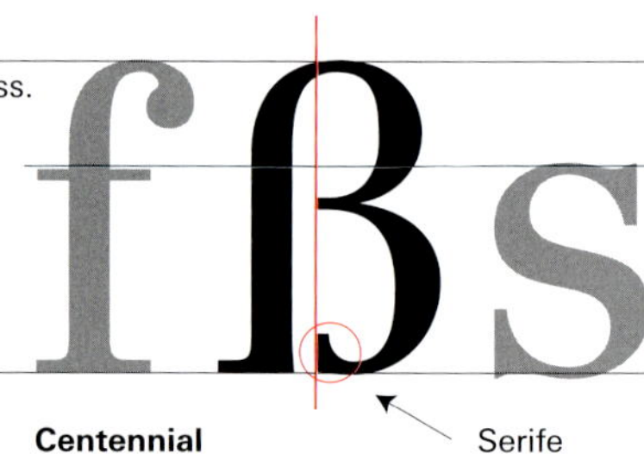

Centennial
(Übergangs-/Serifenbetonte Antiqua)

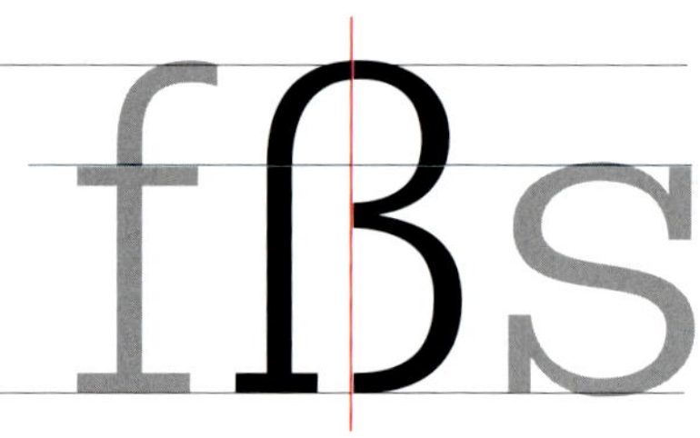

Serifa
(Serifenbetonte Antiqua)

Palatino (1) und **Minion Pro** (2) zeigen ss-Ligaturen.
Lucida Blackletter (3), **Catall** (4) und **Plantin** (5) besitzen sz-Ligaturen.
Mit der Zeit entwickelte sich aus dem z der gebrochenen Schriften eine dem B ähnliche Form.

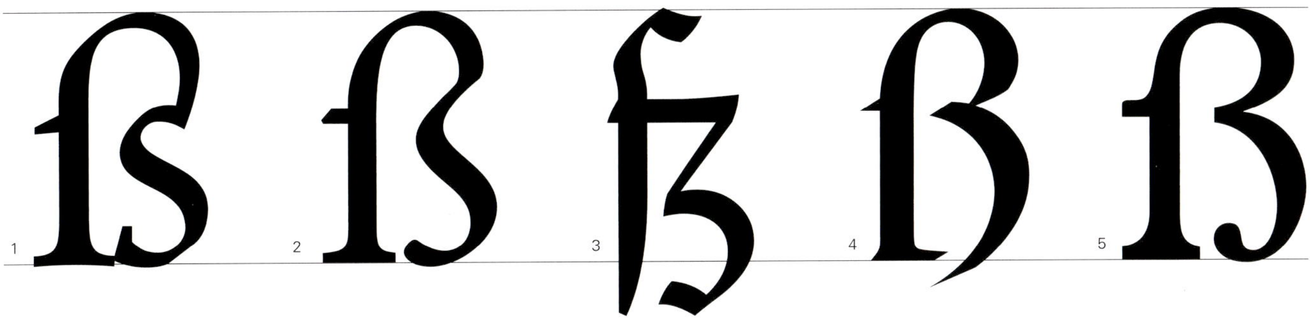

Zwei Beispiele eines kleinen griechischen beta.
Im Gegensatz zum Eszett besitzt das beta eine Unterlänge
und eine geschlossene Form.

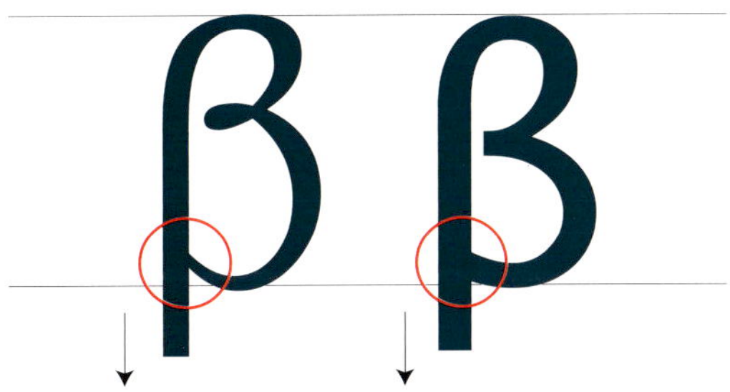

Albertina
(Übergangsantiqua)

Bauer Bodoni
(Klassizistische Antiqua)

Bodoni
(Klassizistische Antiqua)

Univers
(Neue Grotesk)

Frutiger Next
(Neue Grotesk)

Helvetica
(Grotesk)

Studentischer Entwurf von KJ Chun:
Form und Grauwert der diakritischen Zeichen sollten zu den Buchstaben passen.

îñ çç

Zurichtung

Zurichtung

Bei der Gestaltung einer Schrift spielt der Abstand der Buchstaben eine mindestens ebenso große, wenn nicht gar größere Rolle als die Form der Buchstaben. Selbst wunderschöne Buchstaben sehen mit unsachgemäßer Zurichtung hässlich und unleserlich aus. Umgekehrt kann eine mittelmäßige Schrift durch gekonnte Zurichtung beträchtlich gewinnen.

Eine Schrift besitzt eine gute Zurichtung, wenn längere Texte einen gleichmäßigen und einheitlichen Grauwert aufweisen, ohne helle und dunkle Flecken. Jeder Buchstabe ist eine Komposition in Schwarz und Weiß. Treten sie gehäuft auf, verschmelzen die positiven und negativen Flächen optisch zu einer vorhersagbaren Textur, die im Idealfall das Lesen unterstützt.

Der exakte Buchstabenabstand variiert von Schriftart zu Schriftart. Eine allgemeine Regel lautet: Abstände entsprechen Binnenräumen. Daher werden Großbuchstaben weiter zugerichtet als Kleinbuchstaben – die versalen Punzen sind größer. Analog werden fette und schmallaufende Schriftschnitte enger zugerichtet als magere oder breit laufende Schriften. Man kann sich das wie ein Glas Punzenflüssigkeit vorstellen, das jeweils zwischen die verschiedenen Buchstabenkombinationen gegossen wird.

Auch die geplante Schriftgröße (der Schriftgrad) eines Schriftschnittes beeinflusst den Buchstabenabstand. Schriften, die für die Verwendung im Mengentext konzipiert werden (kleiner als 12 Punkt), erhalten größere Zwischenräume als Headline-Schriften. Zu eng gesetzter Mengentext verklumpt im Druck, zu weite Überschriften wirken kraftlos. Zur Zeit des Bleisatzes wurden Schriften noch für jede Punktgröße mit optimierter Zurichtung gegossen. In der heutigen Zeit der digitalen Schrift kann sich der Entwerfer entscheiden, ob er seinen Schriftentwurf mit einer durchschnittlichen Zurichtung versieht oder eine ganze Familie von Schriftschnitten für unterschiedliche Anwendungsgrößen mit jeweils optimierten Laufweiten anlegt. Letzteres wäre wünschenswert, kostet allerdings bedeutend mehr Zeit und Mühe.

Natürlich stellen die vorgenannten Prinzipien nur Faustregeln dar. Moden, technischer Wandel und persönliche Vorlieben spielen in unsere Auffassung von einer »normalen« Zurichtung hinein. Mit der Einführung des Fotosatzes in den 60er und 70er Jahren z. B. kamen extrem enge Laufweiten in Mode. Seither ist es Standard, Serifenlose enger zu setzen als Serifenschriften. Andererseits werden historisierende Schriften von Haus aus weiter zugerichtet, um die Ästhetik des früheren Buchdrucks nachzuahmen. In der Zeit des Bleisatzes war es einfacher, die Laufweite zu erhöhen (durch kleine, zwischen die Buchstaben gesteckte Metallplättchen), als sie durch langwieriges Feilen an den Buchstabenkegeln zu verringern (Unterschneidung).

Bis heute streben Schriftentwerfer nach einer Zurichtung, die weder offensichtlich weit oder eng ist. Gute Zurichtung ist unsichtbar. Daher wird die Zurichtung erst wahrgenommen, wenn sie schlecht ist.

Die meisten Schriftentwerfer gehen bei der Zurichtung in zwei Schritten vor. Im ersten Schritt werden die Vor- und Nachbreiten der Zeichen justiert, im zweiten Schritt erhalten die verbleibenden problematischen Paare Unterschneidungen. Schon während des ersten Schrittes kann eine Überarbeitung der Zeichenformen erforderlich werden, da nicht alle Probleme über die Zurichtung gelöst werden können. Von der wiederholten Überprüfung und Überarbeitung einzelner Zeichen sollte man sich nicht entmutigen lassen. Schriftentwurf ist ein Prozess langsamer Annäherung. Die Entwurfsarbeit lässt sich nicht in Stunden und Minuten, sondern in Monaten und manchmal gar nur in Jahren messen.

Alle Beispiele sind aus der **Univers Regular** gesetzt.

1 Zu große Laufweite führt zu geringerer Lesbarkeit.

All the virtues of the perfect wine glass are paralleled in typography. There is the long, thin stem that obviates fingerprints on the bowl. Why? Because no cloud must come between your eyes and the fiery

2 Normale Laufweite ermöglicht einheitlichen Grauwert.

All the virtues of the perfect wine glass are paralleled in typography. There is the long, thin stem that obviates fingerprints on the bowl. Why? Because no cloud must come between your eyes and the fiery heart of the liquid. Are not the marg

3 Zu enge Laufweite verursacht fleckigen Grauwert und geringere Lesbarkeit.

All the virtues of the perfect wine glass are paralleled in typography. There is the long, thin stem that obviates fingerprints on the bowl. Why? Because no cloud must come between your eyes and the fiery heart of the liquid. Are not the margins on book pages similarly me

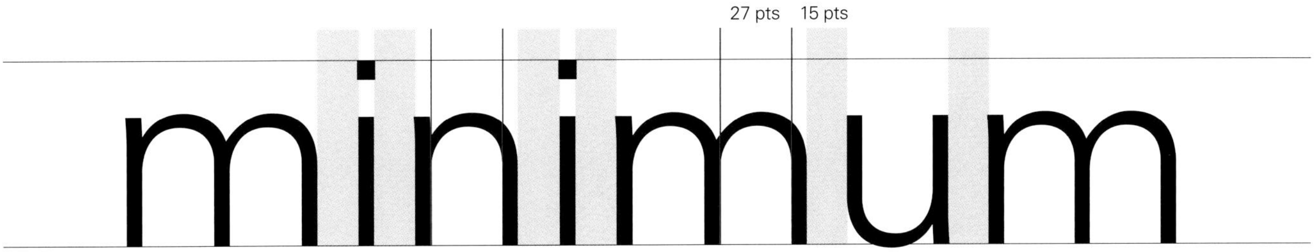

Gleichmäßige, normale Laufweite. Die Buchstabenabstände sind in etwa halb so breit wie die Binnenfläche eines n.

Gleichmäßige, weite Spationierung. Die Zwischenräume entsprechen der Breite der Binnenfläche eines n.

Ungleichmäßige Buchstabenabstände beeinträchtigen die Lesbarkeit erheblich (alle drei Beispiele sind aus der **Univers Light** gesetzt).

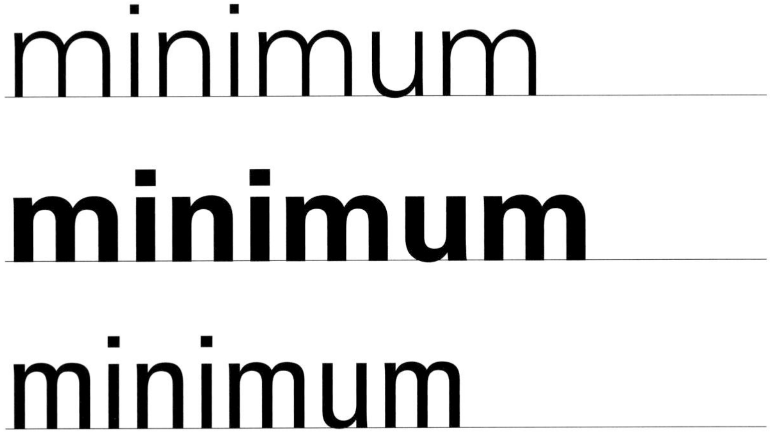

Fette und schmale Schriftschnitte besitzen schmalere Binnenräume und daher auch eine engere Zurichtung. Von oben nach unten: **Univers Light, Univers Bold** und **Univers Condensed.**

Vor- und Nachbreiten

Die Vor- und Nachbreiten der Zeichen bestimmen die Laufweite einer Schrift. Konzeptionell hat sich daran seit den ersten Stunden des Drucks mit beweglichen Lettern nichts geändert. Die Bleisatztypen wurden auf ein Metallklötzchen, den Kegel, gegossen oder geschnitten. Nebeneinander gestellt sorgten die Abstände vom Buchstaben zur Kegelkante für ein angemessenes Schriftbild. Die Laufweite der Schrift zu erhöhen war einfach. Zwischen die Kegel klemmte man kleine Metallstreifen (die Spatien, daher spationieren). Die Laufweite zu verringern war schweißtreibend, denn dazu musste der Setzer den Kegel abfeilen (unterschneiden). Im digitalen Zeitalter sind von diesen physischen Arbeitsgängen nur noch die Namen übrig geblieben. In Schriftentwurfsprogrammen wie FontLab oder Fontographer können die virtuellen Vor- und Nachbreiten jeden beliebigen Wert annehmen.

Doch immer noch ist die Bestimmung der richtigen Vor- und Nachbreiten eine zeitraubende Angelegenheit. Dabei ist das Grundprinzip ganz einfach: Die Abstände sind abhängig von den Binnenflächen und Zeichenformen. Nun gibt es eine Menge verschiedene Formen in einer Schrift und deshalb auch viele Vor- und Nachbreiten. Sogar bei N und H, die beide senkrechte Seiten aufweisen, unterscheiden sich die Vor- und Nachbreiten. Die dünneren Vertikalen des N ziehen geringere Abstände nach sich.

Erfreulicherweise hat der Schriftentwerfer Walter Tracy in seinem Buch *Letters of Credit: A View of Type Design* eine handliche Formel für eine rasche Bestimmung erster Vor- und Nachbreiten dokumentiert. Aus den Buchstaben H, O, n und o entwickelt er die Zurichtung aller anderen alphabetischen Zeichen. Das Schema ist auf der rechten Seite abgedruckt.

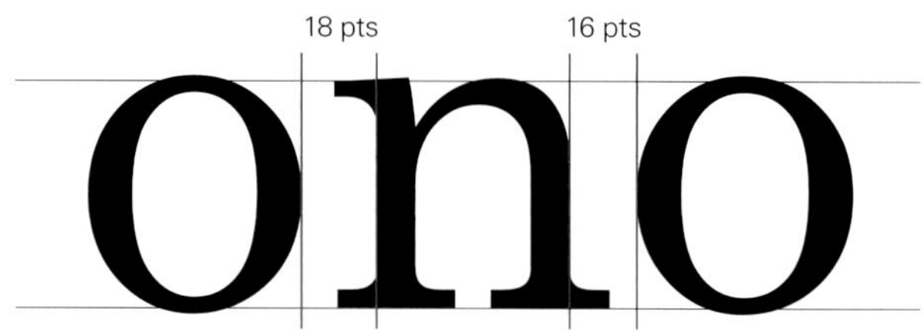

Die Vorbreite des n ist etwas größer als die Nachbreite.
Die zurückweichende Schulter braucht weniger Platz als der Stamm.

Der Abstand von H zu H entspricht 50 % der Binnenfläche des H.

Der Abstand von n zu n entspricht 58 % der Binnenfläche des n.

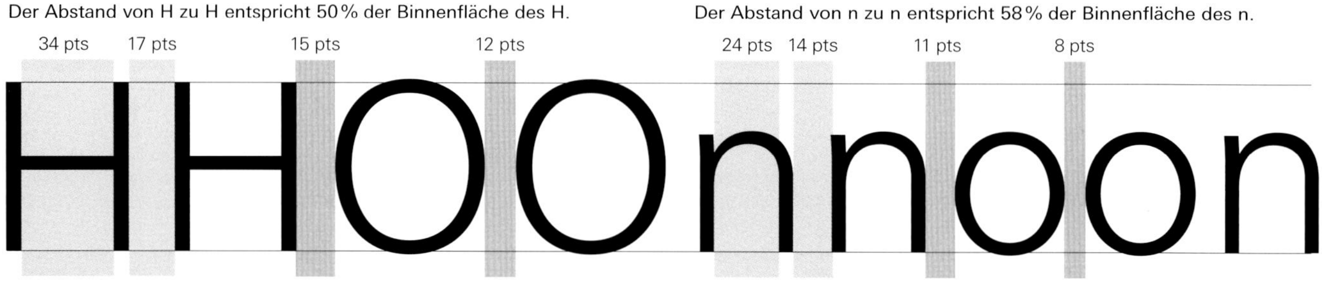

Univers
(Neue Grotesk)

Der Abstand von H zu H entspricht 67 % der Binnenfläche des H.

Der Abstand von n zu n entspricht 94 % der Binnenfläche des n.

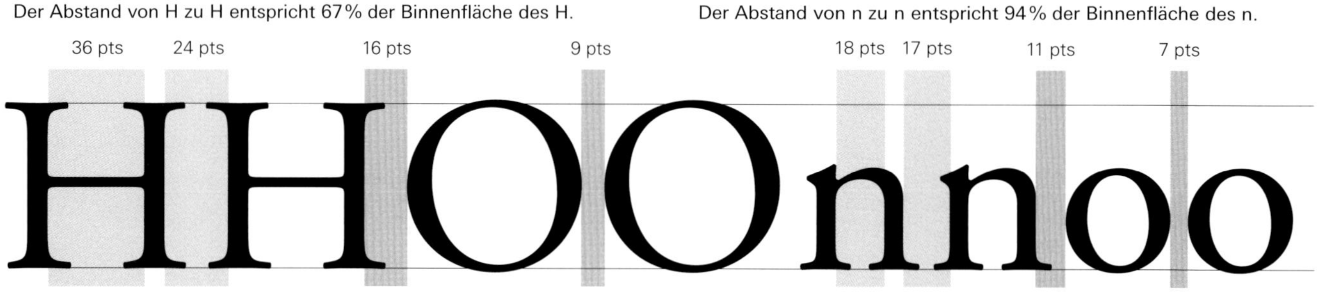

Adobe Garamond
(Französische Renaissance-Antiqua)

Zurichtung der Großbuchstaben

1. Festlegen der Vor- und Nachbreite beim H.
   Sie sollte 25–50% des Binnenraums betragen.
   Serifenlose werden enger zugerichtet als Serifenschriften.
2. Testen der Zurichtung des H mit dem Testwort HHHH.
   Die Zeichen sollten nicht zu eng und nicht zu weit stehen.
3. Festlegen der Vor- und Nachbreite beim O.
   Sie ist etwas kleiner als beim H.
4. Testen der Zurichtung des O mit dem Wort HOH.
   Das O sollte ausgewogen zwischen den beiden H erscheinen, der Grauwert gleichmäßig sein. Wenn nicht, zurück zu 3.
5. Erneuter Test mit dem Wort HHOOHH. Alle sechs Zeichen sollten ausgewogen und der Grauwert gleichmäßig erscheinen. Ansonsten muss die Zurichtung von O und H erneut korrigiert werden.
6. Sobald die Zurichtung von O und H zufrieden stellt, können die restlichen Großbuchstaben wie folgt zugerichtet werden:

Diagonale und offene Zeichen mit minimalen Vor- und Nachbreiten
4–**A**–4 4–**V**–4 4–**W**–4 4–**X**–4 4–**Y**–4
4–**T**–4 4–**J**–1

Zeichen mit fetten Senkrechten
1–**D**–5 1–**P**–5 1–**R**–4 1–**L**–4 1–**K**–4
1–**B**–3 1–**E**–3 1–**F**–3 1–**U**–2 1–**I**–1

Zeichen mit leichten Senkrechten
2–**N**–2 2–**M**–1

Zeichen mit runden Seiten
5–**Q**–5 5–**C**–3 5–**G**–2

Zeichen mit zentralem Gewicht
3–**Z**–3 *–**S**–*

1 Gleiche Vor- bzw. Nachbreite wie beim H.
2 Etwas geringere Vor- bzw. Nachbreite als beim H.
3 Halbe Vor- bzw. Nachbreite des H.
4 Minimale Vor- bzw. Nachbreite.
5 Gleiche Vor- bzw. Nachbreite wie beim O.
* Muss nach Augenmaß festgelegt werden.

Zurichtung der Kleinbuchstaben

1. Festlegen der Vor- und Nachbreite beim n.
   Die Nachbreite ist etwas kleiner als die Vorbreite, da der Bogen leichter ist als der Stamm. Die Vorbreite sollte 25–50% des Binnenraums des n betragen.
2. Testen der Zurichtung des n mit dem Testwort nnnn.
   Die Zeichen sollten nicht zu eng und nicht zu weit stehen.
3. Festlegen der Vor- und Nachbreite beim o.
   Sie ist etwas kleiner als beim n.
4. Testen der Zurichtung des o mit dem Wort non.
   Das o sollte ausgewogen zwischen den beiden n erscheinen, der Grauwert gleichmäßig sein. Wenn nicht, zurück zu 3.
5. Erneuter Test des o mit den folgenden Worten:
   nnonn nnonon nnoonn.
   Korrigieren der Zurichtung des o und/oder n, falls erforderlich.
6. Sobald die Zurichtung von o und n zufrieden stellt, können die restlichen Kleinbuchstaben wie folgt zugerichtet werden:

Diagonale Zeichen mit minimalen Vor- und Nachbreiten
4–**v**–4 4–**w**–4 4–**x**–4 4–**y**–4

Zeichen mit kurzen senkrechten Stämmen
1–**r**–4 1–**m**–2 1–**j**–1 2–**u**–2

Zeichen mit langen senkrechten Stämmen
1–**b**–5 3–**p**–5 3–**k**–4
3–**l**–2 3–**h**–2 3–**i**–1

Zeichen mit runden Seiten
5–**c**–6 5–**e**–6 5–**q**–1 5–**d**–1

Unregelmäßig geformte Zeichen
*–**g**–* *–**a**–* *–**s**–* *–**z**–*
*–**f**–* *–**t**–*

1 Gleiche Vorbreite wie beim n.
2 Gleiche Nachbreite wie beim n.
3 Etwas größere Vorbreite als beim n.
4 Minimale Vor- bzw. Nachbreite.
5 Gleiche Vor- bzw. Nachbreite wie beim o.
6 Etwas geringere Vor- bzw. Nachbreite als beim o.
* Muss nach Augenmaß festgelegt werden.

Nach *Letters of Credit: A View of Type Design* von Walter Tracy. Mit freundlicher Genehmigung von David R. Godine, Verleger.

Testen der Zurichtung

Die Methode von Walter Tracy liefert lediglich einen Ausgangspunkt für die Festlegung der endgültigen Zurichtung. Für die Feinjustierung sollte die Zurichtung mithilfe von Testwörtern überprüft werden. Ein weit verbreiteter Test verwendet Buchstabentriplette wie im Beispiel unten (aus: Stephen Moye, *Fontographer: Type By Design*) oder sich wiederholende Konsonantengruppen.

Der Schweizer Gestalter und Typograf Emil Ruder hat in seinem Buch *Typographie* ebenfalls einen hervorragenden Zurichtungstest vorgestellt (gegenüberliegende Seite). Die Worte in der linken Spalte sind häufig schwierig zuzurichten, während die Worte in der rechten Spalte in der Regel unproblematisch sind. Die Zurichtung ist korrekt, wenn beide Spalten die gleiche Dichte aufweisen. Wirkt die linke Spalte dunkler als die rechte, läuft die Schrift zu eng.

lal	aaa	oao	vav
lbl	aba	obo	vbv
lcl	aca	oco	vcv
ldl	ada	odo	vdv
lel	aea	oeo	vev
lfl	afa	ofo	vfv
lkl	aka	oko	vkv
lll	ala	olo	vlv
lol	aoa	ooo	vov
lsl	asa	oso	vsv
lvl	ava	ovo	vvv
lpl	apa	opo	vpv
lql	aqa	oqo	vqv

lal	aaa	oao	vav
lbl	aba	obo	vbv
lcl	aca	oco	vcv
ldl	ada	odo	vdv
lel	aea	oeo	vev
lfl	afa	ofo	vfv
lkl	aka	oko	vkv
lll	ala	olo	vlv
lol	aoa	ooo	vov
lsl	asa	oso	vsv
lvl	ava	ovo	vvv
lpl	apa	opo	vpv
lql	aqa	oqo	vqv

Triplette aus: Stephen Moye, *Fontographer: Type By Design*.
Gesetzt in der **Scala Serif** (links) und **Scala Sans** (rechts).

NUN EVADE MADAM MIRROR EMANATE NINE MINIMUM HANNAH IODINE

Viele Schriftentwerfer bevorzugen Zurichtungstests mit sich wiederholenden Buchstabenmustern an Stelle kryptischer Testwörter. Echte Wörter liefern einen realistischeren Eindruck der Zurichtung, da sie Buchstabenkombinationen aus dem wirklichen Leben enthalten. Obiges Beispiel ist aus der **HTF Didot** gesetzt.

Linke Spalte

vertrag	crainte	screw
verwalter	croyant	science
verzicht	fratricide	sketchy
vorrede	frivolité	story
yankee	instruction	take
zwetschge	lyre	treaty
zypresse	navette	tricycle
fraktur	nocturne	typograph
kraft	pervertir	vanity
raffeln	presto	victory
reaktion	prévoyant	vivacity
rekord	priorité	wayward
revolte	proscrire	efficiency
tritt	raviver	without
trotzkopf	tactilité	through
tyrann	arrêt	known

Rechte Spalte

bibel	malhabile	modo
biegen	peuple	punibile
blind	qualifier	quindi
damals	quelle	dinamica
china	quelque	analiso
schaden	salomon	macchina
schein	sellier	secondo
lager	sommier	singolo
legion	unique	possibile
mime	unanime	unico
mohn	usuel	legge
nagel	abonner	unione
puder	agir	punizione
quälen	aiglon	dunque
huldigen	allégir	quando
geduld	alliance	uomin

Testwörter aus Emil Ruders *Typographie*, 7. Auflage, 2001, Seite 72–73 (1. Auflage 1967).
Mit freundlicher Genehmigung des Verlages Niggli, Sulgen/Zürich, Schweiz.
Gesetzt aus der **PMN Caecilia.**

Wortabstand, Ziffern und Interpunktion

Das Leerzeichen muss einerseits breit genug sein, um die Wörter deutlich zu trennen, andererseits soll es auch so schmal sein, dass keine störenden Inseln im Lesefluss treiben. In den Anfängen des Buchdrucks war der Wortabstand ein Halbgeviert breit. Wie schon erwähnt, war damals allerdings die Laufweite der Schriften weiter als in der Gegenwart. Heute gestalten Schriftentwerfer das Leerzeichen meist schmaler als das kleine i, in etwa ein Viertelgeviert breit. In Folge der größeren Binnenflächen benötigen magere und breit laufende Schriftschnitte größere Wortabstände, fette und schmallaufende Schriften sehen mit engerem Wortabstand besser aus.

Tabellenziffern und Interpunktionszeichen werden ähnlich zugerichtet. Diesen Zeichengruppen wird in der Regel eine feste Breite zugewiesen, um ansehnlichen Tabellensatz zu ermöglichen. Während die Tabellenziffern in einem Halbgeviert platziert werden, müssen sich Punkt, Komma, Doppelpunkt, Semikolon sowie die einfachen Anführungszeichen mit Viertelgevierten begnügen. Doppelte Anführungszeichen benötigen natürlich mehr Platz. Für das Frage- und Ausrufezeichen bestehen keine festen Regeln. Jedoch erhält das Fragezeichen häufig die Dickte der doppelten Anführungszeichen und das Ausrufezeichen nur wenig mehr als die normale Interpunktion.

Einige Entwerfer versetzen Doppelpunkt, Semikolon, Frage- und Ausrufezeichen im Kegel nach rechts. Die subtil vergrößerte Vorbreite trennt diese Zeichen besser von den Buchstaben davor. Das macht sich besonders gut, wenn einem d oder l ein Ausrufezeichen folgt.

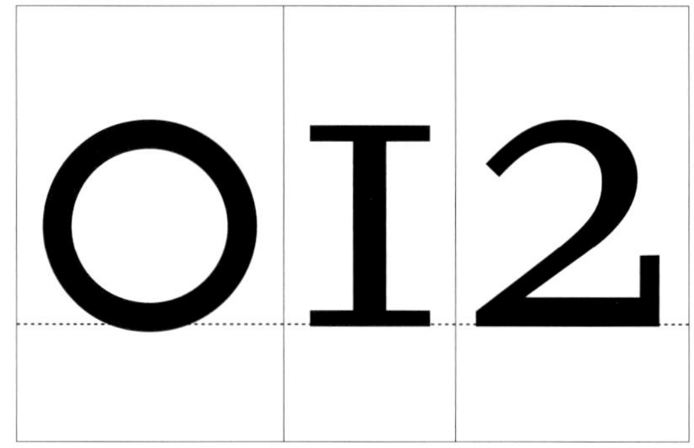

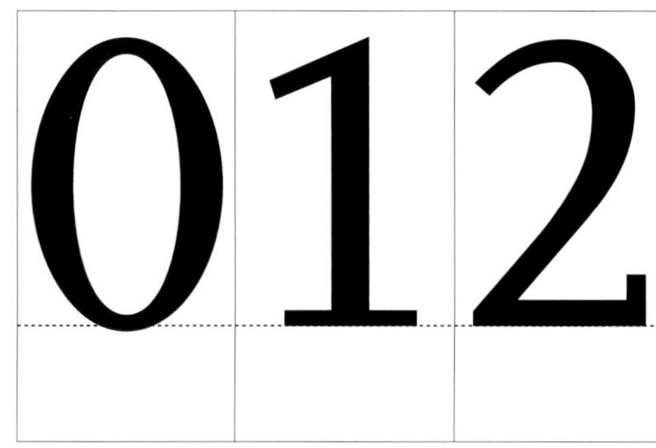

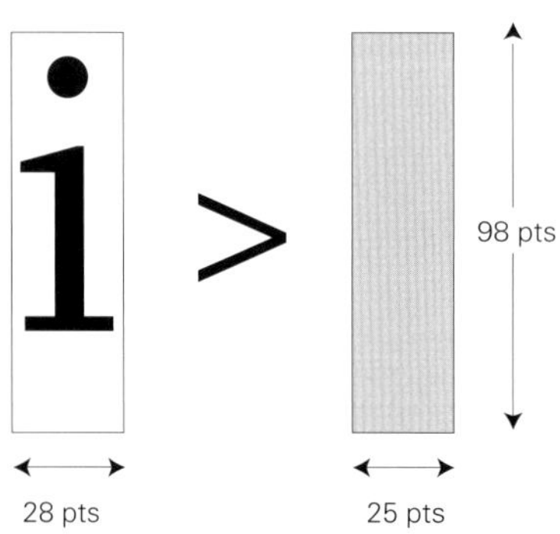

In den meisten Schriften ist das Leerzeichen etwas breiter als ein Viertelgeviert und etwas schmaler als ein kleines i.

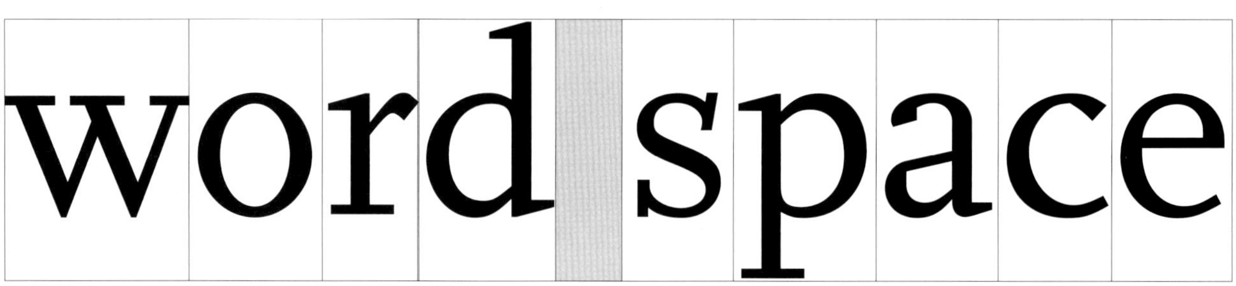

Scala Serif Regular
(Neue Übergangsantiqua)

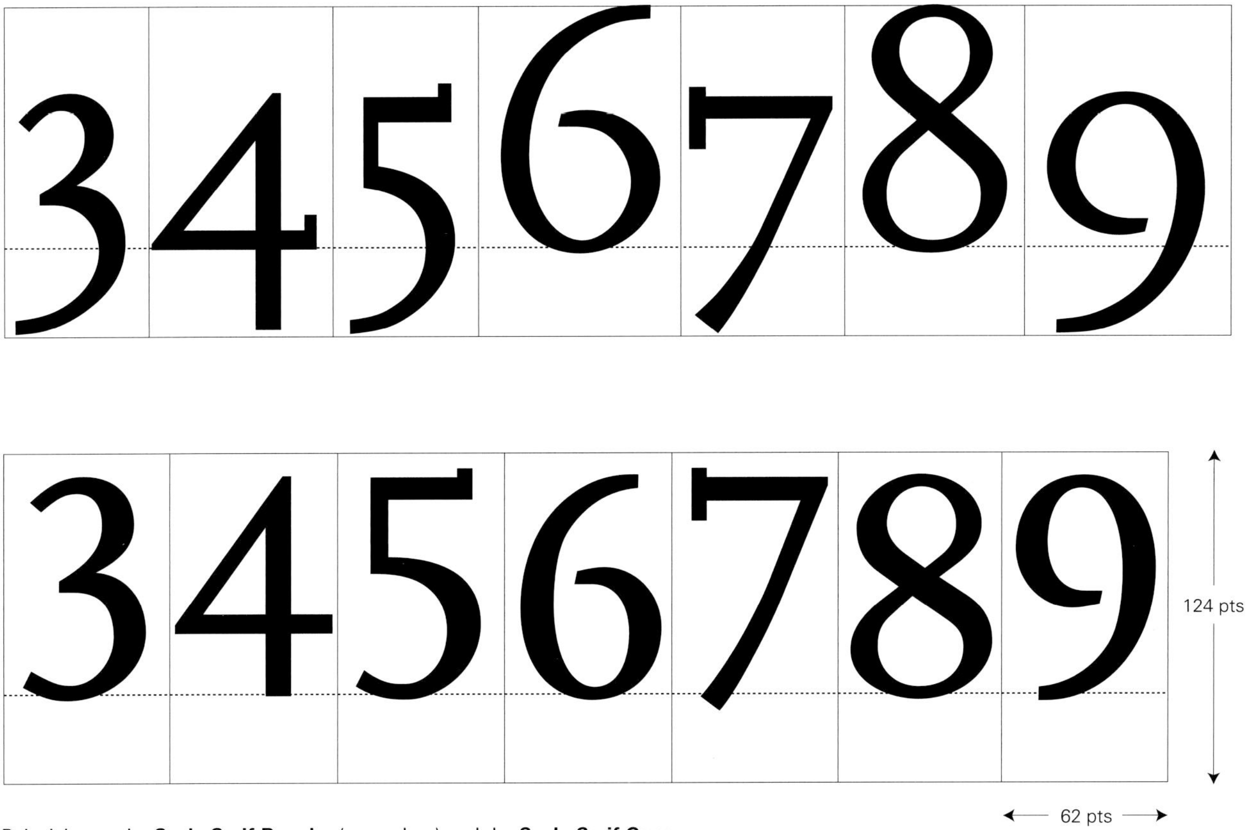

Beispiele aus der **Scala Serif Regular** (ganz oben) und der **Scala Serif Caps:**
Textziffern haben unterschiedliche Dickten.
Tabellenziffern werden auf Halbgevierten zentriert, um auch untereinander eine gute Figur zu machen.

Bei der **Scala Serif Regular** sind die schmalen Interpunktionszeichen in Viertelgevierte eingepasst.
Das Ausrufezeichen benötigt etwas mehr Platz.
Die Dickten der breiten Interpunktionszeichen sind ungefähr 40 % eines Gevierts breit.

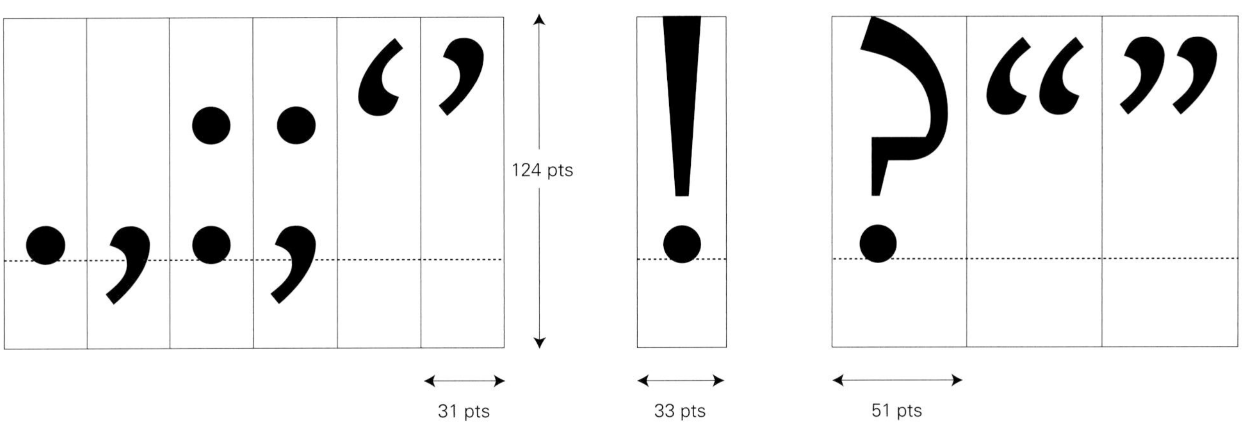

Unterschneidung

Leider lässt sich ein gleichmäßiger Grauwert nicht nur über die Vor- und Nachbreiten erzielen. Bestimmte Zeichenkombinationen sind immer problematisch. Bei dem Buchstabenpaar Ty z. B. muss unbedingt die Diagonale des y unter den Querstrich des T geschoben werden, um die hässliche Lücke zu schließen. Das Suchen und Optimieren solcher kritischen Paare wird Unterschneidung oder Kerning genannt.

Beide Begriffe stammen aus den Zeiten des Bleisatzes, als vom Kegel noch physisch etwas abgefeilt werden musste, um die Zeichen enger zu setzen. Das Wort Kerning hat seinen Ursprung im englischen Schriftsetzerjargon. Der *kern* war ein über den Kegelrand hinausragendes Buchstabenelement.

Heute werden die Zeichen natürlich digital unterschnitten. Mit Schriftentwurfsoftware wie FontLab oder FontMaster können Entwerfer exakte Verschiebungen für beliebig viele Zeichenpaare festlegen. Die optimale Anzahl an Paaren hängt von der Gestaltung der Schrift ab. Manche Schriften sehen schon mit wenigen Unterschneidungspaaren gut aus, andere hingegen benötigen viele Paare für einen gleichmäßigen Grauwert. Große Schriftgrade (Überschriften) verlangen stets mehr Sorgfalt im Kerning als Textschriften, da in der Vergrößerung schlechter Ausgleich stärker auffällt.

Die Tabelle auf der gegenüberliegenden Seite fasst die gebräuchlichsten Unterschneidungspaare zusammen. Auch diese Übersicht kann nur einen Anhaltspunkt darstellen. Eine moderne Schrift kann zwischen 500 und 3.000 Paaren enthalten. Thomas Phinney, Produktmanager im Bereich Schrift bei Adobe, empfiehlt nicht mehr als 3.000 Paare in eine Schrift zu integrieren, da viele Anwendungsprogramme von allzu üppigem Kerning überfordert sind.

Die jüngsten Entwicklungen im digitalen Schriftschaffen könnten eines Tages das paarbasierte Kerning ablösen. OpenType, ein neues, von Adobe und Microsoft gemeinsam entwickeltes Schriftformat, verwendet ein auf Klassen basierendes Kerning. Bei der Unterschneidung mit Klassen werden Gruppen (Klassen) ähnlich geformter Zeichen definiert. Da alle Zeichen dieser Gruppe die gleichen Unterschneidungswerte besitzen, können diese für die gesamte Klasse festgelegt werden. Das Konzept ähnelt den Stilvorlagen in DTP-Programmen. Viele Einzelwerte werden durch handliche Arrays ersetzt.

Die Unterschneidung mit Klassen ist eine mächtige, zeitsparende Methode, die allerdings zu größter Sorgfalt verpflichtet. Fehler in der Klassendefinition führen zu unabsehbaren Resultaten. Zwar können Ausnahmen definiert werden, eine sorgfältige Planung ersetzen diese jedoch nicht.

So oder so: Nicht alle Programme unterstützen Unterschneidungen, ob nun mit Klassen oder Paaren. Daher sollten Schriftentwerfer die Zurichtung der Schrift vor dem Einfügen von Unterschneidungen mit größter Sorgfalt betreiben. Die Unterschneidungen stellen nur das Sahnehäubchen dar. Eine Schrift sollte auch ohne sie eine gute Figur machen.

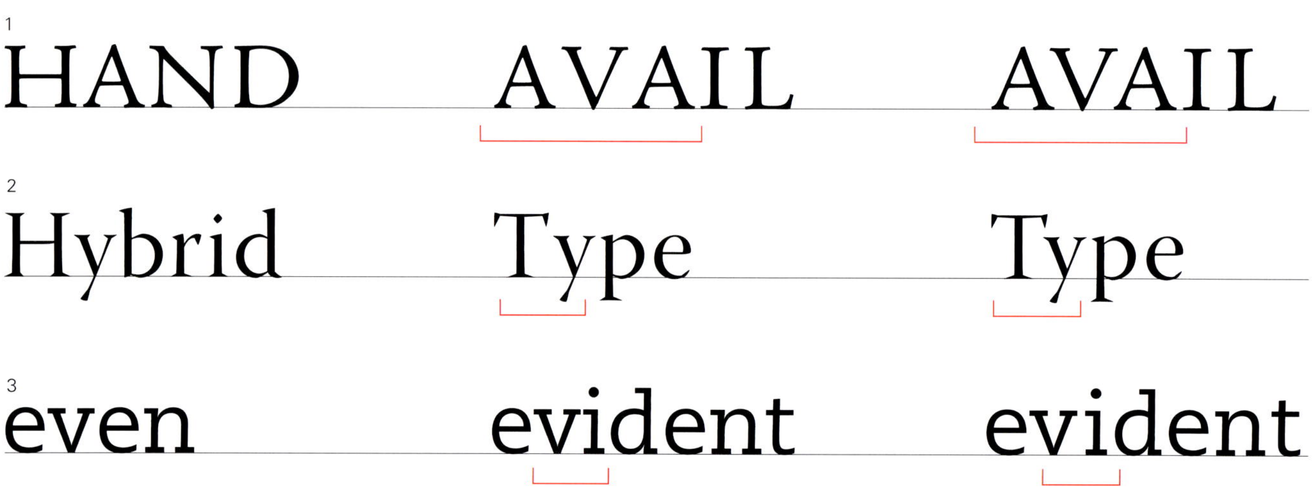

Bei der **Adobe Jenson** (1) steht das A gut zwischen H und N bei dem Wort HAND, ohne Unterschneidung jedoch zu weit zum V im Wort AVAIL. Bei der **Adobe Warnock Pro** (2) verhält sich das y in Hybrid unauffällig. Beim Wort Type entsteht ohne Kerning eine riesige Lücke zwischen T und y. Das v aus der **PMN Caecilia** (3) sitzt zwischen den e des Wortes even optimal, kollidiert unkorrigiert jedoch mit dem i in dem Wort evident. Alle Zurichtungsprobleme sind in der rechten Spalte durch Unterschneidungen bzw. einem Plus an Laufweite behoben.

Groß- zu Großbuchstaben

AC AG AO AQ AT AU AV AW AY
BA BE BL BP BR BU BV BW BY
CA CO CR
DA DD DE DI DL DM DN DO DP DR DU
DV DW DY
EC EO
FA FC FG FO
GE GO GR GU
HO
IC IG IO
JA JO
KO
LC LG LO LT LU LV LW LY
MC MG MO
NC NG NO
OA OB OD OE OF OH OI OK OL OM ON
OP OR OT OU OV OW OX OY
PA PE PL PO PP PU PY
QU
RC RG RY RT RU RV RW RY
SI SM ST SU
TA TC TO
UA UC UG UO US
VA VC VG VO VS
WA WC WG WO
YA YC YO YS

Groß- zu Kleinbuchstaben

Ac Ad Ae Ag Ao Ap Aq At Au
Av Aw Ay
Bb Bi Bk Bl Br Bu By
Ca Cr
Da
Eu Ev
Fa Fe Ff Fi Fo Fr Ft Fu Fy
Gu
He Ho Hu Hy
Ic Id Iq Io It
Ja Je Jo Ju
Ke Ko Ku Kv Kw Ky
Lu Ly
Ma Mc Md Me Mo
Nu Na Ne Ni No Nu
Oa Ob Oh Ok Ol
Pa Pe Po
Rd Re Ro Rt Ru
Si Sp Su
Ta Tc Te Ti To Tr Ts Tu Tw Ty
Ua Ug Um Un Up Us
Va Ve Vi Vo Vr Vu Vy
Wa Wd We Wi Wm Wr Wt Wu Wy
Xa Xe Xo Xu Xy
Yd Ye Yi Yp Yu Yv

Klein- zu Kleinbuchstaben

ac ad ae ag ap af at au av aw ay ap
bl br bu by
ca ch ck
da dc de dg do dt du dv dw dy
ea ei el em en ep er et eu ev ew ey
fa fe ff fi fl fo
ga ge gh gl go gg
hc hd he hg ho hp ht hu hv hw hy
ic id ie ig io ip it iu iv
ja je jo ju
ka kc kd ke kg ko
la lc ld le lf lg lo lp lq lu lv lw ly
ma mc md me mg mn mo mp mt mu mv my
nc nd ne ng no np nt nu nv nw ny
ob of oh oj ok ol om on op or ou
ov ow ox oy
pa ph pi pl pp pu
qu
ra rd re rg rk rl rm rn ro rq rr rt rv ry
sh st su
td ta te to
ua uc ud ue ug uo up uq ut uv uw uy
va vb vc vd ve vg vo vv vy
wa wx wd we wg wh wo
xa xe xo
ya yc yd ye yo

Großbuchstaben zu Interpunktion

Apostroph A’ L’ und ’S
Anführungszeichen A” L” “A“ L“ „V „W „T
Punkt B. C. D. F. J. N. O. P. S. T. U. V. W. Y.
Komma B, C, D, F, J, N, O, P, S, T, U, V, W, Y,
Semikolon F; P; T; V; W; Y;
Doppelpunkt F: P: T: V: W: Y:
Trenn-/Bindestrich -A-T-V-W-Y-

Kleinbuchstaben zu Interpunktion

Apostroph f’ und ’s ’t
Punkt b. d. e. f. g. j. o. p. r. s. t. v. w. y.
Komma b, d, e, f, g, j, o, p, r, s, t, v, w, y,
Trenn-/Bindestrich k-r-v-w-x-y-z-

[rt jf vwy LT JP VAWY 47]

Von Unterschneidungen profitieren besonders die Lettern mit offenen und diagonalen Formen.
Die Zahl der Unterschneidungspaare hängt von der Schriftgestaltung ab. Schreibmaschinenschriften besitzen gar kein Kerning.
Die gebräuchlichsten Paare sind in der obigen Liste aufgeführt.
Ausführliche Hinweise zum Kerning finden Sie in Forssman/de Jong: *Detailtypografie*, S. 93–119.

Bibliografie

Schriftentwurf

Briem, Gunnlaugur SE: *Notes on Type Design, Type, Handwriting and Lettering*, 1998–2001, briem.ismennt.is

Carbarga, Leslie: *Logo Font & Lettering Bible: A Comprehensive Guide to the Design, Construction and Usage of Alphabets and Symbols*, How Design Books, Cincinnati, 2004

Tracy, Walter: *Letters of Credit: a View of Type Design*, D. R. Godine, Boston, 1986

Type Basics, Pts. Magazine, Number 5, Underware, Holland, September 2003, www.underware.nl

Vincent Connare: *Microsoft Typography: Character Design Standards*, www.microsoft.com/typography/developers/fdsspec

Visual and Technical Aspects of Type, Hrsg. Roger D. Hersch, Cambridge University Press, Cambridge, England, 1993

Young, Doyald: *Fonts & Logos*, Delphi Press, Sherman Oaks, California, 1999

Technische Dokumentation

Adobe Systems Inc.: *Designing Multiple Master Typefaces*, 1995, 1997

Adobe Systems Inc.: *Adobe Type 1 Font Format*, Addison-Wesley Publishing Company, Inc., 1990

Carbarga, Leslie: *Learn FontLab Fast*, Iconoclassics Publishing Company, Los Angeles, California, 2004

Karow, Peter: *Digital Formats for Typefaces*, URW Verlag, Hamburg, 1987

Moye, Stephen: *Fontographer: Type by Design*, MIS Press, New York, 1995

Typografie

Aicher, Otl: *typographie*, Verlag Hermann Schmidt Mainz, 2005

Baines, Phil und Andrew Haslam: *Lust auf Schrift. Basiswissen Typografie*, Verlag Hermann Schmidt Mainz, 2002

Bringhurst, Robert: *The Elements of Typographic Style*, Hartley & Marks, Point Roberts, Washington, 1992

Forssman, Friedrich und Ralf de Jong: *Detailtypografie*, 2. Auflage, Verlag Hermann Schmidt Mainz, 2004

Frutiger, Adrian und Horst Heiderhoff: *Der Mensch und seine Zeichen*, Marixverlag, Wiesbaden, 2004

Jury, David: *About Face: Reviving the Rules of Typography*, RotoVision, Hove, Schweiz, 2002

Ruder, Emil: *Typographie*, Hastings House Publishers, New York, 1981

Spiekermann, Erik: *ÜberSchrift*, Verlag Hermann Schmidt Mainz, 2004

Tschichold, Jan: *Schriften Band 1 und 2*, Brinkmann und Bose, Berlin, 1991

Typografische Geschichte, Theorie und Kritik

Blackwell, Lewis: *20th Century Type: Remix*, Gingko Press, Corte Madera, California, 1998

Catich, Edward M.: *Origin of the Serif*, Catfish Press, Davenport, Iowa, 1968

Denman, Frank: *The Shaping of our Alphabet: a Study of Changing Type Styles*, Knopf, New York, 1955

Firmage, Richard A.: *The Alphabet becedarium: Some Notes on Letters*, D. A. Godine, Boston, 1993

Friedl, Friedrich, Nicolaus Ott, Bernard Stein, Philipp Luidl: *Typographie, wann wer wie*, Könemann, 2001

Haley, Allan: *Alphabet: the History, Evolution, and Design of the Letters We Use Today*, Watson-Guptill Publications, New York, 1995

King, Emily: *New Faces (Mapping Contemporary Type Design)*, Doktorarbeit in Philosophy an der Kingston University, 1999, www.typotheque.com/site/article.php?id=111

Perfect, Christopher: *The Complete Typographer: a Manual for Designing with Type*, Little, Brown and Company, London, 1992

Revival of the Fittest: Digital Versions of Classic Typefaces, Hrsg. Philip B. Meggs und Roy McKelvey, RC Publications, New York, 2000

Smeijers, Fred und Robin Kinross: *Counterpunch: Making Type in the Sixteenth Century, Designing Typefaces Now*, Hyphen Press, London, England, 1996

Tam, Keith: *Calligraphic Tendencies in the Development of Sans Serif Type in the Twentieth Century*, Diplomarbeit zum Master of Arts in Typeface Design an der University of Reading, England, 2002

Texts on Type: Critical Writings on Typography, Hrsg. Steven Heller und Philip B. Meggs, Allworth Press, New York, 2001

Zeichenformen

Carter, Matthew: *Theories of Letterform Construction Part 1*, Printing History, Volume 13–14, No. 1/2, S. 3–16, 1991

Gray, Nicolete: *Lettering as Drawing*, Oxford University Press, 1971

Kapr, Albert: *Fraktur*, Verlag Hermann Schmidt Mainz, 1993

Kapr, Albert: *The Art of Lettering: the History, Anatomy, and Aesthetics of the Roman Letter Forms*, aus dem Deutschen von Ida Kimber, Saur, New York, 1983

Leach, Mortimer: *Lettering for Advertising*, Reinhold, New York, 1956

Wotzkow, Helm: *The Art of Hand-Lettering, Its Mastery and Practice*, Watson-Guptill Publications, New York, 1952

Schriftklassifikation

Dixon, Catherine: *Why We Need to Reclassify Type*, Eye Magazine, Volume 5, No. 19, S. 86–87, 1991,

Dixon, Catherine: *Typeface Classification*, Conference Paper presented at Twentieth Century Graphic Communication: Technology, Society and Culture, Friends of St. Bride conference, 24.–25. September 2002, www.stbride.org/conference2002/Typeface Classification.html

Hoefler, Jonathan: *On Classifying Type*, Emigre, No. 42, Frühjahr 1997

Willberg, Hans Peter: *Wegweiser Schrift*, 2. Auflage, Verlag Hermann Schmidt Mainz, 2001

Willberg, Hans Peter, Daniel Sauthoff und Gilmar Wendt: *Schriften erkennen*, 10. Auflage, Verlag Hermann Schmidt Mainz, 2005

Schriftmusterbücher

Perfect, Christopher und Gordon Rookledge, überarbeitet von Phil Baines: *Rookledge's International Typefinder: The Essential Handbook of Typeface Recognition and Selection*, Laurence King Publishing, London, 2004

FontBook, FSI Fonts und Software, Berlin, 1998

Wörgötter, Michael: *TypeSelect*, Verlag Hermann Schmidt Mainz, 2005

Gestaltung diakritischer Zeichen

Blažek, Filip und Jakub Krč: *Diakritická znaménka*, Typo 10, S. 2–13, SRPEN 2004, www.magtypo.cz

Gaultney, J. Victor: *Problems of Diacritic Design for Latin Script Text Faces*, Diplomarbeit zum Master of Arts in Typeface Design, University of Reading, England, September 2002

Stötzner, Andreas: *Capital Double S*, Proposal to the Unicode Consortium, 10. November 2004, std.dkuug.dk/jtc1/sc2/wg2/docs/n2888.pdf

Twardoch, Adam: *Polish Diacritics: How to?*, www.twardoch.com/download/polishhowto

Geschichte und Gestaltung der Interpunktion

Baker, Nicholson: *The History of Punctuation, The Size of Thoughts: Essays and Other Lumber*, Random House, New York, 1996

Lupton, Ellen: *Period Styles: A Punctuated History*, Teachers and Writers Magazine, (20) 1, S. 7–11, 1988

Parkes, M. B.: *Pause and Effect: An Introduction to the History of Punctuation in the West*, University of California Press, 1993

Lesbarkeit

Gaultney, J. Victor: *Balancing Typeface Legibility and Economy: Practical Techniques for the Type Designer*, Dezember 2000, http://www.sil.org/~gaultney/research.html

Tinker, Miles: *The Relative Legibility of Modern and Old Style Numerals*, Journal of Experimental Psychology, Vol. 13, S. 453–461, veröffentlicht durch die Psychological Review Company für die American Psychological Association, Princeton, NJ, 1930

Willberg, Hans Peter und Friedrich Forssman: *Lesetypografie*, 4. Auflage, Verlag Hermann Schmidt Mainz, 2005

Typografische Organisationen

American Institute of Graphic Arts – www.aiga.org
Association Typographique Internationale – www.atypi.org
International Council of Graphic Design Associations – www.icograda.org
International Society of Typographic Designers – www.istd.org.uk
Society of Typographic Aficionados (SOTA) – www.typesociety.org
Tokyo Type Directors Club – www.tdctokyo.org
Type Directors Club – www.tdc.org
The Typographic Circle – www.typocircle.co.uk
Typeright – www.typeright.org
Typografische Gesellschaft München – www.tgm-online.de
Forum Typografie – www.forum-typografie.de

Quellen im Internet

www.typeculture.com
www.typographi.com
www.typophile.com
www.typotheque.com
www.microsoft.com/typography
www.typeworkshop.com
www.typo.cz/euro
www.typografie.de
www.typeforum.de

Schriftenhäuser und Schriftentwerfer

Adobe Systems Incorporated – www.adobe.com/type
Berthold – www.bertholdtypes.com
Dalton Maag – www.daltonmaag.com
Device Fonts/Rian Hughes – www.devicefonts.co.uk
Dutch Type Library – www.dutchtypelibrary.nl
Elsner-Flake – www.elsner-flake.com
Emigre – www.emigre.com
Font Bureau – www.fontbureau.com
Font Shop – www.fontshop.com
formgebung/Henning Krause – www.formgebung.com
Gerard Unger – www.gerardunger.com
Hoefler & Frere-Jones – www.typography.com
International Typeface Corporation – www.itcfonts.com
LettError/Erik van Blokland – www.letterror.com
Jeremy Tankard Typography – www.typography.net
Keith Tam – www.keithtam.net
Kent Lew – www.kentlew.com
Linotype – www.linotype.com
Lucas Fonts/Luc(as) de Groot – www.lucasfonts.com
Monotype – www.monotype.com
MVBfonts/Mark Van Bronkhorst – www.MVBfonts.com
Our Type/Fred Smeijers – www.ourtype.com
P22 – www.p22.com
Porchez Typofonderie/Jean François Porchez – www.typofonderie.com
Shift – www.shiftype.com
Shinn Type – www.shinntype.com
Storm Type Foundry/Frantisek Storm – www.stormtype.com
T26/Carlos Segura – www.t26.com
Thirstype/Rick Valcenti – www.thirstype.com
Typotheque/Peter Bil'ak – www.typotheque.com
Underware – www.underware.nl
Virus Fonts/Jonathan Barnbrook – www.virusfonts.com

Index

Die Recherche für dieses Buch wurde durch die großzügige Unterstützung durch den University of Washington Royalty Research Fund ermöglicht.

Vielen Dank an:
die Studenten für ihre Entwurfsskizzen, besonders KJ Chun,
meine wissenschaftlichen Assistenten Joan Li und Jennifer Moore,
die Fakultät für visuelle Kommunikation an der University of Washington,
die Herausgeber Eugenia Bell und Jo Lightfoot bei Laurence King Publishing,
den Verleger der deutschen Ausgabe, Bertram Schmidt-Friderichs,
sowie besonders an den Übersetzer der deutschen Ausgabe, Henning Krause,
sowie Heinz Schenker, Gestalter und Lehrer an der University of Cincinnati.

Mein besonderer Dank gilt meinem Ehemann Michael für seine Geduld, Unterstützung und Ermutigung während meiner Arbeit an diesem Buch.

Verlag Hermann Schmidt Mainz
Zweite Auflage 2013

Originalausgabe veröffentlicht 2006 bei Laurence King Ltd, London

Übersetzung: Henning Krause, Formgebung Atelier für Schrift, Berlin
Gestaltung: Karen Cheng
Umschlaggestaltung: Stavros Papandreou, Verlag Hermann Schmidt Mainz
Verwendete Schriften: LT Univers, FF Quadraat

Verlag Hermann Schmidt Mainz
Robert-Koch-Straße 8
55129 Mainz
Tel.: 0 61 31/50 60 30
Fax.: 0 61 31/50 60 80
info@typografie.de
www.typografie.de
www.twitter.com/VerlagHSchmidt
www.facebook.com/VerlagHermannSchmidt

ISBN 978-3-87439-689-9
Printed in China